Ernst/Olfert
Kompakt-Training
Personalwirtschaft

Zusätzliche digitale Inhalte für Sie!

Dieses Buch bietet Ihnen mehr als nur eine gedruckte Version! Nutzen Sie die folgenden Möglichkeiten, die Ihnen für dieses Produkt auf mein.kiehl.de zur Verfügung stehen.

Online-Version

Sie haben das gedruckte Exemplar Ihres Buches nicht zur Hand oder möchten etwas schnell recherchieren? Dann nutzen Sie die Online-Version Ihres Buches. Diese steht Ihnen nach Eingabe des folgenden Freischaltcodes direkt zur Verfügung.

Schalten Sie sich Ihre digitalen Mehrwerte direkt frei:

Scannen Sie den QR-Code **oder** rufen Sie die Seite mein.kiehl.de auf.
Geben Sie den Freischaltcode ein und folgen Sie dem Anmeldedialog. Fertig!

Ihr Freischaltcode

BFJI-MHGS-CWNL-VRTT-KRNJ-RL

Kompakt-Training
Praktische Betriebswirtschaft
Begründet von Professor Klaus Olfert

www.kiehl.de

Personalwirtschaft

Begründet von
Prof. Klaus Olfert

Von
Dipl.-Betriebswirtin Yvonne Ernst

12., aktualisierte Auflage

kiehl

ISBN 978-3-470-**10402**-7 · 12. aktualisierte Auflage 2023

Kiehl ist eine Marke des NWB Verlags

Satz: SATZ-ART Prepress & Publishing GmbH, Bochum
Druck: Stückle Druck und Verlag, Ettenheim

Klimaneutral
Druckprodukt
ClimatePartner.com/16605-2106-1001

Scannen Sie den QR-Code oder besuchen Sie **Climate-Partner.com/16605-2106-1001** und erfahren Sie mehr zu unseren klimaneutralen Druckprodukten.

Kompakt-Training Praktische Betriebswirtschaft

Das Kompakt-Training Praktische Betriebswirtschaft wird dem Bedarf der heutigen Wissensgesellschaft gerecht, in der sich fortlaufend Veränderungen ergeben und Wissen permanent erworben, aktualisiert oder abgerufen werden muss. Den komplexen betriebswirtschaftlichen Fakten und Zusammenhängen, die aufzunehmen sind, stehen eng begrenzte Zeitbudgets der Lernenden gegenüber.

Die vorliegende Fachbuchreihe ist darauf ausgerichtet, die Leser darin zu unterstützen, zügig in die verschiedenen betriebswirtschaftlichen Themenbereiche einzudringen, diese aufzufrischen und fachpraktisch anzuwenden.

Sie eignet sich in besonderer Weise für:

- Studierende an Fachhochschulen, Akademien und Universitäten
- Fortzubildende an öffentlichen und privaten Bildungsinstitutionen
- Fach- und Führungskräfte in Unternehmen und sonstigen Organisationen.

Das Kompakt-Training Praktische Betriebswirtschaft eignet sich hervorragend zum Selbststudium und als Begleitliteratur im Rahmen der Aus- und Weiterbildung. Jeder einzelne Band der Fachbuchreihe zeichnet sich durch herausragende Gestaltungsmerkmale aus und beinhaltet:

- kompakte und praxisbezogene Darstellungen
- systematischen und lernfreundlichen Aufbau
- themenbezogene Beispiele, übersichtliche Tabellen und Abbildungen
- 50 praxisbezogene Übungen mit Lösungen
- MiniLex mit bis zu 150 bis 200 Stichworten.

Auf Grundlage der hervorragenden Arbeit von Herrn Prof. Klaus Olfert habe ich das Buch weiterentwickelt und bin für Anregungen und Verbesserungsvorschläge dankbar.

Yvonne Ernst
Dipl. Betriebswirtin (BA)
Autorin

Feedbackhinweis

Kein Produkt ist so gut, dass es nicht noch verbessert werden könnte. Ihre Meinung ist uns wichtig. Was gefällt Ihnen gut? Was können wir in Ihren Augen verbessern? Bitte schreiben Sie einfach eine E-Mail an: **feedback@kiehl.de**

Vorwort zur 12. Auflage

Der Personalbestand eines Unternehmens stellt einen grundlegenden strategischen Wettbewerbsvorteil dar und trägt mit dem vorhandenen Potential zum Unternehmenswachstum und einer positiven Weiterentwicklung der Geschäftsbereiche bei. Das qualitativ „richtige" Personal in ausreichender Menge verfügbar zu haben ist eine Kernaufgabe der Personalwirtschaft und bildet das Fundament weiterer personeller Funktionen und Aufgaben. Vorhandene Mitarbeiter müssen anforderungsgerecht geplant, eingesetzt und weiterentwickelt werden und die personalwirtschaftlichen Prozesse unter motivations- und wirtschaftlichkeitsbezogenen Gesichtspunkten gestaltet werden.

Die Personalwirtschaft arbeitet dabei eng verzahnt mit der Unternehmensleitung, den Führungskräften der verschiedenen Unternehmensbereiche sowie dem Betriebsrat zusammen und ist in nahezu alle Unternehmensprozesse eingebettet.

In Zeiten, die nicht nur durch erhebliche, sondern auch immer raschere Veränderungen innerhalb der Unternehmen, z. B. im technologischen Bereich, und im Unternehmensumfeld, z. B. durch Internationalisierung, Krisen und Technologisierung geprägt sind, gewinnt die Personalwirtschaft einen immer größeren Einfluss.

Das vorliegende, nunmehr bereits in 12. Auflage erscheinende Buch soll dazu dienen, einen grundlegenden praxisgerechten Einblick in die Aufgabenbereiche der Personalwirtschaft zu vermitteln. Die Neuauflage hat zahlreiche Verbesserungen und Aktualisierungen erfahren, u. a. zum Onboarding, den Veränderungen durch das Nachweisgesetz und der Digitalisierung im Personalwesen.

Das Buch zeichnet sich durch eine einfache, kompakte, verständliche Darstellungsweise aus. Es umfasst acht Kapitel:

A. Grundlagen	Personalwirtschaft	Personalabteilung	Personal	Arbeitsrecht
B. Personalbeschaffung	Beschaffungswege	Bewerbung	Auswahl	Arbeitsvertrag
C. Personaleinsatz	Arbeitsaufnahme	Arbeitsinhalt	Arbeitsort	Arbeitszeit
D. Personalführung	Führungstechniken	Führungsmittel	Führungsstile	Führungserfolg
E. Personalentlohnung	Grundlagen	Lohnfindung	Entgelt	Personalkosten
F. Personalentwicklung	Personalbildung	Personalförderung	Organisationsentwicklung	
G. Personalfreistellung	Interne Personalfreistellung	Externe Personalfreistellung		
H. Personalverwaltung	Aufgaben	Instrumente	Personalinformationssysteme	

Außerdem enthält es zahlreiche Beispiele und Abbildungen sowie 50 Aufgaben bzw. Übungen und ein MiniLex(ikon) mit rund 200 Stichworten. Für Anregungen, die mich aus der Leserschaft erreichten, bedanke ich mich herzlich. Gerne nehme ich auch weiterhin Hinweise auf, welche den Nutzen des Buches verbessern.

Yvonne Ernst
Dipl. Betriebswirtin (BA)
Bad Blankenburg, im Juni 2023

Benutzungshinweise

Aufgaben/Fälle

Die Aufgaben/Fälle im Übungsteil dienen der Wissens- und Verständniskontrolle. Auf sie wird jeweils im Textteil hingewiesen:

Aufgabe 1 > Seite 263
Aufgabe 2 > Seite 263

Der Übungsteil befindet sich im Anschluss an Kapitel H. Es wird empfohlen, die Aufgaben/Fälle unmittelbar nach Bearbeitung der entsprechenden Textstellen zu lösen.

Hinweis

Aus Gründen der besseren Lesbarkeit verzichten wir auf die gleichzeitige Verwendung der Sprachformen männlich, weiblich und divers (m/w/d). Sämtliche Personenbezeichnungen gelten gleichermaßen für alle Geschlechter.

5. VermBG	Fünftes Vermögensbildungsgesetz
AA	Agentur für Arbeit
AEVO	Ausbildereignungsverordnung
AGB	Allgemeine Geschäftsbedingungen
AGG	Allgemeines Gleichbehandlungsgesetz
ArbnErfG	Arbeitnehmererfindungsgesetz
ArbStättV	Arbeitsstättenverordnung
ArbZG	Arbeitszeitgesetz
ASiG	Arbeitssicherheitsgesetz
Art.	Artikel
AÜG	Arbeitnehmerüberlassungsgesetz
BA	Bundesagentur für Arbeit
BAG	Bundesarbeitsgericht
BAP	Bundesarbeitgeberverband der Personaldienstleister
BAT-O	Bundes-Angestelltentarif (Ost)
BBiG	Berufsbildungsgesetz
BDSG	Bundesdatenschutzgesetz
BetrVG	Betriebsverfassungsgesetz
BGB	Bürgerliches Gesetzbuch
BUrlG	Bundesurlaubsgesetz
bzw.	beziehungsweise
CRM	Customer Relationship Management
DGFP	Deutsche Gesellschaft für Personalführung e. V.
EntgeltFG	Entgeltfortzahlungsgesetz
GbR	Gesellschaft des bürgerlichen Rechts
GewO	Gewerbeordnung
GG	Grundgesetz
HAG	Heimarbeitsgesetz
HGB	Handelsgesetzbuch
HwO	Handwerksordnung
Hrsg.	Herausgeber
IGZ	Interessenverband Deutscher Zeitarbeitsunternehmen e. V.
i. S. d.	im Sinne des|der
JArbSchG	Jugendarbeitsschutzgesetz
KAPOVAZ	Kapazitätsorientierte variable Arbeitszeit
KG	Kommanditgesellschaft
KSchG	Kündigungsschutzgesetz
MA	Mitarbeiter
Min.	Minute(n)
MitbestG	Mitbestimmungsgesetz
Montan-MitbestG	Montan-Mitbestimmungsgesetz
MuSchG	Mutterschutzgesetz
OHG	Offene Handelsgesellschaft
PersVG	Personalvertretungsgesetz
PSA	Personal-Service-Agentur
SGB	Sozialgesetzbuch
SprAuG	Sprecherausschussgesetz
Stck.	Stück
Std.	Stunde(n)
Tsd.	Tausend
TVG	Tarifvertragsgesetz
TV-L	Tarifvertrag für den öffentlichen Dienst der Länder (TV-L)
TzBfG	Teilzeit- und Befristungsgesetz
u. a.	unter anderem
u. Ä.	und Ähnlichem und Ähnliches
UWG	Gesetz gegen den unlauteren Wettbewerb
ZAV	Zentrale Auslands- und Fachvermittlung

A. Grundlagen

Der Zweck gewinnorientierter Unternehmen zielt auf die betriebliche Leistungserstellung von Gütern und Dienstleistungen ab. Durch gezielte Kombination elementarer Produktionsfaktoren, die unmittelbar in die Leistungserstellung eingehen, soll maximale Produktivität erreicht werden. Folgende elementare Faktoren werden unterschieden:

Arbeit als (vorrangig) ausführende Tätigkeit des Menschen zur Erfüllung von Aufgaben, z. B. Bohren, Fräsen, Buchen. Sie ist überwiegend körperlicher Art.	**Betriebsmittel** als technische Apparatur und der Leistungserstellung über längere Zeit dienende Gegenstände, z. B. Maschinen, Computer, Grundstücke, Gebäude.	**Werkstoffe** als Rohstoffe (wesentliche Produktbestandteile), Hilfsstoffe (keine wesentlichen Bestandteile), Betriebsstoffe (keine Bestandteile), Waren.
↓	↓	↓

Objekte der Leistungserstellung als Produkte

Der dispositive Faktor steuert die elementaren Produktionsfaktoren zielgerichtet und bindet sie in organisationale Strukturen und Prozesse ein (**Faktorkombination**). Im Rahmen der technologischen Entwicklung werden Produktionsfaktoren auch gegeneinander ersetzt, z. B. der **Produktionsfaktor** menschliche Arbeit gegen Maschine (**Faktorsubstitution**).

Dispositive Faktoren basieren vorwiegend auf geistiger Arbeit, wobei sich Planung, Leitung und Organisation unterscheiden lassen:

Die **Planung**, welche die gegenwärtige gedankliche Vorwegnahme zukünftigen Handelns darstellt und dazu dient, die Zielerreichung in geeigneter Weise zu unterstützen.	Die **Leitung**, der die Führung des Unternehmens obliegt. Als Unternehmens-, Bereichs-, Gruppenleitung steuert sie die Leistungserstellung und gestaltet den Produktionsvorgang.	Die **Organisation** als dauerhafte Ordnung bzw. geregelte Strukturierung des Unternehmens, die ständig den aktuellen Anforderungen entsprechend zu aktualisieren ist.
↓	↓	↓

Elementare Produktionsfaktoren als Arbeit/Betriebsmittel/Werkstoffe

Mit der menschlichen Arbeit als bestimmender Faktor jeder betriebswirtschaftlichen Betätigung befasst sich die **Personalwirtschaft**, die im Laufe der Zeit zunehmende Bedeutung für die Führung der Unternehmen erlangt hat. Diese Entwicklung wurde durch zahlreiche **Veränderungen** bewirkt, die u. a. betrafen:

- Personal (z. B. Qualifikation, Motivation)
- Arbeitsmarkt (z. B. demografische Entwicklung)
- Arbeitsrecht (z. B. Mitbestimmungs-, Schutzrechte)
- Personalkosten (z. B. Personalzusatzkosten)
- Organisation (z. B. Prozess-, Kundenorientierung)
- Technologie (z. B. Produktionsnetzwerke)
- Trends (Urbanität, Flexibilisierung der Arbeitswelt, Gender Shift)
- Absatzmärkte (z. B. Märkteausweitung, -erschließung).

Zunächst sollen als Grundlagen der Personalwirtschaft behandelt werden:

Grundlagen	Personalwirtschaft
	Personalabteilung
	Personal
	Arbeitsrecht

1. Personalwirtschaft

Die Personalwirtschaft bezeichnet die Gesamtheit aller personellen Planungs-, Verwaltungs- und Controllingaufgaben im Unternehmen unter Berücksichtigung der Mitarbeiter- und Unternehmensziele. Als eine der betrieblichen **Funktionen** wird die Personalwirtschaft unmittelbar getragen von:

- den **Führungskräften** bzw. den **Vorgesetzten**
- der **Personalabteilung** als mitarbeiterbezogene Organisationseinheit.

Als weiterer Träger der Personalwirtschaft kann die **Unternehmensleitung** angesehen werden. Sie ist für die Gestaltung der Rahmenbedingungen zuständig, unter denen die personalbezogenen Aufgaben zu erledigen sind. Dabei hat sie insbesondere auch dafür zu sorgen, dass die **Unternehmenspolitik** und **Personalpolitik** sowie die unternehmens- und personalbezogenen **Zielsetzungen** übereinstimmen.

Der **Betriebsrat** ist zwar kein Träger der Personalwirtschaft, hat jedoch auf die Erfüllung der personalbezogenen Aufgaben erheblichen Einfluss, da er über umfassende **Mitwir-**

kungs- und Mitbestimmungsrechte verfügt. Insofern steht er den Trägern der Personalwirtschaft sehr nah.

Die Personalwirtschaft sollte dabei die Balance zwischen zwei Prinzipien herstellen:

- dem **Wirtschaftlichkeitsprinzip**, wonach ein möglichst günstiges Verhältnis zwischen den verursachten Personalkosten und der daraus resultierenden Personalleistung erzielt werden sollte (Aufwand und Ertrag).
- dem **Humanitätsprinzip**, das die Bedürfnisse des Mitarbeiters in den Mittelpunkt des betrieblichen Leistungsprozesses stellt, was sich z. B. darin zeigt, dass Arbeitsbedingungen menschengerecht gestaltet sind und kooperativ geführt wird.

Anstelle von Personalwirtschaft wird auch gesprochen von:

- **Personalmanagement**, bei dem die Führung, Leitung und Steuerung des Personals im Mittelpunkt steht und vor allem auf eine instrumentelle Betrachtung der Mitarbeiter ausgerichtet ist.
- **Human Resource Management**, das der Personalwirtschaft bzw. dem Personalmanagement inhaltlich ähnelt, jedoch stärker strategische Inhalte hat.
- **Personalmarketing**, das den Personal- bzw. Arbeitsmarkt in besonderer Weise betrachtet und sich vorrangig auf den Aufbau einer starken Arbeitgebermarke (Employer Branding) bezieht und damit die Personalbeschaffung unterstützt.

Das Personal, als Gesamtheit der Arbeitnehmer im Betrieb, wird umgangssprachlich als Belegschaft bezeichnet und stellt unter anderem Leistungserbringer, Kostenverursacher, Imageträger und Koalitionspartner dar.

Im Folgenden sind zwei elementare Aspekte der Personalwirtschaft genauer zu betrachten:

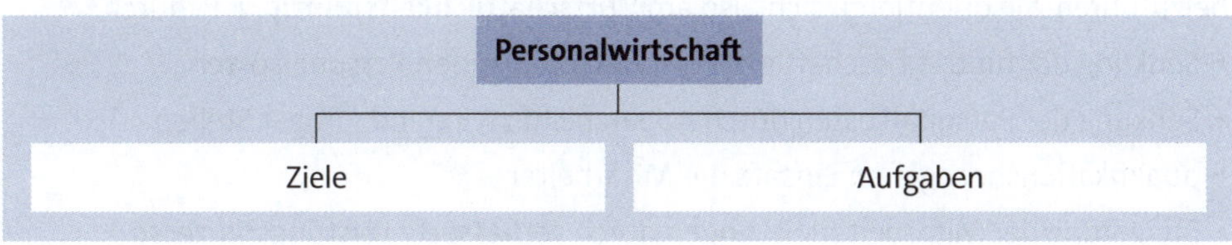

1.1 Ziele

Die personalwirtschaftlichen Ziele leiten sich aus den Unternehmenszielen ab und sollten, zumindest langfristig, widerspruchsfrei sein.

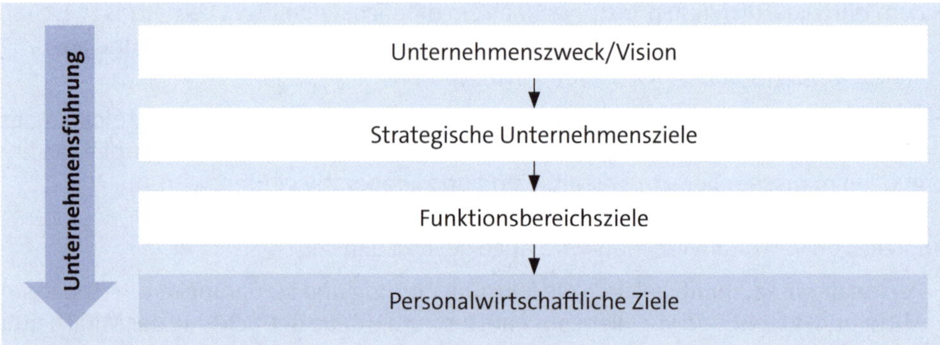

Zwischen den personalwirtschaftlichen Zielen und den Zielen der übrigen Funktionsbereiche (Beschaffung, Produktion, Marketing, Logistik, Finanzen) des Unternehmens bestehen wechselseitige **Abhängigkeiten**. Dabei legen die Ziele anderer Bereiche einerseits die personellen Ziele fest, andererseits bestimmen die personellen Gegebenheiten maßgeblich die Festlegung erreichbarer Sachziele anderer Bereiche mit. Zu unterscheiden sind vor allem wirtschaftliche und soziale Personalziele, die im Folgenden näher betrachtet werden.

1.1.1 Wirtschaftliche Ziele

Wirtschaftliche Ziele beziehen sich darauf, ein möglichst günstiges Verhältnis zwischen Personalaufwand und Personalertrag bzw. Personalkosten und Personalleistungen herbeizuführen. Sie orientieren sich also am **Wirtschaftlichkeitsprinzip**, z. B. durch:

- Senkung der für das beschäftigte Personal anfallenden Personalkosten
- Senkung der Personalkosten durch Abbau nicht zwingend nötiger Stellen
- qualifikationsbezogenen Einsatz der Mitarbeiter
- Steigerung der Mitarbeiterleistungen durch verbesserte Leistungsprozesse
- Nutzung der Kreativität und Erfahrung der Mitarbeiter im Leistungsprozess.

Die wirtschaftlichen Ziele sind vorrangig Ziele des Unternehmens bzw. der Unternehmensleitung. Sie stehen vielfach zu den sozialen Zielen in Konkurrenz, die vor allem Ziele der Mitarbeiter sind. Der Personalwirtschaft obliegt es, den konkurrierenden und damit kritischen Bereich zwischen beiden Zielen durch geeignete **Kompromisse** so klein wie möglich zu halten:

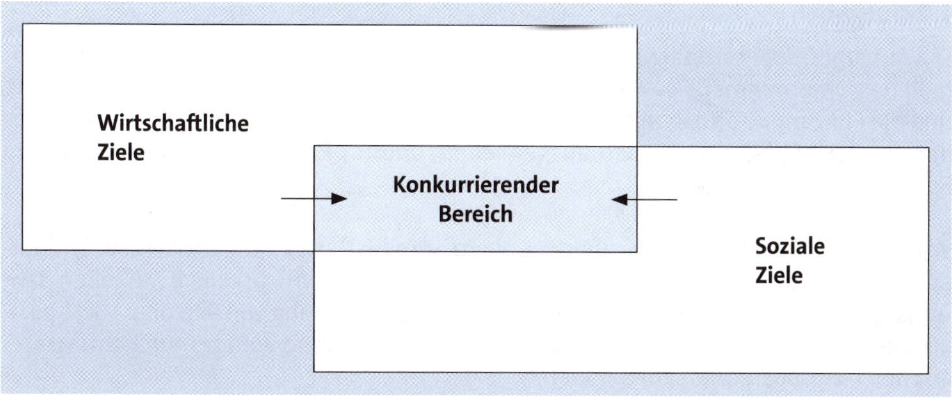

1.1.2 Soziale Ziele

Die sozialen Ziele sind auf die Menschen gerichtet, die im Unternehmen tätig sind und verschiedenartige Bedürfnisse und Erwartungen haben. Sie werden auch **humanitäre Ziele** genannt und beziehen sich auf die Umstände, unter denen die Arbeit zu leisten ist, z. B. hinsichtlich:

- Gestaltung der Arbeitsaufgabe (z. B. abwechslungsreich)
- Gestaltung des Arbeitsplatzes (z. B. sicher, menschengerecht)
- Gestaltung der Arbeitszeit (z. B. flexibel, Arbeitszeitverkürzung)
- Gestaltung der Personalentlohnung (z. B. Lohngerechtigkeit, Lohnsteigerung)
- Gestaltung der Personalentwicklung (z. B. Fortbildungsangebote, Karriere)
- Gestaltung der Personalführung (z. B. kooperativ, gutes Betriebsklima).

Bei der Formulierung sozialer Ziele können mehrere **Probleme** auftreten. So ist zunächst zu klären, an welchem Mitarbeiter bzw. welchen Mitarbeitern die Ziele ausgerichtet werden. Sodann müssen Überlegungen angestellt werden, wie die Zielerreichung messbar sein wird. Schließlich ist zu beachten, dass die Mitarbeiter ihre Bedürfnisse und Erwartungen im Laufe der Zeit verändern, was sich wiederum auf die Ziele auswirkt.

Aufgabe 1 > Seite 263

Außer den genannten Zielen gibt es auch **rechtliche Ziele** (z. B. Rechtssicherheit), **organisatorische Ziele** (z. B. optimale Leistungsprozesse), **ökologische Ziele** (z. B. Ressourcenschonung) sowie **volkswirtschaftliche Ziele** (z. B. geringe Arbeitslosigkeit), mit denen die Personalwirtschaft sich auseinanderzusetzen hat.

1.2 Aufgaben

Die Aufgaben der Personalwirtschaft sind vielfältiger Art. Sie werden **traditionell** innerhalb des Unternehmens bewältigt, wobei die Personalabteilung, die Fachabteilungen und die Führungskräfte in unterschiedlicher Weise zusammenwirken können. Sie werden immer häufiger aber auch ausgegliedert und im Rahmen von **Outsourcing** an Fremdfirmen übertragen.

Während die Ausgliederung früher vor allem administrative Aufgaben – z. B. Entgeltabrechnung – betraf, werden in jüngerer Zeit durchaus anspruchsvollere Aufgaben bzw. Aufgabenkomplexe – z. B. Beschaffung, Auswahl, Entwicklung von Personal – an spezialisierte und (dadurch) vielfach auch kostengünstigere Firmen outgesourct, um strategische Erfolgspositionen aufzubauen.

Risiken des Outsourcing, das aufgrund verminderter betrieblicher Eigenleistungen zu einer unternehmensbezogenen Abnahme der Wertschöpfung führt, liegen z. B. im Verlust eigener Kernkompetenzen, qualitativen Unwägbarkeiten und der Gefahr, mit dem Outsourcing unerwünschte Einblicke sowie Abhängigkeiten zu schaffen.

Die personalwirtschaftlichen Aufgaben lassen sich unterteilen in:

- **Rahmenaufgaben**
- **Kernaufgaben**.

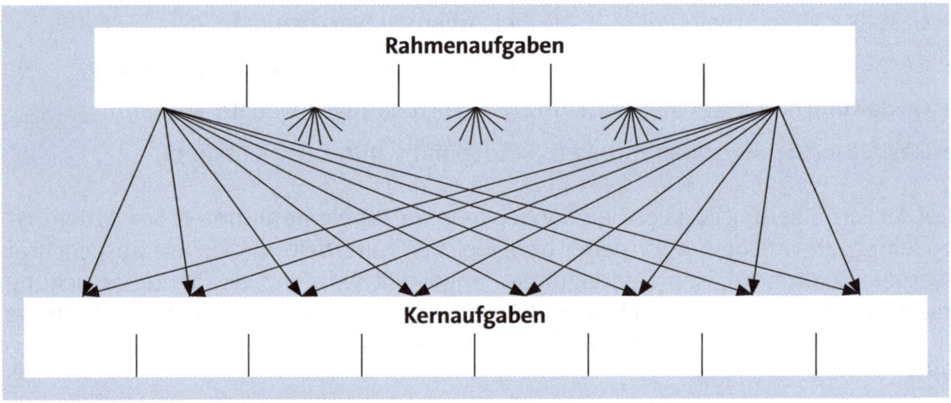

Die Kernaufgaben stellen die zahlreichen Aufgaben der einzelnen funktionalen Bereiche der Personalwirtschaft dar, z. B. Personalbeschaffung und Personalentlohnung. Diesen funktionalen Bereichen übergelagert sind die Rahmenaufgaben, die alle funktionalen Bereiche betreffen, z. B. Personalpolitik, Personalcontrolling.

1.2.1 Rahmenaufgaben

Zu den Rahmenaufgaben, die den einzelnen funktionalen Bereichen der Personalwirtschaft übergelagert sind, zählen:

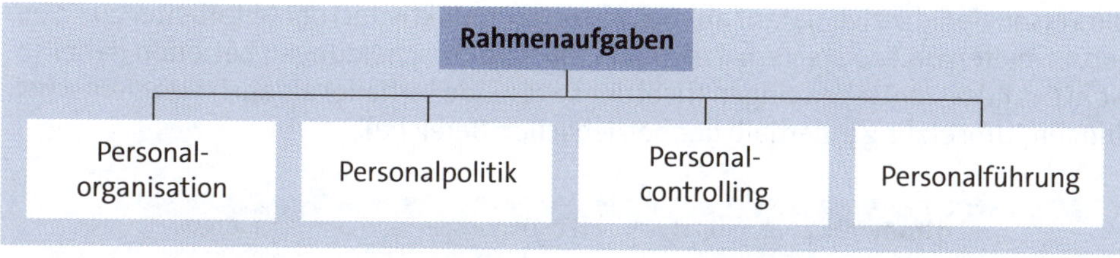

Die **Personalorganisation** im **weiteren Sinne** umfasst als Rahmenfunktion der Personalwirtschaft sämtliche organisatorischen Maßnahmen, die auf eine mitarbeitergerechte Aufgabengestaltung zielen. Sie steht in enger Verbindung zur gesamten Organisation des Unternehmens. Im **engeren Sinne** ist die Personalorganisation die Organisation des Personalwesens bezogen auf Stellen- und Abteilungsbildung, z. B. im Hinblick auf ihre Gliederung und Eingliederung im Unternehmen wie unten ausführlicher beschrieben – siehe S. 44.

Die **Personalführung** dient dazu, die Unternehmensziele und grundlegenden Strategien bzw. Entscheidungen in den einzelnen hierarchischen Ebenen durch Vorgesetzte umzusetzen. Sie befasst sich vor allem mit den Führungsmitteln, Führungstechniken, Führungsstilen und dem Führungserfolg, wie in » Kapitel D. ausführlich dargestellt – siehe S. 139.

1.2.1.1 Personalpolitik

Die Personalpolitik umfasst alle Grundsätze und Entscheidungen, die sich auf die wechselseitigen Beziehungen zwischen Vorgesetzten und Mitarbeitern, zwischen Mitarbeitern untereinander, dem Agieren im Team und die Beziehung von Mitarbeitern zu ihrer Tätigkeit beziehen. Personalpolitische Entscheidungen erfolgen auf Grundlage der strategischen Ausrichtung der **Unternehmenspolitik** und sind ihr untergeordnet.

Die Personalpolitik gibt den Rahmen vor, in welcher Weise betriebliche Aufgaben erledigt und angestrebte Ziele erreicht werden sollen (quantitativ und qualitativ). Dafür werden die Ziele in Haupt-, Teil- und Zwischenziele operationalisiert und Handlungsmodalitäten sowie Verhaltensnormen festgelegt.

Damit Mitarbeiter Leistung erbringen, sind folgende Einflussfaktoren zu beachten:

- Die Leistungs**fähigkeit** der Mitarbeiter (Können), z. B. durch Fortbildung.
- Die Leistungsbereitschaft der Mitarbeiter (Wollen), z. B. durch Anreizsysteme.

- Die Leistungsmöglichkeit der Mitarbeiter, z. B. durch Delegation von Aufgaben.
- Die Rahmenbedingungen, z. B. ergonomische Arbeitsplatzgestaltung und moderne Ausstattung.

Die Personalpolitik zielt darauf ab, die Leistung (Produktivität) der Mitarbeiter zu erzeugen, zu halten und zu steigern. Personalpolitische Entscheidungen betreffen daher sowohl Grundsatzentscheidungen (richtungsweisende Leitlinie) als auch Einzelentscheidungen (Umsetzung innerhalb der betrieblichen Bereiche).

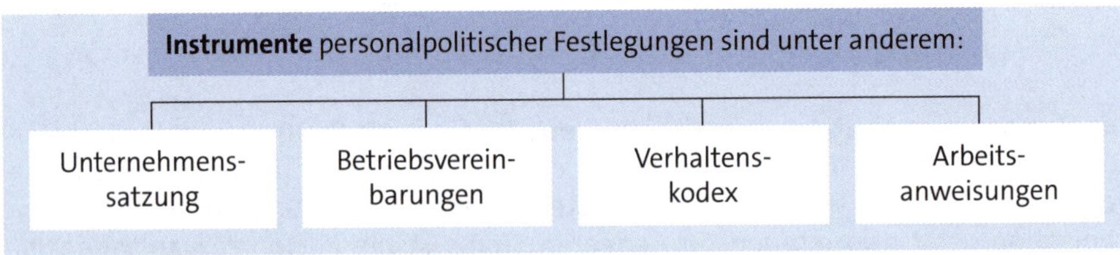

Sie existieren aber auch in mündlicher Form, z. B. durch die „Tradition des Unternehmens" oder die „selbstverständliche Haltung" jeder Führungskraft. Die Formulierung der Personalpolitik ist eine besonders bedeutsame Aufgabe der Personalabteilung.

Bei ihrer Gestaltung ist es unerlässlich, die der Personalpolitik zu Grunde liegenden **Rahmenbedingungen** einfließen zu lassen, die durch die Unternehmenspolitik vorgegeben sind und sich vor allem zeigen in – siehe *Olfert/Pischulti (2017)*:

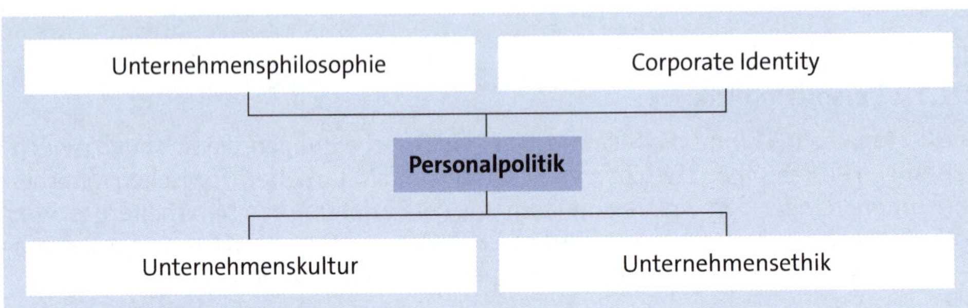

- Die **Unternehmensphilosophie** ist die „Weltanschauung" des Unternehmens, das mit ihr ganzheitlich betrachtet wird (*Ulrich/Fluri, 2011*). Sie dient der Positionierung in seinem wirtschaftlichen und gesellschaftlichen Umfeld sowie der Offenlegung seiner Zwecke, Werte bzw. Normen, Ziele und Potenziale. Primär wirkt sich die Unternehmensphilosophie auf zwei grundlegende **Bereiche** aus, die – zusammen mit der Corporate Identity – die Unternehmenskultur schaffen:
  - **Unternehmensvision**

    Sie ist ein mehr oder weniger konkretes Zukunftsbild eines Unternehmen, steht in engem Zusammenhang mit der strategischen Ausrichtung des Unternehmens und prägt das Unternehmenskonzept maßgeblich, indem sie Aussagen über die künftige Beschaffenheit der Realität trifft.

- **Unternehmensleitbild**

  Es dient dazu, die in der Unternehmensphilosophie verankerten Werte und Normvorstellungen des Top-Managements in Form von Unternehmensgrundsätzen festzuschreiben. Es vermittelt damit den Handlungsrahmen und die Handlungsperspektive für die Entscheidungen auf allen Führungsebenen.

► **Corporate Identity**

Die Corprate Identity repräsentiert die Unternehmensidentität und besteht aus mehreren Säulen, die die unverwechselbare Unternehmenspersönlichkeit nach innen und außen spiegeln.

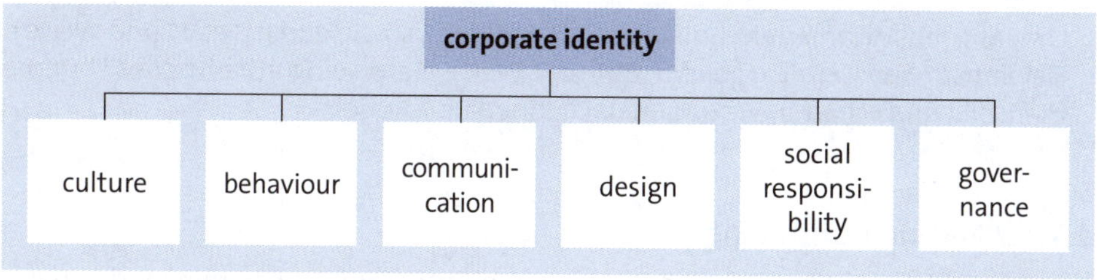

Dabei ist die Corporate Identity ein:

- **Kommunikationskonzept *(corporate communication*)**

  Es ist zum einen auf das Unternehmen selbst, d. h. auf seine Mitarbeiter ausgerichtet, deren „Wir-Gefühl" bzw. „Wir-Bewusstsein" gefördert wird, betrifft aber auch die Umwelt, indem ein Firmenimage aufgebaut wird, z. B. durch die erfolgreiche Vermarktung von Sachgütern bzw. Dienstleistungen.

- **Strategiekonzept**

  Hier handelt es sich um ein Konzept der strategischen Unternehmensführung, das damit maßgeblicher Bestandteil des Führungsprozesses ist. Die Corporate Identity trägt dazu bei, dass strategische Zielsetzungen in taktische und operative Pläne sowie Maßnahmen umgesetzt werden. Das Strategiekonzept bezieht sich auf das Verhalten (***corporate behaviour***), das Erscheinungsbild (***corporate design***) und die Kommunikation des Unternehmens. Soziale und ökologische Verantwortung (***corporate social responsibility***) spiegelt sich dabei in unternehmenseigenen Werten und Vorschriften wieder (***corporate governance***) und findet sich in der Unternehmenskultur wieder (***corporate culture***).

► Die **Unternehmenskultur** ist ein unternehmenbezogenes Wertsystem von Vorstellungen, Orientierungsmustern, Verhaltensnormen, Denk- und Handlungsweisen (*Carl/Kiesel, 2002*). Durch sie wird das Verhalten aller Mitarbeiter eines Unternehmens entscheidend geprägt. Sie kann aber auch dazu beitragen, dass sich ein Unternehmen deutlich von den Wettbewerbern abhebt. **Merkmale** der Unternehmenkultur können sein:

- die **Hervorhebung unternehmenseinheitlicher Sprachregelungen**, z. B. des Begriffes „Mitarbeiter" anstelle „Untergebener" (**corporate language**)
- die **Betonung unternehmenstypischer Besonderheiten**, z. B. einer traditionsreichen Firmengeschichte bzw. wirkungsvollen Personalentwicklung

- der **Hinweis auf besondere unternehmensstrategische Faktoren**, z. B. der Markt-, Kunden-, Service- bzw. Qualitätsorientierung des Unternehmens.

- Die **Unternehmensethik** ist die Lehre von idealen Werten, die in der Marktwirtschaft zu einem friedensstiftenden Gebrauch der unternehmerischen Handlungsfreiheit anleiten sollen, also z. B. nicht ausschließlich auf Gewinnerzielung ausgerichtet sind.

  Unternehmensethisch ist es, bestimmte Ziele bzw. Handlungsweisen anzustreben, z. B. Humanität, Ökologie, Verantwortungsbewusstsein und andere Ziele bzw. Handlungsweisen auszuschließen, z. B. Mobbing, Ungleichbehandlung.

  Ethische Grundlagen zeigen sich im:

  Umgang mit Mitarbeitern und allen Stakeholdern, sowie durch die Art und Weise des Gewinnstrebens. Ehrlich gelebte ethische Werte bieten ein authentisches Unternehmensbild und schaffen Vertrauen nach Innen und Außen.

1.2.1.2 Personalcontrolling

Das Personalcontrolling, als Teil des Unternehmenscontrollings, verbindet den Prozess der Planung, Steuerung und Kontrolle der Human Ressources. Durch eine effektive Informationsversorgung werden grundlegende Entscheidungen im Personalbereich unterstützt und eine vorausschauende, auf die Unternehmensstrategie und zukünftige Herausforderungen ausgerichtete Personalarbeit ermöglicht. Es zwingt zu klaren Definitionen der Ziele und sensibilisiert in Bezug auf die Kosten und Risiken, die mit dem Personal verbunden sind.

Vielfach werden unterschieden:

qualitativ →	quantitativ →	strategisch →	operativ
► Mitarbeiterzufriedenheit ► Arbeitgeberimage	► Personalkosten ► Altersstruktur ► Fluktuation	► langfristige Ausrichtung der Personalarbeit	► kurz- und mittelfristige Steuerung der Personalarbeit

- Das **operative Personalcontrolling**, das der Unterstützung wiederkehrender Arbeitsgänge und Aufgaben des Tagesgeschäftes dient und von den Führungskräften ausgeht, und das **strategische Personalcontrolling**, das vor allem der Überprüfung der Personalstrategie sowie der Umsetzung dieser Strategie in Ziele dient. Daraus ableitbare Maßnahmen werden dabei vorrangig durch die Personal- oder Unternehmensleitung verfolgt.

- Das **qualitative Personalcontrolling**, das alle personalwirtschaftlichen Bereiche bzw. Aktivitäten einschließt, die nicht unmittelbar messbar sind, z. B. die Wirkung von Maßnahmen der Personalentwicklung, und das **quantitative Personalcontrolling**, das mit Mengen und Werten arbeitet, z. B. aus dem Personalberichtswesen oder Rechnungswesen. Es bezieht sich insbesondere auf die Kosten im Personalbereich.
- Das **faktororientierte Personalcontrolling**, das versucht, den Einsatz des Faktors Personal zu optimieren. Dabei stehen unternehmensweite Betrachtungen und Analysen zur Steuerung des Personals im Mittelpunkt. So wird z. B. untersucht, welche Anzahl an Mitarbeitern welche Leistungen erzielen konnte und wie viel an Mehrarbeitszeit aufgewendet wurde.

  Dem faktororientierten Personalcontrolling steht das **prozessorientierte Personalcontrolling** gegenüber. Bei ihm geht es um die Optimierung der Personalarbeit. Somit liegt der Schwerpunkt der Betrachtungen auf allen Controllingaktivitäten des Personalbereiches und den personalwirtschaftlichen Prozessen. Im Mittelpunkt stehen die **Kundenorientierung** des Personalbereiches und die **Prozessoptimierung** (*DGFP, 2001*).

Im Unternehmen gibt es unterschiedliche **Adressaten**, denen das Personalcontrolling die erforderlichen Informationen liefert. Sie haben verschiedene Ansprüche und Erwartungen an die Daten. Aus diesem Grunde werden drei **Ebenen** des Personalcontrolling unterschieden (*Wunderer/Jaritz, 2007; Hilb, 2009*):

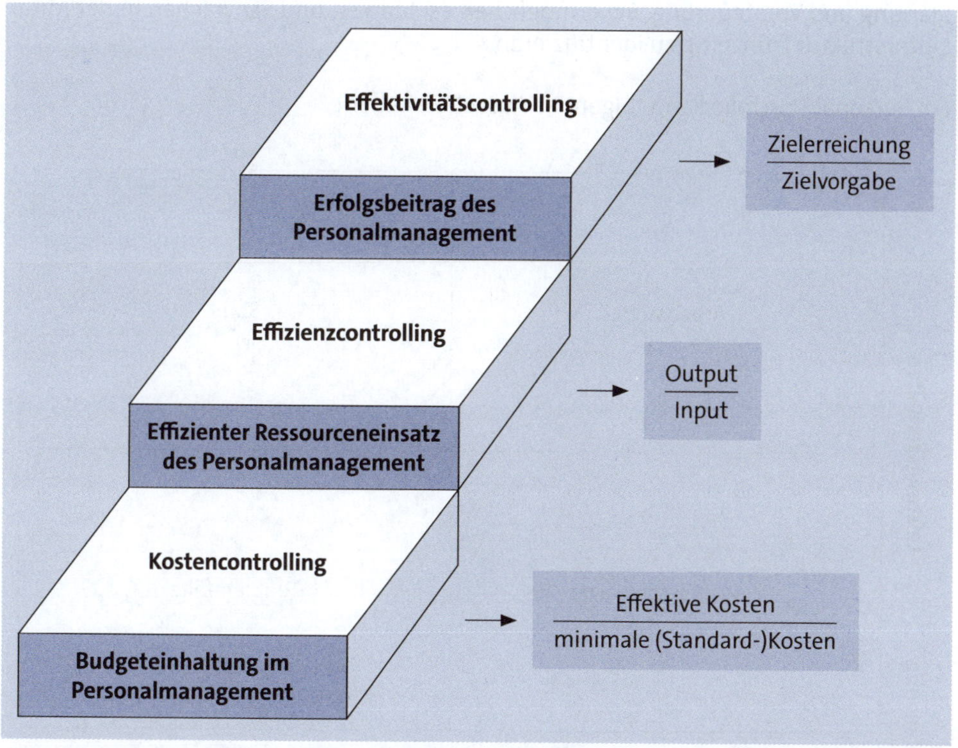

- Mithilfe des **Effektivitätscontrolling** wird die Zweckmäßigkeit personalwirtschaftlicher Aktivitäten hinterfragt und somit ein Erfolgsbeitrag der Personalarbeit zum Unternehmenserfolg aufgezeigt. Sein Ziel ist darin zu sehen, die Personalfunktionen zur langfristigen Sicherung des Humanpotenzials bedarfsgerecht zu gestalten. Es wird auch **Erfolgs-Controlling** genannt.
- Das **Effizienzcontrolling** bezieht sich auf die personalwirtschaftlichen Prozesse, die auf ihre Produktivität hin untersucht werden, was durch einen Vergleich von tatsächlichem und geplantem Ressourceneinsatz erfolgt. Seine Durchführung wird dadurch erschwert, dass die Prozesse häufig nicht eindeutig abgrenzbar sind. Es wird auch als **Wirtschaftlichkeits-Controlling** bezeichnet.
- Beim **Kostencontrolling** handelt es sich um die periodische Planung und Kontrolle der Personalkosten und der Kosten der Personalabteilung. Mit ihm wird das Ziel verfolgt, die Einhaltung von Budgetvorgaben zu überprüfen. Mitunter wird es auch **kalkulatorisches Controlling** genannt.

Im Rahmen des Personalcontrolling werden **Personal-Portfolios** eingesetzt, die Ausdruck des personellen Leistungspotenzials eines Unternehmens sind. Sie sind als **Ist-Portfolios** und als **Ziel-Portfolios** erstellbar. Mit ihrer Hilfe können die Human Resources in die Strategieentwicklung integriert werden.

Personal-Portfolios unterstützen das Personalcontrolling insbesondere im Rahmen der Planung und Vorsteuerung. Sie ermöglichen es, Stärken und Schwächen in der Mitarbeiterstruktur frühzeitig zu identifizieren.

Ein Personal-Portfolio kann folgendes Aussehen haben:

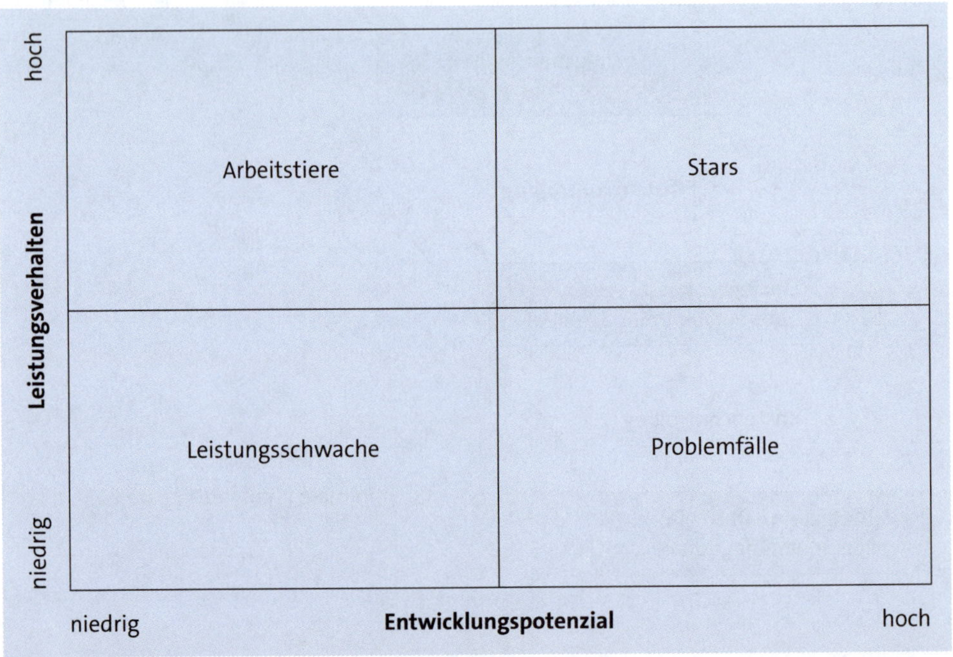

Daraus ergibt sich, dass **leistungsschwache Mitarbeiter** als Problemkräfte voraussichtlich auf unbedeutendere Stellen versetzt oder freigestellt werden müssen, **Arbeitstiere** als Fachkräfte eine individuelle Führung benötigen, um nicht in den leistungsschwachen Bereich abzusinken, **Problemfälle** – z. B. als Nachwuchskräfte – zur Verbesserung ihres Leistungsverhaltens angehalten werden und **Stars** als Spitzenkräfte besonders zu fördern sind, da sie herausragende Leistungsträger darstellen (*Bühner, 2005*).

Zu den weiteren Instrumenten im Personalcontrolling gehören Soll-Ist-Vergleiche in Form von:

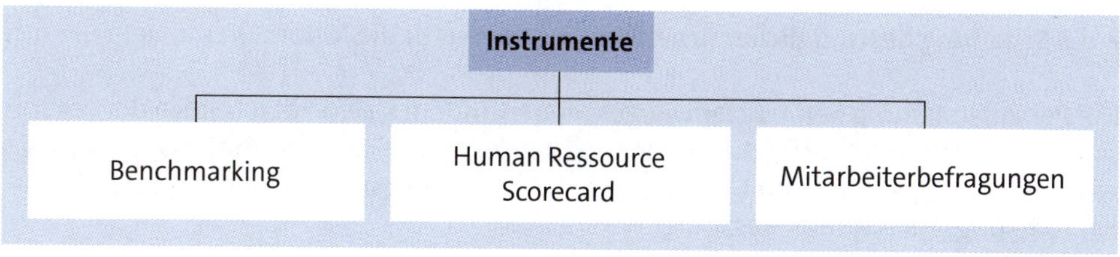

Benchmarking wird traditionell als „Vergleich mit den Besten" bezeichnet. Hierbei werden Vergleiche zu großen Mitbewerbern oder unternehmensintern durchgeführt um potentielle Stärken und Schwächen im „war for talents" zu erheben und Maßnahmen abzuleiten. Die **Human Ressource Scorecard** definiert erfolgsorientierte Personalziele in Form von Kennzahlen. Regelmäßige **Mitarbeiterbefragungen** liefern Hinweise auf die Stärken und Schwächen des Unternehmens in Bezug auf die Mitarbeiterzufriedenheit und -bindung.

Weiterhin können **Personalinformationssysteme (PIS)** softwareseitige Unterstützung zur Erfassung, Verarbeitung und Verwaltung mitarbeiterbezogener Daten bieten. Einsatzgebiete finden sich im Bewerbermanagement, der Personalplanung (Stellenpläne, Anforderungsprofile), im Personaleinsatz (Urlaubspläne, Arbeitszeitkonten), der Lohn- und Gehaltsabrechnung sowie in der digitalen Personalakte.

Als **Elemente** des Personalcontrolling sollen behandelt werden:

- **Personalplanung**
- **Personalkontrolle**
- **Informationsversorgung**
- **Steuerung.**

1.2.1.2.1 Personalplanung

Die Personalplanung ist die gedankliche Vorwegnahme des zukünftigen Personalgeschehens im Unternehmen. Sie kann sich auf einzelne Mitarbeiter oder Gesamtheiten der Mitarbeiter beziehen, z. B. auf alle Mitarbeiter von Abteilungen, Bereichen oder die gesamte Belegschaft. Mit ihrer Hilfe soll bewirkt werden:

- die andauernde **Sicherung des Produktionsfaktors „Arbeit"** zu wirtschaftlichen Bedingungen für das Unternehmen
- der **optimale Einsatz der Mitarbeiter** in der Zukunft durch Kenntnis der Stellenanforderungen und Mitarbeiterqualifikationen
- die **Schaffung bestmöglicher Arbeitsbedingungen** für die Mitarbeiter in der Zukunft.

Die Personalplanung kann **dezentral** geschehen, indem sie von den Leitern der organisatorischen Einheiten erfolgt (z. B. den Fachabteilungen) oder **zentral**. Dabei wird sie von einer einzigen Stelle im Unternehmen vorgenommen, z. B. einer zentralen Personalabteilung (HR -Human Ressource)

In der Vergangenheit hat die **Bedeutung** der Personalplanung zugenommen und ist zu einem wesentlichen Bestandteil der Unternehmensplanung geworden. Ziele sind dabei:

- die richtigen Mitarbeiter
- zur richtigen Zeit
- mit den notwendigen Qualifikationen
- kostenoptimal verfügbar zu haben.

Die Personalplanung überführt die Ziele des Personalwesens und die festgelegte Personalpolitik in **Maßnahmen**. Sie trägt damit zur Erreichung der Unternehmensziele bei, deswegen ist sie verantwortungsbewusst durchzuführen. Als **Einflussgrößen**, welche die Personalplanung bestimmen, können unterschieden werden:

- **interne Einflussgrößen** bzw. **Determinanten**, z. B.:

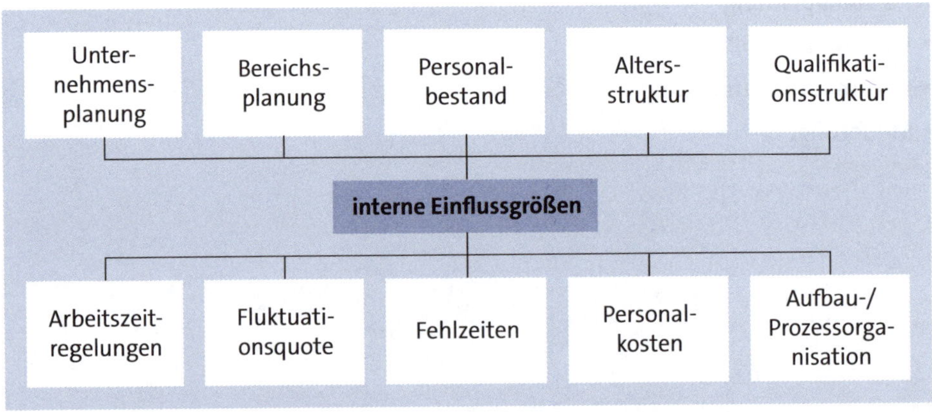

- **externe Einflussgrößen** bzw. **Determinanten**, z. B.:

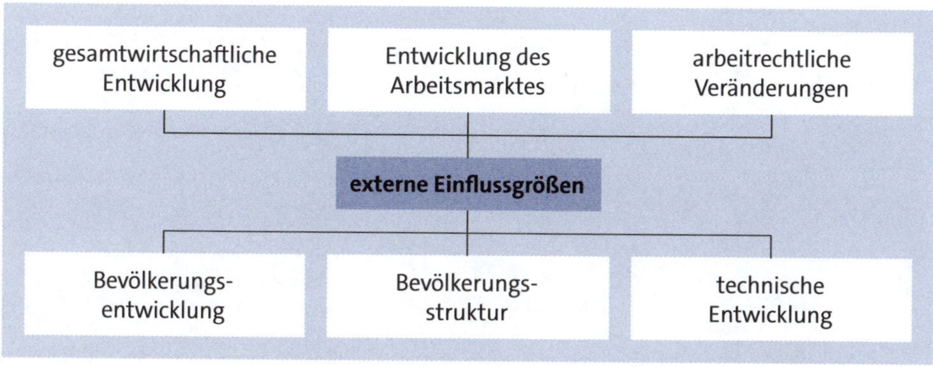

Nach § 92 Abs. 1 BetrVG hat der Arbeitgeber die Verpflichtung, den **Betriebsrat** über die Personalplanung, insbesondere über den gegenwärtigen und künftigen Personalbedarf sowie die sich daraus ergebenden personellen Maßnahmen rechtzeitig und umfassend zu unterrichten. Er muss mit dem Betriebsrat über Art und Umfang der erforderlichen Maßnahmen und über die Vermeidung von Härten beraten.

Bei der Personalplanung verfügt der Betriebsrat über **verschiedene Mitwirkungsrechte**. Das sind:

- Ein **Unterrichtungsrecht**, wonach der Arbeitgeber gemäß § 92 Abs. 1 Satz 1 BetrVG verpflichtet ist, den Betriebsrat insbesondere über den gegenwärtigen und künftigen Personalbedarf und die sich daraus ergebenden personellen Maßnahmen rechtzeitig und umfassend zu unterrichten.
- Ein **Beratungsrecht**, das sich aus § 92 Abs. 1 Satz 2 BetrVG ergibt. Danach ist der Arbeitgeber verpflichtet, mit dem Betriebsrat über Art und Umfang der erforderlichen Maßnahmen zu beraten. Der Arbeitgeber ist aber nicht verpflichtet, sich den Überlegungen des Betriebsrates anzuschließen.
- Ein **Vorschlagsrecht**, indem er nach § 92 Abs. 2 BetrVG Vorschläge zur Einführung und Durchführung einer Personalplanung unterbreiten darf. Der Arbeitgeber muss sich ernsthaft mit den Vorschlägen befassen, ist aber nicht verpflichtet, ihnen zu folgen.

Als **Arten** der Personalplanung sind ihrem Planungsgegenstand entsprechend zu unterscheiden (*Olfert, 2015*):

- Die **Personalbestandsplanung**, die Daten über das im Planungszeitpunkt vorhandene Personal liefert. Ihre Planung ist die Vorwegnahme des zukünftig verfügbaren Mitarbeiterpotenzials. Sie umfasst:
  - Die **qualitative Personalbestandsplanung**, welche in der Ermittlung der Fähigkeitsprofile der Mitarbeiter besteht. Sie umfassen die Fähigkeiten der Mitarbeiter als **Kenntnisse (Wissen), Fertigkeiten (Tun)** und **Erfahrungen**.

Somit kann das **Fähigkeitsprofil** für einen bestimmten Mitarbeiter z. B. folgendes Aussehen haben:

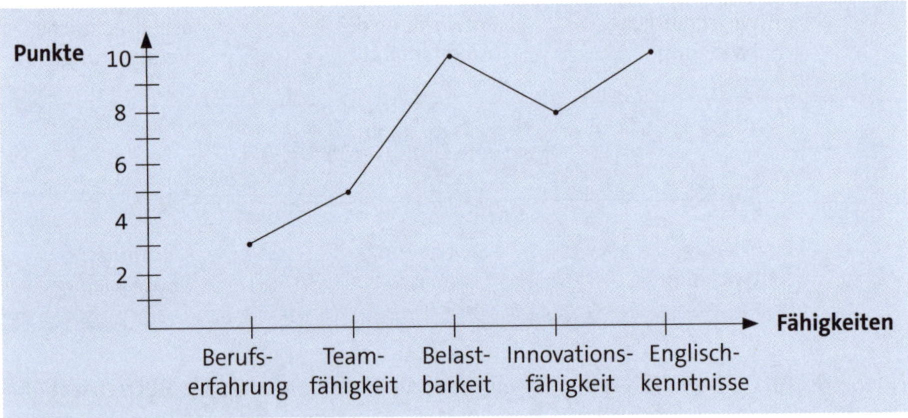

- Die **quantitative Personalbestandsplanung**, die „nach Köpfen" erfolgt, wobei sich der zukünftige Personalbestand zum Planungsstichtag ergibt, indem vom aktuellen Personalbestand ausgegangen wird und dieser um voraussichtlich erfolgende Personalzugänge sowie Personalabgänge angepasst wird:

$$B_Z = B_A + Z - A$$

B_Z = Zukünftiger Personalbestand
B_A = Aktueller Personalbestand
Z = Personalzugang
A = Personalabgang

Personalzugänge bzw. Personalabgänge stellen quantitative Personalveränderungen dar, die sein können:

Autonome Veränderungen	Sie umfassen alle Änderungen des Personalbestandes, auf welche das Unternehmen **keinen** oder **nur bedingten Einfluss** hat. Es gibt autonome Zugänge, wie die Rückkehr von Mitarbeitern von der Bundeswehr bzw. aus der Elternzeit und autonome Abgänge, wie Austritte wegen Kündigung durch Mitarbeiter oder Abgänge aufgrund von Pensionierung.
Initiierte Veränderungen	Sie sind vom Unternehmen selbst **beeinflussbar**, z. B. die Übernahme von Auszubildenden in ein Arbeitsverhältnis oder die Besetzung freigegebener Stellen als initiierte Zugänge bzw. Austritte z. B. aufgrund arbeitgeberseitiger Kündigung oder des Abschlusses von Aufhebungsverträgen als initiierte Abgänge.

Der Planung des Personalbestandes steht die Planung des Personalbedarfes gegenüber, die auf das zukünftige vorzuhaltende Stellenpotenzial ausgerichtet ist.

- Die **Personalbedarfsplanung** liefert die Daten über die Anzahl und Qualifikation von Unternehmen künftig benötigter Mitarbeiter. Sie ist für das Unternehmen **von besonderer Wichtigkeit**, weil sowohl ihr Leistungsprofil als auch die Höhe ihrer Personalkosten damit festgelegt werden. Planungsfehler, die bei der Personalbedarfsplanung gemacht werden, sind besonders schwerwiegend. Zu unterscheiden sind:

- Die **qualitative Personalbedarfsplanung**, bei der Anforderungsprofile erstellt werden, denen die Mitarbeiter zum Planungszeitpunkt gerecht werden sollen. Sie beschreiben die geistigen und körperlichen **Anforderungen**, die für die Besetzung einer jeden Stelle gefordert werden. Danach kann ein Anforderungsprofil für eine bestimmte Stelle sich z. B. wie folgt darstellen:

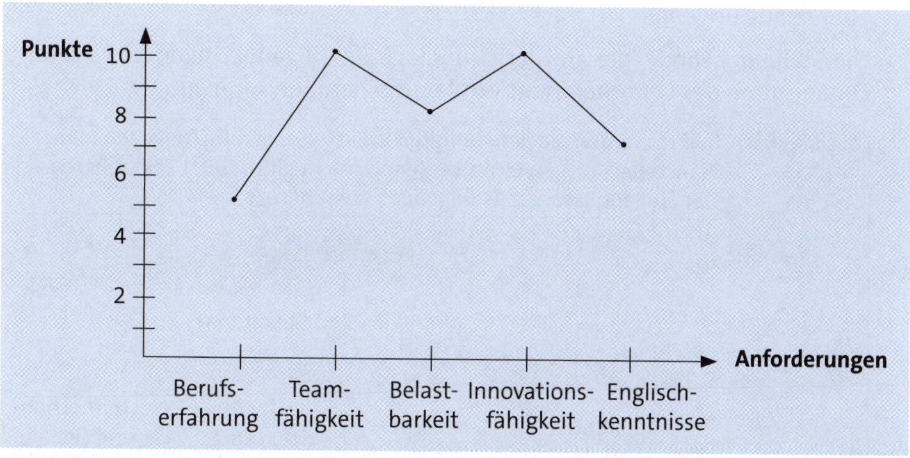

Für die Ermittlung des qualitativen Personalbedarfes sind grundsätzlich die **Stellenbeschreibungen** (siehe S. 40) als Ausgangspunkte anzusehen. In einfachen Fällen reichen ggf. auch berufliche Klassifizierungen aus.

- Die **quantitative Personalbedarfsplanung** bezieht sich sowohl auf den Brutto-Personalbedarf als auch auf den Netto-Personalbedarf, deren Merkmale sind:

1. Der Bruttopersonalbedarf wird errechnet:

	Gegenwärtig vorhandene Stellen (Ist Bestand)
+	Anzahl neuer Bedarfsstellen im Planungszeitraum
-	Anzahl der entfallenden Stellen im Planungszeitraum
=	Bruttopersonalbedarf

2. Der fortgeschriebene Personalbestand wird berechnet:

	Gegenwärtiger Personalbestand
+	Anzahl feststehender Personalzugänge
-	Anzahl der feststehenden Personalabgänge
=	fortgeschriebener Personalbestand

3. Der quantitative Personalbedarf errechnet sich dann:

	Bruttopersonalbedarf
-	fortgeschriebener Personalbestand
=	Nettopersonalbedarf (zu beschaffen oder freizusetzen)

Abb. „Die Prüfung der Betriebswirte“ *Bundle/Ernst*

Verfahren, die zur Ermittlung des Personalbedarfes herangezogen werden können, sind z. B.:

- **Schätzungen** aufgrund von Erfahrungswerten der Vergangenheit, die von Experten oder kostenstellenverantwortlichen Führungskräften erfolgen können. Sie werden insbesondere in kleinen und mittleren Unternehmen häufig vorgenommen, sind aber relativ ungenau.
- Die **Stellenmethode**, die auf der Grundlage der gegenwärtigen und zukünftigen Organisation des Unternehmens erfolgt und beruhen kann auf:

<table>
<tr><td rowspan="2">Stellenplan</td><td>In ihm werden die genehmigten und zur Besetzung freigegebenen Planstellen ausgewiesen, die jedoch nicht alle besetzt sein müssen.
Der Stellenplan hat z. B. folgendes Aussehen:</td></tr>
<tr><td>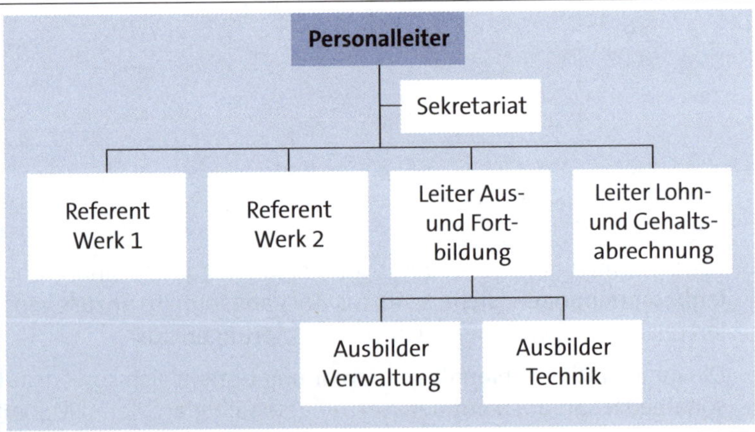
</td></tr>
<tr><td rowspan="2">Stellenbesetzungsplan</td><td>Darin werden die verfügbaren Stellen (des Stellenplanes) den Mitarbeitern zugeordnet, welche diese Stellen innehaben. Vielfach enthält der Stellenbesetzungsplan noch weitere Angaben über die Namen der Stelleninhaber hinaus, z. B. Vollmacht, Eintrittsjahr, Geburtsjahr, Lohngruppe.</td></tr>
<tr><td>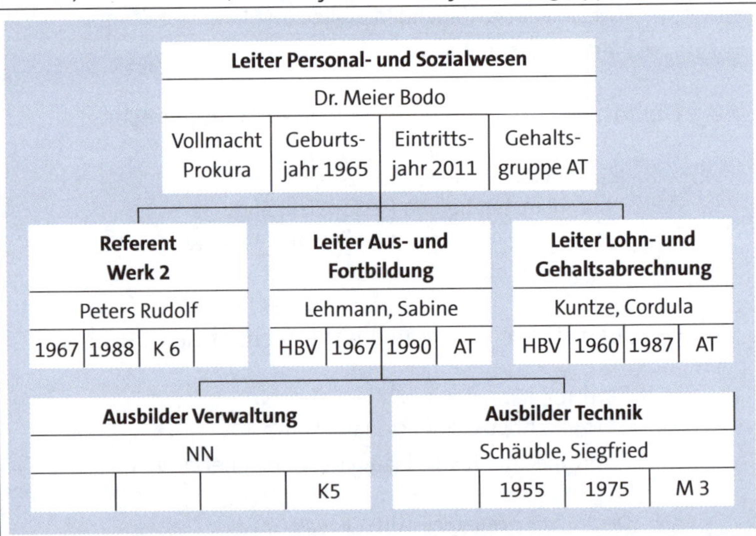
</td></tr>
</table>

Bei der Stellenmethode wird vom aktuellen Stellenbedarf ausgegangen, der systematisch fortgeschrieben werden muss. Um den Personalbedarf ermitteln zu können, ist von den übrigen Planungen des Unternehmens auszugehen, z. B. dem Umsatz und der Produktion. Auf der Grundlage dieser Planungszahlen müssen von den Kostenstellenverantwortlichen daraufhin **Schätzungen** vorgenommen werden, die den Personalbedarf betreffen.

- Die **Personalbemessungsmethode**, die auch als **Kapazitätsrechnung** bezeichnet wird. Sie basiert auf drei Elementen, die sind:

Arbeits-erfordernisse	Sie müssen zunächst ermittelt werden. Je nach Detaillierung kommen grundsätzlich in Betracht: ► **Arbeitsgänge** als genaueste Gliederung ► **Arbeitsaufgaben** als grobe Gliederung ► **Arbeitsbereiche**, die jedoch für eine differenzierte Kapazitätsrechnung ungeeignet sind.
Arbeits-zeiten	Sie sind für die einzelnen Arbeitsgänge bzw. die einzelnen Arbeitsaufgaben festzustellen mithilfe von: ► **Istzeit-Ermittlungen,** z. B. Zeitschätzung, Zeitaufnahme ► **Systemen vorbestimmter Zeiten** ► **Simulation** (weniger bedeutend).
Vorgangs-mengen	Sie werden in Abhängigkeit von der Gliederungstiefe der Arbeitserfordernisse ermittelt, z. B. als Aufträge, Pakete, Rechnungen und können sich auf Durchschnitts-, Minimal- oder Maximalmengen beziehen.

Der **Kapazitätsbedarf** lässt sich durch die Multiplikation von notwendigen Arbeitszeiten und Vorgangsmengen errechnen. Der **Personalbedarf** ergibt sich:

$$\text{Personalbedarf} = \frac{\text{Arbeitzeit pro Arbeitsgang/Arbeitsaufgabe} \cdot \text{Vorgangsmenge}}{\text{Arbeitszeit pro Mitarbeiter}}$$

Beispiel

Bei einem Achtstunden(arbeits-)tag ergibt sich folgender Personalbedarf:

Arbeitsgang	**Arbeitszeit Min./Vorgang**	**Vorgangsmenge Stck./Tag**	**Kapazitätsbedarf Std./Tag**	**Personalbedarf MA**
Pakete packen	3,0	480	24	3,0
Adressen schreiben	0,5	480	4	0,5
.	.	.	.	.
.	.	.	.	.
.	.	.	.	.
Personalbedarf				...

Bei dem vorliegend ermittelten Personalbedarf handelt es sich um einen **Netto-Personalbedarf**. Um zum **Brutto-Personalbedarf** zu gelangen, ist ein Zuschlag erforderlich, z. B. für Urlaub und Krankheit, bei denen vom Mitarbeiter keine Leistungen erbracht werden.

- Die **Kennzahlenmethode**, bei der – im Gegensatz zur Personalbemessungsmethode – vom Personalbedarf für eine bestimmte Vorgangsmenge ausgegangen wird. So wird der Personalbedarf im Groß- und Einzelhandel häufig auf der Grundlage des Pro-Kopf-Umsatzes pro Jahr festgelegt, der z. B. sein kann:

• Supermärkte		200 Tsd. €
• Verbrauchermärkte		260 Tsd. €
• SB-Warenhäuser		280 Tsd. €
• ab 5.000 qm	bis	350 Tsd. €

Beispiel

Der Umsatz eines Supermarktes lag in den letzten drei Jahren bei 2,08 Mio. €. Für das kommende Jahr wird eine Steigerung auf 2,5 Mio. € erwartet. Dementsprechend steigt der Personalbedarf von 2.080 : 200 = 10,4 Mitarbeitern auf 2.500 : 200 = 12,5 Mitarbeiter.

Da die Kennzahlenmethode einfach gestaltet ist, sind ggf. Besonderheiten der Arbeitsplätze durch **Korrekturfaktoren** zu berücksichtigen.

Weitere Verfahren zur Ermittlung des Personalbedarfes finden sich bei *Olfert*.

► Die **Personaleinsatzplanung** ist die Vorwegnahme des Personalgeschehens im Hinblick auf die **Zuordnung der Mitarbeiter** auf Stellen bzw. Arbeitsplätze. Dazu werden die Daten der Personalbestandsplanung und der Personalbedarfsplanung verwendet. Als Personaleinsatzplanung gibt es:

- Die **qualitative Personaleinsatzplanung**, die den Vergleich von Anforderungsprofilen und Fähigkeitsprofilen der Mitarbeiter zum Planungszeitpunkt umfasst. Aus den oben (S. 29 f.) beispielhaft dargestellten Profilen ergeben sich **Unterforderungen** und **Überforderungen** des betrachteten Mitarbeiters:

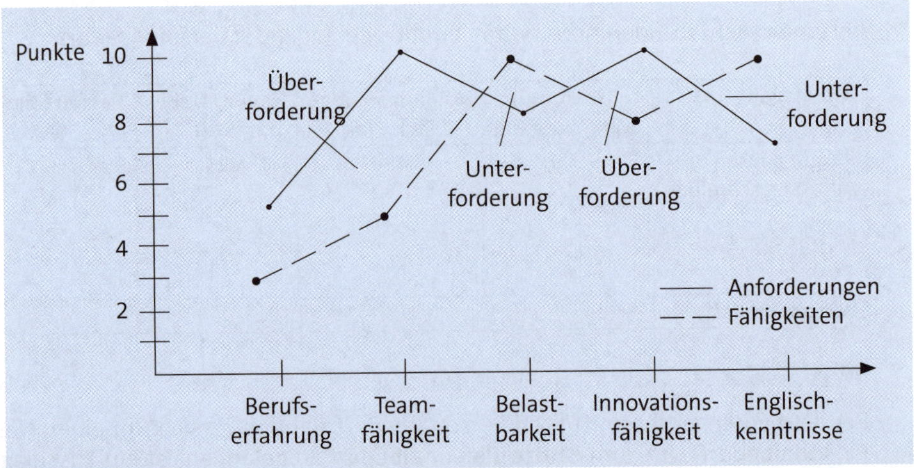

- Die **quantitative Personaleinsatzplanung**, die in der Gegenüberstellung des voraussichtlich zum Vergleichszeitpunkt gegebenen Personalbestandes mit dem zu erwartenden Personalbedarf als der Zahl benötigter Stellen bzw. Arbeitsplätze besteht. Ist der künftige Personalbestand größer als der künftige Stellenbestand, sind Maßnahmen der **Personalfreistellung** zu ergreifen, im umgekehrten Falle muss **Personalbeschaffung** erfolgen.

Schließlich ist es im Rahmen der Personaleinsatzplanung auch erforderlich, eine **zeitliche Planung** des Personaleinsatzes vorzunehmen, die alle Anfangstermine, Zwischentermine und Endtermine des Einsatzes der Mitarbeiter umfasst.

► Die **Personalveränderungsplanung** dient dazu, personelle Veränderungen vorzubereiten, die sich aufgrund der Ergebnisse der Personaleinsatzplanung als erforderlich erweisen. Dementsprechend kann sie sein:

- Eine **Personalbeschaffungsplanung**, wenn künftig ein höherer Personalbedarf gegeben ist als der zu erwartende Personalbestand. Die quantitative Planung ist qualitativ zu ergänzen, z. B. durch Profile bzw. Klassifizierungen.
- Eine **Personalfreistellungsplanung**, wenn der künftige Personalbestand den erwarteten Personalbedarf übersteigt. Sie kann auch notwendig werden, wenn qualitative Aspekte dies erfordern.

Anstelle einer zu planenden **Personalveränderung** in Form einer Personalbeschaffung oder Personalfreistellung, gegebenenfalls auch in Ergänzung dazu, kann es möglich sein, dass Maßnahmen der **Personalentwicklung** angezeigt sind:

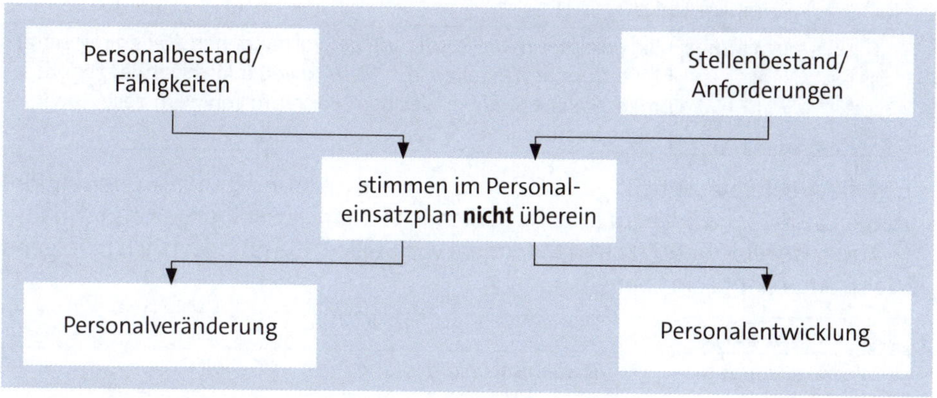

Die **Personalentwicklungsplanung** stellt die Vorwegnahme der zukünftigen Gestaltung, der Erhaltung und Verbesserung der Qualifikation von Mitarbeitern dar. Sie umfasst zwei **Ausrichtungen**:

- Die **Bildungsplanung**, die sich mit der Planung der beruflichen Bildung befasst. Sie hat Vorsorge zur Deckung des qualitativen Personalbedarfs in allen Bereichen eines Unternehmens zu treffen, der sich aus der qualitativen Personaleinsatzplanung ergibt, wenn die Anforderungsprofile der Stellen bzw. Arbeitsplätze zum Vergleichszeitpunkt größer als die Fähigkeitsprofile der Mitarbeiter sind.

  Die Dokumentation der Personalentwicklungsplanung erfolgt in Personalentwicklungsplänen, die auch als **betriebliche Bildungspläne** bezeichnet werden. Sie können Ausbildungspläne, Fortbildungspläne oder Umschulungspläne sein. Als **Fortbildungspläne** lassen sich unterscheiden:

Standard-Entwicklungspläne	Sie werden sowohl für Mitarbeiter in **bestimmten Hierarchiestufen** (z. B. Abteilungsleiter, Gruppenleiter, Industriemeister) als auch für Mitarbeiter mit bestimmten **gleichartigen Aufgabenstellungen** (z. B. Bilanzbuchhalter, Personalreferenten, Verkäufer) angeboten.
Individual-Entwicklungspläne	Sie werden auf einzelne namentlich bestimmte Mitarbeiter bezogen, die bei der Ausarbeitung ihrer persönlichen Entwicklungspläne aktiv beteiligt werden sollten.

- Die **Förderungsplanung**, mit der einzelne Mitarbeiter gefördert, aber auch die Arbeitsplätze in der Zukunft optimal besetzt werden sollen. Zur Förderungsplanung zählen z. B.:

Einarbeitungsplanung (Onboarding)	Mit ihrer Hilfe sollen alle für die Einarbeitung neuer Mitarbeiter notwendigen Aktivitäten gedanklich, sowohl zeitlich als auch sachlich, vorweggenommen werden – siehe auch S. 117.
Laufbahnplanung	Sie zeigt die grundsätzliche Abfolge von Stellen auf, die ein Mitarbeiter während seiner beruflichen Entwicklung einnehmen kann. Mit ihrer Hilfe kann **Motivation** bei Mitarbeitern ausgelöst, aber auch **Frustration** bewirkt werden, wenn die berufliche Entwicklung sich nicht wie geplant bzw. zu langsam realisiert – siehe ausführlicher S. 61 f.
Besetzungsplanung	Sie erfolgt, um die Besetzung der vorhandenen Stellen mit Mitarbeitern sicherzustellen, d. h. es wird gedanklich vorweggenommen, **welche Stelle** in welchem Zeitraum von wem besetzt wird – siehe ausführlicher S. 36.

Um die Arbeitsplätze richtig besetzen zu können, müssen sie in alle ihren Anforderungen umfassend bekannt sein. Dazu dienen **Stellenbeschreibungen** als formalisierte Ausweise aller wesentlichen Merkmale von Stellen, die grundsätzlich in folgender Weise aufgebaut sein können:

Stellenbeschreibung	
Stellenbezeichnung	*Personalsachbearbeitung I – Lohn/Gehalt*
Stelleneinordnung	
Unterstellung	*Personalleiter*
Überstellung	–
Stellenaufgaben	*Lohn- und Gehaltsabrechnung*
Stellenziele	*Vorbereitung Lohn-/Gehaltsabrechnung*
Stellenbefugnisse	*Einsichtnahme in abrechnungsrelevante Personaldaten*
Stellenverantwortung	*Vorbereitung der Lohn-/Gehaltsabrechnung*
Stellenvertretung	
Vertritt	–
Wird vertreten	*Personalsachbearbeitung II – Lohn/Gehalt*

Stellenbeschreibung	
Stellenanforderungen	
Ausbildung	*Kaufm. Ausbildung*
Erfahrung	*1 Jahr Abrechnungswesen*
Kenntnisse	*Abrechnungssystem, Sozialversicherung, Gehaltswesen*

► Schließlich hat die **Personalkostenplanung** eine überragende Bedeutung. Personalkosten umfassen alle Leistungen des Unternehmens, die den Mitarbeitern direkt oder indirekt, geldlich oder geldwert gewährt werden. Sie werden auch als **Arbeitskosten** bezeichnet und setzen sich aus dem Entgelt und weiteren Leistungen zusammen, z. B. Pflichtbeiträge zur Renten-, Kranken-, Arbeitslosen-, Pflege-, Unfallversicherung. Dementsprechend sind zu unterscheiden:

Personalbasiskosten	Sie stehen in unmittelbarem Zusammenhang mit der Leistungserstellung.
Personalzusatzkosten	Sie gehen über die Personalbasiskosten hinaus und machen derzeit vielfach mehr als 80 % dieser Kosten aus. Für ihre Gewährung sind gesetzliche Vorschriften und tarifliche Regelungen maßgeblich. Sie werden aber auch freiwillig von Unternehmen gewährt.

Bei industriellen Unternehmen betragen die Personalkosten etwa 20 %-40 % der Gesamtkosten.

Zur Sicherung der Wettbewerbsfähigkeit muss die **Planung** der Personalkosten deshalb sehr sorgfältig vorgenommen werden. Sie erfolgt auf der Grundlage:

- des geplanten **zukünftigen Personalbestandes** mit seinen erwarteten strukturellen und qualifikatorischen Gegebenheiten
- der **erwarteten Lohnentwicklung**, die u. a. durch Tarife bestimmt wird.

► Das Ergebnis der Personalkostenplanung ist häufig die Festlegung eines **Personalkostenbudgets**, das ein Gesamtbudget sein oder aus mehreren Teilbudgets für die einzelnen personalwirtschaftlichen Funktionen bestehen kann.

1.2.1.2.2 Personalkontrolle

Die Personalkontrolle schließt sich der Planung und der darauffolgenden Durchführung bzw. Gestaltung personalwirtschaftlicher Maßnahmen an. Mit ihr können die Wirksamkeit personalwirtschaftlicher Maßnahmen, die Ursachen für Veränderungen sowie der Zielerreichungsgrad einzelner Bereiche festgestellt und daraus notwendige Handlungsanweisungen zur Verbesserung der aktuellen Situation abgeleitet werden.

Bei Durchführung der Personalkontrolle soll das **Prinzip der Humanität** unbedingt beachtet werden. Als **Maßnahmen** der Kontrolle sind zu unterscheiden:

- Die **Überwachung**, die eher vergangenheitsorientiert ist, d. h. es werden die **Ist-Werte** und die Differenzen zu den **Soll-Werten** ermittelt, z. B. bei Kennzahlen zur Fluktuation oder zu Fehlzeiten.
- Die **Untersuchung**, die vergangenheits- und zukunftsorientiert ist. Darin werden die Soll-Ist-Abweichungen der Vergangenheit einer **Analyse** unterzogen.

Die personalwirtschaftliche Kontrolle kann auf verschiedenen **Ebenen** erfolgen. Dementsprechend gibt es:

- Die **unternehmensorientierte Personalkontrolle**, die von der Unternehmensleitung ausgeht, z. B. Gewinnung strategischer Frühwarninformationen oder Überwachung des personalwirtschaftlichen Rechnungswesens.
- Die **bereichsorientierte Personalkontrolle**, die durch den Bereichsleiter erfolgt, z. B. die Überwachung der Einhaltung vereinbarter Arbeitszeiten. Sie trägt zur taktischen Optimierung der Arbeit in den Bereichen bei.
- Die **gruppenorientierte Personalkontrolle**, die durch den Gruppenleiter vorgenommen wird, z. B. die Fremdkontrolle im Rahmen des Gruppenakkordsystems. Ein Gruppenleiter prüft, ob die operativen Regelungen eingehalten werden.
- Die **individualorientierte Personalkontrolle**, z. B. durch Abgabe nummerierter Kontrollmarken beim Pförtner, Zeiterfassung über eine Kontrolluhr (gleitende Arbeitszeit), Kontrolle von Behältnissen (Taschen) beim Betreten und Verlassen des Unternehmens. Im kooperativen Führungsstil kann diese Kontrolle auch in Form einer Selbstkontrolle stattfinden.

1.2.1.2.3 Informationsversorgung

Die Versorgung des Unternehmens und seiner Funktionsbereiche mit aktuellen Daten, stellt eine elementare Grundlage des Controllings dar. Sie umfasst:

Bedarfsermittlung	Welche Informationen werden in welcher Qualität, in welchem Umfang, zu welcher Zeit, von welchen Mitarbeitern benötigt? Werden die Informationen periodisch benötigt (Berichtsinformationen) oder weisen Daten im Rahmen das Soll-/ Ist-Analyse Abweichungen auf (Steuerungsinformationen)?
Informationsbeschaffung	Können Informationen unternehmensintern beschafft werden (z. B. Lohndaten, Mitarbeiterstammdaten) und sind diese aktuell oder müssen Daten erst beschafft werden (z. B. Lohnentwicklungen)?
Informationsaufbereitung	Verknüpfung, Verdichtung und empfängergerechte Aufbereitung der Informationen.
Informationsweiterleitung	Zeitnahe und zielgerichtete Weiterleitung der Informationen über unternehmensinterne und externe Kommunikationskanäle, unter Beachtung der Zugriffsrechte und des Datenschutzes.

Der Einsatz von IT-Technologien im Rahmen der Informationsversorgung wird im Unternehmen zum strategischen Erfolgsfaktor. Ziele sind

- die Verbesserung des Informationsflusses, z. B. durch ein firmeneigenes Intranet oder internes Wikipedia
- effektive und kostenoptimierte Personalbeschaffung (***E-Recruiting***)
- IT-basierte Personalentwicklung (***E-Learning***)
- Telearbeit und Homeoffice durch moderne Kommunikationsstrukturen
- IT-basierte Personalbetreuung und -verwaltung (***digitale Personalakte***) und Zeiterfassung (z. B. ***Employee Self Service***)
- dialogfähige Personalabrechnungssysteme durch Schnittstellen zu anderen Softwaretools
- elektronisch unterstütztes (Personal-)controlling zur vereinfachten Darstellung von Kennzahlen und Entwicklungen.

1.2.1.2.4 Steuerung

Die Steuerung des Personalgeschehens erfolgt auf der Basis der Kontrollergebnisse, z. B. als Verringerung der Fehlzeiten oder der Fluktuation bzw. als Verbesserung der Produktivität. Sie kann durchgeführt werden als:

- **Vorsteuerung**, bei der die Steuerung **vor** dem Eintritt von Störungen zukunftsbezogen und inputorientiert aufgrund von **Frühwarnindikatoren** geschieht, z. B. durch vorbeugende Maßnahmen der Personalentwicklung. Durch einen permanenten Soll-Ist-Vergleich können Maßnahmen frühzeitig ergriffen und Risiken begrenzt werden.
- **Nachsteuerung**, wobei vergangenheitsbezogen gesteuert wird, d. h. **nach** Eintritt einer Störung und outputorientiert, z. B. durch Maßnahmen der Personalentwicklung als Konsequenz aus einem als fehlerhaft erkannten Arbeitsverhalten.

Nach Möglichkeit sollte der Vorsteuerung gegenüber der Nachsteuerung der Vorzug gegeben werden, um Probleme frühzeitig abzuwenden bzw. zu minimieren.

Aufgabe 2 > Seite 263

1.2.2 Kernaufgaben

Die Kernaufgaben sind die Aufgaben der einzelnen funktionalen Bereiche der Personalwirtschaft. Sie erstrecken sich auf:

- Die **Personalbeschaffung**, die sich mit der Bereitstellung der für das Unternehmen erforderlichen Arbeitskräfte in qualitativer, quantitativer, zeitlicher und örtlicher Hinsicht befasst. Sie bezieht sich vor allem auf siehe >>Kapitel B.:
  - Beschaffungswege
  - Bewerbung

- Auswahl
- Arbeitsvertrag.

- Den **Personaleinsatz**, der mit der Aufnahme der Tätigkeit eines Mitarbeiters im Unternehmen beginnt und mit seinem Ausscheiden aus dem Unternehmen endet. Er ist insbesondere gerichtet auf siehe >> Kapitel C.:

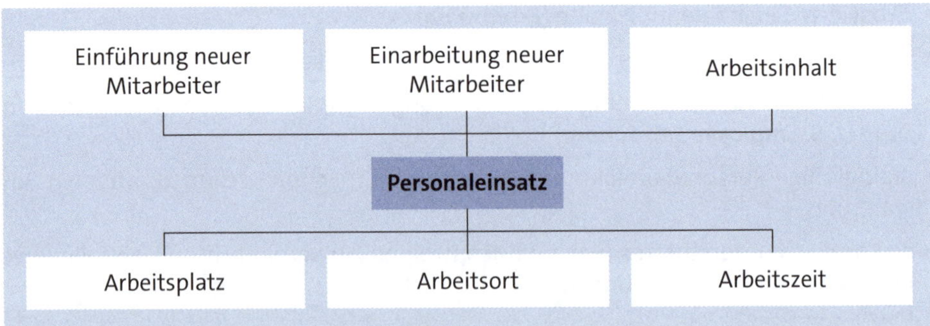

- Die **Personalentlohnung**, die alle Maßnahmen umfasst, die mit der Bereitstellung finanzieller Leistungen eines Unternehmens an bzw. für seine Arbeitnehmer als Gegenleistung für die von ihnen erbrachten Arbeitsleistungen zusammenhängen. Bei ihr geht es vorrangig um siehe >> Kapitel E.:

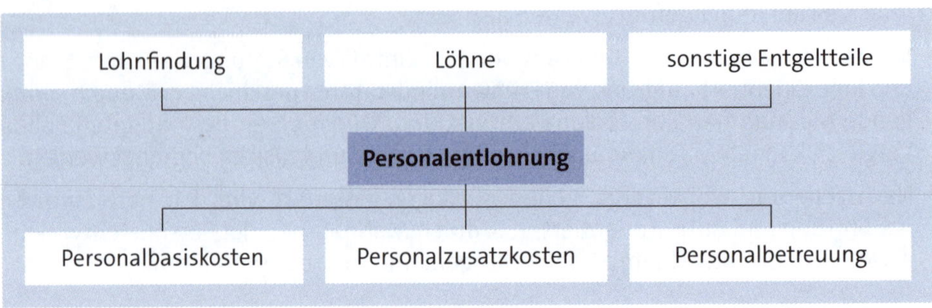

- Die **Personalentwicklung**, die der Erhaltung und Verbesserung der Mitarbeiterqualifikation dient. Sie fördert die Leistungsfähigkeit sämtlicher im Unternehmen tätiger Mitarbeiter durch siehe >> Kapitel F.:

Personalbildung	**Personalförderung**
► Ausbildung ► Fortbildung ► Umschulung	► Fördergespräch ► Coaching/Mentoring ► Job Enlargement/Enrichment ► Laufbahn-/Nachfolgeplanung

- Die **Personalfreistellung**, mit der eine personelle Überdeckung in quantitativer, qualitativer, zeitlicher und örtlicher Hinsicht abgebaut wird. Dies ist möglich als siehe >> Kapitel G.:

Interne Personalfreistellung	Externe Personalfreistellung
► Abbau von Mehrarbeit	► Ordentliche Kündigung
► Flexibilisierung der Arbeitszeit	► Außerordentliche Kündigung
► Einführung von Kurzarbeit	► Aufhebungsvertrag
► Versetzung/Umsetzung	► Outplacement
► Änderungskündigung	► Abschließende Maßnahmen

- Die **Personalverwaltung**, in der administrative, routinemäßige Daueraufgaben zusammengefasst werden, die sich auf die Arbeitnehmer beziehen. Sie reichen vom Personalzugang über Personalveränderungen bis zum Personalabgang. Damit befasst sich die **Personalabteilung**, die auch Gestaltungsaufgaben hat. Aufgaben und Instrumente der Personalverwaltung sind vor allem siehe >> Kapitel H.:

Aufgaben	Instrumente
► Beschaffungsbezogene Aufgaben	► Personalakte
► Einsatzbezogene Aufgaben	► Personalkartei
► Entlohnungsbezogene Aufgaben	► Personaldatei
► Betreuungsbezogene Aufgaben	► Personalhandbuch
► Entwicklungsbezogene Aufgaben	► Personalstatistik
► Freistellungsbezogene Aufgaben	► Personalinformationssystem

Mithilfe der Personalverwaltung können sowohl die Rahmenaufgaben als auch die zuvor genannten Kernaufgaben gestaltet werden.

Das Personalcontrolling unterstützt durch die Definition, Erhebung und Auswertung personalrelevanter Kennzahlen grundlegende Entscheidungen im Personalbereich und erfüllt dabei folgende Funktionen:

Funktion	Erläuterung
Informationsfunktion	Erhebung und Bereitstellung notwendiger Informationen als Entscheidungsgrundlage personalwirtschaftlicher Ausrichtungen.
Planungsfunktion	Vorausplanen zukünftiger Entwicklungen im Personalbereich und Koordination mit anderen Planungsbereichen im Unternehmen.
Steuerungsfunktion	Begleitende Steuerung personalwirtschaftlicher Prozesse zur Erhöhung der Effizienz, Erstellen von Abweichungsanalysen und Erarbeiten von Maßnahmen.
Kontrollfunktion	Bewertung der Zielerreichung und Wirtschaftlichkeit personalpolitischer Entscheidungen.

Aufgabe 3 > Seite 263

2. Personalabteilung

Die Personalabteilung ist eine Organisationseinheit im Unternehmen, die sich mit mitarbeiterbezogenen Gestaltungs- und Verwaltungsaufgaben befasst. Synonym wird sie auch als **Personalwesen** oder **Personalstelle** bezeichnet. In Zusammenarbeit mit den Führungskräften anderer betrieblicher Abteilungen werden die personalwirtschaftlichen Aufgaben, in enger Abstimmung mit der Unternehmensleitung und dem Betriebsrat, definiert und umgesetzt. Dabei kann die Organisation personalwirtschaftliche Aufgaben wie folgt aufgebaut sein:

- eigenverantwortlich von den Fachabteilungen (integriert)
- im Zusammenwirken von Personalabteilung und den Fachabteilungen
- autonom von der eigenständigen Personalabteilung.

Kennzeichen einer modern ausgerichteten Personalabteilung ist die **Kundenorientierung**, die Führungskräfte und Mitarbeiter des Unternehmens als interne Kunden betrachtet, denen sie Dienstleistungen erbringt. Dabei wirkt Sie als Unterstützer, Berater und Moderator mit dem Anspruch der Kundennähe und einem hohen Servicegedanken.

Die Kundenorientierung der Personalabteilung ist u. a. durch Nutzung verschiedener **Organisationskonzepte** möglich, z. B.:

Organisationskonzept	Erläuterung
Cost-Center	Definierte personalwirtschaftliche Leistungen und Aufgaben werden im Rahmen festgelegter **Kosten – Budgets** erbracht.
Service-Center	Die Personalabteilung erbringt, als abgegrenzte organisatorische Einheit, eindeutig definierte Aufgaben unter dem Aspekt des **Servicegebers** für interne Servicenehmer (Mitarbeiter, Führungskräfte) und externe Gruppen (Krankenkassen usw.).
Profit-Center	Wird die Personalabteilung als Profit-Center geführt, müssen alle angebotenen Leistungen zu marktüblichen Preisen definiert und (intern) verrechnet werden. Somit trägt die Leitung der Personalabteilung nicht nur **Kosten-** sondern auch **Ertragsverantwortung**.
Wertschöpfungs-Center	Als Kombination aus Cost-Center und Profit-Center wird die Personalabteilung als strategische Geschäftseinheit verstanden, die dazu dient, als **Unternehmen im Unternehmen** eigenständig und selbstverantwortlich kostenbewusste und kundenorientierte Personaldienstleistungen bereitzustellen (*Berthel/Becker,2017*).

Der Managementansatz, der eine umfassende Ausrichtung der Personalabteilung auf vorhandene und potenzielle Kundenbeziehungen vorsieht, wird als **Customer Relationship Management** (CRM) bezeichnet. Es erfordert, die ausschließliche Funktionsorientierung zu Gunsten einer **Prozessorientierung** aufzugeben siehe S. 53.

Der Personalabteilung wird in der Regel auch das **Sozialwesen** zugeordnet, sofern es als eigene Organisationseinheit im Unternehmen vorhanden ist. Der Grund liegt darin, dass die Aufgaben beider Bereiche eng verwoben sind. Es befasst sich mit den betrieblichen Sozialleistungen.

Die Personalabteilung wird vom **Personalleiter** geführt, dessen Aufgabe es insbesondere ist, die sozialen Beziehungen zu gestalten, auf Sozialleistungen und Sozialeinrichtungen Einfluss zu nehmen, die Personalführung zu bestimmen und ggf. Sonderbereiche zu betreuen, z. B. den Datenschutzbeauftragten.

Die **organisatorische Gestaltung** der Personalabteilung erfolgt unter vier Gesichtspunkten. Das sind:

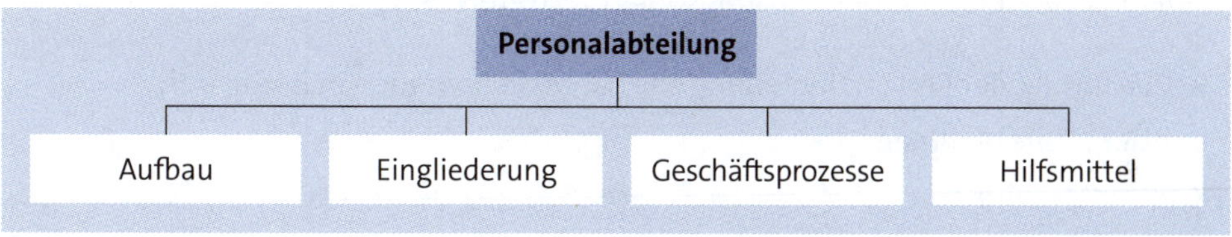

Die organisatorische Eingliederung des Personalwesens in die Aufbauorganisation stellt die hierarchische Einordnung in die Unternehmensstruktur dar und ist dauerhaft angelegt, und kann beispielsweise funktional erfolgen:

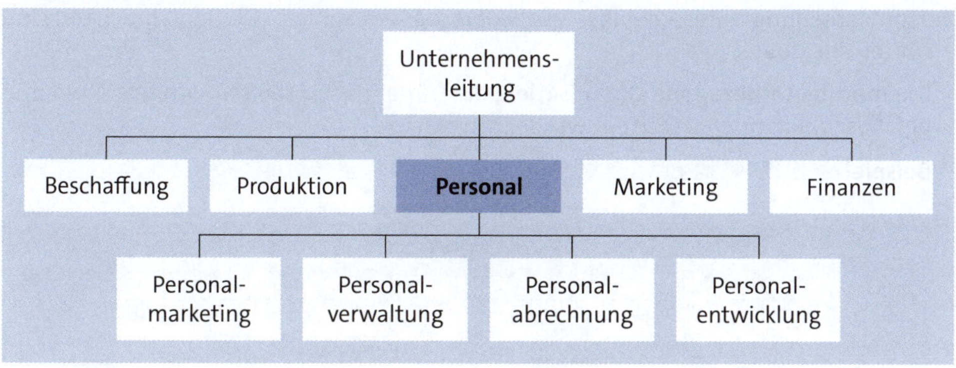

Die Definition der personalwirtschaftlichen Prozesse erfolgt im Rahmen der Ablauforganisation und kann eingebettet in das Qualitätsmanagement des Unternehmens (DIN EN ISO 9000 ff.) erfolgen.

2.1 Aufbau

Der Aufbau der Personalabteilung kann unterschiedlich gestaltet sein:

- In **kleinen Unternehmen** werden die personalbezogenen Aufgaben vom Unternehmer oder vom kaufmännischen Leiter, allenfalls – aber eher selten – von einer Personalstelle wahrgenommen.
- In **mittleren Unternehmen** gibt es häufig eine relativ klein dimensionierte Personalabteilung, die nur ausnahmsweise ein in der Unternehmensleitung vertretener Bereich ist. Die Stellen in der Personalabteilung können unterschiedlich gegliedert sein, wie unten gezeigt wird.
- In **großen Unternehmen** findet sich eine Personalabteilung als Organisationseinheit, die mehrere personalbezogene Bereiche umfasst. Sie sollte im Vorstand oder in einem entsprechenden Geschäftsführungsorgan vertreten sein.

Die Gliederung der Personalabteilung soll dargestellt werden in Bezug auf:

- **mittlere Unternehmen**
- **Großunternehmen.**

2.1.1 Mittlere Unternehmen

Die Personalabteilung im mittleren Unternehmen ist vielfach eine Abteilung, die von einem **Personalleiter** als Abteilungsleiter geführt wird, wobei die Stellen innerhalb der Personalabteilung unterschiedlich gegliedert werden können. Dementsprechend sind zu unterscheiden:

- Die **mitarbeiterbezogene Organisation**, die früher nach Arbeitern, Angestellten und ggf. Auszubildenden unterteilt wurde.

Beispiel

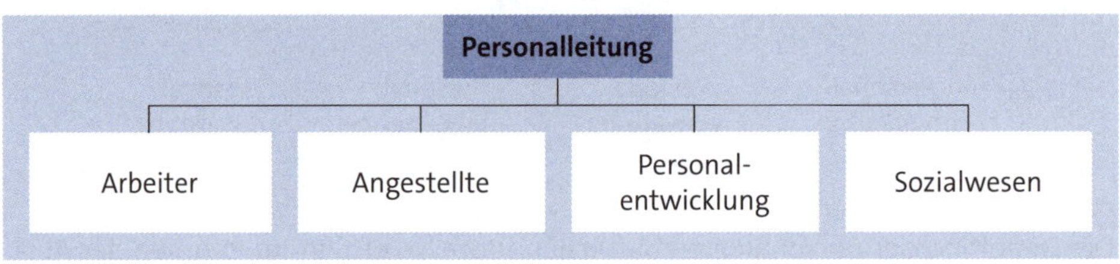

Da die Unterschiede zwischen Arbeitern und Angestellten in den letzten Jahren insbesondere unter arbeitsrechtlichen Gesichtspunkten immer geringer geworden sind, bietet es sich schon geraume Zeit nicht mehr an, die Organisation in dieser Weise mitarbeiterbezogen zu gestalten.

- Die **aufgabenbezogene Organisation**, durch welche die mitarbeiterbezogene Organisation vielfach abgelöst wurde, insbesondere weil die personalwirtschaftlichen Aufgaben eine deutliche Erweiterung erfuhren und komplexer wurden.

Beispiel

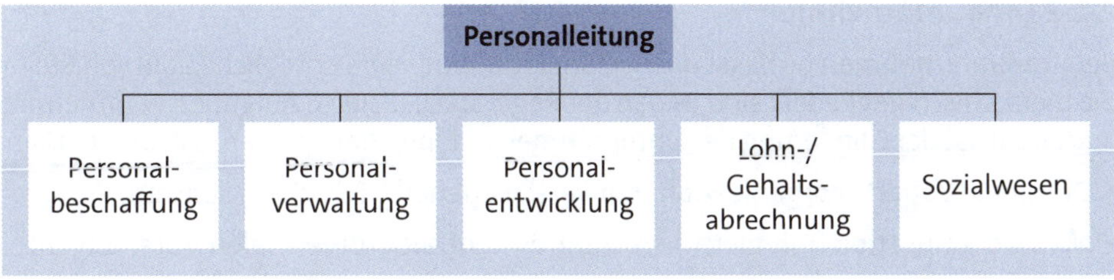

Mit der Bildung aufgabenbezogener bzw. funktionaler **Spezialbereiche** konnten die Aufgabenstellungen eng abgegrenzt sowie sehr rationell und fachlich qualifiziert abgewickelt werden. Andererseits hatten aber die Arbeitnehmer bei unterschiedlichen Problemstellungen immer wieder andere Ansprechpartner, was einer guten persönlichen Mitarbeiterbetreuung nicht förderlich war.

- Aus dieser Problematik heraus ist es in den vergangenen Jahren vielfach wieder zu einer Rückentwicklung der Spezialisierung gekommen. **Personalreferenten** werden für bestimmte Mitarbeitergruppen oder Unternehmensbereiche eingesetzt, deren Aufgabe die Mitarbeiterbetreuung „aus einer Hand" ist.

Beispiel

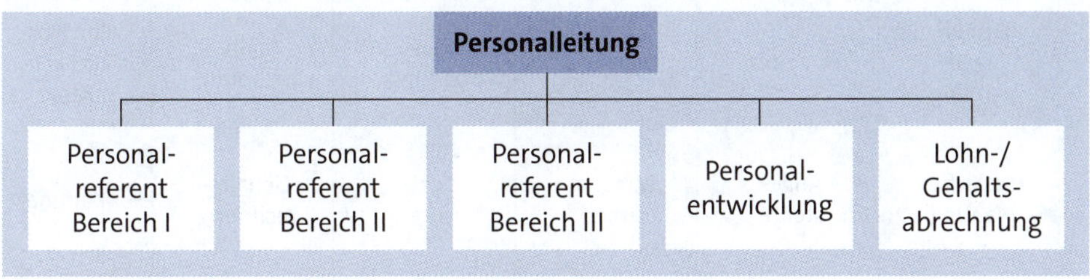

Wie zu sehen ist, kann es sich auch beim Personalreferenten-Konzept anbieten, einzelne Aufgabenstellungen ggf. zu zentralisieren. **Vorteilhaft** beim Einsatz von Personalreferenten ist, dass es für Mitarbeiter nur einen Ansprechpartner gibt, der eindeutig feststellbar ist. Dieser kennt die Mitarbeiter und ihre Arbeitsplätze. Die Informations- und Bearbeitungswege sind kurz.

Der Personalreferent muss über eine hohe fachliche und persönliche Qualifikation verfügen, die aber nicht immer für jede spezielle Problemlösung ausreicht, was **nachteilig** ist. So kann es zu einer Überforderung des Personalreferenten wegen der Vielzahl unterschiedlicher personeller Aufgaben führen. Um die Einheitlichkeit der Personalpolitik sicherzustellen, ist beim Personalreferenten-Konzept ein hoher Koordinationsaufwand erforderlich.

2.1.2 Großunternehmen

Bei Großunternehmen umfasst die Personalabteilung eine erhebliche Zahl von Stellen, die hierarchisch gegliedert sind und in der Regel spezialisierte Aufgaben wahrnehmen. Ihr Aufbau ist der Gliederung der Unternehmen entsprechend angepasst, die sein kann:

- **Divisional-/Spartenorganisation** (mit verschiedenen Divisionen/Sparten)
- **Matrixorganisation** (mit gleichberechtigten zentralen/dezentralen Abteilungen)
- **Tensororganisation** (mit Zentral-/Regional-/Unternehmensbereichen).

Die aufgeführten Organisationsformen werden ausführlich von *Olfert (2015)* dargestellt. Eine mögliche Gliederung der Personalabteilung kann wie folgt aussehen:

Beispiel

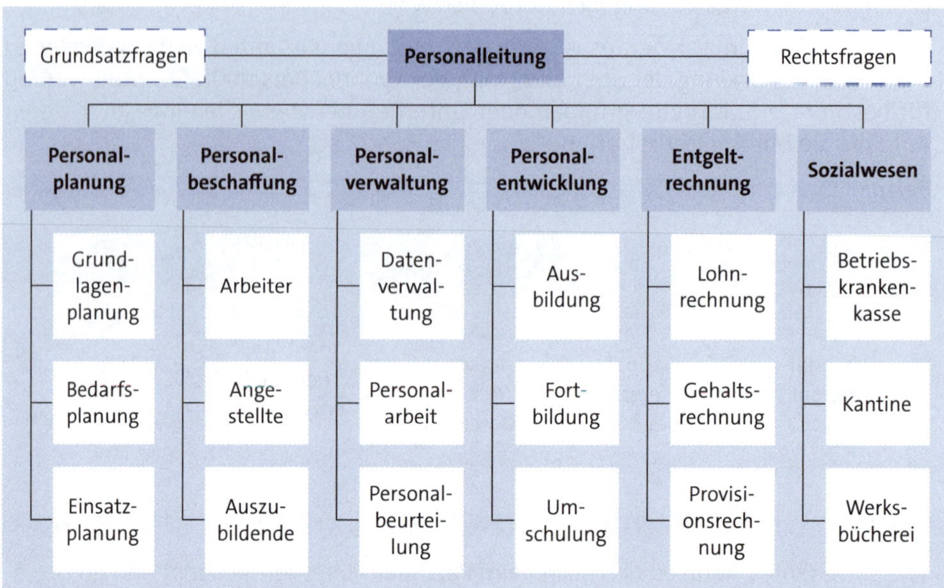

Auch bei Großunternehmen erfolgt die unmittelbare Mitarbeiterbetreuung häufig durch **Personalreferenten**.

2.2 Eingliederung

Die Eingliederung der Personalabteilung in die Organisation des Unternehmens ist auf verschiedene Weise möglich. Sie zeigt ihre hierarchische Stellung und damit auch ihre Bedeutung innerhalb des Unternehmens.

- In **kleineren Unternehmen** gibt es in der Regel keine Personalabteilung als eigenen Bereich, meist auch nicht als Personalstelle. Die personalbezogenen Aufgaben werden von anderen Stellen bzw. Abteilungen mit übernommen, z. B. der kaufmännischen Leitung oder Verwaltung.
- In **mittleren Unternehmen** kann die Personalabteilung eine eigenständige Organisationseinheit sein. Sie ist vielfach aber anderen Organisationseinheiten zugeordnet bzw. mit ihnen verbunden.
- In **großen Unternehmen** bildet die Personalabteilung eine eigenständige Organisationseinheit, die innerhalb bzw. unmittelbar unterhalb des Vorstandes bzw. der Geschäftsführung angesiedelt ist. Diese kann zentral oder dezentral organisiert sein.

Auf die Eingliederung der Personalabteilung soll näher eingegangen werden im Hinblick auf:

- **mittlere Unternehmen**
- **Großunternehmen.**

2.2.1 Mittlere Unternehmen

In mittleren Unternehmen ist die Personalabteilung meist keine Organisationseinheit, die im Bereich der Unternehmensleitung zu finden ist. Sie kann darunter unterschiedlich eingegliedert sein. So ist festzustellen, dass sie vielfach der kaufmännischen Leitung untersteht:

Beispiel

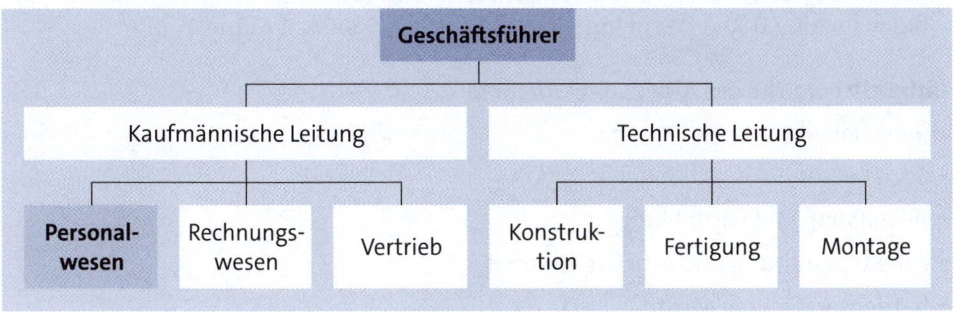

Mitunter wird die Personalabteilung aber auch mit einer Organisationseinheit zusammengelegt, zu der es aufgabenbezogene Schnittstellen gibt. Dabei kommt insbesondere das **Rechnungswesen** in Betracht. Eine solche gemeinsame Organisationseinheit kann auf der Leitungsebene angesiedelt sein:

Beispiel

2.2.2 Großunternehmen

In Großunternehmen ist das Personalwesen heute vielfach in der Geschäftsführung vertreten. Rechtlich geregelt und verpflichtend ist, dass ein **Arbeitsdirektor** dem Vorstand bzw. der Geschäftsführung als für das Personal- und Sozialwesen zuständiges gleichberechtigtes Vorstands- bzw. Geschäftsführungsmitglied angehören muss:

- bei **Montanunternehmen** (Bergbau, Eisen- und Stahlindustrie) mit mehr als 1.000 Arbeitnehmern (§ 13 MontanMitbestG)
- bei **Aktiengesellschaften** und **Gesellschaften mit beschränkter Haftung**, die regelmäßig mehr als 2.000 Arbeitnehmer beschäftigen (§ 33 Abs. 1 MitbestG).

Tätigkeitsbereiche des Arbeitsdirektors sind:

- Personalwesen
- Sozialwesen
- Ausbildung und Fortbildung
- Arbeitsgestaltung und Arbeitssicherheit
- betriebsärztlicher Dienst.

Eine Eingliederung der Personalabteilung kann in Großunternehmen in der dargestellten Weise erfolgen:

Beispiel

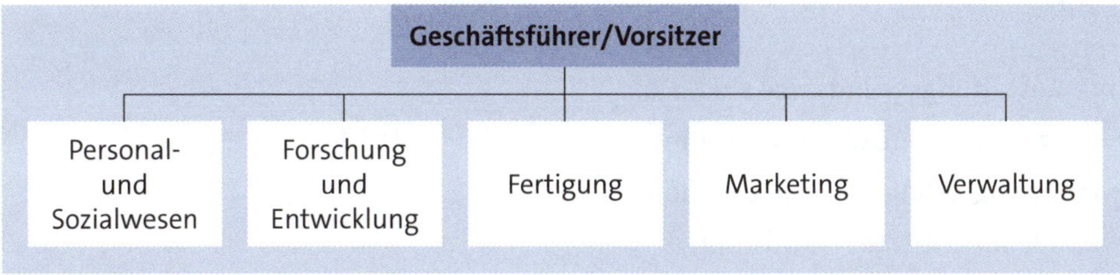

Bei einer **Divisionalorganisation** wäre eine Eingliederung der Personalabteilung wie oben in gleicher Weise möglich, lediglich jedoch getrennt für jeden einzelnen Unternehmens- bzw. Geschäftsbereich.

Einige Unternehmen lagern Teile des Personalwesens aus, beispielsweise die Lohnabrechnung oder die Personalbeschaffung. (Outsourcing)

Aufgabe 4 > Seite 263

2.3 Geschäftsprozesse

Als **Prozess** wird eine Kette zwangsläufig aufeinander aufbauender Vorgänge bezeichnet, die einen definierten Beginn, definierte Elemente und ein definiertes Ende aufweisen.

Die **Geschäftsprozesse** bilden zusammenhängende, abgeschlossene Folgen von Tätigkeiten zur Erfüllung betrieblicher – hier personalwirtschaftlicher – Aufgaben.

Als Geschäftsprozesse können die **Führungsprozesse, Kernprozesse und Unterstützungsprozesse** unterschieden werden.

Führungsprozesse	Sind vor allem strategischer Natur und beziehen sich auf die Rahmenbedingungen im personalwirtschaftlichen Bereich sowie die Beeinflussung von Mitarbeiterleistung und Motivation.
Kernprozesse (Leistungsprozesse)	Dienen der eigentlichen Wertschöpfung und beziehen sich auf die Hauptaufgaben der Personalabteilung wie Personalbeschaffung, -auswahl,- einsatzplanung, -abrechnung und -freisetzung.
Unterstützungsprozesse	Dienen nicht der eigentlichen Wertschöpfung, sondern unterstützen oder ermöglichen diese, beispielsweise die Archivierung von Akten.

Mithilfe der prozessbezogenen Organisation innerhalb der Personalabteilung sollen die Prozesszeiten verkürzt, die Prozessqualität verbessert und die Prozesskosten reduziert werden.

Ihre **Gestaltungsgrundsätze** sind u. a.:

- ganzheitliche Prozessgestaltung
- eindeutig definierte Schnittstellen
- kundenorientierte Ausrichtung
- wertschöpfungsorientierte Betrachtungsweise
- Ausschöpfung der Verbesserungspotenziale.

Die Prozessgestaltung sollte sich vorrangig auf Prozesse mit **hoher Wertschöpfung** beziehen und anstreben, Prozesse ohne oder mit geringer Wertschöpfung so gering wie möglich zu halten oder out zu sourcen.

2.4 Hilfsmittel

Die Personalabteilung kann sich einer Vielzahl von organisatorischen Hilfsmitteln bzw. Instrumenten bedienen. Das sind vor allem:

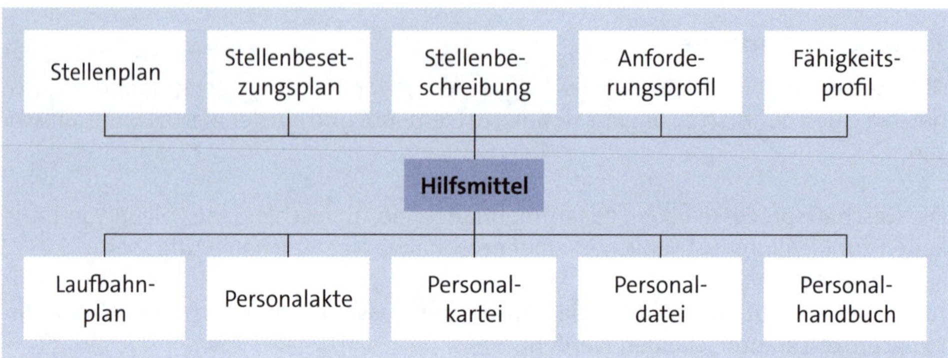

3. Personal

Das Personal ist die Gesamtheit der Arbeitnehmer eines Unternehmens. Es wird auch als **Belegschaft** bezeichnet. Arbeitnehmer weisen mehrere **Eigenschaften** auf, die im Umgang mit ihnen berücksichtigt werden sollten. Sie sind:

- **Individualisten**, denn sie unterscheiden sich alle voneinander. Sie kollektiv zu behandeln, ist nicht ohne Weiteres möglich.
- **Gruppenmitglieder**, wobei sie formalen Gruppen (z. B. Arbeitsgruppen) bzw. informalen Gruppen (z. B. Betriebssportler) angehören.

- **Motivationsträger**, da sie eigene Motive und Ziele haben, die mit den betrieblichen Anreizen und Zielen konkurrieren können.
- **Leistungsträger**, denn sie verrichten Arbeiten, schaffen Werte, erbringen Leistungen, d. h. sie stellen Produktionsfaktoren dar.
- **Kostenverursacher**, weil sie Löhne beanspruchen sowie damit verbundene Nebenkosten und Kosten für den Arbeitsplatz verursachen.
- **Koalitionspartner**, wobei das Personal üblicherweise verschiedenartigen Gruppen angehört. Das können sein:
  - Arbeitnehmerarten, z. B. Arbeiter, Angestellte
  - Arbeitnehmervertretung, z. B. Betriebsrat, Personalrat
  - Berufsgruppen, z. B. Kaufleute, Techniker
  - Hierarchieebenen, z. B. Sachbearbeiter, Abteilungsleiter
  - informelle Gruppen, z. B. ehemalige Auszubildene, Sangesbrüder.
- **Entscheidungsträger**, denn sie müssen im betrieblichen Ablauf ständig Entscheidungen treffen, die unterschiedlich große Bedeutung haben.
- **Ausführende**, da sie in eher geringerem oder in wesentlicherem Umfang ausführende Arbeiten verrichten.

Das Personal kann in Vorgesetzte und Mitarbeiter unterteilt werden. **Mitarbeiter** sind Arbeitnehmer, die Vorgesetzten bzw. Führungskräften unterstehen. Außer in der obersten hierarchischen Ebene sind **Vorgesetzte** – wie die folgende Abbildung zeigt – immer auch Mitarbeiter, nämlich der Vorgesetzten, denen sie ihrerseits zugeordnet sind.

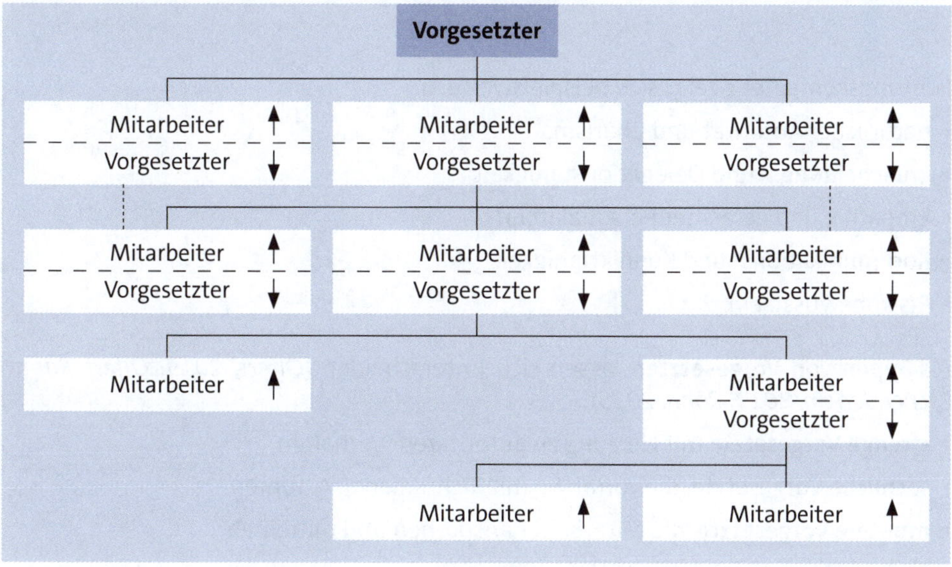

3.1 Vorgesetzte

Vorgesetzte führen die ihnen unterstellten Mitarbeiter. Sie werden deshalb auch als **Führungskräfte** bezeichnet. Ihre **Aufgaben** sind vor allem, die Erreichung der den Mitarbeitern vorgegebenen bzw. mit ihnen vereinbarten Ziele sicherzustellen sowie die Motivation der Mitarbeiter zu fördern und für den Erhalt der von ihnen geführten Gruppen zu sorgen.

Um als Vorgesetzter handlungskompetent agieren zu können, benötigen Führungskräfte neben Fach-, Methoden- und Sozialkompetenz, vor allem Führungskompetenz.

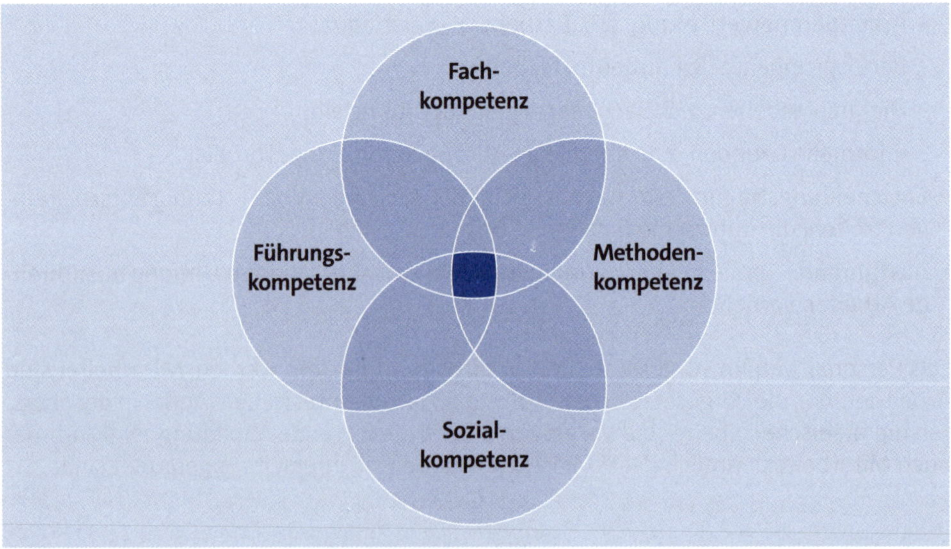

Führungskompetenz zeigt sich beispielsweise in:

- natürlicher Autorität und Charisma
- Entscheidungs- und Delegationsfähigkeit
- Empathie und gerechter Personalarbeit
- Kommunikations- und Konfliktfähigkeit
- Risikobewusstsein.

Als **Typen von Vorgesetzten** lassen sich unterscheiden (*Olfert, 2015; Olfert/Rahn/Zschenderlein, 2013; Rahn, 2015*):

- **strenge Vorgesetzte** mit Neigung zu autoritärem Verhalten
- **sachliche Vorgesetzte**, die vorrangig mit Richtlinien u. Ä. führen
- **muntere Vorgesetzte**, die Mitarbeiter anspornen und mitreißen
- **kritische Vorgesetzte**, die alle Aktivitäten mit starkem Misstrauen verfolgen
- **ehrgeizige Vorgesetzte**, die anforderungs-/leistungsorientiert führen

- **humane Vorgesetzte** mit stark kooperativem Führungsverhalten
- **hektische Vorgesetzte** mit ständiger Anspannung und Termindruck
- **nachlässige Vorgesetzte**, die ihre Führungsaufgaben vernachlässigen
- **souveräne Vorgesetzte** mit analytischen Fähigkeiten und Überzeugungskraft.

Damit Vorgesetzte erreichen, dass die Mitarbeiter in ihrem Sinne tätig werden, müssen sie ihnen die zu erreichenden Ziele bzw. zu bewältigenden Aufgaben in geeigneter Weise vermitteln. Dies wird ihnen vielfach nur dann hinreichend gelingen, wenn sie über die entsprechende **Autorität** bzw. **Macht** verfügen. Es sollen betrachtet werden:

- **Weisungen**
- **Machtgrundlagen.**

3.1.1 Weisungen

Gleichgültig, ob die Ziele bzw. Aufgaben „von oben nach unten" übertragen oder kooperativ gemeinsam vereinbart werden, arbeitsrechtlich gesehen handelt es sich um Weisungen. Sie müssen – von Notfällen abgesehen – innerhalb der durch den jeweiligen **Arbeitsvertrag** getroffenen Regelungen liegen. Außerdem haben sie **billigem Ermessen** zu entsprechen, d. h. sie dürfen nicht willkürlich erfolgen und haben die Interessen des Mitarbeiters angemessen zu berücksichtigen.

Formen der Weisungen können sein:

- **Befehle**, die unpersönlich, ohne Namensnennung und Begründung erfolgen, wobei Einwendungen und Widerspruch nicht zulässig sind. Vertretbar sind sie z. B. in Notsituationen oder bei Arbeitsverweigerung.
- **Aufträge**, die persönlich, mit Anrede, höflich, ruhig, sachlich gegeben werden und das „Was, Wann, Warum" einer Arbeit erklären. Sie sind geeignet, ein Mitdenken, Vorschläge und die Initiative der Mitarbeiter zu fördern.
- **Anweisungen**, die den Aufträgen entsprechen, aber noch das „Wie" der Arbeit bestimmen, also das Verfahren festlegen. Sie werden insbesondere erforderlich, wenn die aufgetragenen Tätigkeiten noch nicht bekannt sind.

Weisungen, die sich auf das **Verhalten** der Mitarbeiter im **Unternehmen** beziehen, sind teilweise nicht bzw. nur bedingt zulässig, z. B. im Hinblick auf politische Überzeugungen, Meinungsfreiheit, äußere Erscheinungsform, Rauchen, Alkoholkonsum. Weisungen im Hinblick auf **außerdienstliches Verhalten** können – wenn überhaupt – nur leitenden Mitarbeitern erteilt werden.

Sind Weisungen durch den jeweiligen **Arbeitsvertrag** nicht gedeckt oder verstoßen sie gegen Gesetze bzw. die guten Sitten, müssen sie nicht befolgt werden. Der Vergütungsanspruch bleibt in diesen Fällen aber dennoch bestehen.

3.1.2 Machtgrundlagen

Der Vorgesetzte sollte über die erforderliche **Autorität** verfügen, um seinen Mitarbeitern Weisungen zu erteilen, die ausgeführt werden. Seine Autorität – siehe näher S. 161 – kann auf mehreren **Machtgrundlagen** aufbauen, die einzeln genutzt oder miteinander kombiniert werden können:

- Der **Legitimationsmacht**, die sich aus der hierarchischen Ordnung des Unternehmens ergibt. Die Mitarbeiter erkennen die formal gesetzte Ordnung an und sehen darin ihre Pflicht, dem Vorgesetzten zu gehorchen.
- Der **Referenzmacht**, die zu einer Identifikation der Mitarbeiter mit dem Vorgesetzten führt. Aufgrund der persönlichen Wertschätzung erscheint der Vorgesetzte den Mitarbeitern als Vorbild.
- Der **Expertenmacht**, die sich auf die fachliche Qualifikation des Vorgesetzten bezieht. Die Mitarbeiter erkennen einen Vorgesetzten an, von dem sie annehmen, dass er über Informationsvorteile verfügt.
- Der **Belohnungsmacht**, die darauf beruht, dass der Vorgesetzte den Mitarbeitern Belohnungen – z. B. Gehaltserhöhungen – geben oder versagen kann.
- Der **Bestrafungsmacht**, die es dem Vorgesetzten ermöglicht, Mitarbeiter mit Sanktionen zu versehen, die seine Anordnungen nicht befolgen.

Letztlich ist die **Persönlichkeit** des Vorgesetzten und der Reifegrad des Mitarbeiters für seinen Führungserfolg vorrangig. Er verfügt über eine solide Grundlage, wenn seine Mitarbeiter ihn als sachkundig, sicher, gerecht, kontaktfähig und führungsfähig ansehen. Auf weitere, den Erfolg beeinflussende vorgesetztenbezogene Merkmale wird auf S. 160 ff. eingegangen.

Aufgabe 5 > Seite 264

3.2 Mitarbeiter

Mitarbeiter, die von ihrem Vorgesetzten zu führen sind, können je nach Führungssituation unterschieden werden in:

- **Einzelne Mitarbeiter**, die in vielfältiger Weise individuelle, sich von anderen Mitarbeitern unterscheidende Charakteristika aufweisen, die vom Vorgesetzten im Rahmen seiner Führungsaufgabe zu beachten sind, z. B. individuelle Motive, Wünsche, Erwartungen und Ziele. So sind die Bedürfnisse junger Heranwachsender häufig andere als langjähriger Mitarbeiter. Während vor Jahren die Doppelbelastung von Familie und Beruf vor allem auf den Schultern der Frauen lag, weisen moderne Familiensysteme deutlich mehr Balance auf (Gender Shift). Dem Wunsch nach Vereinbarkeit von Familie und beruflicher Entwicklung ist somit allen Eltern Rechnung zu tragen. Besonders schutzwürdige Gruppen, wie Menschen mit Beeinträchtigungen, Schwangere oder Auszubildenden sowie Menschen mit anderen kulturellen Wurzeln kommt besondere Beachtung im Unternehmen zu.
- **Gruppenmitglieder**, die gemeinsame Motive, Wünsche, Erwartungen und Ziele haben, welche vielfach von den individuellen Motiven, Wünschen, Erwartungen und Zielen abweichen.

Unter einer **Gruppe** ist eine Reihe von Personen zu verstehen, die in einer bestimmten Zeitspanne häufig miteinander Umgang hat. Die Zahl der Gruppenmitglieder ist so gering, dass jede Person mit einer anderen Person in Verbindung treten kann. Zu unterscheiden sind:

Formelle Gruppen	Sie werden im Sinne der betrieblichen Zielerreichung **geplant** und eingerichtet. Die betriebliche Aufgabenstellung steht im Vordergrund, und die Rangordnung in der Gruppe als Unter-/Überordnung wird von außen vorgegeben (z. B. Abteilung, Seminargruppe).
Informelle Gruppen	Sie bilden sich spontan und **ungeplant** aus menschlichen Gesichtspunkten heraus aufgrund von Sympathiebeziehungen. Aus ihnen ergibt sich die Rangordnung in der Gruppe. Die individuelle Befriedigung sozialer Bedürfnisse steht im Vordergrund (z. B. Freundeskreis, Lerngruppe).

Gruppen weisen verschiedene **Merkmale** auf. Dazu zählen

- Wir-Gefühl
- gemeinsame Werte und Normen
- hohe Kommunikation
- Gruppenzusammenhalt (Gruppenkohäsion)
- höhere Risikobereitschaft
- definierte Gruppenrollen.

Um ihre **Eignung** genau einschätzen zu können, sollte eine Orientierung am Einzelfall erfolgen. Grundsätzlich werden der Teamarbeit als Vorteile und Nachteile zugeschieben:

Vorteile	Nachteile
► Förderung der Sozialkompetenz ► unterschiedliche Lösungsansätze ► Ausgleich individueller Stärken und Schwächen ► Förderung der Mitarbeiterbindung ► hohe Identifikation mit der Aufgabe bei guter Gruppendynamik ► Steigerung der Motivation	► Konfliktgefahr ► evt. Bildung informeller Gruppen ► Einzelmeinungen können untergehen ► Gruppendruck ► höherer Kommunikationsaufwand ► social loafing (soziales Faulenzen)

Als **Typen** von Gruppenmitgliedern, die vom Gruppenleiter als Vorgesetzten ihren unterschiedlichen Merkmalen entsprechend in verschiedener Weise zu führen sind, lassen sich nennen (*Olfert, 2015; Olfert/Rahn/Zschenderlein, 2013*; *Rahn, 2015*):

- **schüchterne Mitarbeiter**, die sehr zurückhaltend und wenig selbstbewusst sind
- **problembeladene Mitarbeiter**, die private Schicksalsschläge verkraften müssen
- **Frohnaturen**, die eher extrovertiert und unbeschwert sind
- **ausgleichende Mitarbeiter**, die eher introvertiert und zurückhaltend sind

- **neue Mitarbeiter**, die noch keine „echten“ Gruppenmitglieder sind
- **Außenseiter**, die von anderen Gruppenmitgliedern abgelehnt werden
- **schwache Mitarbeiter** ohne Antrieb, Interesse bzw. ausreichende Fähigkeiten
- **Drückeberger**, die der Arbeit aus dem Weg gehen, andere arbeiten lassen
- **leistungsstarke Mitarbeiter**, die in allen Situationen volle Leistung bringen
- **Gruppenstars**, die informelle Gruppenführer darstellen
- **Ehrgeizlinge**, die übertrieben ehrgeizig und karrierebewusst sind
- **Intriganten**, die anderen hinterrücks schaden bzw. sie mobben
- **freche Mitarbeiter**, z. B. Rädelsführer, Aufwiegler, Querulanten
- **Gruppenclowns**, die Späße machen, oft übertrieben bzw. zur Unzeit.

Für die Mitarbeiter lassen sich – wie bei den Vorgesetzten – mehrere Merkmale nennen, die sie prägen – siehe ergänzend S. 162. Als besonders bedeutsame **Merkmale** sollen erläutert werden:

- **Leistungsfähigkeit**
- **Temperament und Persönlichkeit**
- **Motive.**

3.2.1 Leistungsfähigkeit

Die Leistungsfähigkeit bezieht sich auf die körperlichen und geistigen **Anlagen**, welche die Mitarbeiter aufweisen. Sie ist geprägt durch:

- **aufgabenbezogene Elemente**, z. B. Ausbildung, Wissen, Fähigkeiten, Fertigkeiten, Erfahrungen
- **persönlichkeitsbezogene Elemente**, z. B. Gesundheit, Ermüdung(sgrad), Belastbarkeit, Anpassungs-, Team-, Durchsetzungs- und Konfliktfähigkeit.

Die Arbeitsleistung der Mitarbeiter resultiert aber nicht nur aus der **Leistungsfähigkeit**, sondern auch aus der **Leistungsbereitschaft**, die z. B. durch Initiative, innere Motivation, Leistungswillen und dem Grad der Selbstverpflichtung geprägt ist. Sie hängt aber auch vom Umfeld des Mitarbeiters ab, z. B. der Arbeits-, Gruppen-, Unternehmenssituation.

Der Vorgesetzte sollte bereits bei der **Personalbeschaffung** darauf achten, dass die ihm zu unterstellenden Mitarbeiter über die benötigten Anlagen verfügen, damit sie den gestellten Anforderungen gerecht werden. Beim **Einsatz** der Mitarbeiter hat der Vorgesetzte dafür Sorge zu tragen, dass die Mitarbeiter ihren Aufgaben entsprechend eingesetzt werden, d. h. möglichst keine **Überforderung** bzw. **Unterforderung** erfolgt.

3.2.2 Temperament und Persönlichkeit

Das Temperament und die Persönlichkeitsmerkmale von Mitarbeitern können sehr unterschiedlich sein. Der Umgang mit heiteren, extrovertierten Mitarbeitern, über schnell reizbare Menschen bis hin zu introvertierten oder melancholischen Charakteren ist in der Teamarbeit herausfordernd. Für die Personalbeschaffung und den zielgerichteten Personaleinsatz sollten Personaler die Grundstrukturen der Mitarbeiterpersönlichkeit kennen. Insbesondere die Teamarbeit bietet Konfliktpotential, daher ist eine Analyse des Persönlichkeitsprofils zu empfehlen. Ein Instrument zur Einordnung verschiedener Charaktere ist das DISG Modell nach *William Moulton Marston*. In dem zertifizierten Persönlichkeitstest werden eine Reihe von Aussagen zu Persönlichkeits- und Charaktermerkmalen von den Mitarbeitern selbst bewertet und skaliert. Die Test Auswertung ergibt eine Eingruppierung der Mitarbeiter in eine der vier DISG Kategorien:

Dominant (D)	**Initiativ (I)**
▸ Extrovertiert und Leistungsorientiert ▸ Charakterstark, direkt und Zielorientiert	▸ Extrovertiert und Beziehungsorientiert ▸ Schillernd, kommunikativ und Teamorientiert
Gewissenhaft (G) ▸ Introvertiert und Leistungsorientiert ▸ Diszipliniert, analytisch und genau	**Stetig (S)** ▸ Introvertiert und Beziehungsorientiert ▸ Loyal, hilfsbereit, ausgleichend

Vgl: „Die Prüfung der Betriebswirte nach dem Berufsbildungsgesetz" *Bundle/Ernst* 2. Auflage

3.2.3 Motive

Motive der Mitarbeiter stellen Bedürfnisse dar, die sich aus einem Mangelempfinden ergeben und mit der Erwartung verbunden sind, eine Befriedigung des Mangels durch ein bestimmtes Verhalten zu erlangen. Sie können von beträchtlicher **Unterschiedlichkeit** sein und sollten von Vorgesetzten erkannt sowie analysiert werden mit dem Ziel, sie im Umgang mit den Mitarbeitern zu berücksichtigen. Geschieht dies, lassen sich Zufriedenheit und Motivation der Mitarbeiter herbeiführen, sichern oder steigern.

Arten der Motive können sein:

- **extrinsische Motive**, die sich nicht unmittelbar auf die Arbeitsaufgabe beziehen, sondern auf Folgen von ihr sowie Umwelteinflüsse, z. B. als Wunsch nach Geld, Geltung, Sicherheit, gutem Betriebsklima
- **intrinsische Motive**, die sich direkt auf die Arbeit selbst beziehen und z. B. eine anspruchsvolle Tätigkeit, Handlungsspielräume, abwechslungsreiche Arbeit, Einbindung in Entscheidungsprozesse sein können.

Extrinsisch motivierte Mitarbeiter reagieren in stärkerem Maße auf externe Belohnungen als intrinsisch motivierte Mitarbeiter. Den intrinsischen Motiven wird eine größere Bedeutung unterstellt, was ihren Einfluss auf die Arbeitsleistung und das Arbeitsverhalten betrifft.

Die Befriedigung intrinsischer Motive hat deutlich anhaltendere **Wirkung** als die extrinsischer Motive, bei denen die Befriedigung relativ rasch wieder aktualisiert werden muss, z. B. in Form von Lohnerhöhungen.

Ergibt sich beim Mitarbeiter der Zustand des Motiviertseins, wird von **Motivation** gesprochen. Sie kann auf zweifache Weise zu Stande kommen. Dementsprechend sind zu unterscheiden:

- **Äußere Motivation (Sekundärmotivation)**, z. B. über Anreize des Vorgesetzten. Das können Ermunterungs-, Arbeits-, Verwirklichungs-, Aufstiegs-, Entwicklungs-, Entgelt-, Status- und Sozialleistungsanreize sein, die als Führungsmittel geeignet sind.
- **Innere Motivation (Primärmotivation)**, z. B. aufgrund von in der Person liegenden Motiven, z. B. Freude an der Tätigkeit, Sinnhaftigkeit und Interesse. Sie kann über die Einstellung, den Willen und die persönlichen Ziele gesteuert werden.

Mitunter ist es schwierig feststellbar, ob sich die Motivation eines Menschen aus sich selbst heraus entwickelt oder ob sie von außen ausgelöst wurde. Eine **innere Motivation** ist in der Regel **anhaltender** als eine nur von außen gesteuerte Motivation.

3.3 Motivationstheorien

Um herauszufinden, warum sich Mitarbeiter in betrieblichen Situationen in bestimmter Weise verhalten, ist eine Vielzahl von Motivationstheorien entwickelt worden. Trotz vielfältiger Unterschiede basieren sie in den meisten Fällen auf folgendem **Grundmodell:**

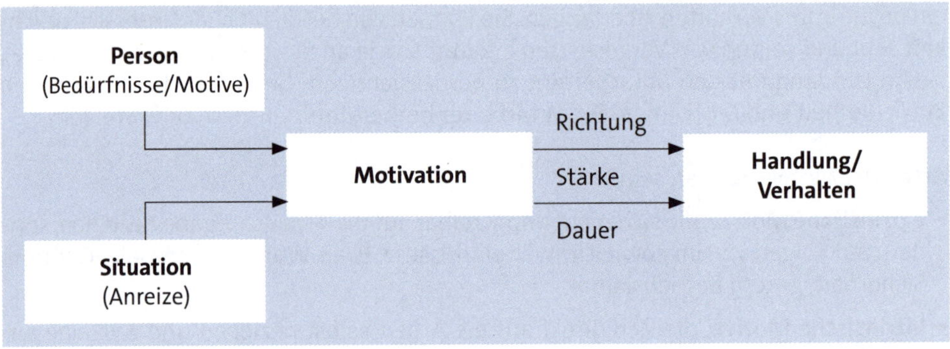

Drei Theorien, die sich auf **Inhalte der Motive** beziehen, welche die Menschen mehr oder weniger zur Arbeit motivieren, sollen dargestellt werden:

- **XY-Theorie**
- **Bedürfnispyramide**
- **Zwei-Faktoren-Theorie.**

3.3.1 XY-Theorie

Die XY-Theorie von *McGregor* basiert auf unterschiedlichen **Menschenbildern**. So sieht die Theorie X den Menschen negativ, die Theorie Y jedoch positiv. Einzelne **Merkmale** der XY-Theorie sind:

X-Theorie	Y-Theorie
► Der Durchschnittsmensch ist träge und geht der Arbeit soweit wie möglich aus dem Weg. ► Mitarbeiter haben nur wenig Ehrgeiz, scheuen Verantwortung und möchten angeleitet werden. ► Mitarbeiter sind durch ein dominantes Sicherheitsstreben gekennzeichnet. ► Durch Druck und mithilfe von Sanktionen muss versucht werden, die Unternehmensziele zu erreichen. ► Straffe Führung und häufige Kontrolle sind wegen der Trägheit des Menschen unerlässlich.	► Arbeitsunlust ist nicht von Natur aus angeboren, sondern die Folge schlechter Arbeitsbedingungen. ► Mitarbeiter akzeptieren Zielvorgaben. Sie besitzen Selbstdisziplin und Selbstkontrolle. ► ie Mitarbeiterpotenziale sind größer als vermutet und damit stärker als erwartet nutzbar. ► Durch Belohnung und die Möglichkeit zur Persönlichkeitsentfaltung werden die Unternehmensziele am ehesten erreicht. ► Bei günstigen Erfahrungen suchen die Mitarbeiter die Verantwortung, wenn sie richtig geführt werden.

→ Sie erfordert ggf. eher **autoritären Führungsstil**.

→ Sie ermöglicht eher **kooperativen Führungsstil**.

McGregor ist davon überzeugt, dass in der Führung von der Theorie Y ausgegangen werden sollte und empfiehlt, die Theorie X aufzugeben. Mitarbeiter, die eher X-orientiert zu sein scheinen, sollen in Richtung Y geführt werden. Vorgesetzte, die ihre Mitarbeiter nach der Theorie X beurteilen, machen es sich häufig zu leicht. Andererseits werden nicht alle Mitarbeiter von einem kooperativen Führungsstil angesprochen.

3.3.2 Bedürfnispyramide

Die Bedürfnispyramide von *Maslow* stellt eine hierarchische Ordnung der menschlichen **Bedürfnisse** dar. Sie sind das Gefühl eines Mangels, das eine Person empfindet, mit der Folge, den Mangel beseitigen zu wollen. Damit stellen sie Beweggründe für menschliches Handeln dar. Bei der Bedürfnispyramide wird davon ausgegangen, dass ein **nächsthöheres Bedürfnis** erst dann **aktualisiert** wird, wenn das hierarchisch darunterliegende Bedürfnis befriedigt ist.

Defizitbedürfnisse vernichten bei vollständiger Nichterfüllung die Existenz, rufen bei teilweiser Nichterfüllung körperliche und/oder seelische Krankheiten hervor und vermeiden bei Erfüllung die betreffenden Bedürfnisse bzw. heilen bei Wiedererfüllung der betreffenden Bedürfnisse die durch ihre Nichterfüllung hervorgerufenen Krankheiten (*Bisani, 2001*).

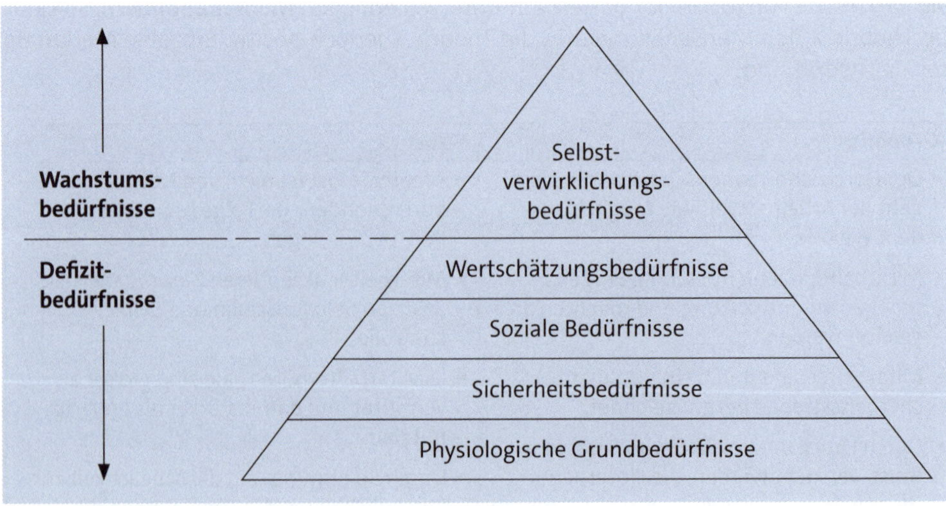

Wachstumsbedürfnisse sind latent vorhanden, werden aber erst aktiviert, wenn die Defizitbedürfnisse zuvor weitgehend befriedigt wurden.

3.3.3 Zwei-Faktoren-Theorie

Der Zwei-Faktoren-Theorie liegt eine empirische Untersuchung – die **Pittsburgh-Studie** – zu Grunde. Danach kommt *Herzberg* zu der Erkenntnis, dass die arbeitsbezogene Zufriedenheit und Unzufriedenheit zwei **Dimensionen** besitzt:

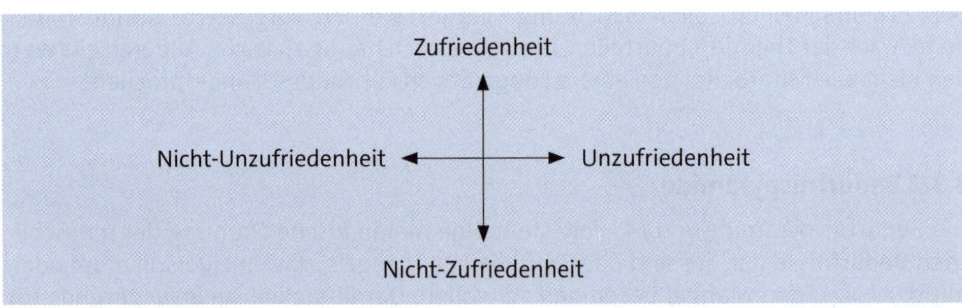

Diese Sichtweise wird von ihm damit begründet, dass es zwei unterschiedliche **Faktoren** gibt:

- **Motivatoren**, die in direktem Zusammenhang mit der Arbeitsaufgabe des Mitarbeiters stehen. Sie sind **Zufriedenheitsfaktoren**, zu denen zählen:
  - **Arbeit selbst**, z. B. Inhalt der Aufgabe des Mitarbeiters
  - **Leistungserfolg**, z. B. Erfolgserlebnisse mit Selbstbestätigung
  - **Anerkennung**, z. B. Lob des Vorgesetzten für gute Arbeit
  - **Verantwortung**, z. B. aufgabenentsprechende Verantwortung
  - **Aufstieg**, z. B. Beförderungsmöglichkeiten für Mitarbeiter
  - **Entfaltung**, z. B. Möglichkeiten der Selbstentfaltung.
- **Hygienefaktoren**, die keinen direkten Zusammenhang zu der Arbeitsaufgabe des Mitarbeiters aufweisen. Sie sind **Unzufriedenheitsfaktoren** und können z. B. resultieren aus Mängeln in folgenden Bereichen:
  - **Unternehmenspolitik**, z. B. die Betriebspolitik und Verwaltung
  - **Personalführung**, z. B. die Art der Mitarbeiterführung
  - **Arbeitsbedingungen**, z. B. physische Bedingungen am Arbeitsplatz
  - **Sicherheit** des Arbeitsplatzes für Mitarbeiter
  - **Geld**, z. B. die Entlohnung des Mitarbeiters
  - **personelle Beziehungen**, z. B. zu Vorgesetzten und Kollegen.

Herzberg leitet für die beiden Faktoren verschiedene **Wirkungen** ab:

- Das Vorhandensein von Hygienefaktoren wird von Mitarbeitern als selbstverständlich angesehen, ihr Fehlen bewirkt Unzufriedenheit.
- Das Vorhandensein von Motivatoren kann das Fehlen von Hygienefaktoren nur teilweise und unvollständig ausgleichen.
- Durch Motivatoren kann bei Vorliegen der Hygienefaktoren eine positive Wirkung erreicht werden.
- Sind Motivatoren dauerhaft vorhanden, können Sie zu Hygienefaktoren werden, da sie als selbstverständlich angesehen werden.

Die Zwei-Faktoren-Theorie ist in der Wissenschaft nicht ohne Kritik, hat aber eine starke Resonanz in der Praxis gefunden.

Aufgabe 6 > Seite 264

4. Arbeitsrecht

Das für die Personalwirtschaft zuständige Recht ist das Arbeitsrecht. Es betrifft die Arbeitgeber und Arbeitnehmer und stellt die Gesamtheit der **Normen** dar, welche die Beziehungen der an einem Arbeitsverhältnis beteiligten Personen regelt. Es setzt sich aus zahlreichen einzelnen Gesetzen und Verordnungen, Tarifverträgen und Betriebsvereinbarungen zusammen. Grundsätzlich gibt es zwei **Rechtsbereiche** im Arbeitsrecht, die um das Sozialrecht ergänzt werden:

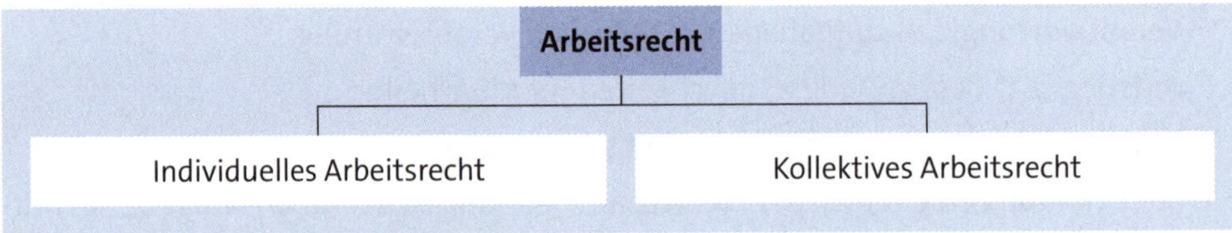

4.1 Individuelles Arbeitsrecht

Das individuelle Arbeitsrecht regelt die Einzelbeziehungen zwischen Arbeitnehmern und Arbeitgebern. Es wird auf das **Arbeitsverhältnis** angewandt, in dem sich ein Arbeitnehmer verpflichtet, seine Arbeitskraft gegen Entgelt weisungsgebunden einem Arbeitgeber zur Verfügung zu stellen. Als **Bereiche** des individuellen Arbeitsrechts sind zu unterscheiden:

- **Arbeitsvertragsrecht**
- **Arbeitsschutzrecht.**

4.1.1 Arbeitsvertragsrecht

Der Arbeitsvertrag ist im rechtlichen Sinn ein Unterfall des Dienstvertrages. Für ihn sind mehrere **Gesetze** maßgeblich:

- Das **Bürgerliche Gesetzbuch** (BGB), das von grundlegender Bedeutung ist und in den §§ 611 - 630 die Vorschriften des Dienstvertrages enthält. In diesen Paragrafen werden die rechtlichen Grundlagen des Arbeitsvertrages geregelt.
- Das **Handelsgesetzbuch** (HGB), welches in den §§ 59 ff. das Arbeitsvertragsrecht für Handlungsgehilfen und Handlungslehrlinge ausweist.
- Die **Gewerbeordnung** (GewO), welche die Stellung der gewerblichen Arbeiter im Titel VII regelt.

Der **Arbeitsvertrag** – siehe ausführlicher S. 106 ff. – wird zwischen einem Arbeitgeber und einem Arbeitnehmer geschlossen:

- **Arbeitgeber** kann eine natürliche oder eine juristische Person sein, aber auch ein nicht rechtsfähiger Personenverband, wie die GbR, OHG und KG, der mindestens einen Arbeitnehmer beschäftigt. Er ist zum einen **Vertragspartner** des Arbeitnehmers, zum anderen **Organ der Betriebsverfassung** und kann Unternehmer sein, muss es aber nicht und umgekehrt. Dem Arbeitgeber obliegen:

Rechte	▸ **Organisation** des Arbeitsablaufs ▸ Erteilung von **Weisungen** an Arbeitnehmer (Direktionsrecht)
Pflichten	▸ **Lohnzahlungspflicht** als Hauptpflicht (§ 611 BGB) ▸ **Fürsorgepflicht** als Wahrung schutzwürdiger Interessen ▸ **Beschäftigungspflicht** des eingestellten Arbeitnehmers ▸ **Gleichbehandlungspflicht** gemäß § 75 BetrVG sowie AGG ▸ **Urlaubsgewährungspflicht** gemäß § 1 BUrlG ▸ **Zeugniserteilungspflicht** über Tätigkeit des Arbeitnehmers

Beim Arbeitgeber wird arbeitsrechtlich zwischen **Betrieb** und **Unternehmen** unterschieden – siehe S. 75 f.

- Der **Arbeitnehmer** erbringt bei einem Arbeitgeber aufgrund des Arbeitsvertrages fremdbestimmte Arbeitsleistungen. Er kann nach § 5 BetrVG sein:

Arbeiter	Er ist überwiegend körperlich-mechanisch tätig.
Angestellter	Er ist überwiegend geistig-gedanklich tätig.
Leitender Angestellter	Er ist mit der Wahrnehmung von Arbeitgeberfunktionen betraut; siehe § 5 Absatz 3 BetrVG.

Rechte und Pflichten der Arbeitnehmer, zu denen auch Auszubildende und Heimarbeiter gerechnet werden können, sind:

Rechte	▸ **Lohnzahlung** als Anspruch auf das vereinbarte Entgelt ▸ **Fürsorge** als Recht auf Wahrung schutzwürdiger Interessen ▸ **Beschäftigung** des eingestellten Arbeitnehmers ▸ **Gleichbehandlung** durch den Arbeitgeber ▸ **Urlaubsgewährung** gemäß den rechtlichen Vorschriften ▸ **Zeugniserteilung** über abgeleistete Tätigkeit
Pflichten	▸ **Arbeitspflicht** (Erbringung der vereinbarten Arbeitsleistung) ▸ **Treuepflicht** (Schutz berechtigter Arbeitgeberinteressen) ▸ **Haftungspflicht** bei Vorsatz und grober Fahrlässigkeit, teilweise bei mittlerer Fahrlässigkeit, gar nicht bei leichter Fahrlässigkeit

Die Gesamtheit der Arbeitnehmer wird als **Personal** bezeichnet. In der Personalführung wird von **Mitarbeitern** gesprochen. Keine Arbeitnehmer sind Selbstständige und Beamte. Ebenso stellen **freie Mitarbeiter** keine Arbeitnehmer dar, die in der Regel aufgrund eines Dienst- oder Werkvertrages tätig werden und sich von den Arbeitnehmern unter **arbeitsrechtlichen Gesichtspunkten** z. B. durch folgende Merkmale unterscheiden:

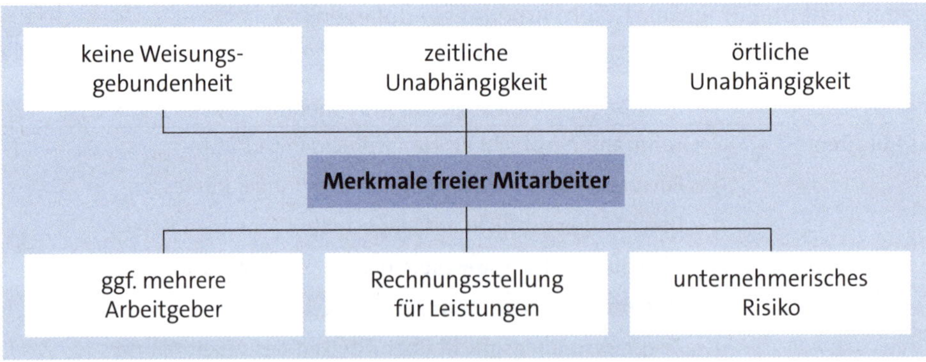

Die Beschäftigung freier Mitarbeiter ermöglicht es dem Unternehmen, sich verschiedener Arbeitgeberpflichten zu entledigen, die es bei Arbeitnehmern übernehmen müsste, z. B. Arbeitnehmerschutzvorschriften.

Die den freien Mitarbeiterverhältnissen zu Grunde liegenden **Dienstverträge** sind in §§ 611 - 630 BGB geregelt, die **Werkverträge** in §§ 631 - 651 BGB. Bei Streitigkeiten aus dem freien Mitarbeiterverhältnis ist das **Zivilgericht** zuständig, also das Amtsgericht oder Landgericht.

4.1.2 Arbeitsschutzrecht

Das Arbeitsschutzrecht enthält Normen, die dem Arbeitgeber **öffentlich-rechtliche Pflichten** auferlegen, um die von der Arbeit für den Arbeitnehmer ausgehenden Gefahren zu beseitigen oder zu mindern. Zu unterscheiden sind:

- **allgemeine Schutzvorschriften** für alle Arbeitnehmer bzw. Arbeitgeber, z. B.:

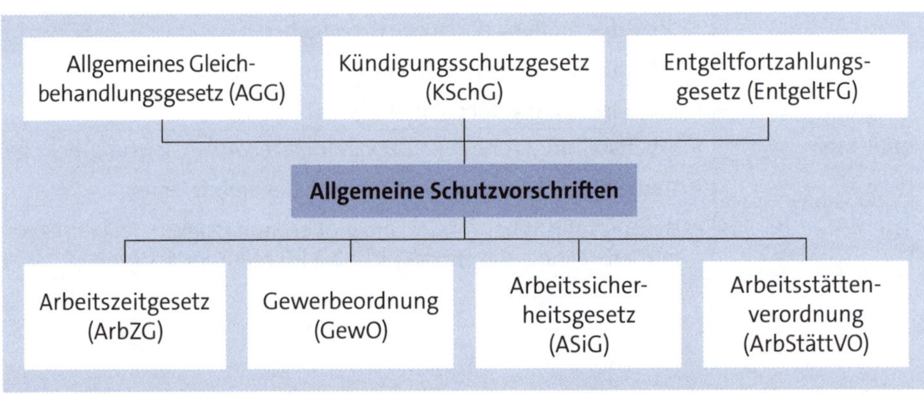

- **spezielle Schutzvorschriften** für einzelne Gruppen von Arbeitnehmern, z. B.:
  - Berufsbildungsgesetz (BBiG)
  - Heimarbeitsgesetz (HAG)
  - Jugendarbeitsschutzgesetz (JArbSchG)
  - Mutterschutzgesetz (MuSchG)
  - Schwerbehindertenrecht (insb. SGB IX; früher Schwerbehindertengesetz).

4.2 Kollektives Arbeitsrecht

Während das individuelle Arbeitsrecht die Rechtsverhältnisse zwischen den einzelnen Arbeitgebern und Arbeitnehmern regelt, bezieht sich das kollektive Arbeitsrecht auf das Recht zwischen den **Sozialpartnern**.

Grundlage des kollektiven Arbeitsrechtes ist die **Koalitionsfreiheit**, die in Art. 9 des Grundgesetzes (GG) garantiert wird und nicht eingeschränkt werden darf (Art. 10, 79 GG). Darunter wird das „Recht zur Vereinigung zum Zweck der Förderung der Arbeits- und Wirtschaftsbedingungen" verstanden. Solche Vereinigungen sind die **Gewerkschaften** und die **Arbeitgeberverbände**. Es umfasst umfasst drei Bereiche:

- **Tarifvertragsrecht**
- **Arbeitskampfrecht**
- **Betriebsverfassungsrecht.**

4.2.1 Tarifvertragsrecht

Der **Tarifvertrag** ist ein schriftlicher Vertrag zwischen Koalitionen der Arbeitgeber und Arbeitnehmer, in dem die Bedingungen von Arbeitsverhältnissen für einen bestimmten Zeitraum und für beide Seiten verbindlich festgelegt werden. Das Tarifvertragsgesetz (TVG) regelt das Recht der Tarifverträge, die sein können:

- Der **Lohn- und Gehaltstarifvertrag**, der die Vergütung der Arbeitnehmer regelt. Darin wird der **Ecklohn** als mittlerer Tariflohn von 100 % festgelegt, aus dem sich die individuelle Lohnhöhe in Prozentanteilen errechnen lässt.
- Der **Manteltarifvertrag**, in dem allgemeine Bedingungen der Arbeitsverhältnisse geregelt werden, z. B. Arbeitszeit, Urlaub, Entgeltfortzahlung im Krankheitsfall. Er wird auch als **Rahmentarifvertrag** bezeichnet.
- Der **Verbandstarifvertrag**, der von einem oder mehreren Arbeitgeberverbänden und einer oder mehreren Gewerkschaften geschlossen wird und für das Gebiet der Tarifvertragsparteien gilt oder nur auf ein Unternehmen beschränkt ist.
- Der **Firmentarifvertrag**, der zwischen einem Arbeitgeber und einer oder mehreren Gewerkschaften abgeschlossen wird. Er wird auch **Unternehmenstarifvertrag, Haustarifvertrag** und **Werkstarifvertrag** genannt.

Der Tarifvertrag muss hinsichtlich des räumlichen (z. B. Bundesland), fachlichen (z. B. Metallindustrie) und persönlichen (z. B. Angestellte oder Arbeiter) **Gestaltungsbereiches** festgelegt sein. Ihm liegen **Mindestregelungen** zu Grunde, d. h.:

- Abweichungen vom Tarifvertrag sind möglich, sofern sie zu Gunsten der Arbeitnehmer erfolgen (**Günstigkeitsprinzip**).
- Arbeitnehmern ist es nicht gestattet, auf tarifvertragliche Rechte zu verzichten (**Grundsatz der Unabdingbarkeit**).

Der Tarifvertrag gilt grundsätzlich nur für tarifgebundene Arbeitsverhältnisse, also für Mitglieder von Arbeitgeberverbänden und Gewerkschaften, wird üblicherweise jedoch allgemein angewandt, wobei Voraussetzungen zu erfüllen sind. Er kann vom Bundesministerium für Arbeit im Einvernehmen mit einem aus je drei Vertretern der Spitzenorganisationen der Arbeitgeber und der Arbeitnehmer bestehenden Ausschuss auf Antrag einer Tarifvertragspartei für **allgemein gültig** erklärt werden (§ 5 TVG).

4.2.2 Arbeitskampfrecht

Der Arbeitskampf ist eine kollektive Auseinandersetzung der Arbeitgeber- bzw. Arbeitnehmerseite hinsichtlich der jeweiligen Arbeitsbedingungen, um ein bestimmtes Ziel zu erreichen. Gesetzliche Grundlage ist das Arbeitskampfrecht, das als **Maßnahmen** regelt:

- Den **Streik**, der die planmäßige Arbeitsniederlegung einer größeren Zahl von Arbeitnehmern zur Durchsetzung tarifvertraglich regelbarer Forderungen darstellt. **Anlass** für einen Streik kann insbesondere die Verbesserung bestehender Lohn- und Arbeitsbedingungen sein.

  Zulässig sind lediglich Streiks, die von einer Gewerkschaft geführt bzw. organisiert werden und die Friedenspflicht während der Laufzeit eines Tarifvertrages nicht verletzen. Ihre Ausrufung erfordert die Zustimmung von 75 % der gewerkschaftlich organisierten Arbeitnehmer im Rahmen einer **Urabstimmung**.

  Warnstreiks sind als kurzfristige Arbeitsniederlegungen nur im Zusammenhang mit Tarifverhandlungen erlaubt. Der **politische Streik** ist ebenso unzulässig wie der **„wilde" Streik** als ein von der Gewerkschaft nicht gebilligter Streik.

- Die **Aussperrung** ist eine planmäßige, durch einen Arbeitgeber ausgelöste Nichtzulassung mehrerer Arbeitnehmer zur Arbeit, welche alle seine Arbeitnehmer oder nur die streikenden Arbeitnehmer betrifft. Mit einer **Abwehraussperrung** kann der Arbeitgeber auf einen Streik reagieren. Eine **Angriffsaussperrung**, durch die er den Arbeitskampf eröffnet, ist rechtswidrig.

  Die rechtmäßige Aussperrung hat – wie der Streik – die **Suspendierung** des Arbeitsverhältnisses zur Folge, bei der unrechtmäßigen Aussperrung macht sich der Arbeitgeber schadensersatzpflichtig.

Aufgabe 7 > Seite 264

4.2.3 Betriebsverfassungsrecht

Durch das Betriebsverfassungsgesetz (BetrVG von 1972, reformiert 2001) werden die **Mitwirkungsmöglichkeiten der Arbeitnehmer** geregelt. Es gilt für alle Unternehmen mit mindestens fünf regelmäßig beschäftigten Arbeitnehmern, nicht jedoch für Religionsgemeinschaften und ihre karitativen sowie erzieherischen Einrichtungen. Zu wesentlichen **Regelungen** im BetrVG zählen:

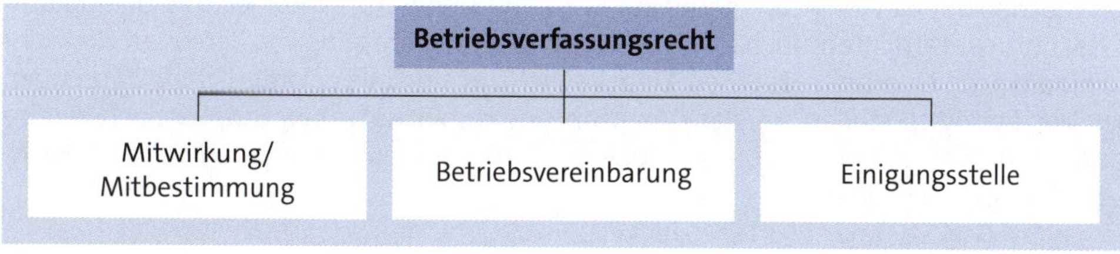

Der **Betriebsrat** ist das zuständige Vertretungsorgan der Arbeitnehmer in einem Unternehmen. Seine **Wahl**, die alle 4 Jahre erfolgt, ist in Unternehmen ab 20 Mitarbeitern möglich, bei 5 - 19 Mitarbeitern kann ein **Betriebsobmann** gewählt werden. Die **Zahl** der Betriebsratsmitglieder beträgt (nach § 9 BetrVG) z. B.:

- 3 Mitglieder bei 21 - 50 Mitarbeitern
- 35 Mitglieder bei 7.001 - 9.000 Mitarbeitern
- darüber zwei Mitglieder mehr je 3.000 Wahlberechtigte.

Ein **Betriebsausschuss** führt die Geschäfte des Betriebsrates ab 9 Betriebsratsmitglieder. Der Vorsitzende des Betriebsrates ist ab 200 Mitarbeiter von seiner arbeitsvertraglichen Arbeitsaufgabe **freistellbar**.

Die Mitglieder des Betriebsrates gehen ihrer Tätigkeit während der Arbeitszeit nach. Sie haben Anspruch auf **Bildungsurlaub** im Umfang von 3 Wochen und genießen **Kündigungsschutz**.

Als **Gesamtbetriebsrat** vertritt der Betriebsrat die Gesamtinteressen der Arbeitnehmer mehrerer Betriebe eines Unternehmens (§§ 47 ff. BetrVG), ein **Konzernbetriebsrat** kann in einem Konzern gebildet werden (§§ 54 ff. BetrVG).

Die allgemeinen **Aufgaben** des Betriebsrates umfassen nach § 80 BetrVG:

- Überwachung der Durchführung von Gesetzen, Verordnungen, Vorschriften
- Wahrnehmung von Antragsrechten beim Arbeitgeber
- Durchsetzung der Gleichstellung aller Arbeitnehmer gemäß AGG
- Förderung der Vereinbarkeit von Familie und Erwerbstätigkeit
- Entgegennahme von Anregungen der Arbeitnehmer
- Förderung der Eingliederung Schwerbehinderter
- Vorbereitung und Durchführung der Wahl der Jugendvertretung

- Förderung der Beschäftigung älterer Arbeitnehmer
- Integration ausländischer Arbeitnehmer und Förderung des Verständnisses zwischen ausländischen und deutschen Arbeitnehmern
- Förderung und Sicherung der Beschäftigung
- Förderung von Maßnahmen des Arbeitsschutzes und des Umweltschutzes.

Der Betriebsrat ist vom Arbeitgeber zur Erfüllung seiner Aufgaben rechtzeitig und umfassend zu unterrichten, auch im Hinblick auf die Beschäftigung von Personen, die nicht in einem Arbeitsverhältnis stehen. Dem Betriebsrat sind alle erforderlichen Unterlagen zur Verfügung zu stellen. Bei der Durchführung seiner Aufgaben kann er nach Vereinbarung mit dem Arbeitgeber, soweit dies zur Erfüllung seiner Aufgaben nötig ist, **Sachverständige** hinzuziehen.

4.2.3.1 Mitwirkung/Mitbestimmung

Die **Einwirkungsmöglichkeiten** des Betriebsrates sind nach §§ 87, 88, 96 - 98 BetrVG:

- Die **Mitwirkung**, die verschiedene Arten der rechtlich abgesicherten Einflussnahme von Arbeitnehmern auf betriebliche Entscheidungsprozesse umfasst. Sie bedeutet **Beratung** und **Mitsprache** bei bestimmten Entscheidungen des Arbeitgebers als:

Informationsrecht	Der Arbeitgeber wird verpflichtet, die Arbeitnehmerseite rechtzeitig und umfassend zu **unterrichten** (§ 81 Abs. 2 BetrVG), ohne dass diese über ein Recht zur Diskussion und zur Abgabe einer Stellungnahme verfügt. Informationsrechte bestehen bei: ► Arbeitsschutz (§ 89 BetrVG) ► Gestaltung von Arbeitsplatz, Arbeitsablauf (§ 90 Abs. 1 BetrVG) ► personellen Einzelmaßnahmen (§ 99 Abs. 1 BetrVG) ► geplanten Betriebsänderungen (§ 111 BetrVG).
Vorschlagsrecht	Der Betriebsrat hat ein Vorschlagsrecht bei der Einführung einer Personalplanung und ihrer Durchführung (§ 92 BetrVG).
Antragsrecht	Der Betriebsrat darf grundsätzlich Maßnahmen beantragen, die dem Unternehmen und der Belegschaft dienen (§ 80 Abs. 1 Nr. 2 BetrVG).
Beratungsrecht	Der Betriebsrat hat dieses Recht bei Maßnahmen der Bauplanung, Anlageplanung, Ablauf- und Verfahrensplanung bzw. Planung des Arbeitsplatzes (§ 90 BetrVG).
Anhörungsrecht	Der Betriebsrat ist insbesondere vor jeder Kündigung eines Arbeitnehmers zu hören (§ 102 Abs. 1 BetrVG).

Die letzte **Entscheidung** bleibt aber beim Arbeitgeber, d. h. er behält das Recht, seine Absichten auch gegen die Vorstellung des Betriebsrates durchzusetzen. Die Mitwirkung als institutionelle Teilhabe an Entscheidungsprozessen geht damit nicht so weit wie die **Mitbestimmung**. Bei Meinungsverschiedenheiten sollen Arbeitgeber und Betriebsrat rechtzeitig verhandeln mit dem ernsthaften Willen, zu einer Einigung zu kommen (§ 74 Abs. 1 BetrVG).

- Die **Mitbestimmung** ist die institutionelle Teilhabe des Betriebsrats an Willensbildungs- und Entscheidungsprozessen im Unternehmen. Sie unterscheidet sich von der Mitwirkung dadurch, dass der Betriebsrat bei ihr die Möglichkeit hat, einer **Entscheidung** des Unternehmens zu **widersprechen** oder sie zu **verhindern**. Die Mitbestimmung nach dem BetrVG bezieht sich auf:

Soziale Angelegenheiten §§ 87 - 89 BetrVG	Der Betriebsrat hat ein **Mitbestimmungsrecht**, z. B. bei Fragen der Betriebsordnung, Beginn und Ende der täglichen Arbeitszeit und Arbeitspausen, Entgeltmodalitäten, Urlaubsplan, Unfallschutz, Verwaltung der Sozialeinrichtungen und Werkswohnungen, Formen der Arbeitsbewertung, Akkord- und Prämiensätzen, Vorschlagswesen.
Arbeitsplatzbezogene Angelegenheiten §§ 90 - 91 BetrVG	Nach § 90 BetrVG besteht ein **zwingendes Mitwirkungsrecht**, wenn Arbeitnehmer durch Änderungen der Arbeitsplätze, des Arbeitsablaufes oder der Arbeitsplatzumgebung, die gesicherten arbeitswissenschaftlichen Erkenntnissen über die Arbeitsgestaltung widersprechen, besonders belastet werden. Der Betriebsrat kann in diesem Fall angemessene Maßnahmen zur Abwendung, Milderung oder zum Ausgleich der Belastung verlangen, z. B. Vermeidung von Lärmbelästigung.
Personelle Angelegenheiten §§ 92 - 105 BetrVG	Ein **Zustimmungs-** oder **Vetorecht** liegt z. B. bei Personalfragebögen bzw. Beurteilungsgrundsätzen, Richtlinien für die Auswahl, Versetzung und Umgruppierung, Bestellung von Ausbildern und ordentlichen Kündigungen vor. Ein **erzwingbares Initiativrecht** gibt es bei den Stellenausschreibungen und bei der Auswahl von Ausbildungsteilnehmern.
Wirtschaftliche Angelegenheiten §§ 106 - 113 BetrVG	Dem Betriebsrat stehen **Informationsrechte** über wirtschaftliche Angelegenheiten des Unternehmens zu. Dazu ist in Unternehmen mit mehr als 100 ständig beschäftigten Arbeitnehmern ein **Wirtschaftsausschuss** zu bilden (§§ 106 ff. BetrVG), der die Aufgabe hat, wirtschaftliche Angelegenheiten mit dem Unternehmer zu beraten und den Betriebsrat zu unterrichten.

Die Mitbestimmung ist nicht nur im Betriebsverfassungsgesetz geregelt, sondern auch im Mitbestimmungsgesetz (MitbestG), Montan-Mitbestimmungsgesetz (MontanMitbestG) und Personalvertretungsgesetz (PersVG).

Leitende Angestellte sind von der Betriebsverfassung ausgeschlossen und unterliegen dem Sprecherausschussgesetz (SprAuG). Ein **Sprecherausschuss** wird in Betrieben mit in der Regel zehn leitenden Angestellten gewählt.

4.2.3.2 Betriebsvereinbarung

Der Betriebsrat kann nach dem BetrVG Betriebsvereinbarungen mit dem Arbeitgeber abschließen. Das sind privatrechtliche **Verträge**, in denen alle Fragen regelbar sind, die im Zuständigkeitsbereich des Betriebsrates liegen. Nach § 88 BetrVG können sie insbesondere zum Gegenstand haben:

- zusätzliche Maßnahmen zur **Verhütung von Arbeitsunfällen** und **Gesundheitsschädigungen**
- Maßnahmen des **betrieblichen Umweltschutzes**
- die **Errichtung von Sozialeinrichtungen**, deren Wirkungsbereich auf den Betrieb, das Unternehmen oder den Konzern beschränkt ist
- Maßnahmen zur **Förderung der Vermögensbildung**
- **Maßnahmen zur Integration ausländischer Arbeitnehmer** sowie zur Bekämpfung von Rassismus und Fremdenfeindlichkeit im Betrieb.

Es ist auch möglich, dass Betriebsvereinbarungen z. B. Datenschutzregelungen, Urlaubspläne, Regelungen über ein Alkoholverbot, Regelungen zur Altersversorgung enthalten können.

Betriebsvereinbarungen sind ohne Rücksicht auf den Inhalt von Arbeitsverträgen und die Kenntnis der Vertragsparteien von den Inhalten der Betriebsvereinbarung **wirksam**. Sie gelten für alle im Unternehmen tätigen Arbeitnehmer, die auf darin eingeräumte Rechte nur mit Zustimmung des Betriebsrates verzichten dürfen. Betriebsvereinbarungen sind vom Arbeitgeber an geeigneter Stelle auszulegen (§ 77 Abs. 2 BetrVG). Ihre **Kündigung** ist, wenn nichts anderes vereinbart ist, mit einer Frist von drei Monaten möglich (§ 77 Abs. 5 BetrVG).

Die **Zulässigkeit** von Betriebsvereinbarungen wird durch § 77 Abs. 3 BetrVG eingeschränkt. Danach können Arbeitsentgelte und sonstige Arbeitsbedingungen, die durch Tarifvertrag geregelt sind oder üblicherweise geregelt werden, nicht Gegenstand von Betriebsvereinbarungen sein, es sei denn, ein Tarifvertrag lässt den Abschluss ergänzender Betriebsvereinbarungen ausdrücklich zu.

Aufgabe 8 > Seite 264

4.2.3.3 Einigungsstelle

Ebenfalls im Betriebsverfassungsgesetz geregelt ist die Einigungsstelle (§ 76 BetrVG). Sie kann bei Meinungsverschiedenheiten zwischen dem Betriebsrat und dem Arbeitgeber **freiwillig** gebildet werden. In einigen Fällen schreibt das Gesetz ihre Bildung inzwischen aber auch vor.

Die Einigungsstelle besteht aus einer gleichen Anzahl von Beisitzern, die vom Arbeitgeber und vom Betriebsrat bestellt werden, und einem unparteiischen Vorsitzenden. Auf die Person des unparteiischen Vorsitzenden müssen sich beide Seiten einigen. Kommt eine Einigung nicht zu Stande, bestellt das Arbeitsgericht den Vorsitzenden der Einigungsstelle.

Der **Spruch** der Einigungsstelle ersetzt die Einigung zwischen Arbeitgeber und Betriebsrat. Gegen ihn kann beim Arbeitsgericht geklagt werden.

Die Einigungsstelle dient dem **Interessenausgleich**. Ihre Aufgabe ist die Schlichtung von Regelungsstreitigkeiten. An ihre Stelle kann aufgrund einer tarifvertraglichen Regelung die **tarifliche Schlichtungsstelle** treten, die im Gegensatz zur Einigungsstelle meist eine ständige Einrichtung ist:

4.3 Betrieb/Unternehmen

Anders als in der Betriebswirtschaftslehre werden arbeitsrechtlich als Betrieb und Unternehmen unterschieden (*Straub, 2015*):

- Der **Betrieb**, von dem gesprochen wird, wenn die organisatorische Einheit gemeint ist, mit der ein Unternehmer allein oder mit seinen Mitarbeitern bestimmte arbeitstechnische Zwecke auf eine gewisse Dauer angelegt verfolgt. Beim arbeitsrechtlichen Betriebsbegriff wird also auf die **konkrete Arbeitsorganisation** abgestellt.
- Das **Unternehmen**, das im handelsrechtlichen und wirtschaftlichen Sinne gesehen wird. Unternehmen ist daher die organisatorische Einheit, die bestimmt wird durch den **wirtschaftlichen** oder **ideellen Zweck**, mit dem ein oder mehrere Betrieb(e) zusammengefasst werden.

Beispiel

Ein Zeitungsverlag gibt eine Tageszeitung heraus. Er hat eine eigene Druckerei und eine räumlich getrennte Verwaltung einschließlich Redaktion. Der Zeitungsverlag ist das Unternehmen. Die Redaktion der Tageszeitung einschließlich Verwaltung ist ein Betrieb; die Druckerei, in der die Tageszeitung gedruckt wird, stellt einen weiteren Betrieb dar.

Aufgabe 9 > Seite 265

B. Personalbedarf und Personalbeschaffung

Die Personalbeschaffung hat die Aufgabe die erforderlichen Arbeitskräfte für das Unternehmen zur richtigen Zeit und am richtigen Ort bereitzustellen. Dabei wird zwischen qualitativen und quantitativen Personalbedarf unterschieden.

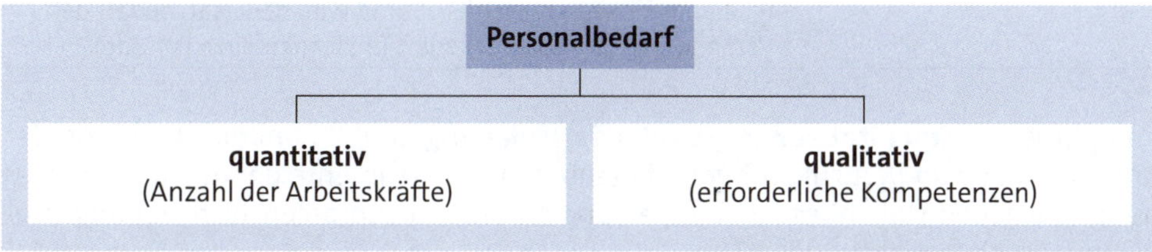

Die zu beschaffenden Arbeitskräfte umfassen **Arbeitnehmer** (als Angestellte oder Arbeiter) sowie **freie Mitarbeiter**, die aufgrund von Dienstverträgen oder Werkverträgen tätig werden. **Arbeitnehmer** lassen sich auf unterschiedliche Weise rekrutieren. Zu unterscheiden sind in diesem Zusammenhang

- das **offene Beschaffungspotenzial**, das arbeitsuchende Arbeitslose und derzeit Beschäftigte sowie jüngere arbeitsuchende Personen umfasst, die erstmals in das Arbeitsleben eintreten wollen
- das **latente Beschaffungspotenzial**, das Personen umfasst, die nicht arbeitsuchend sind, sondern aktiv vom Unternehmen gewonnen werden müssen, z. B. durch Arbeitsangebote oder Abwerbung.

Der **Arbeitsmarkt**, auf dem Personal akquiriert wird, kann innerbetrieblich oder außerbetrieblich sein. Bei vorhandenem Betriebsrat kann dieser eine vorangehende innerbetriebliche Ausschreibung fordern, bevor die Stelle extern ausgeschrieben wird (§ 3 BetrVG).

Bei konkretem Personalbedarf, der im Rahmen der **Personalbedarfsplanung** (siehe » Kapitel 1.2.1.2.1 Personalplanung) so genau wie möglich zu ermitteln ist, wird das Unternehmen aktiv und definiert dabei die Anzahl der zu beschaffenden Arbeitskräfte (quantitativ) sowie die erforderlichen Kompetenzen (qualitativ).

Als Arten des **quantitativen Personalbedarfs** können sich darstellen:

Quantitativer Personalbedarf	Erläuterung
Neubedarf	Eine Stelle wird erstmals neu geschaffen, aufgrund von Unternehmenswachstum.
Ersatzbedarf	Ein Stelleninhaber hat das Unternehmen verlassen und die Stelle wird neu ausgeschrieben.
Überbrückungsbedarf	Die Stelle wird zeitlich begrenzt benötigt, z. B. eine Krankheits- oder Schwangerschaftsvertretung.
Reservebedarf	Die Stelle bietet Sicherheit bei diversem Kapazitätsbedarf, z. B. als Springer in der Produktion.

Quantitativer Personalbedarf	Erläuterung
Mehrbedarf	Steigt der Arbeitsbedarf temporär an, z. B. Bei Auftragsspitzen, wird der Mehrbedarf häufig über Überstunden oder Personalleasing gedeckt.
Nachholbedarf	Die Stelle wurde bereits in der Vorperiode ausgeschrieben, konnte aber nicht besetzt werden. Somit wird der Ersatzbedarf der Vorperiode) zum Nachholbedarf (in der aktuellen Periode).

Im Rahmen der **qualitativen Personalbedarfsplanung** geht es um die Definition der Anforderungen an den zukünftigen Stelleninhaber. Instrumente der qualitativen Planung sind neben Stellenbeschreibungen und Anforderungsprofilen auch Eignungsprofile und Arbeitsbewertungen.

Zu den Handlungskompetenzen gehören:

Kompetenzbereich	Erläuterung
Fachkompetenz	Anforderungen an Ausbildung, Sprachkompetenz, Berufserfahrung und Weiterbildungen
Sozialkompetenz	Teamfähigkeit, Kommunikationsgeschick, Konfliktlösefähigkeit
Methodenkompetenz	Zeit- und Selbstmanagement, Motivation, Organisationsfähigkeit
Persönlichkeitskompetenz	Selbstvertrauen, Höflichkeit, Pünktlichkeit
Medienkompetenz	Umgang mit Medien, Internet, Software, social media
Führungskompetenz	Delegationsfähigkeit, Empathie, Mitarbeiterbezogene Führung, Gerechtigkeit, Entscheidungsfähigkeit

Die berufsfeldübergreifenden Kompetenzen werden dabei als **Schlüsselqualifikationen** bezeichnet, da Sie für jeglichen Beruf notwendig sind.

Als Personalbeschaffung sollen behandelt werden:

Personalbeschaffung	Beschaffungswege
	Bewerbung
	Auswahl
	Arbeitsvertrag

1. Beschaffungswege

Zur Beschaffung der erforderlichen Arbeitskräfte steht dem Unternehmen eine Vielzahl von Wegen zur Verfügung, die nach den zu besetzenden Stellen unterschiedlich geeignet bzw. erfolgreich sein können. Zu unterscheiden sind:

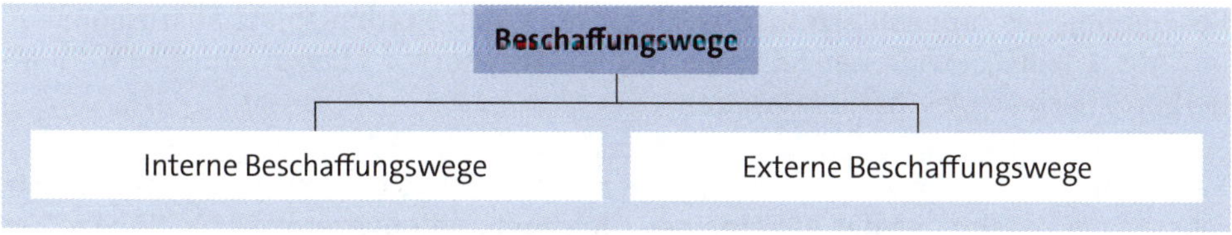

1.1 Interne Beschaffungswege

Die internen Beschaffungswege beziehen sich auf den Teil des Arbeitsmarktes, der **innerhalb des Unternehmens** liegt. Bei ihrer Nutzung werden dementsprechend Mitarbeiter beschafft, die – an einer anderen Stelle – bereits im Unternehmen tätig sind. Vielfach können sie sich mit der Übernahme neuer Aufgaben beruflich verbessern, mitunter ist aber auch eine Verschlechterung der beruflichen Situation denkbar, z. B. wenn ansonsten eine Entlassung drohen würde.

Als interne Beschaffungswege sollen unterschieden werden:

- **innerbetriebliche Stellenausschreibung**
- **Versetzung**
- **Personalentwicklung**
- **Mehrarbeit.**

Schließlich ist es auch möglich, einen Mehrbedarf an Mitarbeitern durch **Urlaubsverschiebung** zu decken. Damit können zu einem bestimmten Zeitpunkt bzw. Zeitraum eigentlich nicht vorhandene personelle Kapazitäten doch genutzt werden.

Die interne Personalbeschaffung bietet sowohl Vor- als auch Nachteile:

Vorteile	**Nachteile**
Schnell und kostengünstig	Betriebsblindheit der Mitarbeiter, kein „frischer Wind"
Motivation der Mitarbeiter durch Aufstiegschancen	Demotivation abgelehnter interner Bewerber
Kürzere Einarbeitungszeiten	„Kettenreaktion" alte Stelle des Bewerbers muss ebenfalls neu besetzt werden

1.1.1 Innerbetriebliche Stellenausschreibung

Obgleich ein Unternehmen in der Wahl seines Beschaffungsweges grundsätzlich frei ist, kann der **Betriebsrat** nach § 93 BetrVG eine innerbetriebliche Stellenausschreibung verlangen. Er hat dabei die **Wahl**, die innerbetriebliche Stellenausschreibung zu fordern:

- für alle zu besetzenden Stellen
- nur für bestimmte Arten von Tätigkeiten.

Bei Eignung des Arbeitsplatzes ist dieser auch als **Teilzeitarbeitsplatz** auszuschreiben (§ 7 Abs. 1 TzBfG). Positionen **leitender Angestellter** nach § 5 BetrVG müssen nicht innerbetrieblich ausgeschrieben werden.

Bei der Ausschreibung von Stellen, sowohl innerbetrieblich als auch außerbetrieblich, müssen die Regelungen des **Allgemeinen Gleichbehandlungsgesetzes** (AGG) beachtet werden, das u. a. regelt, dass Stellen weder nur für Männer noch ausschließlich für Frauen ausgeschrieben werden (m/w/d), es sei denn, das Geschlecht ist eine zwingende Voraussetzung für die ausgeschriebene Tätigkeit.

Entspricht das Unternehmen der Forderung des Betriebsrates nach innerbetrieblicher Stellenausschreibung nicht, kann der Betriebsrat nach § 99 Abs. 2 Nr. 5 BetrVG seine **Zustimmung** zu einer in Aussicht genommenen Einstellung oder Versetzung **verweigern**. Außerdem ist ihm das möglich, wenn:

- Mindestanforderungen bei der Ausschreibung unbeachtet bleiben
- eine Ausschreibung nicht den Vorschriften des AGG entspricht
- gegen Auswahlrichtlinien gemäß § 95 BetrVG verstoßen wurde
- inner- und außerbetrieblich unterschiedliche Anforderungen genannt wurden.

Über die **Art und Weise** der innerbetrieblichen Stellenausschreibung kann der Betriebsrat nicht mitbestimmen, sie kann aber zwischen Unternehmensleitung und Betriebsrat freiwillig vereinbart werden, was zu empfehlen ist.

1.1.2 Versetzung

Eine Versetzung ist nach § 95 Abs. 3 BetrVG die **Zuweisung eines anderen Arbeitsbereiches**, die voraussichtlich die Dauer von einem Monat überschreitet *oder* mit einer erheblichen Änderung der Umstände verbunden ist, unter denen Arbeit zu leisten ist. Dabei deuten auf einen **anderen Arbeitsbereich** eine andere Aufgabe, Verantwortung, Art der Tätigkeit bzw. organisatorische Einordnung des Mitarbeiters hin.

Die Versetzung kann auf zwei **Wegen** bewirkt werden durch:

- Eine **Weisung** des Arbeitgebers, wenn diese innerhalb der im Arbeitsvertrag getroffenen Vereinbarungen liegt, z. B. aufgrund allgemeiner oder fachlicher Umschreibung bzw. durch Beschreibung des Ortes der Leistungserbringung. **Unzulässig** ist es generell, einen Arbeitsplatz mit geringerer Entlohnung zuzuweisen.
- Eine **Änderungskündigung**, sofern die zu leistende Arbeit inhaltlich oder bezüglich des Leistungsortes nicht den Vereinbarungen im Arbeitsvertrag entspricht bzw. geringer entlohnt wird. Sind Arbeitgeber und Arbeitnehmer sich über die Veränderung einig, kann auch eine **Änderungsvereinbarung** erfolgen.

Der **Betriebsrat** muss bei einer Versetzung angehört werden. Geschieht dies nicht, kann er gegen die Maßnahme vorgehen. Außerdem ist es ihm möglich, sowohl einer Weisung als auch einer Änderungskündigung aus bestimmten Gründen zu widersprechen (§§ 99 Abs. 2, 102 Abs. 3 BetrVG).

1.1.3 Personalentwicklung

Mithilfe einer systematisch auf die Verfügbarmachung benötigter Mitarbeiterqualifikationen ausgerichteten Personalentwicklung lässt sich ein künftiger Bedarf an qualifizierten Mitarbeitern innerbetrieblich decken. Als **Maßnahmen der Personalbildung** kommen dabei in Betracht – siehe S. 206 ff.:

- Die **Ausbildung** als berufliche Erstausbildung, die neben einer breit angelegten beruflichen Grundausbildung den Erwerb von Kenntnissen, Fertigkeiten und Erfahrungen zum Ziel hat.
- Die **Fortbildung**, mit welcher die beruflichen Kenntnisse und Fertigkeiten den aktuellen Entwicklungen im Arbeitsbereich der Mitarbeiter angepasst werden oder eine Erweiterung erfahren. Sie kann z. B. eine **Anpassungsfortbildung** (Verbesserung der fachlichen Qualifikation der Mitarbeiter) oder eine **Aufstiegsfortbildung** (Vermittlung von Führungswissen/-verhalten) sein.
- Die **Umschulung**, mit der eine berufliche Neuorientierung erfolgt, indem erwachsene Arbeitnehmer eine Zweitausbildung für eine andere als von ihnen bisher ausgeübte Tätigkeit erhalten.
- Neben der Personalbildung kann auch die **Personalförderung** der Bereitstellung qualifizierter Mitarbeiter förderlich sein, z. B. in Form des Coaching oder Mentoring – siehe S. 222 ff.

1.1.4 Mehrarbeit

Als Mehrarbeit soll die **Verlängerung der Arbeitszeit** verstanden werden, die einzelne, mehrere oder alle Arbeitnehmer eines Unternehmens betreffen kann. Ihr Vorteil liegt darin, dass der Personalbestand im Unternehmen nicht erhöht wird. **Formen** der Mehrarbeit sind:

- **Überstunden**, die vorliegen, wenn die tatsächliche Arbeitszeit von Arbeitnehmern die arbeits- oder tarifvertragliche Arbeitszeit übersteigt. Die **Verpflichtung** zu ihrer Ableistung muss arbeitsvertraglich, ersatzweise tarifvertraglich oder in einer Betriebsvereinbarung geregelt sein. Ist das nicht der Fall, dürfen sie grundsätzlich nicht dazu angewiesen werden.
- **Änderungen der betriebsüblichen Arbeitszeit**, die gegeben sind, wenn die Arbeitszeiten im Unternehmen generell verändert werden, z. B. von sieben auf acht Stunden pro Arbeitstag, aber auch durch über längere Zeit erbrachte Überstunden. Es empfiehlt sich, eine Verlängerung der Arbeitszeit über längere Zeit nicht aufrechtzuerhalten.

In Verbindung mit Mehrarbeit sind die Vorschriften des ArbZG zu beachten, siehe S. 131 f. Im Übrigen hat der **Betriebsrat** bei Änderungen der betrieblichen Arbeitszeit sowie bei regelmäßig anfallenden Überstunden ein Recht auf **Mitbestimmung**.

Zu Mehrarbeit im Sinne von Mehrleistung kann das Unternehmen auch kommen, indem es die **Motivation** der Mitarbeiter verstärkt, z. B. durch gewährte Anreize, oder indem **Rationalisierungsmaßnahmen** durchgeführt werden.

Aufgabe 10 > Seite 266

1.2 Externe Beschaffungswege

Die externen Beschaffungswege beziehen sich auf den **außerhalb des Unternehmens** liegenden Teil des **Arbeitsmarktes** und werden genutzt, wenn eine innerbetriebliche Personalbeschaffung nicht möglich oder unzweckmäßig erscheint. Welche **externen Beschaffungswege** zu wählen sind, hängt besonders von der Situation am Arbeitsmarkt, der Bedeutung der zu besetzenden Stellen und der Qualifikation der zu beschaffenden Arbeitskräfte ab. Es sollen näher behandelt werden:

- **Arbeitsvermittlung**
- **Print-Stellenanzeige**
- **Internet-Stellenanzeige und Nutzung von social media**
- **Personalberater**
- **Arbeitnehmerüberlassung**
- **Abwerbung.**

Neben diesen externen Beschaffungswegen werden **außerdem** z. B. genutzt:

- **Vermittlung durch Mitarbeiter,** die sich vor allem in Zeiten hoher Beschäftigung anbieten kann
- **Aushang am Werkstor,** der sich insbesondere für gewerbliche Tätigkeiten und einfache Verwaltungstätigkeiten eignen kann
- **Besichtigung des Unternehmens,** die z. B. an einem „Tag der offenen Tür", ggf. in Verbindung mit Betriebsführungen, möglich ist
- **Kontakte mit Bildungseinrichtungen,** wobei z. B. Schulen und Hochschulen dafür in Betracht kommen können
- **Plakatierung,** die für einfache Tätigkeiten zu empfehlen ist, z. B. in Verkehrmitteln und an Haltestellen
- **Handzettel,** die sich ebenfalls für einfache Tätigkeiten eignen, z. B. durch Verteilung oder Postwurf.

Hilfsmittel der externen Beschaffung sind Stellenausschreibungen mit folgenden Mindestinhalten:

- Darstellung des Unternehmens
- Tätigkeitsbezeichnung
- Beginn der Tätigkeit
- Vertragsform (Befristung, Teilzeit)
- geforderte Kompetenzen des Bewerbers
- einzureichende Unterlagen
- Sozialleistungen
- Bewerbungsform und -frist, Ansprechpartner

Bei der Erstellung von Stellenausschreibungen ist zwingend auf die Einhaltung des Allgemeinen Gleichbehandlungsgesetz zu achten! (Geschlechtsneutrale Ausschreibung, Lichtbild darf nicht mehr gefordert werden)

1.2.1 Arbeitsvermittlung

Die Vermittlung von Arbeitskräften kann auf zwei **Wegen** erfolgen:

- Als **öffentliche Arbeitsvermittlung** durch die Bundesagentur für Arbeit (BA) in Nürnberg mit ihren zehn Regionaldirektionen (früher Landesarbeitsämtern) und die zugehörenden Einrichtungen, die u. a. die Aufgabe und das Recht haben, Arbeitsvermittlung vorzunehmen. Dies geschieht durch mehrere **Institutionen**:

Agenturen für Arbeit (AA)	Die derzeit 174 Agenturen für Arbeit mit 601 Geschäftsstellen vermitteln mit regionaler Zuständigkeit. In der Vergangenheit galt dies eher für Tätigkeiten ausführender Art, inzwischen hat sich das Bild aber erheblich gewandelt.
Zentrale Auslands- und Fachvermittlung (ZAV)	Sie ist – mit Hauptsitz in Bonn und bundesweit 17 Standorten – für die gesamte Bundesrepublik Deutschland zuständig. Im Jahr 2007 wurde die ZAV neu geordnet und umfasst als Leistungsbereiche die Fachvermittlung von Führungskräften, die Künstlervermittlung, die Auslandsvermittlung und die Arbeitsmarktzulassung.

Leistungsbereiche der Bundesagentur für Arbeit sind u. a. die **Jobbörse** im Internet – siehe S. 88 – und die **Personal-Service-Agenturen** (PSA), deren Aufgabe es ist, eine Arbeitnehmerüberlassung zur Vermittlung von Arbeitslosen in Arbeit durchzuführen sowie ihren Beschäftigten in verleihfreien Zeiten zu qualifizieren und weiterzubilden.

- Als **private Arbeitsvermittlung**, die seit 1994 zulässig und seit 2002 erlaubnisfrei ist, jedoch der Kontrolle der jeweils zuständigen Regionaldirektion unterliegt. Dabei führen private Arbeitsvermittler arbeitsuchende Personen mit Arbeitgebern zur Begründung von Arbeitsverhältnissen zusammen, z. B. auch durch Bereitstellung von Listen über Stellenangebote und Stellengesuche.

  Private Arbeitsvermittler dürfen grundsätzlich nur vom Arbeitgeber eine **Vergütung** verlangen, die je nach Dauer des vermittelten Arbeitsverhältnisses auf maximal 12 % bzw. 15 % des Arbeitsentgeltes begrenzt ist. Arbeitslose können von ihrer Agentur für Arbeit einen **Vermittlungsgutschein** erhalten, der zur Nutzung eines privaten Arbeitsvermittlers berechtigt.

1.2.2 Print-Stellenanzeige

Die Stellenanzeige wird in einem **Print-Medium** geschaltet und kann, je nach Auftraggeber bzw. Adressat, sein:

- Ein **Stellengesuch**, das von einem Bewerber aufgegeben und an interessierte Unternehmen gerichtet ist, was eher bei Vollbeschäftigung oder bei Mangelberufen Erfolg versprechend erscheint. Es ist z. B. wie folgt möglich:

Bürokauffrau
in ungekündigter Stellung sucht
neuen Wirkungskreis
Angeb. unt. Chiffre-Nr. 38 818

Wirtschafterin su. Stelle, auch privat, von Mo.-Fr. 8 Std. tägl. Tel. ....

19-jähr. Einzelhandelskauffrau sucht Stelle als Bürokraft im Raum Wiesloch/HD, baldmögl. Angeb. u. Chiffre 17 665

- Ein **Stellenangebot**, das von einem Unternehmen in Auftrag gegeben wird und potenzielle Bewerber ansprechen soll, z. B.:

Firmenkundenkredite.

Die Baden-Württembergische Bank AG ist die große Geschäftsbank mit Sitz in Baden-Württemberg.

Für unsere Firmenkunden- und Kreditabteilung in der Filiale

Mannheim

suchen wir einen Bankkaufmann (m/w/d) oder Betriebswirt (m/w/d) mit praktischer Erfahrung im Kreditgeschäft zur selbstständigen Betreuung von Firmenkunden und zur Kreditbearbeitung.

Neben entsprechenden Kenntnissen des Kreditgeschäfts erwarten wir Kontaktfähigkeit, Initiative und Einsatzbereitschaft.

Wenn Sie an dieser entwicklungsfähigen Position interessiert sind, so richten Sie bitte Ihre Bewerbung mit den üblichen Unterlagen, Ihrem Gehaltswunsch und dem möglichen Eintrittstermin, unter Stichwort „Firmenkredite Mannheim“ an nachstehende Adresse. Für telefonische Anfragen stehen wir Ihnen vorab gerne zur Verfügung.

Baden-Württembergische Bank AG
Ressort Personal, Postfach 1 42
70465 Stuttgart Telefon 0711/..... oder -.....

Für die Stellenanzeige, die nachfolgend als Stellenangebot behandelt wird, sind vor allem folgende **Festlegungen** zu treffen:

- Die **Art der Anzeige,** die nach der Nennung bzw. Nichtnennung des beschaffenden Unternehmens sein kann:

Offene Stellenanzeige	Hier ist der Name des inserierenden Unternehmens in der Stellenanzeige ersichtlich, auf das sich Bewerber in ihrer Bewerbung einstellen können.
Chiffreanzeige	Sie enthält den Namen des inserierenden Unternehmens nicht. Deshalb sollte sie grundsätzlich vermieden werden, sofern nicht gewichtige Gründe ausnahmsweise dafür sprechen.

- Das **Satzverfahren**, welches das „Äußere" der Stellenanzeige prägt und insbesondere nach Art der ausgeschriebenen Stelle sein kann:

Wortanzeige	Sie ist einspaltig, im laufenden Text abgesetzt und heißt auch **Fließsatzanzeige oder Kleinanzeige** – siehe die Stellengesuche „Wirtschafterin" und „Einzelhandelskauffrau" S. 81.
Gesetzte Anzeige	Sie kann mehrspaltig sein, enthält mehrere Schriftgrößen und andere Gestaltungselemente – siehe das vorseitige Stellenangebot.

- Der **Anzeigenträger**, bei dem es darauf ankommt, möglichst viele in Betracht kommende Leser zu erreichen, d. h. den **Streuverlust** so gering wie möglich zu halten. Es bieten sich bei Print-Medien für Arbeitskräfte der unteren bis mittleren Hierarchie-Ebene vielfach **regionale Tageszeitungen** und für Arbeitskräfte der höheren bis hohen Hierarchie-Ebene vorzugsweise **überregionale Tages- oder Wochenzeitungen** als Anzeigenträger an. Arbeitskräfte mit Spezialkenntnissen werden häufig in **Fachzeitschriften** gesucht.

  Inzwischen hat das **Internet** für Stellenangebote wie auch für Stellengesuche immer mehr an Bedeutung gewonnen – siehe S. 87 f.

- Der **Anzeigentermin**, der bestimmt werden muss. Er ist so früh zu wählen, dass das gesamte Bewerbungsverfahren in Ruhe abgewickelt werden kann und der geeignetste Bewerber zum vorgesehenen Termin zur Verfügung steht. Bei seiner Festlegung darf nicht nur der unternehmensseitige Bedarfszeitpunkt berücksichtigt werden, sondern es müssen auch **Kündigungsfristen** der Bewerber einkalkuliert werden, insbesondere wenn sie über der gesetzlichen Regelung liegen.

  Außerdem ist zu beachten, dass es für Bewerber günstigere oder weniger günstige **Zeitpunkte** gibt, das Unternehmen zu wechseln. So werden sie vielfach z. B. vermeiden wollen, das Weihnachtsgeld in ihrem bisherigen Unternehmen nicht ausgezahlt zu bekommen oder zurückzahlen zu müssen.

  Schließlich kann es noch **„typische" Wochentage** für die Schaltung von Stellenanzeigen geben, vielfach ist das der Samstag.

- Die Anzeige, die **inhaltlich** zu gestalten ist. Dabei sollten die Vorzüge des Unternehmens und der ausgeschriebenen Position angemessen hervorgehoben werden, ggf. aber auch das **Umfeld** des Unternehmens, z. B. Schulen und Freizeitwert. Hilfreich kann dabei das folgende **Schema** sein:

Wir sind ...	Aussagen über das Unternehmen **Beispiele** Firmenname, Firmenzeichen, Branche, Standort, Größe, Mitarbeiterzahl, Führungsstil
Wir haben ...	Aussagen über die freie Stelle **Beispiele** Ausschreibungsgrund, Aufgabenbeschreibung, Verantwortungsumfang, Vertretungsmacht, Entwicklungschancen

Wir suchen ...	Aussagen über Anforderungsmerkmale **Beispiele** Berufsbezeichnung, Vorbildung, Ausbildung, Kenntnisse, Fähigkeiten, Berufserfahrung, persönliche Eigenschaften, Alter (AGG beachten)
Wir bieten ...	Aussagen über die (Unternehmens-)Leistungen **Beispiele** Hinweis auf Lohn-/Gehaltshöhe, Wohnungshilfe, Fahrgeld (Zuschuss), Sozialleistungen, gleitende Arbeitszeit
Wir bitten ...	Aussagen zur Bewerbung **Beispiele** Lebenslauf, Lichtbild, Zeugnisse, Hinweis auf persönliche Vorstellung, Ansprechpartner für Bewerber (ggf. mit Telefonnummer)

- Die Anzeige, die **optisch** gestaltet werden muss. Da sie Aufmerksamkeit erregen, leicht lesbar und gut einprägbar sein soll, empfiehlt es sich z. B., **Schlagworte** als Blickfang zu nutzen sowie relativ kurze **Textblöcke** und eine angemessene **große Schrift** zu verwenden. Das Layout sollte vorgeschrieben werden. Ferner sollte gewährleistet sein, dass das Anzeigenbild über längere Zeit in einheitlicher Weise erscheint.

  Die **Größe** der Anzeige hat sich vor allem an der ausgeschriebenen Stelle, der Dringlichkeit der Stellenbesetzung, der Bedeutung des Unternehmens und an dem Verhalten der Konkurrenz zu orientieren.

Die mit der Schaltung einer Stellenanzeige verbundenen Kosten können erheblich sein und je nach Größe und Anzeigenträger durchaus bis zu einem fünfstelligen Betrag ausmachen. Nicht zuletzt auch deshalb muss sich der Schaltung eine systematische **Erfolgskontrolle** anschließen.

1.2.3 Internet-Stellenanzeige

Neben der Stellenanzeige in Zeitungen und Zeitschriften gewinnt das Internet zur Schaltung von Stellenanzeigen an immer größerer Bedeutung. **Möglichkeiten** sind:

- Die **firmeneigene Homepage**, mit der elektronische Stellenanzeigen auf der eigenen Website des Unternehmens geschaltet werden können. Sie wird inzwischen von den meisten größeren Unternehmen zur Personalbeschaffung genutzt, aber auch von mittleren und kleineren Unternehmen.

  Eine Stellenanzeige auf der eigenen Homepage bietet die Möglichkeit, das Unternehmen wesentlich umfangreicher darzustellen, als das in Printmedien möglich ist. Der potenzielle Bewerber kann gezielt angesprochen werden. Er findet das Unternehmen entweder über eine **Suchmaschine** oder durch direkte **Eingabe des Firmennamens** mit den second-Level-Domain-Endungen .de oder .com.

- **Kommerzielle Jobbörsen**, die sich in den letzten Jahren stark entwickelt haben. Je nach Anbieter und Laufzeit fallen für Standardstellenangebote etwa 300 € - 1.000 € pro Schaltung an. Stellengesuche sind in der Regel kostenlos, Unternehmen können diese kostenpflichtig einsehen.

  Interessenten haben die Möglichkeit, aufgrund von **Suchkriterien** wie Branche, Region, Tätigkeitsfeld, Profil oder Firmennamen gezielt nach relevanten Stellen zu suchen. Marktführer bei den klassischen kommerziellen Jobbörsen in Deutschland ist Monster. Mittlerweile bieten die großen Jobbörsen auch zahlreiche **weitere Dienstleistungen** wie Direct-Selection oder HR-Consulting an.

  Kommerzielle Jobbörsen können dem Unternehmen hilfreich sein. Ihre Auswahl ist aber sorgfältig vorzunehmen, da sie in Professionalität, Seriosität und Benutzerfreundlichkeit erheblich variieren.

  Der Markt der Jobbörsen im Internet ist inzwischen sehr groß. Neben den großen branchenübergreifenden und überregionalen Anbietern gibt es zahlreiche **spezialisierte Jobbörsen**, die sich auf Berufszweige, Regionen, Ausbildungsniveau oder bestimmte Arten von Angeboten (z. B. Studentenjobs, Praktika) konzentrieren. Hinzu kommen **Internetportale**, die Jobbörsen in ihre sonstigen Leistungen aufgenommen haben, z. B. monster, stepstone, jobpilot. Im Portal „meinestadt.de“ findet sich die größte Zahl an Stellenangeboten.

- **Nicht kommerzielle Jobbörsen**, die ebenfalls in einer Vielzahl betrieben werden. So bietet die Bundesagentur für Arbeit eine 2009 nochmals erheblich verbesserte elektronische Jobvermittlung als Jobbörse an, die ein komplettes Bewerbermanagement für Arbeitgeber ermöglicht. Mit über 500.000 Stellenangeboten gehört www.arbeitsagentur.de zu den größten Jobbörsen im deutschsprachigen Raum.

  Die Stellenangebote sind kostenlos in das Internet einstellbar, ebenso die Suche in der Bewerberdatenbank bzw. Stellengesuchsdatenbank. **Negativ** ist, dass eine zielgenaue, vollständige und schnelle Identifikation geeigneter Kandidaten bzw. Stellenangebote schwierig ist. Auch gibt es kaum Spielräume bei der Gestaltung einer Stellenanzeige.

  Weitere nicht kommerzielle Jobbörsen gibt es von **Hochschulen** sowie von **Verlagen** und **Zeitungen**, die vor allem die bei ihnen als Printanzeigen veröffentlichten Stellenangebote und Stellengesuche ergänzend in das Internet einstellen.

- **Newsgroups** oder die **Social Networks**, die vermehrt zur Platzierung von Angeboten oder Stellengesuchen genutzt werden. Sie sind öffentlich und können von jedem Mitglied des Forums gelesen werden. Die Nutzung ist einfach und kostenlos, wegen der geringen optischen Gestaltungsmöglichkeiten jedoch nur begrenzt attraktiv.

Aufgabe 11 > Seite 266

1.2.4 Personalberater

Personalberater stellen einen externen Beschaffungsweg insbesondere für **Arbeitskräfte der höheren und hohen Hierarchie-Ebene** dar (Headhunter). Ihr Schwergewicht darf nicht auf der Vermittlung von Arbeitskräften liegen, sondern auf der Beratung des beauftragten Unternehmens, es sei denn, sie sind auch – wie inzwischen in den meisten Fällen – private Arbeitsvermittler – siehe S. 84. Ihre **Aufgabenbereiche** können umfassen:

- **Vorarbeiten zur Personalbeschaffung**, z. B. das Erarbeiten einer Aufgabenstellung und Stellenanforderung
- **Maßnahmen in Verbindung mit der Personalbeschaffung**, z. B. die Gestaltung und Formulierung einer Stellenanzeige, das Prüfen von Bewerbungsunterlagen, das Durchführen bzw. Auswerten von Vorstellungsgesprächen, die Unterstützung bei der Beschaffungsentscheidung
- **abschließende Tätigkeiten zur Personalbeschaffung**, z. B. die Beratung beim Festlegen der arbeitsvertraglichen Regelungen.

Qualifizierte Personalberater verfügen durch ihre Zusammenarbeit mit einer Vielzahl von Unternehmen über weit reichende Kenntnisse und Erfahrungen. Für ihre Leistungen berechnen sie **Beratungshonorare**, die üblicherweise nicht erfolgsabhängig sind, und den Ersatz von Sachkosten.

1.2.5 Arbeitnehmerüberlassung

Bei der Arbeitnehmerüberlassung stellt ein selbstständiger Unternehmer als Verleiher einen Arbeitnehmer, mit dem er einen Arbeitsvertrag geschlossen hat, einem Dritten als Entleiher zur Verfügung. Der Arbeitnehmer des Verleihers erbringt dem Entleiher **befristet** Leistungen. Der Entleiher zahlt dem Verleiher dafür eine Entleihgebühr.

Grundlage für die Arbeitnehmerüberlassung ist das AÜG. Es ist seit **04/2017** teilweise **neu** gefasst. Wie zuvor regelt es, dass eine **erlaubnispflichtige Arbeitnehmerüberlassung** vorliegt, wenn ein Arbeitgeber als Verleiher an einen dritten (Entleiher) Arbeitnehmer (Leiharbeitnehmer) im Rahmen seiner wirtschaftlichen Tätigkeit zur Arbeitsleistung überlässt.

Um die Überlassung eines Arbeitnehmers im Rahmen der Arbeitnehmerüberlassung von der Bereitstellung eines Arbeitnehmers im Rahmen eines Werkvertrages oder Dienstvertrages abzugrenzen, wird **gesetzlich festgelegt**, in welchen Fällen eine **Arbeitnehmerüberlassung** vorliegt. Das ist dann als gegeben anzusehen, wenn überlassene Arbeitnehmer

- in die Arbeitsorganisation des Entleihers eingegliedert sind und
- sie seinen Weisungen unterliegen (§ 1 AÜG).

Die Überlassung von Arbeitnehmern ist **nur zulässig**, wenn zwischen dem Verleiher und dem Leiharbeitnehmer ein Arbeitsvertrag besteht. Zudem müssen Verleiher und Entleiher die Überlassung des Arbeitnehmers in einem geschlossenen Vertrag ausdrücklich als Arbeitnehmerüberlassung bezeichnen.

Im Hinblick auf die Neufassung des AÜG sind insbesondere hervorzuheben:

- die **Höchstdauer** der Überlassung desselben Arbeitnehmers, die nunmehr nur noch für 18 aufeinanderfolgende Monate zulässig ist. Das bedeutet, dass der Entleiher denselben Arbeitnehmer nicht länger als **18** aufeinanderfolgende **Monate** tätig werden lassen darf.

  Der Zeitraum vorheriger Überlassungen durch denselben oder einen anderen Verleiher an denselben Entleiher ist vollständig anzurechnen, wenn zwischen den Einsätzen des Leiharbeitnehmers jeweils nicht mehr als drei Monate liegen. Wird diese Mindestzeit nicht erreicht, sind vorangehende Überlassungen des Leiharbeitnehmers bei der Berechnung der Überlassungshöchstzeit mitzuzählen.
- die **Gleichstellung** des Leiharbeitsnehmers hinsichtlich der wesentlichen Arbeitsbedingungen, insbesondere des Arbeitsentgeltes mit den Stammbeschäftigten, die spätestens nach **neun Monaten** erfolgen muss. In Bezug auf das Arbeitsentgelt heißt das, es sind dabei sämtliche, auf den Lohnabrechnungen vergleichbarer Stammarbeitnehmer ausgewiesenen Bruttovergütungsbestanteile zu berücksichtigen.

Der Gleichstellungsgrundsatz, der vielfach auch als **Equal-pay-Grundsatz** bezeichnet wird, kann durch einen **Tarifvertrag** in der Einsatzbranche jedoch modifiziert werden. Die Vereinbarung einer verlängerten Abweichungspflicht erfordert aber, dass Leiharbeitnehmer stufenweise an das als gleichwertig anzusehende Arbeitsentgelt herangeführt werden, spätestens innerhalb von 15 Monaten.

Weiter regelt das reformierte AÜG, dass der Entleiher Leiharbeitnehmer nicht tätig werden lassen darf, wenn er unmittelbar von einem **Arbeitskampf** betroffen ist (§ 11).

Zu beachten ist auch, dass die **Informationsrechte des Betriebsrates** (§§ 80, 92 BetrVG) nunmehr auch in Bezug auf den Leiharbeitnehmer gesetzlich abgesichert sind.

Die AÜG-geregelte Arbeitnehmerüberlassung erfolgt durch über 11.000 Verleihfirmen mit über 900.000 Beschäftigten. Während in der Vergangenheit eher einfachere ausführende Arbeiten vor allem im gewerblichen Bereich, aber auch in geringerem Umfang im kaufmännischen Bereich die Tätigkeitsbereiche von Leiharbeitnehmern darstellten, hat sich dies inzwischen geändert.

Mitunter nutzen entleihende Unternehmen die Beschäftigung von Leiharbeitnehmern als **Erprobungsphase**, um sie bei Eignung später ggf. selbst zu übernehmen. Eine Arbeitnehmerüberlassung bedarf sowohl beim verleihenden als auch beim entleihenden Unternehmen mehrerer **Aktivitäten**:

Der Verleiher ...	Der Entleiher ...
► schließt mit dem Leiharbeitnehmer einen Arbeitsvertrag	► schließt mit dem Verleiher einen Arbeitnehmerüberlassungsvertrag
► hat die generelle Tauglichkeit des Leiharbeitnehmers zu gewährleisten	► erhält vom Verleiher den Anspruch auf Arbeitsleistung
► steht jedoch für das Arbeitsergebnis nicht ein	► erhält ein begrenztes Direktionsrecht vom Verleiher (Weisungen vor Ort)
► schließt mit dem Entleiher einen Arbeitnehmerüberlassungsvertrag	► gliedert den Leiharbeitnehmer in seinem Unternehmen ein
► teilt sich mit dem Entleiher das Direktionsrecht	► hat eine Fürsorgepflicht gegenüber dem Leiharbeitnehmer
► überträgt dem Entleiher seinen Anspruch auf Arbeitsleistung	► zahlt dem Verleiher die vereinbarte Entleihgebühr.
► zahlt dem Leiharbeitnehmer den Nettolohn	
► führt Steuern und Sozialabgaben ab.	

Als **Beziehungen** ergeben sich bei der Arbeitnehmerüberlassung somit:

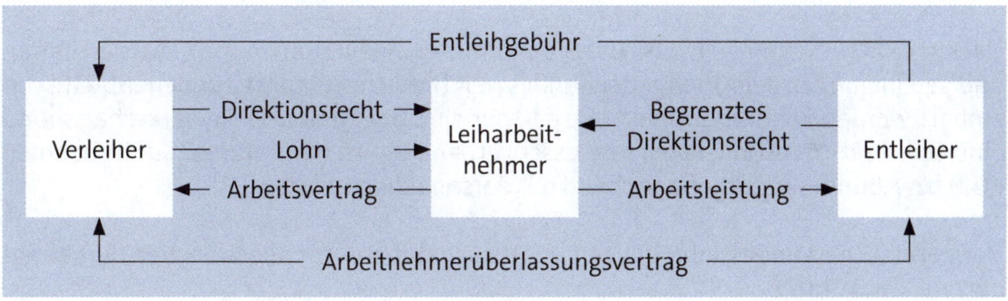

Das AÜG soll den **Missbrauch** der Arbeitnehmerüberlassung verhindern. Deshalb bedürfen Arbeitgeber, die als Verleiher gewerbsmäßig (Leih-)Arbeitnehmer an Dritte überlassen wollen, einer Erlaubnis durch die zuständige Regionaldirektion (früher Landesarbeitsamt). Die **Erlaubnis** ist zu **versagen**, wenn der Antragsteller (§ 3 AÜG):

- die für die Ausübung der Tätigkeit erforderliche **Zuverlässigkeit** nicht besitzt
- nach der Gestaltung seiner **Betriebsorganisation** nicht in der Lage ist, die üblichen Arbeitgeberpflichten ordnungsgemäß zu erfüllen
- dem Leiharbeitnehmer für die Zeit der Überlassung an einen Entleiher die im Betrieb dieses Entleihers für einen vergleichbaren Arbeitnehmer des Entleihers geltenden **wesentlichen Arbeitsbedingungen** einschließlich des Arbeitsentgelts nicht gewährt.

Nach § 9 AÜG sind **unwirksam:**

- **Verträge** zwischen Verleihern und Entleihern sowie zwischen Verleihern und Leiharbeitnehmern, wenn der Verleiher nicht die erforderliche **Erlaubnis** zur Arbeitnehmerüberlassung hat
- **Arbeitsverträge** zwischen Verleihern und Leiharbeitnehmern, die nicht ausdrücklich die Arbeitnehmerüberlassung als solche ausweisen, und das in Bezug auf die konkrete Person des Leiharbeitnehmers.
- **Arbeitsverträge** zwischen Verleihern und Leiharbeitnehmern, bei denen die Überschreitung der zulässigen Höchstüberlassungsdauer vereinbart ist.
- **Vereinbarungen**, die für den Leiharbeitnehmer für die Zeit der Überlassung an einen Entleiher schlechtere als die im Betrieb des Entleihers für einen vergleichbaren Arbeitnehmer des Entleihers geltenden **wesentlichen Arbeitsbedingungen** einschließlich des Arbeitsentgeltes vorsehen.
- **Vereinbarungen**, die dem **Entleiher untersagen**, den Leiharbeitnehmer zu einem Zeitpunkt einzustellen, in dem dessen Arbeitsverhältnis zum Verleiher nicht mehr besteht
- **Vereinbarungen**, die dem **Leiharbeitnehmer untersagen**, mit dem Entleiher zu einem Zeitpunkt, in dem das Arbeitsverhältnis zwischen Verleiher und Leiharbeitnehmer nicht mehr besteht, ein Arbeitsverhältnis einzugehen.

Nach § 3a AÜG ist geregelt, dass unter bestimmten Bedingungen von Gewerkschaften und Vereinigungen der Arbeitgeber bundesweit tarifliche **Mindeststundenentgelte** vereinbart werden können. Tarifvertragspartner sind der Deutsche Gewerkschaftsbund einerseits und insbesondere der Interessenverband Deutscher Zeitarbeitsunternehmen (iGZ) bzw. Bundesarbeitgeberverband der Personaldienstleister (BAP).

Der **gesetzliche Mindestlohn** gilt seit 2018 ausnahmslos für alle Branchen. Er beträgt derzeit bzw. künftig:

- 2018:8,84 €
- 2019:9,19 €
- 2020:9,35 €
- ab 01.04.2023: 12,50 €
- ab 01.04.2024: 13,00 €

In verschiedenen Branchen wurde tarifvertraglich ein **höherer Mindestlohn** als der gesetzliche Mindestlohn vereinbart.

Mit dem „Bürgergeld" sind auch die Agenturen für Arbeit mit der Arbeitnehmerüberlassung befasst. Jede Agentur für Arbeit hat mindestens eine **Personal-Service-Agentur** eingerichtet, deren Aufgabe es insbesondere ist, eine Arbeitnehmerüberlassung zur Vermittlung von Arbeitslosen in Arbeit durchzuführen sowie ihre Beschäftigten in verleihfreien Zeiten zu qualifizieren und weiterzubilden.

Die gewerbsmäßige Arbeitnehmerüberlassung verursacht für das entleihende Unternehmen in der Regel höhere **Kosten**, als wenn eigene Arbeitnehmer beschäftigt werden, vermindert andererseits aber das Risiko von Fehleinstellungen.

Werden Arbeitnehmer nur **gelegentlich** an andere Arbeitgeber **überlassen**, gelten die Regelungen des Arbeitnehmerüberlassungsgesetzes nicht, z. B. als Nebenleistungen in Verbindung mit einem Kauf- oder Mietvertrag (Bereitstellung von Einweisungs- bzw. Bedienungspersonal) bei Inbetriebnahme einer Großanlage.

1.2.6 Abwerbung

Bei der Abwerbung bewegt ein Arbeitgeber einen anderweitig beschäftigten Arbeitnehmer dazu, bei ihm zu arbeiten. Die Abwerbung kann sein:

- Eine **zulässige Abwerbung**, wenn einem Arbeitnehmer eine Arbeit angeboten wird, auch zu besseren Bedingungen als denjenigen, die er bisher hatte.
- Eine Abwerbung ist **unzulässig**, wenn das abwerbende Unternehmen ein **sittenwidriges Verhalten** zeigt, indem es z. B. auf den Arbeitnehmer einwirkt, seinen Arbeitsvertrag zu brechen, oder ihn unter Verwendung **unlauterer Mittel** zur ordentlichen Beendigung des Beschäftigungsverhältnisses verleitet.

  Das kann z. B. durch irreführende Mitteilungen über den bisherigen Arbeitgeber erfolgen oder indem das abwerbende Unternehmen planmäßig und systematisch mehrere Arbeitnehmer abwirbt.

Bei rechtlich unzulässiger Abwerbung kann das geschädigte Unternehmen **Schadensersatz** oder **Unterlassung** geltend machen (§§ 823, 826 BGB, § 1 UWG).

Aufgabe 12 > Seite 266

2. Bewerbung

Eine Bewerbung kann im Unternehmen eingehen, ohne dass es dazu aufgefordert oder weil es die Bewerbung initiiert hat. Dementsprechend lassen sich unterscheiden:

- **unaufgeforderte Bewerbungen (Initiativbewerbung)**, die häufig in Form von Kurzbewerbungen oder Bewerbungsflyern als Anfragen nach derzeit oder später besetzbaren Stellen erfolgen, denen – bei Interesse des Unternehmens – ausführliche Bewerbungen nachgeschoben werden können. Sie werden auch als Initiativbewerbungen bezeichnet.
- **aufgeforderte Bewerbungen**, denen z. B. eine Stellenanzeige des mitarbeitersuchenden Unternehmens zu Grunde liegt, auf die Bewerber mittels ihrer Bewerbung reagieren.

Die Bewerbung erfolgt in beträchtlichem Umfang noch immer auf traditionellem Wege, also in **Papierform per Post**. Inzwischen hat aber der Anteil der Bewerbungen erheblich zugenommen, die **online** vorgenommen werden, besonders von jüngeren Bewerbern und Bewerbern mittleren Alters, die z. B. eine der drei nachstehenden **Möglichkeiten** nutzen:

- Die **E-Mail-Bewerbung**, die am häufigsten praktiziert wird. Wenn ein Unternehmen eine solche Bewerbung wünscht oder akzeptiert, sollte es darauf hinweisen und eine Kontaktadresse bereitstellen. Die E-Mail-Bewerbung kann erfolgen als:

Kurzbewerbung	Sie sollte, wie ein traditionelles Anschreiben, eine kurze **Vorstellung des Bewerberprofils** enthalten, auf welches das Unternehmen interessiert reagieren kann.
Bewerbung als Anhang zur E-Mail	Hier werden die **Bewerbungsunterlagen** als Dateianhänge übermittelt. Problematisch dabei können für das Unternehmen Kompatibilitätsprobleme sowie möglicherweise übertragene Viren sein.

- Das **strukturierte Formular**, das auf der Homepage des Unternehmens hinterlegt ist. Der Bewerber kann es abrufen, vollständig ausfüllen und direkt online wieder auf den Server des Unternehmens senden. Da die vom Unternehmen erwartete Information hier vorstrukturiert ist, erweist sich diese Verfahrensweise im Hinblick auf den Bewerbungsprozess als **sehr effizient**.

- Die **Bewerber-Homepage**, die vom Stellensuchenden eingerichtet wird. Sie dient der Präsentation des Bewerbers, ist aber nicht stellenspezifisch ausgerichtet. Um an die erforderlichen Informationen zu gelangen, muss das Unternehmen jedoch erst einmal Kenntnis von der Existenz der Bewerber-Homepage erlangen.

  Der Hinweis hierauf kann geschehen, indem sich der Bewerber mit einer **E-Mail-Kurzbewerbung** an das Unternehmen wendet, in der er auf seine Bewerber-Homepage hinweist.

Die Bearbeitung von zugesandten Bewerbungen erfolgt im Unternehmen in drei **Schritten**:

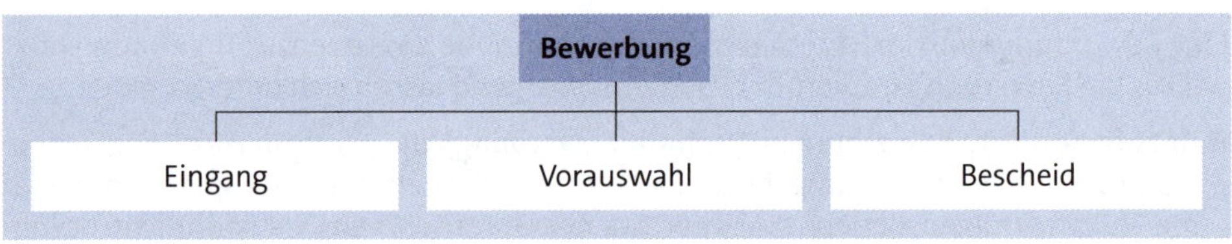

2.1 Eingang

Der Eingang von Bewerbungsunterlagen im Unternehmen sollte registriert werden, ebenso der weitere Weg, den die Unterlagen innerbetrieblich nehmen. Daraufhin empfiehlt sich zunächst eine **grobe Durchsicht** der Bewerbungsunterlagen im Hinblick auf:

- grundsätzliche **Ordnungsmäßigkeit** (lose Blätter, unvollständig, unsauber, zerknittert usw.?)
- grundsätzliche fachliche **Eignung** (Mindesterwartungen oder Mindestanforderungen an den Bewerber).

Bereits zu diesem Zeitpunkt erkennbar **ungeeignete Bewerbungen** sollten gleich ausgesondert und an die betreffenden Bewerber zurückgeschickt werden. Für die Stellenbesetzung **in Betracht kommende Bewerbungen** werden in der Personalabteilung oder/und der entsprechenden Fachabteilung weiterbearbeitet.

Die Bewerbungsunterlagen müssen **sorgfältig** und **sicher aufbewahrt** werden und dürfen keinem mit dem Vorgang nicht befassten Mitarbeiter zugänglich gemacht werden. Die Bewerber sollten rasch eine **Eingangsbestätigung** erhalten. **Persönliche Daten** der Bewerber dürfen grundsätzlich weder kopiert noch gespeichert werden.

2.2 Vorauswahl

Nach der ersten groben Durchsicht der Bewerbungsunterlagen erfolgt ihre **detaillierte Auswertung** als Vorauswahl. Sie hat so systematisch und objektiv wie möglich zu erfolgen, insbesondere sind die Regelungen des AGG zu beachten. Zur Systematisierung bietet sich die Verwendung standardisierter **Auswertungsbögen** an. Inwieweit Bewerber als geeignet anzusehen sind, orientiert sich an den **Anforderungen** der zu besetzenden Stelle, die vielfach in Stellenbeschreibungen dokumentiert sind.

In Unternehmen mit mehr als 1.000 Arbeitnehmern kann der Betriebsrat zudem die Aufstellung von **Auswahlrichtlinien** verlangen, die dann als Anforderungen zu berücksichtigen sind. Ein Verstoß dagegen oder gegen das AGG berechtigt ihn, die Zustimmung zur Einstellung des Bewerbers zu verweigern (§ 99 Abs. 2 BetrVG).

Traditionelle Bewerbungsunterlagen, aufgrund derer die Vorauswahl erfolgt, sind typischerweise:

- **Bewerbungsschreiben**
- **Bewerberfoto** (wenn vorhanden, darf nicht mehr gefordert werden)
- **Lebenslauf**
- **Personal(frage)bogen**
- **Zeugnisse.**

Auf sie wird nachfolgend näher eingegangen, wenngleich derzeit über **anonyme Bewerbungen** (kein Foto, keine persönlichen Angaben zur Vermeidung von Diskriminierung, ähnlich wie in USA schon seit den 1960er Jahren) diskutiert wird, was die Bewerbungsunterlagen verändert bzw. reduziert.

Als **weitere** traditionelle **Bewerbungsunterlagen** können fallweise von Bedeutung sein:

- **Referenzen**, die das Bild von Bewerbern vor allem der höheren und hohen Hierarchie-Ebene abrunden können. Ihre Aussagekraft ist umstritten, da die Referenzpersonen vom Bewerber vorgeschlagen werden.
- **Arbeitsproben**, die einen unmittelbaren Einblick in die Qualifikation des Bewerbers ermöglichen. Sie können z. B. als Pläne, Zeichnungen, Programme eingereicht oder vor Ort geleistet werden, z. B. als Wiedergabe eines Stenogrammes.

Um die Eignung von Bewerbern beurteilen zu können, ist es auch möglich, **Auskünfte** bei früheren Arbeitgebern der Bewerber einzuholen. Beim derzeitigen Arbeitgeber ist das aber nur zulässig, wenn der Arbeitnehmer bereits gekündigt hat bzw. wurde bzw. der Bewerber diesen als Referenz (siehe oben) ausdrücklich benennt. Nach der Bearbeitung müssen die **Bewerbungsunterlagen** in ordnungsgemäßem Zustand unverzüglich **zurückgesandt** werden, jedoch ohne das Bewerbungsschreiben und den ggf. inzwischen ausgefüllten Personal(frage)bogen.

2.2.1 Bewerbungsschreiben

Das Bewerbungsschreiben dient dem Bewerber, sein Interesse an der zu besetzenden Stelle darzulegen und sich selbst zu präsentieren. Es sollte das Format einer DIN-A4-Seite nicht überschreiten. Seine **Analyse** erfolgt nach mehreren Gesichtspunkten, die insbesondere sind:

- Aussehen des Bewerbungsschreibens, das über die Persönlichkeit des Bewerbers und die Ernsthaftigkeit seiner Bewerbung informieren sollte. Insbesondere werden ein klare Gliederung und ordentliche Gestaltung erwartet.
- **Inhalt**, mit dem der Bewerber sich stellenspezifisch vorstellen sollte. Dabei hat er auf die z. B. in einer Stellenanzeige deutlich gemachten Informationserwartungen des Unternehmens angemessen einzugehen. Zum Inhalt zählen z. B.:

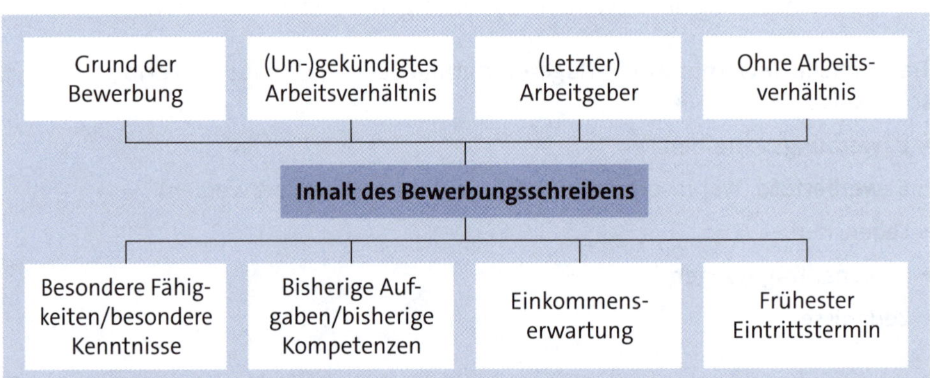

- **Stil** des Bewerbungsschreibens, der eine Einschätzung des Bewerbers im Hinblick darauf ermöglicht, wie er sich selbst sieht und gesehen werden will, z. B. unter Betrachtung von:

Ausdruck	Er sollte vorwiegend verbal, aktiv und schlüssig sein.
Satzbau	Es empfiehlt sich ein einfacher, unverschachtelter Satzbau.
Satzverbindungen	Sie sollten flüssig erfolgen.
Wortumfang	Er sollte der Position bzw. Aufgabe angemessen sein.

Mit dem Bewerbungsschreiben können somit wichtige Informationen über den Bewerber und seine Motivation gewonnen werden.

Aufgabe 13 > Seite 266

2.2.2 Bewerberfoto

Das Bewerberfoto soll einen unmittelbaren Eindruck vom Bewerber vermitteln. Indessen ist eine Typisierung des Bewerbers – wie mitunter angestrebt – nicht ohne Weiteres möglich. Dennoch interessant können sein:

- die **Art** des Bewerberfotos (klein, groß, schwarz-weiß, farbig)
- das **Datum** des Bewerberfotos (alt, neu, aktuell)
- die **Herstellung** des Bewerberfotos (Fotografenfoto/Automatenfoto)
- die **Kleidung** des Bewerbers (gepflegt, ungepflegt, altmodisch, modern usw.)
- die **Äußerlichkeiten** des Bewerbers (Brille, Bart, Frisur).

Das Bewerberfoto hat für die Beurteilung eines Bewerbers **keine große Bedeutung**, sofern nicht ein öffentliches oder Kundeninteresse zu berücksichtigen ist. Seine Bedeutung bzw. Zulässigkeit hat sich unter dem Blickwinkel des AGG begrenzt und eine Forderung ist unzulässig.

2.2.3 Lebenslauf

Der Lebenslauf soll Aufschluss über die persönliche und berufliche **Entwicklung des Bewerbers** geben. Er wird heute in der Regel tabellarisch und maschinen- bzw. computergeschrieben erstellt und enthält unter Angabe der jeweiligen Zeiträume folgende **Informationen**:

Lebenslauf

Persönliche Daten

Vorname, Name
Straße, Hausnummer
Postleitzahl, Ort
Tel./Fax/E-Mail-Adresse
geboren am/in ....
ledig/verheiratet seit ....
Anzahl der Kinder ....

Schul-/Hochschulausbildung[1)]

xx/xxxx - xx/xxxx	Besuch der .... Schule
xx/xxxx - xx/xxxx	Besuch der .... Schule
xx/xxxx - xx/xxxx	Studium an der Fachhochschule............
	ggf. mit dem Hinweis „mit Abschluss“ *ggf. unter Angabe der Abschlussnote*
	Studienschwerpunkte: – .... – .... *ggf. auch Thema/Note der Diplomarbeit*

Berufliche Ausbildung/Weiterbildung[1)]

xx/xxxx - xx/xxxx	Ausbildung als .... bei der Firma[2)] ....
	ggf. mit dem Hinweis „mit Abschluss“ *ggf. unter Angabe der Abschlussnote(n)*
xx/xxxx - xx/xxxx	Weiterbildung bei/als ....
Berufliche Tätigkeiten	
xx/xxxx - xx/xxxx	Sachbearbeiter bei der Firma[2)] ....
xx/xxxx - xx/xxxx	Gruppenleiter bei der Firma[2)] ....
xx/xxxx - xx/xxxx	Abteilungsleiter bei der Firma[2)] ....
seit xx/xxxx	Abteilungsleiter bei der Firma[2)] ....
	ggf. mit dem Hinweis „Schwerpunkte der Tätigkeit“, die jedoch nur knapp und stichwortartig aufgeführt

Besondere Fähigkeiten/Kenntisse

Sprachkenntnisse ....
EDV-Kenntnisse ....

Angaben sollten einen Bezug zur angestrebten Tätigkeit aufweisen

Datum, Ort Unterschrift

1) Je nach Umfang der Stationen können beide Themenkreise auch getrennt aufgeführt werden.

2) Vollständiger Firmenname und Ort, ggf. Anschrift

Die **Auswertung** des Lebenslaufes erfolgt als:

- **Zeitfolgenanalyse**, mit der Arbeitsplatzwechsel nachverfolgt und Lücken im Lebenslauf aufgespürt werden. Zu häufige Arbeitsplatzwechsel werden vielfach eher negativ beurteilt und dies umso mehr, je älter ein Bewerber ist.
- **Positionsanalyse**, mit der ein beruflicher Aufstieg oder Abstieg, ein Berufswechsel oder ein Wechsel des Arbeitsgebietes offengelegt wird. Seine Ursachen sind näher zu untersuchen. Sie können z. B. privater Natur sein – z. B. Krankheit des Bewerbers oder naher Angehöriger – oder berufliche Gründe haben.

Als weitere Analyse kann zusätzlich eine **Branchen-/Firmenanalyse** erfolgen, um festzustellen, ob der Bewerber aus der gleichen, einer vor- oder nachgelagerten Branche kommt und entsprechende Kenntnisse und Erfahrungen mitbringt, aber auch um herauszufinden, inwieweit er in Unternehmen verschiedener Größe tätig war.

Einige Unternehmen verlangen, insbesondere für die Besetzung von Führungsstellen, einen handgeschriebenen Lebenslauf um diesen einem graphologischen Gutachten zu unterziehen. Dieses soll Hinweise zur Persönlichkeitsstruktur des Bewerbers geben.

Aufgabe 14 > Seite 267

2.2.4 Personal(frage)bogen

Der Personal(frage)bogen soll aus der Sicht des Unternehmens wichtige persönliche und berufliche Daten des Bewerbers in systematischer und auf einfache Weise auswertbarer Form darstellen. Insofern ähnelt er dem Lebenslauf.

Bei den eingereichten Bewerbungsunterlagen muss der Personalfragebogen zunächst (noch) nicht zu finden sein. Vielfach werden die Bewerbungsunterlagen erst später mit ihm komplettiert, z. B. nachdem er einem aussichtsreichen Bewerber vom Unternehmen zugesandt worden war, der ihn daraufhin zurückgegeben hat.

Im Personal(frage)bogen dürfen vom Unternehmen nicht alle interessierenden Fragen gestellt werden. Im Hinblick auf ihre Zulässigkeit ist insbesondere auch das **Gleichbehandlungsgesetz** zu beachten. Darauf können sich abgelehnte Bewerber ggf. berufen und gegen das einstellende Unternehmen rechtlich vorgehen. Zu unterscheiden sind:

- **Arbeitsrechtlich zulässige Fragen**. Stellt der Arbeitgeber nach Einstellung des Bewerbers fest, dass diese Fragen **unwahr** oder **unvollständig** beantwortet wurden, hat er das Recht zur Anfechtung des Arbeitsvertrages nach §§ 119, 123 BGB sowie ggf. Schadensersatzansprüche.

  Beispiel

  Beispiele für arbeitsrechtlich zulässige Fragen sind:

  - persönliche Verhältnisse (wenn berechtigtes Interesse besteht)
  - beruflicher Werdegang

- Schwerbehinderung
- Gesundheitszustand (wenn berechtigtes Interesse besteht)
- Wehrdienst/Ersatzdienst
- Wettbewerbsverbot.

- **Arbeitsrechtlich unzulässige Fragen**, deren unwahre oder unvollständige Beantwortung keine nachteiligen Folgen für einen eingestellten Bewerber haben darf. Dem Arbeitgeber ist weder erlaubt fristlos zu kündigen noch Schadenersatz zu beanspruchen.

Beispiele

Arbeitsrechtlich grundsätzlich unzulässige Fragen sind u. a.:

- Schwangerschaft
- Vermögensverhältnisse
- gewerkschaftliche Zugehörigkeit
- parteipolitische Zugehörigkeit
- religiöse Zugehörigkeit.

Es gibt eine Reihe von Fragen, deren Zulässigkeit umstritten oder nur unter bestimmten Voraussetzungen gegeben ist. Unabhängig vom Fragerecht des Arbeitgebers hat der Bewerber eine **Offenbarungspflicht**. Er muss den Arbeitgeber von sich aus informieren bei nicht erbringbarer Arbeitsleistung zum Zeitpunkt des Arbeitsantrittes wegen:

- **absehbarer Krankheit** oder **Kur** (nur bei Vorliegen objektiver Gründe)
- **Schwangerschaft** (wenn vereinbarte Arbeitsleistung nicht erbringbar)
- **Schwerbehinderung** (wenn vereinbarte Arbeitsleistung nicht erbringbar)
- **Bestehen eines** noch rechtswirksamen **Wettbewerbsverbotes**.

Genügt der Bewerber der Offenbarungspflicht nicht, hat das dieselbe Wirkung wie die Falschbeantwortung arbeitsrechtlich zulässiger Fragen. Das Unternehmen kann den Arbeitsvertrag anfechten bzw. fristlos kündigen und ggf. Schadensersatz verlangen.

Gemäß § 94 Abs. 1 BetrVG hat der Betriebsrat ein **Mitbestimmungsrecht** bezüglich der Einführung und des Inhaltes des Personalfragebogens. Er kann seine Zustimmung über den Inhalt verweigern und ihn somit beeinflussen, hat aber keine Möglichkeit, seine Einführung/Verwendung zu erzwingen.

2.2.5 Zeugnisse

Als Zeugnisse kommen im Rahmen der Vorauswahl in Betracht:

- **Schulzeugnisse**, die für die Beurteilung von Bewerbern eher geringere Bedeutung haben und dies um so mehr, je länger die Schulzeit zurückliegt. Einzelne Schulnoten sind vielfach nicht aussagekräftig, bei Vorlage mehrerer Benotungen im Zeitablauf kann der Informationswert sich verbessern. **Gute Noten** lassen auf Interessengebiete, **schlechte Noten** auf Faulheit, Desinteresse und mangelnden Willen schließen.
- **Arbeitszeugnisse** haben für die Beurteilung von Bewerbern eine recht hohe Bedeutung, da sie über die Beschäftigung der Bewerber in anderen Unternehmen unterrichten. Auf ihre Ausstellung haben Arbeitnehmer, zur Berufsausbildung Beschäftigte und arbeitnehmerähnliche Personen mit dem Ausspruch der Kündigung einen **Anspruch**. Es gibt verschiedene **Arten** von Arbeitszeugnissen:

Zwischen-zeugnis	Es wird zu bestimmten **Anlässen** ausgestellt, ohne dass der Mitarbeiter aus dem Unternehmen ausscheidet, z. B. bei einer Versetzung des Mitarbeiters oder der Vorgesetzten.
Vorläufiges Zeugnis	Es ist **auf** die **Beendigung** des Arbeitsverhältnisses **gerichtet**, die in nächster Zeit erfolgt, z. B. aufgrund einer Kündigung. Es kann mit Ausspruch der Kündigung ausgestellt werden und inhaltlich – wenn Sachgründe vorliegen – vom Schlusszeugnis abweichen.
„Abschließendes" Zeugnis	Es wird in der Regel nur als „Zeugnis" oder „Arbeitszeugnis" bezeichnet, zum Ende des Beschäftigungsverhältnisses ausgestellt und bezieht sich auf den gesamten Beschäftigungszeitraum.
Einfaches Zeugnis	Es enthält: ► Angaben zur Person des Arbeitnehmers ► Beschreibung der ausgeführten Tätigkeiten ► Beginn/Beendigung des Arbeitsverhältnisses ► Schlussfloskel ► Ausstellungsdatum und Unterschrift.
Qualifiziertes Zeugnis	Es ist auf Verlangen des Arbeitnehmers auszustellen und umfasst: ► Inhalte des einfachen Zeugnisses ► Beurteilung der Arbeitsleistung ► Beurteilung des Sozialverhaltens.

Im Arbeitszeugnis müssen alle wesentlichen Tatsachen und ggf. Bewertungen enthalten sein. Es hat **wahr** zu sein, wobei ein für den Arbeitnehmer **wohlwollender Standpunkt** einzunehmen ist, der jedoch seine Grenze im Interesse des künftigen Arbeitgebers findet.

Die Tatsache, dass dem Arbeitnehmer seine berufliche Weiterentwicklung durch das Arbeitszeugnis nicht erschwert werden soll, führte in der Vergangenheit immer wieder dazu, dass wohlklingende, aber einer konkreten Leistungsaussage **ausweichende**

Formulierungen verwendet wurden. So lassen sich die Leistungen aus folgender **Formulierungsskala** entnehmen:

... stets/ständig zu unserer vollsten Zufriedenheit ...	*Sehr gute Leistungen*
... stets/ständig zu unserer vollen Zufriedenheit ...	*Gute Leistungen*
... zu unserer vollen Zufriedenheit ...	*Befriedigende Leistungen*
... zu unserer Zufriedenheit ...	*Ausreichende Leistungen*
... im Großen und Ganzen zu unserer Zufriedenheit ...	*Mangelhafte Leistungen*
... hat sich bemüht ...	*Sehr mangelhafte Leistungen*

Es gibt eine ganze Reihe von **Spezialformulierungen** z. B. – siehe ausführlich *Olfert (2015)*:

... hat alle Arbeiten ordnungsgemäß erledigt ...	*Er war ein Bürokrat ohne Initiative.*
... mit seinen Vorgesetzten ist er gut zurechtgekommen ...	*Er war Mitläufer, der sich gut anpasste.*
... sehr tüchtig und wusste sich gut zu verkaufen ...	*Er war ein unangenehmer Mitarbeiter.*
... bemühte sich, den Anforderungen gerecht zu werden ...	*Er hat versagt.*
... hat sich im Rahmen seiner Fähigkeiten eingesetzt ...	*Er hat getan, was er konnte, aber das war nicht viel.*
... erledigte alle Arbeiten mit großem Fleiß und Interesse ...	*Er war eifrig, aber nicht besonders tüchtig.*
... war immer mit Interesse bei der Sache ...	*Er hat sich angestrengt, aber nichts geleistet.*
... zeigte für seine Arbeit Verständnis ...	*Er war faul und hat nichts geleistet.*
... wegen seiner Pünktlichkeit stets ein gutes Vorbild ...	*Er zeigte schwache Leistungen.*
... galt als umgänglicher Kollege ...	*Er wurde lieber von hinten als von vorn gesehen.*

Schließlich können die Leistungen bzw. das Verhalten eines Bewerbers ggf. im Übrigen erkannt werden aus:

- der (eher) kurzen oder langen **Dauer** ausgeübter Tätigkeiten
- den (un-)gewöhnlichen **Terminen** des Ausscheidens aus dem Unternehmen
- den beschriebenen (un-)typischen **Inhalten** der Tätigkeiten
- dem genannten **Grund** des Ausscheidens aus dem Unternehmen.

Die **Auswertung** von Arbeitszeugnissen von Bewerbern erweist sich häufig als schwierig. Sie kann sich erleichtern, wenn mehrere zeitlich aufeinander folgende Arbeitszeugnisse vorliegen. Größere Unternehmen neigen eher dazu, sachlich zu formulieren und spezielle Formulierungen zu nutzen, was von kleineren Unternehmen vielfach nicht erwartet werden kann.

2.2.6 Motivationsschreiben

Das Motivationsschreiben, auch dritte Seite genannt, stellt einen Zusatz zum Bewerbungsschreiben und dem Lebenslauf dar. Hier kann der Bewerber seine Motivation und besonderen Kompetenzen, seine Stärken und Schwächen nochmals persönlich darstellen. Nicht alle Unternehmen legen Wert auf diese Seite, für Bewerbungen an Hochschulen oder Stipendien stellt das Schreiben jedoch einen festen Bestandteil der Bewerbungsunterlagen dar. Die dritte Seite ermöglicht, über das Bewerbungsanschreiben hinaus, eine detaillierte Darstellung der Ziele sowie der Persönlichkeit des Bewerbers und konkretisiert das Alleinstellungsmerkmal des Bewerbers. Eine bloße Wiederholung der Inhalte des Bewerbungsschreibens ist hier zu vermeiden. Der Umfang beläuft sich auf maximal eine Seite und kann sowohl als Fließtext oder im Aufzählungsstil verfasst sein.

Eine beispielhafte Gliederung sieht wie folgt aus:

Überschrift und Einleitung Eine spannende Einleitung mit Details zur Person soll beim Personaler Interesse wecken.	„Über mich…“ „Was Sie über mich wissen sollten…“ „Meine Motivation…“
Hauptteil Hier werden inhaltliche Schwerpunkte in Bezug auf die Stelle gesetzt und Kompetenzen und Motivation, sowie erklärungsbedürftige Inhalte des Lebenslaufs erläutert.	„Meine Fähigkeiten…“ „Meine Stärken…“ „Meine Schwerpunkte…“ „Mein Engagement…“ „Mein Bezug zu ihrem Unternehmen…“
Abschluss Ein positiver, prägnanter Abschluss vollendet das Motivationsschreiben und rundet den Eindruck des Bewerbers ab.	„Meine Vision…“ „Ihr Mehrwert…“ „Mein Motto…“ „Mein Wunsch…“

Das Motivationsschreiben soll individualisiert auf die Stelle und das Unternehmen abgestimmt sein und nicht aus einer Aneinanderreihung von Schlagwörtern und Floskeln bestehen.

Aufgabe 15 > Seite 267

2.3 Bescheid

Mit der Auswertung der Bewerbungsunterlagen werden die für die zu besetzende Stelle **ungeeigneten Bewerber** erkannt. Ihnen sollte unverzüglich unter Beifügung der eingereichten Unterlagen – ohne Bewerbungsschreiben und ggf. Personal(frage)bogen – abgeschrieben werden. Die **geeigneten Bewerber** sollten dem Auswahlverfahren zugeführt, d. h. zum Vorstellungsgespräch (zweckmäßigerweise mit Terminvorschlag) eingeladen werden.

3. Auswahl

Im Rahmen der Vorauswahl werden die Anforderungen der Stelle mit dem Profil des Bewerbers abgeglichen. Die Auswahl der geeigneten Bewerber kann in einem mehrstufigen Auswahlverfahren stattfinden und beinhaltet diverse Instrumente:

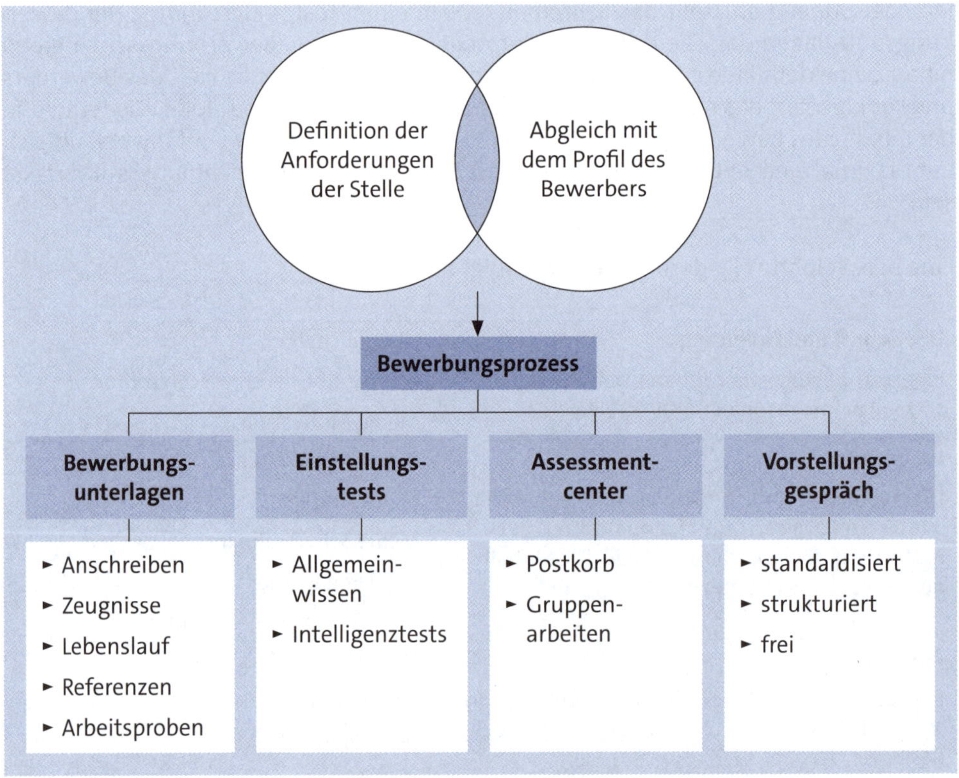

Schließlich kann das Bild über die Bewerber durch **ärztliche Eignungsuntersuchungen** abgerundet werden. Damit soll festgestellt werden, inwieweit Bewerber den physischen Belastungen ihrer künftigen Tätigkeit gewachsen sind. Das ärztliche Urteil darf sich nur auf den **Grad der Tauglichkeit** beziehen. Weitergehende Aussagen sind ohne die Zustimmung der Bewerber unzulässig. Bei **jugendlichen Bewerbern** unter 18 Jahren ist die ärztliche Eignungsuntersuchung zwingend. Sie muss innerhalb der letzten vierzehn Monate erfolgt sein (§ 2 JArSchG). Ist der Jugendliche zu Beginn des zweiten Ausbildungsjahrs noch keine 18 Jahre, ist eine weitere Nachuntersuchung erforderlich, um mögliche Beeinträchtigungen auszuschließen (§ 33 JArSchG).

3.1 Vorstellungsgespräch

Das Vorstellungsgespräch findet i. d. R. aufgrund einer Einladung des Unternehmens an den Bewerber statt. Ist diese persönlich erfolgt und dabei nicht ausgeschlossen worden, dass die **Vorstellungskosten** vom Unternehmen erstattet werden, muss das Unternehmen die notwendigerweise entstehenden Kosten ersetzen als Fahrtkosten (z. B. Bahnfahrt 1. oder 2. Klasse), Übernachtungskosten (z. B. bis 100 €/Nacht) und Verpflegungskosten.

Eine Kostenerstattung hat **nicht** zu erfolgen, wenn der Bewerber nicht persönlich eingeladen wurde, ihm die Vorstellung nur anheimgestellt wurde, die Vorstellung auf seine Bitte hin erfolgt bzw. die Vorstellung aufgrund einer Vorschlagskarte der Agentur für Arbeit erfolgt.

Das Vorstellungsgespräch dient mehreren **Zielen**:

- Gewinnen eines persönlichen Eindruckes über den Bewerber
- Feststellung des Eignungspotenzials des Bewerbers
- Erkennen der Interessen und Wünsche des Bewerbers
- Informieren des Bewerbers über Unternehmen und Arbeitsplatz
- Schaffen eines positiven Eindruckes beim Bewerber.

Das Vorstellungsgespräch kann mit einem oder mehreren **Unternehmensvertretern** erfolgen. Zu unterscheiden sind dementsprechend:

- das **Einzel-Vorstellungsgespräch**, z. B. mit dem Personalleiter bzw. Personalsachbearbeiter *oder* dem Abteilungsleiter
- das **Zweier-Vorstellungsgespräch**, z. B. mit dem Personalleiter bzw. Personalsachbearbeiter *und* dem Abteilungsleiter
- das **Gruppen-Vorstellungsgespräch**, an dem mehr als zwei Mitarbeiter des einladenden Unternehmens beteiligt sind.

Das Zweier-Vorstellungsgespräch kann sich ebenso wie das Gruppen-Vorstellungsgespräch (ggf. auch als **Belastungs-** bzw. **Stressgespräch**) auf bestimmte Phasen des Vorstellungsgesprächs beschränken.

Wichtig ist, dass der oder die unternehmensseitigen Gesprächspartner die Bewerbungsunterlagen und die ausgeschriebene Stelle mit all ihren Rahmenbedingungen (Anforderungen, Umfeld, Entgelt, Fortbildung, Aufstieg usw.) genau kennen und Sorge dafür tragen, dass **subjektive Einflüsse** (Vorurteile, persönliche Erwartungen usw.) weitestmöglich ausgeschlossen werden. Insbesondere sind die Regelungen des **Gleichbehandlungsgesetzes** zu beachten.

Das Vorstellungsgespräch kann im Hinblick auf seine **Strukturierung** erfolgen (*Albers/Meier*):

- **Unstrukturiert** bzw. **frei**, bei der keine Gesprächsgegebenheiten vorgegeben sind, der Interviewer also die Inhalte und den Ablauf des Gespräches selbst bestimmt.

Vorteile	Nachteile
► Flexibilität ► Vertiefte Erörterung möglich ► Öffnung des Bewerbers ► Großer Interviewer-Einfluss	► Gefahr beliebiger Antworten ► Vergleich schwierig ► Gefahr des Abschweifens

- **Strukturiert**, wobei ein Gesprächsrahmen sowie Muss-Fragen vorgegeben werden, ansonsten sind zusätzliche Fragen möglich und der Gesprächsablauf muss nicht festgelegt sein.

Vorteile	Nachteile
► Flexibler Gesprächsablauf ► Themenvertiefung möglich ► Eingehen auf Bewerber möglich ► Gute Gesprächsatmosphäre	► Gefahr der Verfälschung der Gesprächsergebnisse durch Interviewer ► Aufwändige Auswertung

- **Standardisiert**, bei der sowohl die Gesprächsinhalte als auch der Gesprächsablauf genau vorgegeben sind und die Beantwortung ggf. auch durch das Ankreuzen von Mehrfachantworten (Multiple Choice) möglich ist.

Vorteile	Nachteile
► Einfache/schnelle Auswertung ► Statistische Bearbeitung ► Gute Vergleichbarkeit ► Viele Fragen in kurzer Zeit	► Keine Flexibilität ► Starrer Gesprächsablauf ► Wirkt wie Ausfragung ► Kontrollierte Antworten möglich

Der **thematische Aufbau** des Vorstellungsgespräches ähnelt sich vielfach. Er lässt sich z. B. in sieben **Phasen** aufteilen:

Phase 1	Begrüßung des Bewerbers	Beispiele ► Vorstellung der Gesprächspartner ► Dank für Bewerbung ► Begründung der Einladung ► Versicherung der Vertraulichkeit

Phase 2	**Besprechung seiner persönlichen Situation**	**Beispiele** ► Herkunft[1] ► Elternhaus[1] ► Familie[1] ► Wohnort
Phase 3	**Besprechung seines Bildungsganges**	**Beispiele** ► Schulischer Werdegang ► Fortbildungsaktivitäten ► Fortbildungspläne ► Fortbildungswünsche
Phase 4	**Besprechung seiner beruflichen Entwicklung**	**Beispiele** ► Erlernter Beruf ► Berufliche Veränderungen ► Berufliche Tätigkeiten ► Berufliche Pläne/Wünsche
Phase 5	**Information über das Unternehmen**	**Beispiele** ► Unternehmensdaten ► Unternehmensorganisation ► Abteilungsstruktur/-größe ► Arbeitsplatz/Stellenbeschreibung
Phase 6	**Vertragsverhandlung**	**Beispiele** ► Bisheriges Einkommen ► Erwartetes Einkommen ► Sonstige Unternehmensleistungen ► Nebentätigkeiten
Phase 7	**Abschluss des Gesprächs**	**Beispiele** ► Zusammenfassung des Gespräches ► Hinweis auf weiteres Vorgehen ► Zusage kurzfristiger Nachricht ► Dank für das Gespräch

Wie bereits beim Personal(frage)bogen dargelegt, gibt es arbeitsrechtlich **zulässige Fragen**, die wahrheitsgemäß beantwortet werden müssen und arbeitsrechtlich **unzulässige Fragen**, deren wahrheitsgemäße Beantwortung nicht erforderlich ist. Weiterhin besteht eine **Offenbarungspflicht** bei bestimmten Gegebenheiten, wie auf S. 95 f. näher ausgeführt wurde.

[1] nur bei stellenbezogener Begründbarkeit zulässig

Die **Auswertung** des Vorstellungsgespräches schließt sich unmittelbar dem Gespräch an. Sie soll möglichst systematisch erfolgen, weshalb sich insbesondere die Verwendung eines **standardisierten Bewertungsbogens** anbietet. Sie bezieht sich vor allem auf:

- das **Verhalten** des Bewerbers, das Aufschlüsse über sein Wesen gibt
- die **Motive** des Bewerbers bezüglich seines Werdeganges und der Gründe bzw. Motivation für seine Bewerbung.

Aufgabe 16 > Seite 268

3.2 Eignungstests

Eignungstests sollen das Bild über die Bewerber abschließend vervollständigen. Sie sind insbesondere in der Psychologie eingesetzte Verfahren, die drei **Anforderungen** gerecht werden müssen:

- Die Testperson muss ihr typisches Verhalten zeigen können.
- Die Verfahren müssen geeicht, erprobt und zuverlässig messend sein.
- Die Ergebnisse müssen für ein zukünftiges Verhalten gültig sein.

Rechtlich ist die Durchführung der Eignungstests nur **zulässig**, wenn:

- der Bewerber über Inhalt und Reichweite des Tests unterrichtet wurde
- der Bewerber mit der Durchführung des Tests einverstanden ist
- der Test sich nur auf arbeitsplatzspezifische Merkmale bezieht
- der Arbeitsplatz des Bewerbers bedeutsam ist.

Als Eignungstests lassen sich unterscheiden:

- **Persönlichkeitstests**
- **Fähigkeitstests**
- **Assessment-Center.**

3.2.1 Persönlichkeitstests

Persönlichkeitstests sollen Aufschluss über das Vorhandensein und die Ausprägung bestimmter **Persönlichkeitsmerkmale** oder über die **Persönlichkeitsstruktur** von Bewerbern geben, z. B. über Interessen, Neigungen, innere Einstellung, soziale Verhaltensweisen und charakterliche Eigenschaften geben. Um Einschätzungen der Persönlichkeit vornehmen zu können, bieten sich u. a. an:

- Interessentests
- Formdeutetests (Rorschader-Test)

- thematische Tests
- Farbtests.

Die Verwendung von Persönlichkeitstests erscheint vor allem zweckmäßig, wenn Informationen über Bewerber benötigt werden, die auf andere Weise nicht gewonnen werden können. Ihre Durchführung erfordert hohes psychologisches Geschick, weil die zu ermittelnden Eigenschaften nicht messbar sind, sondern nur der Deutung unterliegen.

3.2.2 Fähigkeitstests

Fähigkeitstests werden in der betrieblichen Praxis gerne eingesetzt. Sie verlangen eine klar vorgegebene Leistung. Dabei geht es darum, in einer vorgegebenen Zeit möglichst viele Aufgaben zu lösen bzw. in zunehmender Geschwindigkeit zu bewältigen. Es gibt:

- **Allgemeine Fähigkeitstests**, mit denen die geistigen Leistungsmerkmale erfasst werden, z. B. Belastbarkeit, Konzentration, Aufmerksamkeit.
- **Spezielle Leistungstests**, die z. B. dazu dienen, sensorische oder motorische Funktionen sowie Rechtschreib- und Rechenkenntnisse zu untersuchen.
- **Intelligenztests**, welche die allgemeine Intelligenz untersuchen, also die Begabung zum **Denken** als Erkennen und Lösen unterschiedlicher gedanklicher Probleme. Die allgemein intelligenzprägenden Faktoren sind z. B.:

- **Spezielle Begabungstests**, mit deren Hilfe z. B. die technische Begabung, Fingerfertigkeit oder Geschicklichkeit festgestellt werden kann.

Die Fähigkeitstests sind für die Bewerber meist gut verständlich und nachvollziehbar. Durch die standardisierte Prüfungssituation wird die **Chancengleichheit** der Teilnehmer gefördert. Sie relativiert sich aber wieder, wenn die – meist ähnlichen – Tests einzelnen Teilnehmern schon bekannt sind, sei es durch einschlägige Literatur oder die bereits erfolgte Teilnahme an solchen Tests.

3.2.3 Assessment-Center

Assessment-Center sind systematische Verfahren zur qualifizierten Feststellung von **Verhaltensleistungen** und **Verhaltensdefiziten** von Bewerbern. Sie werden vielfach mit acht bis zwölf Bewerbern über einen, zwei oder drei Tag(e) hinweg durchgeführt und orientieren sich inhaltlich an den Erfordernissen der zu besetzenden Stelle. Es sollen betrachtet werden:

- Der **Ablauf** des Assessment-Centers, der wie folgt üblich ist:

Information	Die Bewerber werden zunächst über die ausgewählten Übungen und die Anforderungskriterien informiert.
Aktion	Sodann haben sich die Bewerber den verschiedenen Übungen zu stellen, wie sie unten beschrieben werden.
Beobachtung	Das Verhalten der Bewerber wird von mehreren Personen während des gesamten Verlaufes der Übungen beobachtet. Dazu bieten sich **Führungskräfte** des Unternehmens, aber auch **Psychologen** an. Auch **Mitarbeiter der Personalabteilung** kommen mitunter als Beobachter in Betracht.
Bewertung	Die Bewertung ist erst mit Abschluss der Beobachtung zu empfehlen, d. h. Beobachtung und Bewertung durch die Beobachter sollten getrennt vorgenommen werden.
Feedback	Zum Abschluss sollte jedem Teilnehmer ein Feedback gegeben werden, in dem detailliert auf seine erzielten Ergebnisse sowie **Stärken** und **Schwächen** einzugehen ist.

- Typische **Übungen**, die beim Assessment-Center eingesetzt werden, sind:

Postkorb	Er zählt zu den bekanntesten Verfahren des Assessment-Centers. Mit dieser Übung wird eine Situation simuliert, bei welcher der Bewerber unter Zeitdruck die **Eingangspost** (Briefe, Mitteilungen, Anfragen, Aktennotizen) **einer Führungskraft** bearbeiten muss.
Gruppendiskussion	Sie erfolgt zu einem **vorgegebenen Thema**. Je brisanter es ist, umso mehr können sich unterschiedliche Meinungen provozieren und das Diskussionsverhalten dynamisieren lassen. Möglich ist auch, die Teilnehmer im Anschluss an die Diskussion aufzufordern, sich gegenseitig zu beurteilen bzw. in eine Rangfolge zu bringen.
Rollenspiel	Bei ihm wird eine **praxistypische Gesprächssituation** simuliert, z. B. ein Beurteilungsgespräch, das mit einem schwierigen Mitarbeiter zu führen ist.
Präsentation	Die Teilnehmer bearbeiten vorbereitend einzeln oder in Gruppen eine **vorgegebene Aufgabenstellung**, um sie im Anschluss daran im Plenum zu präsentieren.
Interview	Es dient als **Einzelinterview** oder als **Gruppeninterview** insbesondere dazu, nicht direkt beobachtbare Werte, Einstellungen, Motive des/der Interviewten offenzulegen.
Gruppenarbeit	Die Teilnehmer befassen sich in Gruppen mit einer **vorgegebenen Aufgabenstellung**, die sich auf betriebliche Gegebenheiten beziehen kann, aber auch andere Themen- bzw. Problemstellungen.

Im Rahmen des Assessment-Centers können auch **Persönlichkeitstests** und **Fähigkeitstests** – wie oben beschrieben – durchgeführt werden. Außerdem erfolgt mitunter die Erstellung **biografischer Fragebogen**, bei denen vergangenheitsbezogene Ereignisse und Erfahrungen einschließlich ihrer Verarbeitung erhoben werden, um auf künftiges Verhalten schließen zu können.

3.3 Entscheidung

Aufgrund der vorliegenden Bewerbungsunterlagen, der mit Bewerbern geführten Vorstellungsgespräche sowie der ggf. vorliegenden Ergebnisse von Eignungstests, grafologischen Gutachten und ärztlichen Eignungsuntersuchungen kann die Entscheidung getroffen werden, welchem Bewerber der Vorzug gegeben werden soll.

Bewerbern, die für die zu besetzende Stelle nicht in Betracht kommen, ist unverzüglich **abzuschreiben**, wobei auch die **Bewerbungsunterlagen** – mit Ausnahme des Bewerbungsschreibens und des Personal(frage)bogens – **zurückzusenden** sind.

3.4 Mitbestimmung

Für die **Einstellung** des ausgewählten Bewerbers ist die Zustimmung des Betriebsrates erforderlich. Dabei sind zwei **Fälle** seiner Mitbestimmung zu unterscheiden:

- § 99 BetrVG regelt die **Mitbestimmung** des Betriebsrates **bei personellen Einzelmaßnahmen**. Der Arbeitgeber muss unter Vorlage der erforderlichen Unterlagen Auskunft über die Auswirkungen der geplanten Maßnahme geben und die Zustimmung des Betriebsrates zu der geplanten Maßnahme einholen. Dabei hat er insbesondere den in Aussicht genommenen Arbeitsplatz und die vorgesehene Eingruppierung mitzuteilen.

  Der **Betriebsrat** kann seine Zustimmung verweigern, wenn Gründe vorliegen, die in § 99 Abs. 2 BetrVG genannt sind. Dies muss er innerhalb von einer Woche nach Unterrichtung durch den Arbeitgeber unter Angabe der Verweigerungsgründe schriftlich mitteilen.

  Teilt der Betriebsrat dem Arbeitgeber die Verweigerung seiner Zustimmung nicht innerhalb dieser Frist schriftlich mit, gilt die Zustimmung als erteilt. Wird die Zustimmung fristgerecht schriftlich verweigert, kann der Arbeitgeber beim **Arbeitsgericht** beantragen, die Zustimmung zu ersetzen.

- § 100 BetrVG regelt die **vorläufigen personellen Maßnahmen**. Danach kann der Arbeitgeber die personelle Maßnahme i. S. d. § 99 BetrVG vorläufig durchführen, also bevor der Betriebsrat sich geäußert oder wenn er die Zustimmung verweigert hat, sofern dies aus **sachlichen Gründen** dringend erforderlich ist.

  Der Betriebsrat muss vom Arbeitgeber unverzüglich von der vorläufigen personellen Maßnahme unterrichtet werden. **Bestreitet** der Betriebsrat, dass die Maßnahme aus sachlichen Gründen **dringend erforderlich** ist, hat er dies dem Arbeitgeber unverzüglich mitzuteilen.

In diesem Fall darf der Arbeitgeber die vorläufig personelle Maßnahme nur aufrechterhalten, wenn er innerhalb von drei Tagen beim **Arbeitsgericht** die Ersetzung der Zustimmung des Betriebsrates und die Feststellung beantragt, dass die Maßnahme aus sachlichen Gründen dringend erforderlich war.

Lehnt das Arbeitsgericht durch rechtskräftige Entscheidung die Ersetzung der Zustimmung des Betriebsrates ab oder stellt es rechtskräftig fest, dass die Maßnahme aus sachlichen Gründen **offensichtlich nicht dringend erforderlich** war, endet die vorläufige personelle Maßnahme mit Ablauf von zwei Wochen nach Rechtskraft der Entscheidung. Von diesem Zeitpunkt an darf die personelle Maßnahme nicht mehr aufrechterhalten werden.

Kein Mitbestimmungsrecht besteht bei der Einstellung **leitender Angestellten** gemäß § 5 Abs. 3 BetrVG. Nach § 105 BetrVG ist die beabsichtigte Einstellung oder personelle Veränderung dem Betriebsrat lediglich rechtzeitig mitzuteilen.

Aufgabe 17 > Seite 268

4. Arbeitsvertrag

Der Arbeitsvertrag ist die rechtliche Grundlage für die Beziehung von Arbeitgeber und Arbeitnehmer. Mit ihm wird ein **Arbeitsverhältnis** begründet, das den Arbeitgeber u. a. zur Zahlung eines Entgeltes und den Arbeitnehmer u. a. zur Erbringung seiner Arbeitsleistung verpflichtet. Seine **rechtliche Grundlagen** sind:

- **Gesetze**, z. B. das Bürgerliche Gesetzbuch, Bundesurlaubsgesetz, Arbeitszeitgesetz, Betriebsverfassungsgesetz, Allgemeine Gleichbehandlungsgesetz, Schwerbehindertenrecht im SGB IX sowie zunehmend auch zahlreiche **europäische Rechtsvorschriften**
- **Tarifverträge** als Verträge, die zwischen Gewerkschaften und Arbeitgeberverbänden oder einzelnen Unternehmen zur Festlegung der Arbeitsbedingungen geschlossen werden – siehe S. 69 f.
- **Betriebsvereinbarungen**, die privatrechtliche Verträge zwischen einem Arbeitgeber und dem Betriebsrat bezüglich in seinem Zuständigkeitsbereich liegenden Fragen darstellen – siehe S. 74.
- Die **Rechtsprechung**, die durch die Arbeitsgerichte bis hin zum Bundesarbeitsgericht, aber inzwischen auch durch den Europäischen Gerichtshof erfolgt.

Der Arbeitsvertrag kann grundsätzlich **formlos** geschlossen werden, sofern Gesetze, Tarifverträge oder Betriebsvereinbarungen nicht die Schriftform vorschreiben. Berufsausbildungsverträge (§ 4 BBiG), Wettbewerbsverbote und befristete Arbeitsverträge (§ 620 Abs. 3, § 14 Abs. 4 TzBfG) sind nur in **schriftlicher Form** wirksam. Seit 01.08.2022 gilt in Deutschland das Nachweisgesetz (NachwG) das neben den Mindestinhalte des Arbeitsvertrages (siehe » Kapitel 4.2) weitere Regelungen vorschreibt, beispielsweise:

- Arbeitsort (mit Hinweis wenn dieser frei gewählt werden kann)
- Zusammensetzung und Höhe der Vergütung
- Arbeitszeit inkl. Ruhepausen, evt. Schichtrhythmus
- Voraussetzungen für die Anordnung von Überstunden
- etwaiger Anspruch auf Weiterbildungen.

Nach NachwG hat der Arbeitnehmer einen Rechtsanspruch, dass ihm zu Beginn des Arbeitsverhältnisses (spätestens zum 7. Kalendertag nach Beginn des AV) die vereinbarten Bedingungen schriftlich und in unterschriebener Form ausgehändigt werden müssen.

Bei der Verwendung von Formular-Arbeitsverträgen hat der Betriebsrat ein **Mitbestimmungsrecht**. Somit kann er seine Zustimmung dazu auch verweigern. Im Folgenden sollen behandelt werden:

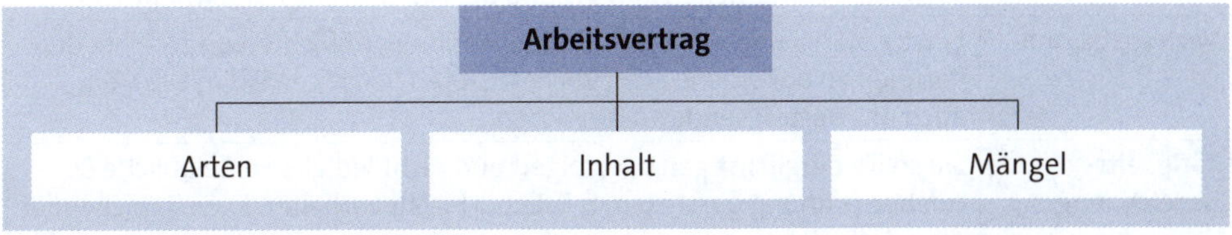

4.1 Arten

Der Arbeitsvertrag kann grundsätzlich in zweifacher Weise geschlossen werden:

- Als **unbefristeter Arbeitsvertrag**, der auch als **Dauerarbeitsvertrag** bezeichnet wird. Er ist durch die Kündigung des Arbeitgebers bzw. Arbeitnehmers oder durch einen Aufhebungsvertrag beendbar.
- Als **befristeter Arbeitsvertrag**, der zu einem bestimmten Zeitpunkt endet, welcher unmittelbar (z. B. 31.12.2024) oder mittelbar (z. B. Projektende) vereinbart sein kann und seit 2000 schriftlich geschlossen sein muss (§ 620 Abs. 3 BGB, § 14 Abs. 4 TzBfG). Die Befristung bedarf eines **sachlichen Grundes**, z. B. als Beschäftigung zur Erprobung, Vertretung, Aushilfe (§ 14 Abs. 1 TzBfG).

  Der Europäische Gerichtshof hat 2012 entschieden, dass befristete Arbeitsverträge für deren Befristung ein sachlicher Grund vorliegt, mehrmals – also öfter als dreimal – verlängert werden dürfen, wobei jedes Land berechtigt ist, festzulegen, was sachliche Gründe sind.

  Das TzBfG ermöglicht einen kalendermäßig befristeten Arbeitsvertrag auch **ohne** Vorliegen eines **sachlichen Grundes** bis zur Dauer von zwei Jahren zu schließen, der bis zu dieser Gesamtdauer höchstens dreimal verlängert werden darf. Voraussetzung dafür ist, dass mit demselben Arbeitnehmer nicht bereits ein Arbeitsverhältnis bestand.

Seit 2004 ist nach dem Gesetz zu Reformen am Arbeitsmarkt (Art. 2) außerdem in den **ersten vier Jahren nach der Gründung** eines Unternehmens die kalendermäßige Befristung eines Arbeitsvertrages ohne Vorliegen eines sachlichen Grundes bis zur Dauer von vier Jahren zulässig. Bis zu dieser Gesamtdauer ist eine **mehrfache Verlängerung** möglich (§ 14 Abs. 2a TzBfG).

4.2 Inhalt

Arbeitgeber und Arbeitnehmer sind grundsätzlich bei der inhaltlichen Gestaltung des Arbeitsvertrages frei. Sie müssen aber bestehende **Vorschriften beachten**, die in Gesetzen, Tarifverträgen oder Betriebsvereinbarungen enthalten sind. Als typische **Inhalte** des Arbeitsvertrages lassen sich nennen:

Vertragsparteien	Bezeichnung der Firma, der Rechtsform und des Sitzes des Arbeitgebers sowie des Vornamens, Namens und der Anschrift des Arbeitnehmers.
Vertragsbeginn	Er ist genau zu bezeichnen, um den Beginn der Pflichten und Rechte der Parteien zu dokumentieren. Bei befristeten Verträgen ist im Übrigen **auch** das **Vertragsende** auszuweisen.
Tätigkeitsbezeichnung	Sie sollte **möglichst genau** erfolgen und nicht lediglich eine übliche Berufsbezeichnung darstellen, z. B. Exportsachbearbeiter. Je weit reichender die Tätigkeitsbeschreibung ist, umso breiter ist das Spektrum der vom Arbeitgeber forderbaren Leistungen.
Tätigkeitsbeschreibung	Auch sie sollte **nicht (zu) allgemein** sein, z. B. als „alle anfallenden Arbeiten“ oder „nach mündlicher Anweisung“. Häufig enthält sie z. B. eine **Klausel**, wonach dem Arbeitnehmer auch „andere der Berufserfahrung und Ausbildung entsprechende Aufgaben“ übertragen werden können. Mithilfe dieser Klausel ist eine **Versetzung** möglich und das Erfordernis einer Änderungskündigung wird vermieden.
Vergütung	Es sollten Art, Höhe, Fälligkeit, Auszahlungsweise und ggf. die Steigerung der Vergütung vereinbart werden. Gegebenenfalls sind Vereinbarungen über die Vergütung von Mehrarbeit, Überstunden, Feiertagen sowie über eine Gewinnbeteiligung zu treffen. Die **Höhe der Vergütung** – als Zeit-/Akkord-/Prämienlohn, brutto (üblich) oder netto – ist frei vereinbar, muss bei tarifgebundenen Arbeitgebern aber wenigstens der tariflichen Mindestvergütung entsprechen.
Sozialleistungen	Sie können in vielfältiger Form gewährt werden. Es kommen z. B. Umzugskosten, Werkswohnung, Gratifikationen, besondere Versicherungen, Altersversorgung in Betracht.

<table>
<tr><td>Arbeitszeit</td><td>Es ist nicht nur die regelmäßige Arbeitszeit (einschließlich Pausen, meist im Tarifvertrag festgelegt, ansonsten gemäß Arbeitsgesetz) festzulegen, sondern ggf. auch Verpflichtungen zu Mehr-, Nacht-, Feiertags-, Sonntagsarbeit. Oft finden sich die Verpflichtungen in einem Tarifvertrag bzw. einer Betriebsvereinbarung.</td></tr>
<tr><td>Urlaub</td><td>Er hat mindestens der Regelung im Bundesurlaubsgesetz (mindestens 24 Werktage im Jahr nach sechsmonatigem Bestehen des Arbeitsverhältnisses), ggf. des anzuwendenden Tarifvertrages zu entsprechen bzw. ist in Richtlinien des Unternehmens zu finden, die weitergehend sein können.</td></tr>
<tr><td>Arbeits-verhinderung</td><td>Bei Erkrankung gelten mindestens die Regelungen des Entgeltfortzahlungsgesetzes (Weiterzahlung von 100 % der Vergütung für die Dauer von sechs Wochen) bzw. des anzuwendenden Tarifvertrages.</td></tr>
<tr><td>Wettbewerbs-verbot</td><td>Es wird auch als Konkurrenzklausel bezeichnet und dient dazu, eine zeitnahe Tätigkeit des Angestellten nach Beendigung des Arbeitsverhältnisses bei der Konkurrenz zu verhindern. Dabei gilt bei fristgerechter Kündigung des Arbeitnehmers:
► Schriftform erforderlich
► maximale Laufzeit zwei Jahre
► Entschädigung durch Arbeitgeber (mindestens die Hälfte des letzten Entgeltes)
► keine unbillige Erschwernis des Fortkommens für den Arbeitnehmer nach Ort, Zeit, Gegenstand.

Bei fristloser Kündigung wegen vertragswidrigen Verhaltens des Arbeitgebers kann der Arbeitnehmer vor Ablauf eines Monats nach der Kündigung erklären, dass er sich nicht an das Wettbewerbsverbot gebunden fühle.</td></tr>
<tr><td>Probezeit</td><td>Sie dient dem gegenseitigen Kennenlernen und beträgt gewöhnlich für gewerbliche Arbeitnehmer 4 Wochen, für Angestellte bis zu drei Monate, für leitende Angestellte und Spezialisten mitunter auch sechs Monate. Sie kann erfolgen auf der Grundlage eines:
► befristeten Arbeitsverhältnisses (erst bei Eignung unbefristete Verlängerung)
► unbefristeten Arbeitsverhältnisses (Arbeitsverhältnis beginnt zunächst mit Probezeit).</td></tr>
<tr><td>Kündigungsfrist</td><td>Hier sind die gesetzlichen Mindestfristen – siehe S. 235 f. – ggf. auch die tarifvertraglichen Regelungen als Untergrenze einzuhalten. Längere Kündigungsfristen können vereinbart werden. Während einer vereinbarten Probezeit, längstens für die Dauer von sechs Monaten, kann mit einer Frist von zwei Wochen gekündigt werden (§ 622 Abs. 3 BGB).</td></tr>
</table>

Soweit es gesetzliche bzw. tarifvertragliche Regelungen gibt, kann auf zuvor aufgeführte Vereinbarungen im Arbeitsvertrag verzichtet werden, wenn diese Regelungen dem Arbeitsvertrag zu Grunde liegen sollen bzw. müssen.

Aufgabe 18 > Seite 268

4.3 Mängel

Der Arbeitsvertrag kann verschiedene Mängel aufweisen, denen unterschiedliche Folgen innewohnen. Als **Arten** von Mängeln lassen sich nennen:

- **Mängel beim Vertragsabschluss**, die dazu führen, dass der Arbeitsvertrag ab dem Zeitpunkt der Entdeckung – also für die Zukunft – nichtig ist, für den Zeitraum davor jedoch nicht, wenn bereits Arbeit geleistet wurde. Sie sind dann gegeben, wenn folgende Umstände vorzufinden sind:
  - Der Arbeitsvertrag verstößt gegen ein **gesetzliches Verbot**, z. B. Beschäftigung von Kindern und in bestimmten Fällen von Jugendlichen oder Frauen (§§ 5 ff. JArbSchG).
  - Der Arbeitsvertrag enthält einen **Willensmangel**, z. B. Irrtum (§ 119 BGB), arglistige Täuschung (§ 123 BGB), widerrechtliche Drohung (§ 123 BGB).
  - Der Arbeitsvertrag verstößt gegen die **guten Sitten** (§ 138 BGB), z. B. wegen Unerfahrenheit, einer Zwangslage, Ausbeutung.
  - Dem Arbeitsvertrag liegt eine ursprüngliche **Unmöglichkeit** der Leistung (§ 306 BGB) zu Grunde.
- **Mängel im Inhalt**, die nicht zur Nichtigkeit oder Anfechtbarkeit des gesamten Arbeitsvertrages führen, sondern lediglich dazu, dass an die Stelle des unwirksamen Vertragsteiles eine der Billigkeit entsprechende Regelung tritt.

Der Arbeitsvertrag ist grundsätzlich von **geschäftsfähigen Personen** zu schließen, **beschränkt geschäftsfähige Personen** (7. bis 18. Lebensjahr) können ihn durch ihren gesetzlichen Vertreter oder – mit dessen Zustimmung – selbst abschließen. Bei **geschäftsunfähigen Personen** darf ausschließlich der gesetzliche Vertreter handeln.

Ein Mangel kann seit Inkrafttreten der Schuldrechtsreform (2002) auch gegeben sein, wenn der Arbeitsvertrag nicht den **AGB** (Allgemeine Geschäftsbedingungen) gerecht wird. Die Kontrolle der AGB gilt aber nicht für alle Arbeitsverträge, sondern es sind lediglich jene Verträge davon betroffen, die als **Formular-Arbeitsverträge** vom Arbeitgeber für eine Vielzahl von Arbeitnehmern vorformuliert, also nicht individuell ausgehandelt werden.

Aufgabe 19 > Seite 269

C. Personaleinsatz

Der Personaleinsatz ist die Zuordnung der Mitarbeiter zu den verfügbaren Stellen oder Arbeitsplätzen eines Unternehmens. Er lässt sich unter zwei zeitbezogenen **Aspekten** betrachten:

- **Zeitpunktbezogen** ist der Personaleinsatz als qualitative, quantitative und zeitliche Zuordnung der Mitarbeiter zu verstehen, die im Rahmen der **Personaleinsatzplanung** – siehe S. 38 f. – vorbereitet wird:
  - **Qualitativ** bedeutet dabei, dass die Zuordnung unter Berücksichtigung der Anforderungen der jeweiligen Stelle und der Fähigkeiten der für den Personaleinsatz in Betracht kommenden Person erfolgt. Die Gegenüberstellung der **Anforderungen** und **Fähigkeiten** geschieht vielfach in Form des Anforderungs- und Fähigkeitsprofils – siehe S. 34 und 35.
  - **Quantitativ** erfolgt die Zuordnung, indem die Zahl der vorhandenen Stellen bzw. Arbeitsplätze mit der Anzahl dafür geeigneter Mitarbeiter in Verbindung gebracht wird. Dabei kann sich ergeben, dass zu viele oder zu wenige Stellen bzw. Mitarbeiter vorhanden sind, was ggf. Beschaffungsmaßnahmen bzw. Versetzungen oder Freistellungsmaßnahmen zur Folge hat.
  - **Zeitlich** bezieht sich die Zuordnung auf die Termine des Mitarbeitereinsatzes in ihrer Organisationseinheit, z. B. bei einer Teilzeitkraft vormittags oder nachmittags bzw. nachts im Schichtbetrieb.
- **Zeitraumbezogen** beginnt der Personaleinsatz nach der Personalbeschaffung in der Regel mit der Probezeit und endet mit dem letzten Tag der Anwesenheit der Mitarbeiter im Unternehmen. **Stufen** des Personaleinsatzes sind damit:

Personalzugang (während der Probezeit: Einweisung, Einarbeitung)

↓

Personalleistung (nach der Probezeit: volle Leistungsfähigkeit/-bereitschaft)

↓

Personalabgang (z. B. durch Pensionierung, Vertragsablauf, Kündigung)

Mit dem Personaleinsatz stellt der Mitarbeiter seine Arbeitskraft zur Verfügung und erbringt bestimmte (ihm obliegende) **Arbeitsleistungen**:

- Die **Arbeit** ist die Tätigkeit eines Menschen, die der Erfüllung einer Aufgabe dient. Sie stellt **im ergonomischen Sinne** die Summe von Energie und Informationen dar, die bei der Erfüllung von Arbeitsaufgaben durch den Menschen umgesetzt bzw. verarbeitet wird. Zu unterscheiden sind:

Geistige Arbeit	Sie ist durch **Fähigkeiten** wie selbstständiges geistiges Erfassen, Durchdringen und Beurteilen von Zusammenhängen sowie selbstständiges Ableiten von Urteilen und Schlüssen gekennzeichnet, enthält in der Regel aber auch Anteile muskelmäßiger Arbeit.

Muskelmäßige Arbeit	Sie ist durch den Einsatz vieler Muskeln sowie durch Bewegungen des Gesamtkörpers und seiner Gliedmaßen gekennzeichnet und wird durch Anteile geistiger Arbeit ergänzt. Sie kann sein: ► **statische Muskelarbeit**, bei der bestimmte Muskelgruppen – durch starre oder ungünstige Körperhaltung bedingt – über längere Zeit unvermindert beansprucht und erst danach wieder entlastet werden, was zu rascher Ermüdung führt. ► **dynamische Muskelarbeit**, die dadurch gekennzeichnet ist, dass eine ständig wechselnde Beanspruchung und Entlastung der Muskeln erfolgt, wodurch deren Durchblutung gefördert wird

- Die **Leistung** ist das bewertete Ergebnis, das aus der menschlichen Arbeit resultiert. Sie umfasst die Qualität und Quantität der Ergebnisse und die benötigte Zeit. **Bestimmungsfaktoren** der jeweils unterschiedlichen Leistungen der einzelnen Arbeitnehmer sind:

Innere Leistungsfaktoren	Sie liegen im **Potenzial** des Mitarbeiters als: ► **Leistungsfähigkeit** (Können, z. B. Ausbildung, Erfahrungen) ► **Leistungsbereitschaft** (Wollen, z. B. Gesundheit, Ermüdung, Fleiß).
Äußere Leistungsfaktoren	Sie zählen zum **Umfeld** des Mitarbeiters, und zwar als Situation: ► der **Arbeit** (z. B. Arbeitsanforderungen/-verfahren) ► der **Arbeitsgruppe** (z. B. Gruppenstruktur/-verhalten) ► des **Unternehmens** (z. B. Betriebsklima, Auftragslage) ► des **Unternehmensumfeldes** (z. B. Konjunktur, Konkurrenz).

Beim Personaleinsatz haben die Arbeitnehmer **Mitwirkungs-** und **Beschwerderechte**, z. B. bezüglich ihres Arbeitsplatzes (§ 81, 82 BetrVG). Aber auch der Betriebsrat verfügt über Rechte, die **Mitbestimmungs**- bzw. **Mitwirkungsrechte** bezüglich sozialer Angelegenheiten (§ 87 BetrVG), Arbeitssicherheit und Arbeitsschutz (§ 89 BetrVG), der Anpassung der Arbeit an den Menschen (§ 90 BetrVG), Änderungen von Arbeitsplatz, Arbeitsablauf und Arbeitsumgebung (§ 91 BetrVG) sind.

Aufgabe 20 > Seite 269

Im Folgenden werden behandelt:

Personaleinsatz	Arbeitsaufnahme
	Arbeitsinhalt
	Arbeitsort
	Arbeitszeit

1. Arbeitsaufnahme und Onboardingprozess

Der Onboardingprozess beginnt bereits vor der Arbeitsaufnahme, direkt nach der Unterzeichnung des Arbeitsvertrages. Insbesondere Fach- und Führungskräfte haben lange Kündigungsfristen und der Zeitraum bis zum ersten Arbeitstag sollte zur frühen Mitarbeiterbindung genutzt werden. Der Onboardingprozess kann wie folgt gestaltet werden:

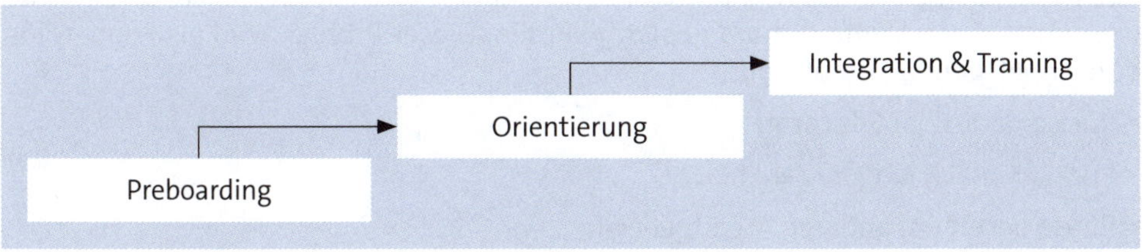

Folgende Maßnahmen können in diesen Phasen umgesetzt werden:

Phase	Maßnahmen
Preboarding (vom unterschriebenen Arbeitsvertrag bis zum ersten Tag)	▸ Willkommensschreiben, Infobroschüre, ggf. Welcome Day (vor Arbeitsbeginn) ▸ Freischaltung für E-Learning Programme, Mitarbeiter Newsletter ▸ Hilfe bei Umzug, Schulwechsel, soziale Integration ▸ Regelmäßige Informationen per Mail oder Newsletter ▸ Arbeitsablaufplan erstellen, Paten und Mentor bestimmen ▸ Organigramm anpassen, Arbeitsplatz vorbereiten
Orientierung (erster Tag bis ca. 3 Monate)	▸ Persönliches Willkommen, gern von der Führungskraft ▸ Welcome Package (Infounterlagen, Give Aways, ...) ▸ Kollegen informieren und ggf. Paten vorstellen ▸ Organisatorische Informationen, Sicherheits- und Datenschutzunterweisung ▸ Gemeinsame Pausen planen (Mitarbeiter nicht allein lassen) ▸ Einarbeitung in Aufgabenfelder, Projekte und Prozesse ▸ Teilnahme an Teambesprechungen, Events, Messen usw. ▸ Eventuell kleinere Projekte erläutern und übergeben ▸ Regelmäßige Feedbackgespräche, erste Zielvereinbarungen
Integration und Training (nach dem dritten Monat)	▸ Delegation von Verantwortung und Entscheidungsspielraum ▸ Teambuilding unterstützen ▸ Beurteilung und ableiten von Personalentwicklungsmaßnahmen ▸ permanente Anpassung und lebenslanges Lernen ▸ Motivation durch Anreizsysteme

Die Aufnahme der Arbeit durch den Mitarbeiter ist mit fachlichen, rechtlichen und sozialen Problemstellungen verbunden. Dabei ist zu unterscheiden, ob der Mitarbeiter „neu im Unternehmen" ist und auf der Grundlage eines Arbeitsvertrages in das Unternehmen eintritt oder ob der Mitarbeiter „Neu am Arbeitsplatz" ist und bereits zuvor im Unternehmen beschäftigt war. Der Mitarbeiter erhält hier eine neue Arbeitsaufgabe, das Unternehmen kennt er aber bereits.

Auch die **Reintegration von Mitarbeitern**, die in das Unternehmen (nach längerer Abwesenheit) zurückkehren muss geplant werden. Dieser Prozess wird als Reboarding bezeichnet. Gründe dafür sind:

- Rückkehr aus der Elternzeit
- Rückkehr nach langer Krankheit
- Phase bei einem anderen Arbeitgeber
- Rückkehr nach Sabbatjahr.

Die Annahme, dass diese Mitarbeiter die Unternehmenskultur, die Prozesse und die Strukturen kennen und daher sofort eingesetzt werden können, ist häufig zu optimistisch. Ein verkürzter Prozess der Einarbeitung und der Integration ist daher empfehlenswert um den Mitarbeitern Sicherheit und soziale Integration ins Team zu ermöglichen.

Eine erfolgreiche Einarbeitung und Integration von Arbeitskräften vermindert die Frühfluktuation und ermöglicht einen stabilen Leistungsanstieg.

1.1 Einführung

Mit der Einführung soll der Mitarbeiter einen **ersten Eindruck** vom Unternehmen, dem/den Vorgesetzten und den Kollegen erhalten. Die Versprechen aus dem Recruiting müssen sich für ein starkes Employer Branding in der Einarbeitung wiederspiegeln. Ist dieser (erste) Eindruck negativ, können sich rasch Unzufriedenheit, Demotivation und der Wunsch entwickeln, das Unternehmen zeitnah wieder verlassen zu wollen. Es bietet sich an, den neuen Mitarbeitern eine **Checkliste** für den Arbeitsbeginn, eine **Einführungsbroschüre** (sofern verfügbar) und ggf. ein **Welcome Package** – z. B. als Blumenstrauß– zur Verfügung zu stellen. Eine **Einführungsveranstaltung** durchzuführen, empfiehlt sich, wenn mehrere Mitarbeiter gleichzeitig oder zeitnah neu eingestellt werden. Der/die Vorgesetzte(n) sollte(n) am ersten Arbeitstag anwesend, die Kollegen über seinen Arbeitsantritt unterrichtet sein. Mit der Aufnahme der Tätigkeit im neuen Unternehmen treffen verschiedene **Rollenerwartungen** aufeinander. Der neue Mitarbeiter muss sich mit seinen eigenen Vorstellungen und der tatsächlich gegebenen Situation auseinandersetzen, die mitunter erheblich voneinander abweichen und einen **Praxis-** oder **Realitätsschock** auslösen können.

1.2 Einarbeitung

Für die Einarbeitung ist es zweckmäßig einen **Einarbeitungsplan** zu erstellen, in dem die zu bewältigenden Aufgaben zeitlich und sachlich aufgenommen werden. Dabei ist darauf zu achten, dass **Über-** und **Unterforderungen** des neuen Mitarbeiters vermieden werden. Der Vorgesetzte sollte ggf. auftretenden Fehlern gegenüber tolerant sein und motivierend wirken. Insbesondere ist ihm anzuraten, **Negativstrategien** zu vermeiden, wie z. B.

- die **„Schonungs-Strategie“**, bei welcher der Neuling unterfordert und vom Vorgesetzten nicht auf Fehler hingewiesen wird, sodass sich Fehler verfestigen
- die **„Sprung-ins-kalte-Wasser-Strategie“**, wobei der Neuling mit seiner Arbeit allein gelassen wird, was zu Misserfolgserlebnissen oder gar zu einem Schock führen kann
- die „**Entwurzelungs-Strategie“**, bei der eine bewusste Überforderung des Neulings erfolgt, was zu Fehlerhäufigkeit und Demotivation führen kann.

Wichtig ist, die Kollegen in die Einarbeitung einzubeziehen, eventuell einen Mentor (höhere Hierarchieebene, fachliche Einarbeitung) oder einen Paten (gleiche Hierarchieebene, soziale Integration) zur Seite zu stellen. Regelmäßiges **Feedback**, das dem neuen Mitarbeiter ehrlich, aber nicht zu negativ, vom Vorgesetzten zu geben ist, unterstützt den Prozess. Die Einarbeitung endet mit der **Integration** des neuen Mitarbeiters und geht in eine permanente Weiterentwicklung (**Training**) über.

2. Arbeitsinhalt

Das Unternehmen erbringt eine Gesamtleistung, z. B. Produkte herzustellen und zu vertreiben. Da es in der Regel mehrere oder viele Mitarbeiter beschäftigt, muss es diese Gesamtaufgabe auf einzelne Mitarbeiter verteilen, d. h. es wird eine **Arbeitsstrukturierung** notwendig, die mit einer Arbeitsteilung verbunden ist.

Der hohe Grad an **Arbeitsteilung**, der sich in den vergangenen Jahrzehnten entwickelt hatte, ist inzwischen verschiedentlich wieder zurückgenommen worden. Um die Arbeit zu **humanisieren**, wurden Aufgaben erweitert und bereichert:

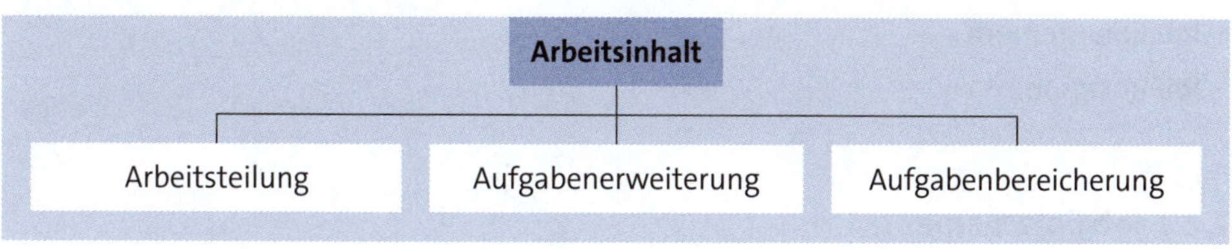

2.1 Arbeitsteilung

Die Arbeitsteilung ist die **Zerlegung einer Gesamtaufgabe** in Teilaufgaben als:

- **Mengenteilung**, bei der die gesamte Arbeitsmenge auf verschiedene Mitarbeiter aufgeteilt wird, die jeweils **alle Teilleistungen** erbringen, d. h. jeder Mitarbeiter fertigt ein komplettes Produkt. Die Mengenteilung wird auch **horizontale Arbeitsteilung** genannt.

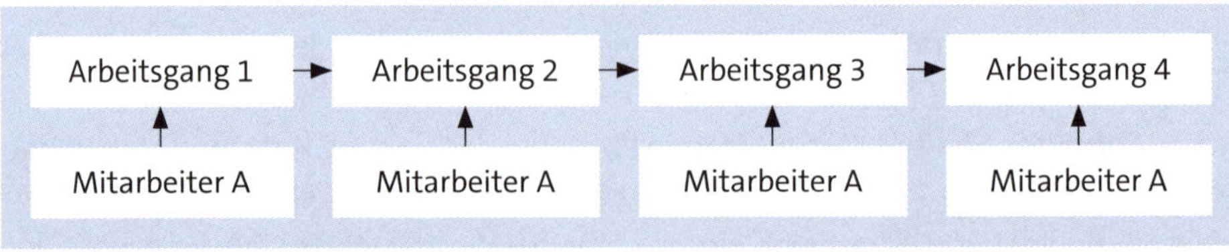

- **Artteilung**, die in der Regel gemeint ist, wenn von Arbeitsteilung gesprochen wird. Sie wird häufig auch als **vertikale Arbeitsteilung** oder **Spezialisierung** bezeichnet. Jeder Mitarbeiter führt hier in ständiger Wiederholung **denselben Arbeitsgang** an allen Teilen der Gesamtmenge aus.

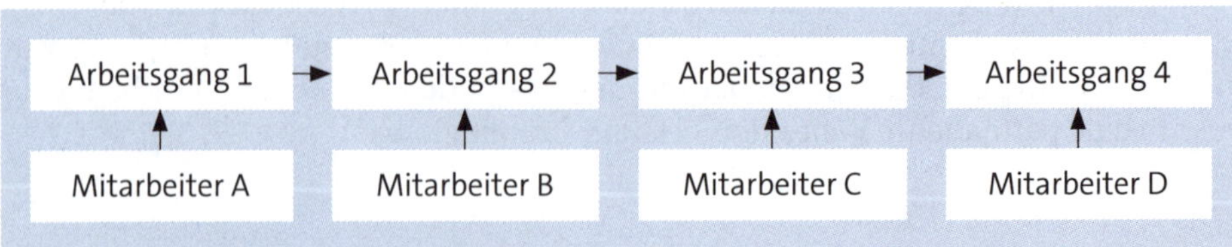

Aufgabe 21 > Seite 270

2.2 Aufgabenerweiterung

Bei der Aufgabenerweiterung geht es um die **quantitative Vergrößerung** des Arbeitsfeldes. Die zusätzlich übertragenen Aufgaben wurden zuvor überwiegend auf der gleichen hierarchischen Ebene erledigt, weshalb diese Erweiterung auch als **horizontale Erweiterung** bezeichnet wird. Zu unterscheiden sind:

- **Job Enlargement**
- **Job Rotation.**

2.2.1 Job Enlargement

Beim Job Enlargement werden neue qualitativ gleich- oder ähnlichwertige Aufgaben den bisher vom Mitarbeiter am bestehenden Arbeitsplatz ausgeführten Aufgaben hinzugefügt. Es ist eine **Aufgabenerweiterung im engeren Sinne**. Somit kann die Monotonie beim Mitarbeiter gesenkt und dessen Arbeitszufriedenheit gesteigert werden. Kostensenkungen und ein Anstieg von Arbeitsquantität und Arbeitsqualität sind möglich.

Die Leistungsfähigkeit des Mitarbeiters kann durch Einführung von Job Enlargement an ihre Grenzen stoßen, vermehrte Fortbildung wird ggf. erforderlich. Zur anstrebenswerten **Individualisierung** und **Flexibilisierung** der Arbeitsorganisation trägt das Job Enlargement aber nur recht **begrenzt** bei.

2.2.2 Job Rotation

Die Job Rotation stellt einen **Arbeitsplatzwechsel** dar. Der Mitarbeiter nimmt die erweiterten Aufgaben somit nicht am bestehenden Arbeitsplatz wahr, sondern an einem anderen Arbeitsplatz bzw. anderen Arbeitsplätzen.

Während in der Vergangenheit die Auffassung vertreten wurde, der Arbeitsplatzwechsel müsse planmäßig erfolgen und die erweiterten Aufgaben gleich- oder ähnlichwertig sein, wird inzwischen auch mitunter ein spontaner Arbeitsplatzwechsel mit gleich- *oder* höherwertigen Aufgaben als Job Rotation angesehen. Das **Springer-Prinzip** stellt eine besondere Form des Arbeitsplatzwechsels dar.

Mit der Job Rotation können einseitige Belastungen abgebaut und das Interesse an den Arbeitsaufgaben gesteigert werden. Arbeitszufriedenheit, Anpassungsfähigkeit und soziale Integration werden gefördert.

Allerdings erhöht sich der Planungsaufwand. Es kann zu Stockungen, Verzögerungen und Integrationsproblemen kommen. Zur wünschenswerten **Individualisierung** und **Flexibilisierung** der Arbeitsorganisation trägt die Job Rotation – wie auch das Job Enlargement – nur in einem Umfang bei, der eher als **gering** einzuschätzen ist.

2.3 Aufgabenbereicherung

Mit der Aufgabenbereicherung erfolgt eine **qualitative Vergrößerung** des Arbeitsfeldes. Weil die Bereicherung überwiegend durch Aufgaben erfolgt, die zuvor auf einer höheren Hierarchieebene erfüllt wurden, wird sie auch als **vertikale Ausweitung** des Arbeitsinhaltes bezeichnet. Es gibt:

- **Job Enrichment**
- **teilautonome Arbeitsgruppen.**

2.3.1 Job Enrichment

Beim Job Enrichment werden den bestehenden Aufgaben **neue qualitativ höherwertige Aufgaben** (wie Planungs- und Entscheidungsaufgaben) hinzugefügt. Damit erfolgt eine strukturelle Änderung der Arbeitssituation, die sich für den Mitarbeiter durch die Ausdehnung seines Dispositionsspielraumes verbessert. Vielfach wird damit auch eine **Höherqualifizierung** angestrebt, mitunter wird sie aber auch vorausgesetzt.

Durch die Senkung des Spezialisierungsgrades wird die Monotonie beim Mitarbeiter vermindert, seine Arbeitszufriedenheit erhöht. Er kommt an interessantere Aufgaben und hat die Möglichkeit, sich weiterzuentwickeln.

Der Mitarbeiter kann mit dem Job Enrichment überfordert werden, woraus sich Unzufriedenheit entwickelt. Eine vermehrte Fortbildung erweist sich mitunter als notwendig. Häufig gibt es Widerstände, die auf verschiedenen Ebenen auftreten können, weil in gegebene Betriebsstrukturen und Besitzstände eingegriffen wird.

2.3.2 Teilautonome Arbeitsgruppen

Während das Job Enrichment sich auf den einzelnen Mitarbeiter bezieht und vielfach als Aufgabenbereicherung im eigentlichen Sinne betrachtet wird, handelt es sich bei den teilautonomen Arbeitsgruppen um **mehrere Mitarbeiter**, die in Kleingruppen eine weitgehend in sich abgeschlossene Arbeitsaufgabe selbstständig erfüllen. Deren **Autonomiegrad** kann verschieden hoch sein, z. B.:

gering ———	**Autonomiegrad**	——— ►	**hoch**
Entscheidung über interne Aufgabenbewältigung	Entscheidung über interne Führungsfragen	Entscheidung über externe Führungsfragen	Entscheidung über qualitative/ quantitative Ziele

Mit dem Einsatz teilautonomer Arbeitsgruppen können die Arbeitszufriedenheit, Motivation, Qualifikation und Flexibilität der Mitarbeiter verbessert und einseitige Belastungen abgebaut werden. Außerdem entwickeln sich durch die kollektive Zusammenarbeit der Gruppenmitglieder die sozialen und kommunikativen Fähigkeiten der Mitarbeiter weiter und die Persönlichkeitsentwicklung wird gefördert (*Oppolzer, 2006*).

Die **Selbstkontrolle** der Gruppen ist in der Praxis mitunter anspruchsvoller als die Kontrolle durch Vorgesetzte, die Verletzung von Gruppennormen durch einzelne Mitglieder bewirkt ggf. interne Bestrafungen. So ist eine **Diskriminierung** leistungsschwacher Gruppenmitglieder nicht ausgeschlossen. Schließlich ist es möglich, dass sich Probleme bei der Entlohnung ergeben.

Aufgabe 22 › Seite 270

3. Arbeitsort

Neben dem Arbeitsinhalt ist der Arbeitsort für den Personaleinsatz wichtig. Dabei handelt es sich um den Ort, an dem der Arbeitnehmer vertragsgemäß seine Arbeitsleistung erbringt, also den **Arbeitsplatz**. Darunter sind alle erforderlichen Einrichtungen und Mittel zu verstehen, mit denen der Arbeitnehmer die ihm zugewiesenen betrieblichen Aufgaben erfüllt. Er kann räumlich unterschiedlich positioniert sein:

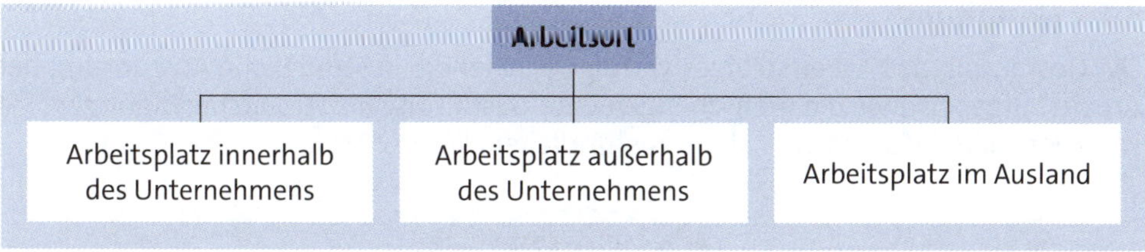

3.1 Arbeitsplatz innerhalb des Unternehmens

Der größere Teil der in Deutschland vorhandenen Arbeitsplätze befindet sich räumlich in Unternehmen, d. h. innerhalb deren Räumlichkeiten bzw. auf deren Gelände. Es sollen dargestellt werden:

- **Arten**
- **Gestaltung.**

3.1.1 Arten

Aus der Sicht des Personaleinsatzes gibt es mehrere Arten von Arbeitsplätzen, die sich nach unterschiedlichen **Kriterien** unterscheiden lassen. So sind aufzuführen:

- Nach der **Zahl** der an einem Arbeitsplatz tätig werdenden **Arbeitnehmer**:

Einzelarbeitsplätze	Bei den Einzelarbeitsplätzen arbeitet der einzelne Mitarbeiter an einem Arbeitsplatz.
Gruppenarbeitsplätze	Sie zeichnen sich dadurch aus, dass mehrere Mitarbeiter gemeinschaftlich an einem Arbeitsplatz zusammenwirken.

- Nach der **räumlichen Veränderlichkeit** des Arbeitsplatzes:

Stationäre Arbeitsplätze	Sie sind **örtlich unveränderlich**, d. h. die Mitarbeiter leisten ausschließlich dort ihre Arbeit, z. B. als Buchhalter oder Dreher.
Wechselnde Arbeitsplätze	Sie werden auch **mobile Arbeitsplätze** genannt. Die Mitarbeiter verändern ihren Arbeitsplatz räumlich, um ihre Arbeitsaufgabe bewältigen zu können, z. B. als Mitarbeiter des Werkschutzes oder der Hauspost.

- Nach ihrer **Anordnung in der Fertigung**:

Werkstattfertigung	Bei ihr sind alle Betriebsmittel und Arbeitsplätze **gleichartiger Arbeitsverrichtungen** räumlich zusammengefasst, z. B. als Dreherei, Fräserei.
Fließfertigung	Sie ist dadurch gekennzeichnet, dass die Betriebsmittel und Arbeitsplätze räumlich nach dem **Fertigungsablauf** angeordnet werden, z. B. beim Fließband.
Gruppenfertigung	Sie stellt eine **Kombination** von Werkstattfertigung (Teilabläufe gruppenmäßig zusammengefasst) und Fließfertigung (Gesamtablauf nach Fließprinzip) dar.

Bei den verschiedenen Arten von Arbeitsplätzen ergeben sich für den Personaleinsatz bzw. dessen Planung unterschiedliche Probleme, die zu bewältigen sind.

3.1.2 Gestaltung

Die Gestaltung des Arbeitsplatzes verfolgt als **Ziel** die bestmögliche Ausführung der Arbeitsaufgabe sowie die menschengerechte Gestaltung der Arbeitsbedingungen. Sie kann vor allem erfolgen als – siehe ausführlicher *Olfert (2015)*:

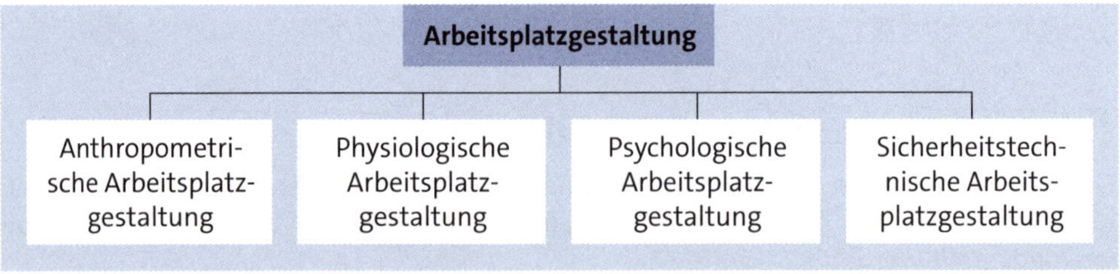

Der Arbeitgeber hat den **Betriebsrat** gemäß § 90 BetrVG unter Vorlage der erforderlichen Unterlagen über die Planung von Arbeitsplätzen, technischen Anlagen, Arbeitsverfahren und Arbeitsabläufen, Neu-, Um-, Erweiterungsbauten von Fabrikations-, Verwaltungs- und sonstigen Räumen zu unterrichten.

3.1.2.1 Anthropometrische Arbeitsplatzgestaltung

Die **Anthropometrie** ist die Lehre von durchschnittlichen menschlichen Körpermaßen und Bewegungsbereichen. Deshalb geht es bei der anthropometrischen Arbeitsplatzgestaltung unter Berücksichtigung der menschlichen Körpermaße um folgende Gestaltungsmaßnahmen:

- Die **Anpassung des Arbeitsplatzes** an den Menschen in Bezug auf:

Arbeitsplatzhöhe	Sie ist günstig, wenn bei angewinkeltem Unterarm die Hand 5 cm tiefer liegt als der Ellbogen. Zu unterscheiden sind dabei stehende und sitzende Tätigkeiten.
Griffbereich	Er ist von der Größe der menschlichen Gliedmaßen abhängig. Nicht alle **Zonen des Griffbereichs** müssen sich mit gleicher Schnelligkeit und Wirkkraft erreichen lassen.
Gesichtsfeld	Es stellt den Gesamtbereich des mit ruhig gehaltenen Augen und Kopf übersehbaren Objektraumes dar, umfasst 60° und kann durch Kopfbewegungen erheblich erweitert werden. Auch Lichtverhältnisse am Arbeitsplatz beeinflussen im Übrigen die Größe des Gesichtsfeldes.

- Die **Anpassung der Arbeitsmittel**, bei denen es vorwiegend z. B. um Handgriffe, Pedale, Knöpfe und Schalter geht, u. a. hinsichtlich der Abmessungen, Materialform, Materialdichte, Wärmeleitfähigkeit.

3.1.2.2 Physiologische Arbeitsplatzgestaltung

Die **Physiologie** befasst sich mit der Beanspruchung des menschlichen Körpers durch körperliche und geistige Belastungen sowie die damit verbundene Ermüdung unter bestimmten Umgebungseinflüssen. Dementsprechend dient die physiologische Arbeitsplatzgestaltung dazu, die **Arbeitsmethoden** und **Arbeitsbedingungen** dem menschlichen Körper anzupassen. Ihre **Ziele** sind:

- Die **Verbesserung des Wirkungsgrades** der menschlichen Arbeit, der in folgender Weise ermittelt werden kann:

  $$\text{Wirkungsgrad} \triangleq \frac{\text{Arbeitsergebnis}}{\text{Beanspruchung}}$$

  Der Wirkungsgrad lässt sich in seiner Höhe z. B. durch wirtschaftlichen Muskeleinsatz, optimale Kraftrichtung und vorteilhafte Körperhaltung beeinflussen.

- Die **Schaffung günstiger Umgebungseinflüsse**, wobei den nachfolgend genannten Kriterien eine vorrangige Bedeutung zukommt:

Klima	Es setzt sich aus der Lufttemperatur, relativer Luftfeuchtigkeit, Luftgeschwindigkeit und Wärmestrahlung zusammen. Seine **Auswirkung** hängt außerdem von der Schwere der Arbeit, der Wärmeisolation der Kleidung sowie der individuellen Konstitution und Kondition ab.
Lärm	Er wird als solcher empfunden, wenn Geräusche als störend und belästigend empfunden werden. Dauernde Lärmeinwirkung kann zu erheblichen **Gesundheitsschädigungen** führen. Für die Wirkung des Lärms sind die Stärke des Schalls sowie seine Einwirkungsdauer, Zusammensetzung und zeitliche Anordnung bedeutsam. Am Arbeitsplatz ist für geeigneten **Lärmschutz** zu sorgen.
Beleuchtung	Sie hat erheblichen Einfluss z. B. auf die Leistung und Ermüdung sowie auf den in der Produktion anfallenden Ausschuss und die Zahl von Unfällen. Deshalb sollte auf ausreichende und ausgewogene **Beleuchtungsstärke** im Arbeitsfeld geachtet sowie Direktblendung vermieden werden.
Mechanische Schwingungen	Sie können zur Verschlechterung der **Sinneswahrnehmungen** sowie der **Auge-Hand-Koordination** und damit zur Herabsetzung der Leistungsfähigkeit und des Wohlbefindens beitragen.
Gefahrstoffe	Das sind feste Stoffe, Flüssigkeiten und Gase, die physikalisch-chemische toxische oder biologische **Eigenschaften** aufweisen können und besonderer Vorsicht bzw. Beachtung bedürfen.
Lüftung	Sie führt den Arbeitsräumen den erforderlichen Sauerstoff zu. Ein **Sauerstoffgehalt** in der Atemluft von unter 16 % bewirkt beim Menschen Müdigkeit und Konzentrationsschwäche.
Staub	Er wirkt auf den Menschen in mehrfacher Weise, z. B. indem er **eingeatmet** wird, mit Speisen in den Magen gelangt oder durch die **Hautberührung** aufgenommen wird.

3.1.2.3 Psychologische Arbeitsplatzgestaltung

Mit der psychologischen Arbeitsplatzgestaltung soll dem arbeitenden Menschen eine **angenehme Umwelt** geschaffen werden. Dazu geeignete Maßnahmen können vor allem sein:

- Die **Farbgestaltung** des Arbeitsplatzes bzw. Arbeitsraumes, bei der warmen Farben (z. B. rot, gelb, orange) eine aktivierende, stimulierende Wirkung zugeschrieben wird, kalten Farben hingegen (z. B. blau, violett) eine beruhigende, distanzierende Wirkung.
- **Musik** am Arbeitsplatz, deren Wirkung jedoch umstritten ist. Es kann angenommen werden, dass sie die Monotonie der Arbeit vermindern und Stimmmungstiefs abfangen kann. Weitere positive Wirkungen sind nicht gesichert. Die Wirkung hängt davon ab, dass es die „richtige" Musik ist, ebenso von deren Sendezeiten und Rhythmus.
- **Pflanzen** am Arbeitsplatz bzw. im Arbeitsraum haben positive Wirkung auf Körper (z. B. Minderung von Kopfschmerzen, Ermüdungserscheinungen, Hautreizungen durch Luftverbesserung) und Geist (z. B. bessere Denk- und Konzentrationsfähigkeit sowie Kreativität).

Den Mitarbeitern sollte es möglich sein, an der Gestaltung ihres Arbeitsplatzes und Arbeitsumfeldes in entsprechender Weise mitzuwirken.

3.1.2.4 Sicherheitstechnische Arbeitsplatzgestaltung

Durch die sicherheitstechnische Arbeitsplatzgestaltung sollen **Unfälle** verhindert werden. Das sind nicht beabsichtigte, unerwartet eintretende Ereignisse, die den üblichen Betriebsablauf stören oder unterbrechen und Verletzungen herbeiführen. Die sicherheitstechnische Arbeitsplatzgestaltung umfasst eine Vielzahl von unfallverhindernden Maßnahmen, z. B. Betriebsmittelschutz, Brandschutz, allgemeiner Gefahrenschutz, Verwendung von Schutzkleidung und Schutzausrüstung.

Der Arbeitsschutz obliegt dem **Gewerbeaufsichtsamt** und den **Berufsgenossenschaften**, d. h. diese haben die Einhaltung der **Schutzvorschriften** zu überwachen, die sein können:

Allgemeine Vorschriften	Spezielle Vorschriften
▸ Arbeitssicherheitsgesetz	▸ Jugendarbeitsschutzgesetz
▸ Arbeitsstättenverordnung	▸ Mutterschutzgesetz
▸ Arbeitszeitgesetz	▸ Allgemeines Gleichbehandlungsgesetz
▸ Gewerbeordnung	▸ Schwerbehindertenrecht

Gemäß § 87 Abs. 1 Nr. 7 BetrVG hat der Betriebsrat ein **Mitbestimmungsrecht**, das sich auf die Maßnahmen des Arbeitgebers bezieht, mit denen Arbeitsunfälle und Berufskrankheiten verhindert werden sowie der Gesundheitsschutz im Rahmen der gesetzlichen Vorschriften und Unfallverhütungsvorschriften sichergestellt wird.

Aufgabe 23 > Seite 270

3.2 Arbeitsplatz außerhalb des Unternehmens

Der Arbeitsplatz befindet sich bei einer Reihe von Mitarbeitern bzw. Mitarbeitergruppen räumlich außerhalb des Unternehmens, d. h. nicht in dessen Räumlichkeiten bzw. auf dessen Gelände. Durch steigende Digitalisierung und nicht zuletzt durch Corona nimmt der Anteil an Heimarbeitsplätzen stetig zu. Wie beim Arbeitsplatz innerhalb des Unternehmens lassen sich auch hier **Einzelarbeitsplätze** und **Gruppenarbeitsplätze** unterscheiden.

Außerdem können die Arbeitsplätze – wie dort – **stationäre Arbeitsplätze** (z. B. als Heimarbeitsplätze oder Telearbeitsplätze) oder **wechselnde Arbeitsplätze** sein, die auch mobile Arbeitsplätze genannt werden (z. B. bei Außendienstlern, Bauarbeitern). Es sollen betrachtet werden:

- **Heimarbeitsplatz**
- **Telearbeitsplatz.**

Zunehmend werden auch Arbeitsplätze aus dem Unternehmen heraus in rechtlich eigenständige andere Organisationseinheiten – z. B. auf bestimmte Aufgabenstellungen spezialisierte Unternehmen – verlagert, was als **Outsourcing** bezeichnet wird.

3.2.1 Heimarbeitsplatz

Heimarbeiter sind den festen Arbeitnehmern ähnlich gestellt, erbringen jedoch ihre einem Unternehmen zu leistende Arbeitsaufgaben in der eigenen Wohnung. Für sie gilt das **Heimarbeitsgesetz** (HAG) als Rechtsgrundlage, das z. B. regelt:

- verbindliches Mindestentgelt
- Urlaubsgeld/Urlaubsentgelt
- Feiertagsgeld
- Zuschlag zur Vorsorge bei Krankheit
- Heimarbeitszuschlag zur Abgeltung entstandener Kosten.

Mit der Heimarbeit können oftmals gerade auch Frauen mit jüngeren Kindern sowohl ihre beruflichen als auch familiären Interessen miteinander verbinden. Sie darf nicht mit „heimischer Arbeit" verwechselt werden, die zu ihrer Erledigung fallweise mit nach Hause genommen wird.

3.2.2 Telearbeitsplatz

Bei der Telearbeit ist der Arbeitsort des Mitarbeiters vom Unternehmen räumlich entfernt. Sie kann auch Heimarbeit sein, muss aber nicht und ist mithilfe moderner Kommunikationstechnologien möglich. Ihre **Formen** sind:

- **Teleheimarbeit** in der Wohnung des Mitarbeiters, die mit dem Zentralrechner des Arbeitgebers vernetzt ist. Bei ihr besteht die Gefahr, dass die Kontaktbedürfnisse des Mitarbeiters nicht befriedigt bzw. die berufliche Identität gemindert werden.

- **Telecenter**, die ausgelagerte kollektive Telearbeitsbüros als abgegrenzte Organisationseinheiten sind und einer möglichen Isolation der Telearbeitnehmer entgegenwirken können. Zu unterscheiden sind dabei:
  - **Satellitenbüros**, die von einem einzelnen Unternehmen betrieben werden
  - **Nachbarschaftsbüros**, die mehrere Firmen gemeinschaftlich unterhalten.
- **Mobile Telearbeit**, die mithilfe mobiler Kommunikationsendgeräte, z. B. Notebooks oder Laptops, möglich ist und an wechselnden Orten erfolgen kann, also nicht ortsgebunden ist.

Neuere Entwicklungen sind das **virtuelle Unternehmen**, bei dem mehrere Mitarbeiter unter einem Firmennamen an unterschiedlichen Standorten zusammenarbeiten, sowie die **Offshore-Telearbeit**, die in Niedriglohn-Länder vergeben wird.

3.3 Arbeitsplatz im Ausland

Der Personaleinsatz der Mitarbeiter kann auch im Ausland erfolgen. Er ist für die Mitarbeiter interessant, weil er z. B. ihre Aufstiegschancen erhöht, ihre Persönlichkeit fördert, ihre Qualifikation verbessert. **Probleme** können sich bei der Entlohnung und sozialen Absicherung der Mitarbeiter ergeben.

Die Entsendung ins Ausland ist im Rahmen einer **Delegation** (drei bis zwölf Monate), **befristeten Versetzung** (meist drei bis vier Jahre) und **unbefristeten Versetzung** möglich.

Als **Phasen** des Auslandseinsatzes sind zu unterscheiden:

Auswahlphase	Zunächst muss der jeweils geeignete Kandidat gefunden werden, wozu **Interviews** und ggf. **Assessment-Center** hilfreich sind.
Vorbereitungsphase	Der ausgewählte Kandidat wird auf seine neue Aufgabe vorbereitet, insbesondere auch unter **interkulturellen Aspekten**.
Einsatzphase	Die Betreuung des Mitarbeiters sollte von einem **Paten** erfolgen, zuhause und auch im Gastland, um den **Kulturschock** zu überwinden, ebenso die Betreuung seiner Familie.
Wiedereingliederungsphase	Sie schließt den Auslandseinsatz ab und muss sowohl beruflich als auch sozial erfolgen. In dieser Phase kann zu einem **zweiten Kulturschock** kommen.

Da deutsche Unternehmen verstärkt Investitionen im Ausland vornehmen, gewinnt die Entsendung von Mitarbeitern ins Ausland an immer größerer Bedeutung, um die Interessen der Unternehmen zu vertreten und Wissen zu transferieren.

Aufgabe 24 > Seite 270

4. Arbeitszeit

Die Arbeitszeit ist die Zeit vom Beginn bis zum Ende der Arbeit ohne die Ruhepausen (§ 2 Abs. 1 ArbZG). Ihre Gestaltung ist neben der Gestaltung des Arbeitsinhaltes und des Arbeitsortes die dritte Säule des Personaleinsatzes. Sie ist in den letzten Jahren verstärkt flexibilisiert und individualisiert worden.

Gestaltungsmöglichkeiten gibt es bei der Arbeitszeit sowohl hinsichtlich der Dauer (Umfang der Arbeitszeit) als auch bezüglich ihrer Lage (Zeitrahmen der Arbeitszeit). Es sollen dargestellt werden:

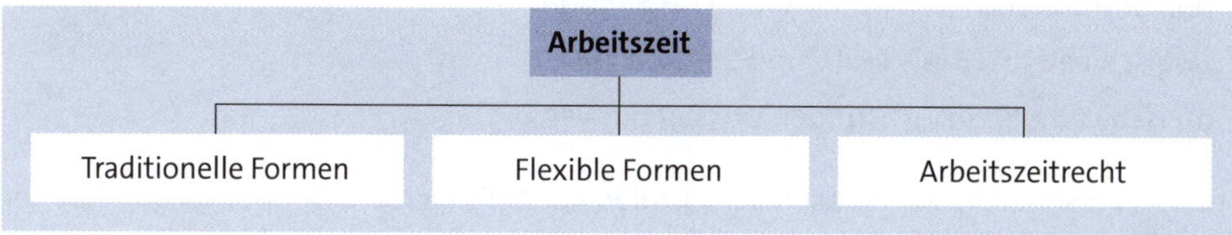

Der Betriebsrat hat über die Lage der Arbeitszeit, nicht aber über die Dauer der Arbeitszeit ein **Mitbestimmungsrecht**, weiterhin bezüglich der Festlegung, an welchen Tagen kürzer oder länger gearbeitet wird sowie im Hinblick auf arbeitsfreie Tage, weiterhin gemäß § 87 Abs. 1 Nr. 2 BetrV über Pausen im Sinne nicht vergüteter Ruhepausen.

4.1 Traditionelle Formen

Traditionelle Formen der Arbeitszeit weisen geringe bzw. begrenzte Möglichkeiten der Flexibilisierung und Individualisierung auf. Sie umfassen:

- **Mehrarbeit**
- **Schichtarbeit**
- **Kurzarbeit.**

4.1.1 Mehrarbeit

Mehrarbeit bietet die Möglichkeit, die **Kapazität** des Unternehmens zu **erhöhen**, ohne zusätzliches Personal beschaffen zu müssen. Sie kann **Überstunden** umfassen, die gegeben sind, wenn der Arbeitgeber sie angeordnet oder geduldet bzw. Arbeit zugewiesen hat, die nur unter Überschreiten der betrieblichen Arbeitszeit leistbar ist, sowie zusätzliche **Sonn- und Feiertagsarbeit** darstellen.

Für geleistete Überstunden fallen **Zuschläge** an, die tariflich geregelt sind. Sie betragen in der Regel 25 % der Grundvergütung. Die Vorschriften des Arbeitszeitgesetzes müssen bei Mehrarbeit beachtet werden.

Gemäß § 87 Abs. 1 Nr. 3 BetrVG hat der Betriebsrat bei vorübergehender Verlängerung der betrieblichen Arbeitszeit ein **Mitbestimmungsrecht**, wenn ein kollektiver Tatbestand gegeben ist, also das ganze Unternehmen oder eine Gruppe von Arbeitnehmern betrofren sind, aber auch ein Arbeitnehmer, der aus betrieblichem Anlass Überstunden leistet. In **Notfällen** darf der Arbeitgeber Überstunden einseitig anordnen (*Felser/Roos, 2004*).

4.1.2 Schichtarbeit

Sie wird auch **Wechselschichtarbeit** genannt und ist gesetzlich nicht definiert. Die Schichtarbeit soll insbesondere der besseren Auslastung kostenintensiver Anlagen dienen und kann in folgenden **Formen** erfolgen:

- **vollkontinuierlich** (an jedem Tag rund um die Uhr)
- **teilkontinuierlich** (z. B. von Montag bis Freitag)
- **zweischichtig** (z. B. als Früh- und Spätschicht)
- **dreischichtig** (über 24 Stunden pro Tag hinweg).

Für den Personaleinsatz müssen **Schichtpläne** erstellt werden. Der Betriebsrat hat bei der Einführung, Änderung und dem Abbau von Schichtarbeit ein **Mitbestimmungsrecht**, ebenso bei der Aufstellung und Änderung von Schichtplänen. Weiterhin stehen ihm nach § 80 Abs. 1 Nr. 1 BetrVG Überwachungspflichten in Bezug auf die Einhaltung arbeitswissenschaftlicher Erkenntnisse zu. Außerdem kann er diesbezüglich Verbesserungsvorschläge unterbreiten.

4.1.3 Kurzarbeit

Kurzarbeit ist die vorübergehende **Herabsetzung** der betriebsüblichen regelmäßigen Arbeitszeit für das gesamte Unternehmen bzw. für einzelne Abteilungen mit der Folge von Entgeltminderungen. Sie kann gleichmäßig auf alle Wochentage verteilt oder ungleichmäßig aufgeteilt werden.

Für die Durchführung der Kurzarbeit ist eine besondere **Rechtsgrundlage** erforderlich, meist in Form eines Tarifvertrages oder einer Betriebsvereinbarung, selten im Arbeitsvertrag. Sie kann nur mit **Zustimmung** des Betriebsrates eingeführt werden (§ 87 Abs. 1 Nr. 3 BetrVG).

Für Mitarbeiter von Unternehmen mit regelmäßiger Arbeitszeit zahlt die Bundesagentur für Arbeit für maximal sechs Monate ein **Kurzarbeitergeld**, dessen Höhe je nach persönlicher Situation 60 % bzw. 67 % des Nettoarbeitsentgeltes beträgt. Es wurde konjunkturbedingt seit 2009 länger (z. T. 18 Monate) gewährt, liegt aber seit 2012 (beginnend) wieder bei sechs Monaten. **Voraussetzungen** für die Zahlung der Kurzarbeitergeldes sind:

- ein **erheblicher Arbeitsausfall** i. S. d. § 170 SGB III
- eine **schriftliche Anzeige** des Arbeitsausfalles bei der Agentur für Arbeit unter Beifügung einer **Stellungnahme** des Betriebsrates.

Vom Kurzarbeitergeld ist das seit 2006 gezahlte **Saison-Kurzarbeitergeld** (jeweils vom 01.12. bis 31.03.) zu unterscheiden.

4.2 Flexible Formen

Flexible Formen der Arbeitszeit bieten unterschiedliche Möglichkeiten der Individualisierung, wobei zu unterscheiden sind:

- **Teilzeitarbeit**
- **gleitende Arbeitszeit**
- **Jahresarbeitszeit**
- **kapazitätsorientierte variable Arbeitszeit**
- **Vertrauensarbeitszeit.**

4.2.1 Teilzeitarbeit

Bei der Teilzeitarbeit ist die vom einzelnen Arbeitnehmer zu erbringende Wochenarbeitszeit gegenüber der betriebsüblichen **Arbeitszeit** vergleichbar vollzeitbeschäftigter Arbeitnehmer **verkürzt**.

Ist eine regelmäßige Wochenarbeitszeit nicht vereinbart, so ist ein Arbeitnehmer **teilzeitbeschäftigt**, wenn seine regelmäßige Arbeitszeit im Durchschnitt eines bis zu einem Jahr reichenden Beschäftigungszeitraums unter der eines vergleichbaren vollzeitbeschäftigten Arbeitnehmers liegt (§ 2 Abs. 1 Satz 2 TzBfG). Auch teilzeitbeschäftigt ist, wer eine geringfügige Beschäftigung (§ 8 Abs. 1 Nr. 1 SGB IV) ausübt. Die Teilzeitarbeit kann erfolgen:

- Mit **starren Arbeitszeiten**, z. B. an fünf Arbeitstagen zu je vier Stunden. Diese oder andere Regelungen können sich auf einen **einzelnen Mitarbeiter** beziehen, der an einem bestimmten Arbeitsplatz tätig ist. Möglich ist aber auch, dass **mehrere Mitarbeiter** sich einen Arbeitsplatz teilen, indem jeder von ihnen eine bestimmte Teilzeit dort tätig ist (§ 13 Abs. 1 TzBfG). In diesem Falle wird von **Job Sharing** gesprochen.

  Die **Grundform** des Job Sharing besteht darin, dass die betreffenden Mitarbeiter den Arbeitsplatz in Abstimmung miteinander auf der Grundlage eines von ihnen selbst vereinbarten Arbeitszeitplanes während der betriebsüblichen Arbeitszeit ausfüllen.
- Mit **flexiblen Arbeitszeiten**, wie sie unten als gleitende Arbeitszeit, Jahresarbeitszeit und kapazitätsorientierte variable Arbeitszeit beschrieben werden.

Ein Arbeitnehmer, dessen Arbeitsverhältnis länger als sechs Monate bestand, hat einen **Anspruch auf Teilzeitarbeit**. Der Arbeitgeber muss der Verringerung der Arbeitszeit zustimmen, soweit betriebliche Gründe nicht entgegenstehen (§ 8 Abs. 1 und 4 TzBfG). Der Betriebsrat hat bei der Ausgestaltung von Teilzeitarbeit ein **Mitbestimmungsrecht**.

Mit dem Zweiten Gesetz für moderne Dienstleistungen am Arbeitsmarkt, das als **„Hartz II"** bekannt ist, wurde ab 2003 ein neuer **Niedriglohnsektor** geschaffen, der sich insbesondere auf Teilzeitarbeit bezieht. Seit dem 01.10.2022 ist die Geringfügigkeitsgrenze auf 520 € angehoben.

Übersicht zu den Regelungen des Zweiten Gesetzes für moderne Dienstleistungen am Arbeitsmarkt („Hartz II“)

Geringfügig Beschäftigte

Minijobs (520 €-Jobs) → bis 520 €

auch als Nebenjob möglich

Arbeitnehmer:

- steuer- und abgabenfrei

Arbeitgeber:

Pauschalabgabe, besteht aus:

15 % Rentenversicherung, 13 % Krankenversicherung, 2 % Pauschsteuer, Umlage[1]

Geringfügig Beschäftigte in Privathaushalten

Minijobs in Privathaushalten → bis 520 €

auch als Nebenjob möglich

Arbeitnehmer:

- steuer- und abgabenfrei

Arbeitgeber:

Pauschalabgabe, besteht aus:

5 % Rentenversicherung, 5 % Krankenversicherung, 2 % Pauschsteuer, 1,6 % Unfallversicherung, Umlage[1]

Erweiterter Niedriglohnsektor

Erweiterter Niedriglohnsektor → 520,01 € - 2.000 €

Gleitzone

Arbeitnehmer:

- Sozialbeitrag liegt am Beginn der Gleitzone bei 0 und steigt bis zur Obergrenze zum regulären AN-Anteil an.

  Arbeitnehmeranteil = Gesamtbeitrag - Arbeitgeberanteil
- Steuer wie zuvor

Arbeitgeber:

Sozialbeiträge

Arbeitgeberanteil = Monatsbrutto • Beitragssatz (Arbeitgeber)

---

1 Umlage (1) für Krankheitsaufwendungen 1,1 %
Umlage (2) für Mutterschaftsaufwendungen 0,24 %
Insolvenzgeldumlage 0,06 %

Die zentrale Meldestelle für sämtliche geringfügige Beschäftigungen ist die **Minijob-Zentrale** in Cottbus als Teil der Deutschen Rentenversicherung Knappschaft-Bahn-See. Detailinformationen für Arbeitnehmer und Arbeitgeber können auf den Internetseiten **www.minijob-zentrale.de** abgerufen werden.

Beispielrechnung Minijob

Ein Minijob mit monatlich 510 € Entgelt und Beantragung der Befreiung zur gesetzlichen Rentenversicherungspflicht durch den Arbeitnehmer (Arbeitnehmer mit Minijob sind rentenversicherungspflichtig, können jedoch eine Befreiung beantragen. In diesem Fall zahlt nur der Arbeitgeber 15 %). Die Arbeitgeberbelastung gestaltet sich in diesem Beispiel wie folgt:

Abgabeart	Prozent	Beträge
Krankenversicherung	13 %	66,30 €
Rentenversicherung	15 %	76,50 €
Umlage (U1)	1,10 %	5,61 €
Umlage (U2)	0,24 %	1,22 €
Insolvenzgeldumlage (INSGU)	0,06 %	0,31 €
Einheitliche Pauschsteuer	2 %	10,20 €
Arbeitgeberanteil gesamt		160,14 €

Quelle: Minijob Rechner der Minijob Zentrale

Die Meldungen zur Sozialversicherung sowie die monatlichen Betragsnachweise sind der Knappschaft digital zu übermitteln, z. B. über sv.net/standard (gkvnet-ag.de).

4.2.2 Gleitende Arbeitszeit

Die gleitende Arbeitszeit zeichnet sich dadurch aus, dass sie eine zwingend festgelegte Arbeitszeit als **Kernarbeitszeit** aufweist, die um eine in unterschiedlichem Umfang vom Arbeitnehmer gestaltbare vor- und nachgelagerte **Gleitzeit** ergänzt wird:

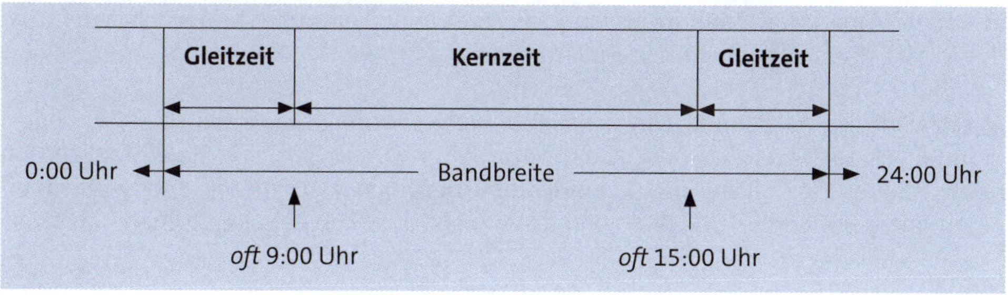

Als gleitende Arbeitszeit sind zu unterscheiden:

- Die **Gleitzeit ohne Zeitausgleich**, die dadurch gekennzeichnet ist, dass der Arbeitnehmer den Beginn seiner Arbeitszeit selbst bestimmen kann. Dabei gibt es:

Grundform gleitender Arbeitszeit	Die **Dauer** der täglichen Arbeitszeit wird vom Arbeitgeber festgelegt. Der **Beginn** der Arbeitszeit innerhalb eines vorgegebenen Zeitrahmens kann vom Arbeitnehmer einmalig für einen gesamten Planungszeitraum (z. B. ein Jahr) selbst bestimmt werden.
Einfache gleitende Arbeitszeit	Die Grundform wird insofern abgewandelt, als der Arbeitnehmer an jedem Tag innerhalb des vorgegebenen Zeitrahmens den **Beginn** seiner Arbeitszeit eigenständig festlegen kann. Die **Dauer** der täglichen Arbeitszeit bleibt dagegen vom Arbeitgeber bestimmt.

- Die **Gleitzeit mit Zeitausgleich**, bei welcher der Arbeitnehmer sowohl den Beginn als auch die Dauer der täglichen Arbeitszeit bestimmen kann, wobei er in der Regel während einer Kernzeit anwesend sein muss. Sie ist möglich als:

Beschränkte Gleitzeit	Der Arbeitnehmer muss Zeitguthaben bzw. Zeitschulden innerhalb eines Ausgleichszeitraumes **ausgleichen**.
Unbeschränkte Gleitzeit	Hier kann ein Zeitguthaben oder Zeitschulden in den folgenden Ausgleichszeitraum **übertragen** werden.

Die gleitende Arbeitszeit kann, je nach Form, erheblich zu einer **Flexibilisierung** und **Individualisierung** der Arbeitszeit beitragen, zumal es inzwischen auch Konzepte der gleitenden Arbeitszeit mit Zeitausgleich gibt, die auf eine zeitliche Fixierung einer Anwesenheitspflicht verzichten.

Der Betriebsrat hat bei der Einführung, Änderung und dem Wegfall von gleitender Arbeitszeit ein **Mitbestimmungsrecht**.

4.2.3 Jahresarbeitszeit

Bei der Jahresarbeitszeit wird die Arbeitszeit festgelegt, die ein Mitarbeiter im Verlaufe eines Kalenderjahres zu leisten hat. Dementsprechend kann die über das Jahr hinweg erbrachte Arbeitszeit den Interessen bzw. Notwendigkeiten des Unternehmens bzw. des Mitarbeiters entsprechend schwanken.

Mit der Jahresarbeitszeit lassen sich z. B. sowohl saisonale Schwankungen bei Unternehmen als auch Freizeitwünsche der Mitarbeiter berücksichtigen. Sie ermöglicht ein hohes Maß an **Flexibilisierung** und **Individualisierung** der Arbeitszeit und wurde in einigen Tarifverträgen u. a. deshalb bereits vereinbart, z. B. in der chemischen Industrie.

4.2.4 Kapazitätsorientierte variable Arbeitszeit

Das Konzept der kapazitätsorientierten variablen Arbeitszeit (KAPOVAZ) wird auch **Arbeit auf Abruf** genannt. Mit ihr können die Lage und Dauer der Arbeitszeit vom Arbeitgeber an den Arbeitsanfall angepasst werden. Der Arbeitgeber spart damit die Personalkosten für Leerzeiten. Die Wünsche der Arbeitnehmer werden hingegen in der Regel nicht berücksichtigt.

Der Arbeitnehmer ist **zur Arbeitsleistung** aber **nur verpflichtet**, wenn der Arbeitgeber ihm die Lage seiner Arbeitszeit jeweils mindestens vier volle Tage im Voraus mitgeteilt hat (§ 12 Abs. 2 TzBfG). Liegt ein Samstag, Sonntag oder Feiertag vor dem **Vier-Tage-Zeitraum**, muss die Ankündigung spätestens am Werktag vorher erfolgen.

Ist die **Ankündigungsfrist unterschritten**, kann der Arbeitnehmer die Arbeitsleistung verweigern, ohne dass dies zu einer Verdienstminderung führen darf. Wenn er will, bleibt es ihm aber auch überlassen, die Arbeitsleistung zu erbringen.

Wenn eine **tägliche Dauer** der Arbeitszeit nicht vereinbart ist, muss der Arbeitgeber den Arbeitnehmer jeweils mindestens drei aufeinander folgende Stunden zur Arbeitsleistung in Anspruch nehmen (§ 12 Abs. 1 TzBfG). Besteht über die **wöchentliche Dauer** der Arbeitszeit keine Festlegung, gilt eine Arbeitszeit von zehn Stunden als vereinbart.

Soweit eine Vereinbarung der Arbeitszeit vorliegt, darf diese dementsprechend – täglich wie wöchentlich – unter den genannten Mindeststunden liegen. Der Betriebsrat hat bei der Einführung und Änderung von Arbeit auf Abruf ein **Mitbestimmungsrecht**.

Aufgabe 25 > Seite 271

4.2.5 Vertrauensarbeitszeit

Die Vertrauensarbeitszeit gewinnt in den Unternehmen zunehmend an Bedeutung. Sie besteht aus zwei **Komponenten**:

- dem **Verzicht** auf die (elektronische) **Zeiterfassung** und deren Auswertung
- einem **Arbeitszeitsystem**, das den Mitarbeitern bei der Erbringung ihrer vertraglich vereinbarten Arbeitszeit eine soweit wie möglich gehende **Gestaltungsfreiheit** einräumt.

Mit dem Verzicht auf eine Zeiterfassung soll erreicht werden, dass die Mitarbeiter und Führungskräfte sich von ihrem Zeitverbrauchsdenken lösen und das **Leistungsergebnis** in den Mittelpunkt ihrer Betrachtungen stellen.

Voraussetzung für die Einführung der Vertrauensarbeitszeit sind der Aufbau einer Vertrauenskultur im Unternehmen und die Bereitschaft eines jeden Beschäftigten, Verantwortung zu übernehmen. Durch die Einführung der Vertauensarbeitszeit wird der **Aufwand** zur Verwaltung der Arbeitszeit erheblich reduziert und mehr Flexibilität für Arbeitgeber und Arbeitnehmer geschaffen.

Die notwendige Abstimmung zwischen den einzelnen Mitarbeitern und mit dem Vorgesetzten fördert den Informations- und Kommunikationsprozess, was auch der Motivation der Arbeitnehmer und dem Betriebsklima zugute kommen kann.

Bei der **Einführung** einer reinen Vertrauensarbeitszeit stößt man allerdings bezüglich gesetzlicher Regelungen (ArbZG) und der Verrechnung von Zuschlägen an Grenzen, die zu beachten sind. Auch kann sich das Problem ergeben, dass mit der Vertrauensarbeitszeit dem Betriebsrat zustehende Mitwirkungsrechte unterlaufen werden.

4.3 Arbeitszeitrecht

Die Arbeitszeit ist im **Arbeitszeitgesetz** (ArbZG) geregelt. Es dient dazu, die Sicherheit und den Gesundheitsschutz der Arbeitnehmer bei der Arbeitszeitgestaltung zu gewährleisten und die Rahmenbedingungen für flexible Arbeitszeiten zu verbessern sowie die Sonn- und Feiertage zu schützen. Wichtige **Vorschriften** des Arbeitszeitgesetzes sind z. B.:

Arbeitszeit (§ 3 ArbZG)	Die werktägliche Arbeitszeit der Arbeitnehmer darf acht Stunden nicht überschreiten. Sie kann auf bis zu zehn Stunden nur verlängert werden, wenn innerhalb von sechs Kalendermonaten oder innerhalb von 24 Wochen im Durchschnitt acht Stunden werktäglich nicht überschritten werden.
Ruhepausen (§ 4 ArbZG)	Die Arbeit ist durch im Voraus feststehende Ruhepausen von mindestens 30 Minuten bei einer Arbeitszeit von mehr als sechs Stunden bis zu neun Stunden und 45 Minuten bei einer Arbeitszeit von mehr als neun Stunden insgesamt zu unterbrechen. Sie können in Zeitabschnitte von jeweils mindestens 15 Minuten aufgeteilt werden. Länger als sechs Stunden hintereinander dürfen Arbeitnehmer nicht ohne Ruhepause beschäftigt werden.
Ruhezeit (§ 5 ArbZG)	Die Arbeitnehmer müssen nach Beendigung der täglichen Arbeitszeit eine ununterbrochene Ruhezeit von mindestens elf Stunden haben, d. h. wenn er am Vortag bis 20:30 Uhr im Unternehmen tätig war, darf er am darauffolgenden Tag erst wieder um 7:30 Uhr eingesetzt werden. Hiervon gibt es Ausnahmen, z. B. für Krankenhäuser.
Nachtarbeit (§ 6 ArbZG)	Die Nachtarbeit umfasst mehr als zwei Stunden der **Nachtzeit**, die sich ihrerseits von 23:00 Uhr bis 6:00 Uhr erstreckt. Ein **Nachtarbeitnehmer** leistet an mindestens 48 Tagen im Kalenderjahr Nachtarbeit. Seine werktägliche Arbeitszeit darf acht Stunden nicht überschreiten. Sie kann auf bis zu zehn Stunden nur verlängert werden, wenn innerhalb von einem Kalendermonat oder innerhalb von vier Wochen im Durchschnitt acht Stunden werktäglich nicht überschritten werden.
Sonn-/Feiertagsarbeit (§ 9 ArbZG)	Arbeitnehmer dürfen an Sonn- und gesetzlichen Feiertagen von 0:00 Uhr bis 24:00 Uhr grundsätzlich **nicht beschäftigt** werden. Sofern die Arbeiten nicht an Werktagen vorgenommen werden können, dürfen Arbeitnehmer an Sonn- und Feiertagen in bestimmten Einrichtungen beschäftigt werden sowie mit Produktionsarbeiten, wenn die infolge der Unterbrechung der Produktion zulässigen Arbeiten den Einsatz von mehr Arbeitnehmern als bei durchgehender Produktion erfordern. Mindestens **15 Sonntage** im Jahr müssen beschäftigungsfrei sein (§ 11 ArbZG).

In **Tarifverträgen** bzw. **Betriebsvereinbarungen** können teilweise abweichende Regelungen erfolgen (§ 7, 12 ArbZG).

Aufgabe 26 > Seite 271

D. Personalführung

Mithilfe der Personalführung werden die Ziele und grundlegenden Strategien bzw. Entscheidungen des Unternehmens auf den einzelnen hierarchischen Ebenen durch Vorgesetzte personenbezogen umgesetzt. Personalführung bedeutet dabei zielorientiert Einfluss auf Mitarbeiterleistung und Mitarbeiterverhalten zu nehmen. Dabei soll bei Mitarbeitern Leistung erzeugt, gehalten und verbessert werden.

Die **Beteiligten** an der Personalführung sind, wie näher in >> Kapitel A. dargelegt:
Die **Vorgesetzten**, die für die Erreichung der betrieblichen Sachziele sowie die Motivation und den Gruppenerhalt der Mitarbeiter zu sorgen haben. Ihre Autorität beruht dabei auf verschiedenen **Machtgrundlagen** – siehe S. 163 f. und ihr Führungsverhalten ist stark von der eigenen Persönlichkeit und dem zugrundeliegenden Menschenbild abhängig.

Arbeitsrechtlich gesehen führen die Vorgesetzten ihre Mitarbeiter mithilfe von **Weisungen**, unter Führungsaspekten durch **Motivation**. Die Personalführung soll unter mehreren Gesichtspunkten dargestellt werden:
Die **Mitarbeiter**, die als Einzelne oder als (formelle bzw. informelle) Gruppen in Erscheinung treten und sich z. B. bezüglich ihrer Leistungsfähigkeit (Anlagen), ihrer Motive (Handlungsgründen) und ihrer Temperamente (Wesens-/Gemütsart) unterscheiden.

Damit Leistung bei Mitarbeitern entsteht und sich entfalten kann, sind folgende Bedingungen zu beachten:

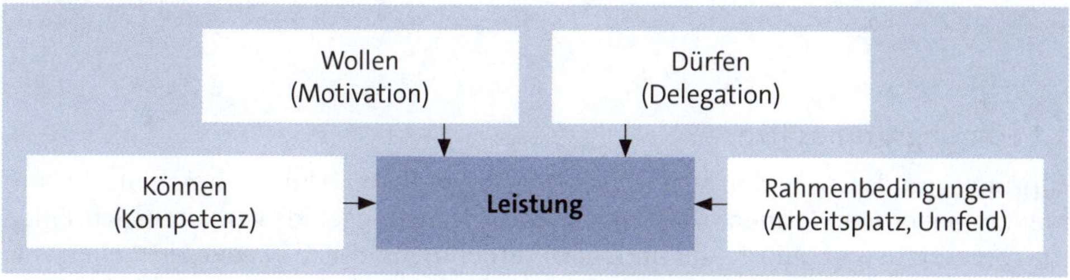

Die Personalführung muss daher im Rahmen der Personalentwicklung auf die Kompetenzbereiche einwirken, Motivatoren und Anreizsysteme schaffen, Delegationsbereiche definieren sowie humanorientierte Arbeitsbedingungen schaffen.

Nachfolgend soll die Personalführung unter mehreren Gesichtspunkten dargestellt werden:

Personalführung	Führungstechniken
	Führungsmittel
	Führungsstile
	Führungserfolg

1. Führungstechniken

Führungstechniken stellen die Rahmenbedingungen der Führung dar und müssen vom Management geschaffen und umgesetzt werden. Sie charakterisieren das Führungssystem des Unternehmens, das für jeden im Unternehmen tätigen Mitarbeiter verbindlich ist. Sie werden auch als **Führungs-** bzw. **Managementprinzipien, Führungs-** bzw. **Managementkonzepte** oder **Managementtechniken** bezeichnet.

Es sollen unterschieden werden:

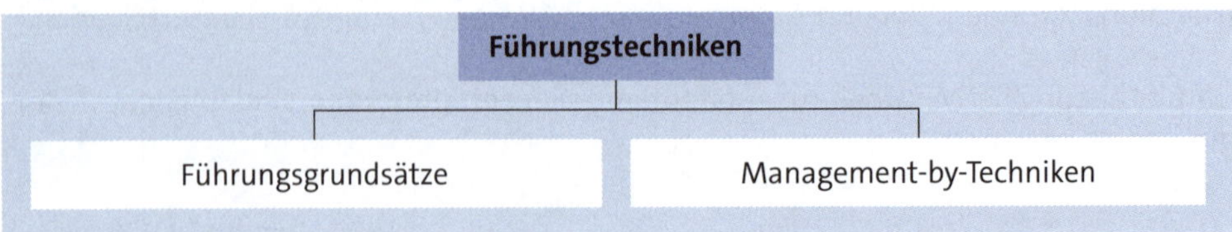

1.1 Führungsgrundsätze

Führungsgrundsätze finden sich in den meisten größeren Unternehmen als Zusammenfassungen von **Normen** sowie Rechte und Pflichten regelnde **Verhaltensrichtlinien** für Vorgesetzte und Mitarbeiter und im Unternehmensleitbild wieder. Sie dienen u. a. als vereinheitlichende Orientierungshilfen bzw. als Handlungsrahmen mit Verpflichtungscharakter.

Die auch als **Führungsrichtlinien** bezeichneten Führungsgrundsätze beziehen sich häufig auf:

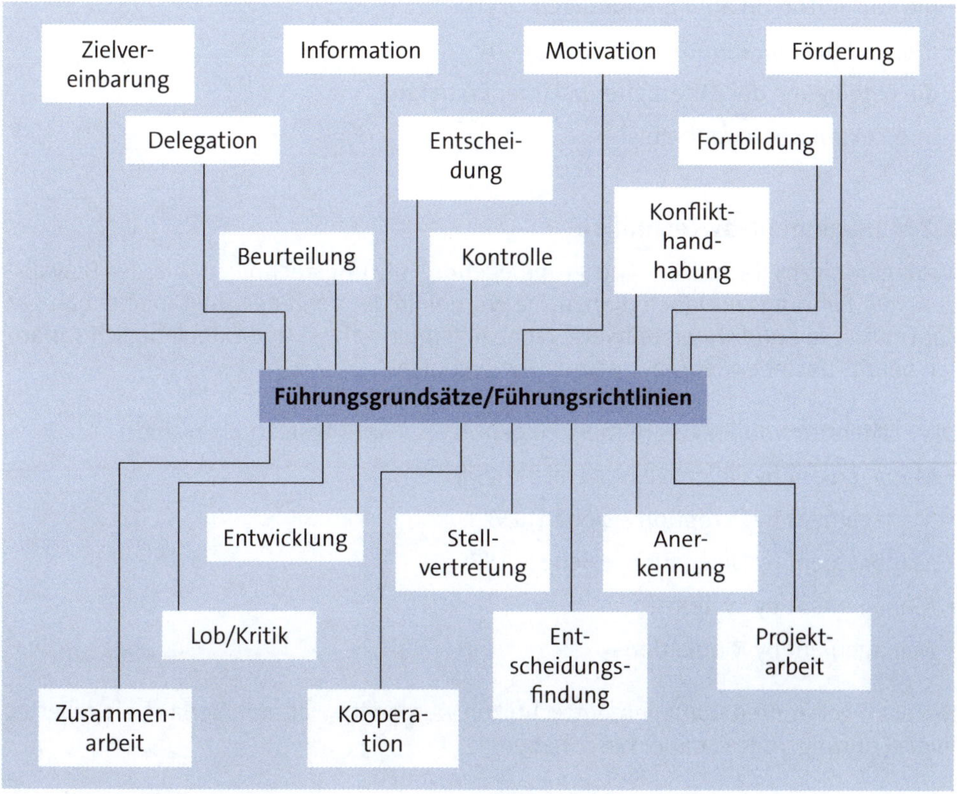

Die Führungsgrundsätze bieten die **Chance**, die Führung in Übereinstimmung mit der Vorstellung der Unternehmensleitung zu bringen, die Zusammenarbeit zu fördern, die Motivation der Mitarbeiter zu steigern und Innovationspotenzial des Unternehmen zu erhöhen.

Die **Grenzen** ihrer Wirksamkeit liegen insbesondere in ihrer mangelnden Beachtung, halbherziger Ein- und Durchführung von seiten des Managements sowie in einer damit verbundenen Begrenzung der Aktionsspielräume der Personalführung.

Erfordernisse, denen die Führungsgrundsätze gerecht werden sollen, sind u. a.

- ihre unternehmensspezifische Erstellung
- die Konzentration auf Kernaussagen
- ihre Praktikabilität und Wirklichkeitsnähe
- die Beteiligung der Mitarbeiter bei ihrer Erstellung
- ihre Zukunftsbezogenheit.

1.2 Management-by-Techniken

Management-by-Techniken sind grundlegende Führungstechniken, die der Bewältigung der Führungsaufgaben dienen. Sie wurden in der Vergangenheit in reichhaltiger Zahl entwickelt und waren teilweise recht allgemein gefasst und/oder lediglich Varianten bereits bestehender Management-by-Techniken.

Die in Literatur und Praxis am meisten genutzten Führungstechniken sind:

- Management by Objectives – siehe S. 145 f.
- Management by Exception – siehe S. 152 f.
- Management by Delegation – siehe S. 153
- Management by Systems
- Management by Motivation.

Die oben genannten Managementtechniken werden im weiteren Verlauf, eingebettet in die Führungsmittel, näher beschrieben.

2. Führungsmittel

Führungsmittel sind **Führungsinstrumente**, die von einer Führungskraft unmittelbar eingesetzt werden können, um den gewünschten Führungserfolg zu bewirken. Sie beschreiben, *womit* geführt werden kann, um die Führungsaufgaben bewältigen zu können und wirken direkt oder indirekt auf den Mitarbeiter ein.

Der Führungskraft stehen zahlreiche Führungsmittel zur Verfügung, die sich in folgender Weise gliedern lassen:

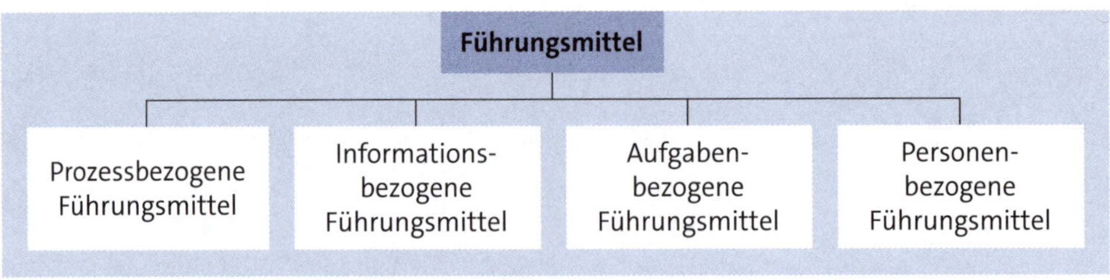

Welche der Führungsmittel genutzt werden sollten, hängt z. B. von der Persönlichkeit der Führungskraft und der Mitarbeiter sowie dem Verhalten, Erfolg oder Misserfolg der Mitarbeiter ab.

2.1 Prozessbezogene Führungsmittel

Der **Führungsprozess** stellt die Abfolge der zweckgerichteten Beeinflussung des Verhaltens der Mitarbeiter durch Führungskräfte dar. Er hat einen **sachlichen Aspekt**, der die Unternehmensführung betrifft, und einen **personellen Aspekt**, mit dem sich die Personalführung befasst.

Die **Phasen** des Führungsprozesses sind:

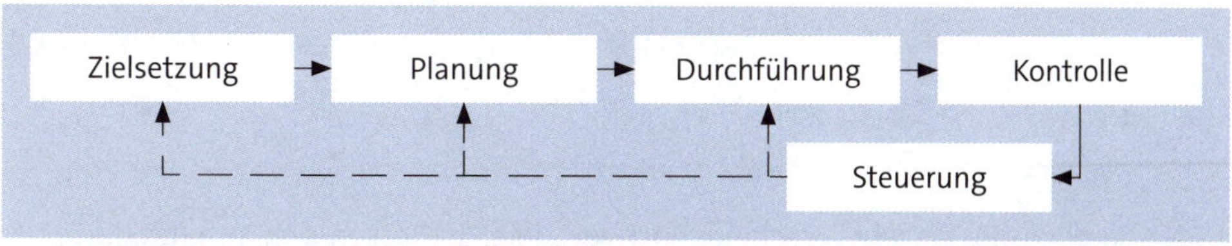

Zielsetzung und **Planung** haben für die **Durchführung** den Charakter von Vorgaben, deren Einhaltung durch die **Kontrolle** überprüft wird. Stimmen Soll- und Istwerte nicht überein, sind Maßnahmen der **Steuerung** angezeigt. Entsprechend lassen sich unterscheiden:

- **Ziele**
- **Pläne**
- **Kontrolle.**

2.1.1 Ziele

Ziele sind angestrebte Zustände, die vorgegeben oder vereinbart werden. Sie weisen drei **Dimensionen** auf. Das sind:

- **Inhalt** (*Worauf bezieht sich das Ziel?*)
- **Ausmaß** (*In welchem Umfang soll das Ziel erreicht werden?*)
- **Zeit** (*Auf welchen Zeitpunkt bzw. Zeitraum bezieht sich das Ziel?*).

Ziele sollen zur Leistung **motivieren**. Hilfreich ist es dabei, wenn die Mitarbeiter an der Zielbildung beteiligt werden, z. B. im Rahmen von Zielvereinbarungen, die Ziele eindeutig formuliert und von den Mitarbeitern auch erreichbar sind. Die **Formulierung** der Ziele kann – den Unternehmensebenen entsprechend – geschehen:

- nach dem **Top-Down-Prinzip** von „oben" nach „unten", wobei von einer auf der oberen Führungsebene vorgenommenen Zielformulierung ausgegangen wird, die auf nachgelagerten Ebenen sukzessive in Teilplänen konkretisiert werden.

- nach dem **Bottom-Up-Prinzip** von „unten" nach „oben", bei dem die Realisierbarkeit der untergeordneten Teilziele im Vordergrund steht, die auf den betreffenden Ebenen entwickelt und schrittweise in einem Rahmenplan zusammengefasst werden.
- im **Gegenstromverfahren** als Kombination beider Verfahrensweisen, wobei die Unternehmensteilung ein vorläufig gültiges Rahmenziel entwickelt, aus dem auf nachfolgenden Ebenen vorläufige Teilziele abgeleitet, konkretisiert und detailliert werden.

Im Folgenden sollen dargestellt werden:

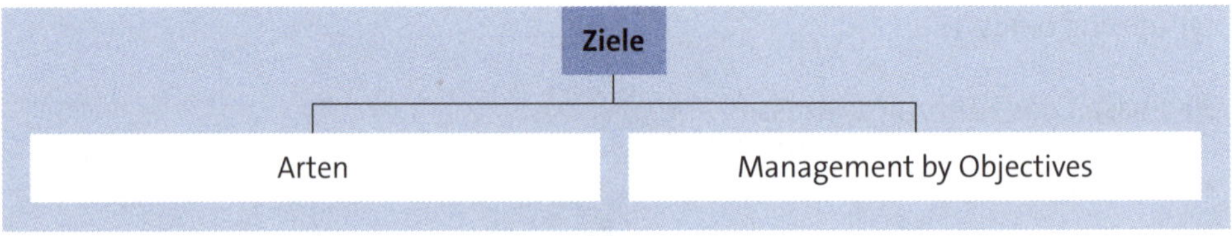

2.1.1.1 Arten

Es gibt eine große Anzahl verschiedenartiger Ziele. Sie lassen sich anhand einzelner **Kriterien** systematisieren. Dementsprechend werden unterschieden:

- Nach dem **Formalisierungsgrad** der Ziele

Formalziele	Sie beziehen sich auf die grundlegende **Art und Weise** des **betrieblichen Handelns**, z. B. als Gewinn- oder Umsatzziel.
Sachziele	Sie dienen der **Realisierung der Formalziele** und beziehen sich unmittelbar auf die Leistungserstellung.

- Nach der unterschiedlichen **Bedeutung** der Ziele

Hauptziele	Ihnen kommt eine besonders **große Bedeutung** zu, z. B. die Bearbeitungsgenauigkeit einer Maschine.
Nebenziele	Sie haben **geringere Bedeutung**, z. B. der Raumbedarf der zu beschaffenden Maschine.

- Nach der hierarchischen **Beziehung** der Ziele

Oberziele	Sie werden – meist relativ global – auf der oberen Hierarchieebene als **Formalziele** und **Sachziele** formuliert.
Unterziele	Sie stellen aus den Oberzielen abgeleitete konkrete **Handlungsanweisungen** dar und sind **Sachziele**.

- Nach dem unterschiedlichen **Inhalt** der Ziele

Monetäre Ziele	Sie lassen sich **in Geld** messen, z. B. Umsatz-, Kosten-, Ertrags-, Gewinn-, Rentabilitäts-, Liquiditätsziele.
Nichtmonetäre Ziele	Sie sind **nicht** ohne Weiteres **in Geldeinheiten** zu bestimmen, z. B. soziale Ziele, Qualitäts-, Macht-, Prestigeziele.

- Nach dem **Zusammenhang** der Ziele

Komplementäre Ziele	Maßnahmen zur Erreichung eines Zieles führen zur **Förderung** bzw. **Erreichung** des Zielerreichungsgrades eines anderen Zieles.
Konkurrierende Ziele	Maßnahmen zur Erreichung eines Zieles bewirken die **Abnahme** des Zielerreichungsgrades eines anderen Zieles.
Indifferente Ziele	Die Erfüllung eines Zieles hat **keinerlei Einfluss** auf den Zielerreichungsgrad eines anderen Zieles.

- Nach der **Fristigkeit** der Ziele

Kurzfristige Ziele	Sie umfassen einen Zeitraum von bis zu einem Jahr und sind **operative Ziele.**
Mittelfristige Ziele	Sie gelten vielfach für einen Zeitraum von einem bis zu vier oder fünf Jahren und stellen **taktische Ziele** dar.
Langfristige Ziele	Sie gehen über vier oder fünf Jahre hinaus und stehen den **strategischen Zielen** nahe.

Aufgabe 27 > Seite 272

2.1.1.2 Management by Objectives

Das Management by Objectives ist eine **Führungstechnik**, die sich der Ziele als Führungsmittel bedient. Es basiert nach überwiegender Auffassung darauf, dass **Ziele** zwischen dem/den Vorgesetzten und den Mitarbeitern **vereinbart** werden, also keine (einseitige) Vorgabe der Ziele durch den/die Vorgesetzten erfolgt.

Grundlegende **Elemente** des Management by Objectives sind:

- das **Zielsystem**, das aus Ober- und Unterzielen besteht, wobei die Oberziele von der Unternehmensleitung festgelegt und die Unterziele mithilfe von Vereinbarungen zwischen Vorgesetzten und Mitarbeitern abgeleitet werden
- die **Organisation**, mit der die Verantwortungsbereiche klar fixiert sind, wozu insbesondere Stellenbeschreibungen entwickelt und Ausnahmeregelungen festgelegt werden
- das **Kontrollsystem**, mit dem Soll-Ist-Abweichungen ermittelt und analysiert werden, die z. B. durch unrealistische Zielvereinbarungen, unvorhersehbare Ereignisse oder mangelnde Zielerfüllung verursacht werden.

Der Vorgesetzte ist verpflichtet, seine Mitarbeiter in ihrer Zielerfüllung zu unterstützen. Dazu führt er **Zielvereinbarungs- und Fördergespräche** mit seinen Mitarbeitern. Die Mitarbeiterziele sollten dabei nach der SMART-Regel definiert werden:

- Spezifisch, ein möglichst konkretes Ziel
- Messebar, eine definierte Kennzahl
- Attraktiv, motivierend

- Realistisch, weder über- noch unterfordernd
- Terminiert, ein definierter Zeitraum (normalerweise ein Jahr).

Das Management by Objectives bezieht sich nicht auf einzelne Aktivitäten der Personalführung, sondern ist als **permanenter Prozess** zu sehen:

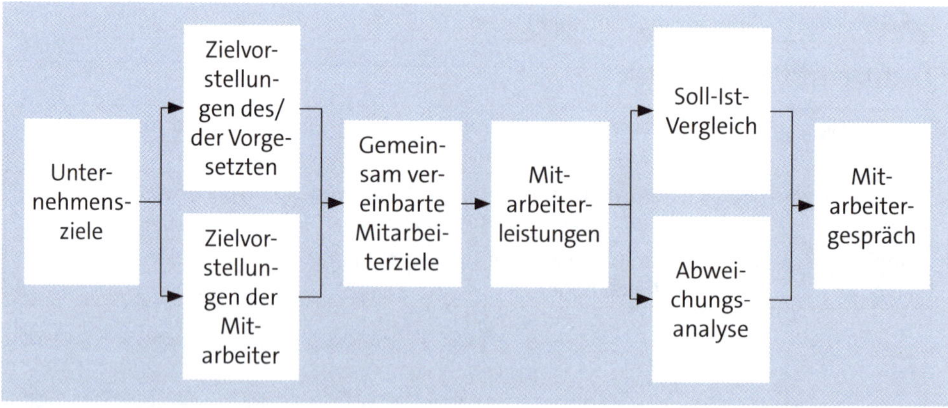

Die Einsetzbarkeit des Management by Objectives erfordert die **Delegation** der **Aufgaben**, der **Kompetenz** und der **Handlungsverantwortung** an die Mitarbeiter. Die **Führungsverantwortung** bleibt beim Vorgesetzten. Er wird entlastet, die Identifikation der Mitarbeiter mit den Unternehmenszielen verbessert sich.

Um die Zielkontrolle wirksam vornehmen zu können, müssen die Ziele **messbar** sein. Qualitative Ziele sind dabei schwerer zu beschreiben und zu kontrollieren als quantitative Ziele.

2.1.2 Pläne

Pläne sind das Ergebnis der gegenwärtigen gedanklichen **Vorwegnahme** zukünftigen wirtschaftlichen Handelns, finden in Unsicherheit statt und dienen dem Gestalten der Zukunft. Sie basieren auf den **Zielen** des Unternehmens und müssen aufnehmen:

- **Informationen der Vergangenheit**, der Gegenwart und der Zukunft
- **Prognosen** als möglichst objektive zukunftsorientierte Aussagen.

In den meisten Fällen dienen Pläne als **Vorgaben**, d. h. die Mitarbeiter werden durch sie zur Erfüllung ihrer Arbeitsaufgaben verpflichtet. Die Mitarbeiter können zur Planerfüllung **motiviert** werden, wenn sie in die Planerstellung einbezogen werden und die Pläne eindeutig, klar, anschaulich, übersichtlich, einleuchtend, erreichbar und kontrollierbar sind.

Die **Formulierung** von Plänen kann – wie bei den Zielen – erfolgen:

- nach dem **Top-Down-Prinzip** von „oben“ nach „unten“
- nach dem **Bottom-Up-Prinzip** von „unten“ nach „oben“
- im **Gegenstromverfahren** als Kombination beider Verfahrensweisen.

Als **Arten** der Pläne bieten sich zur Unterscheidung an:

- Nach dem **Zeitbezug** der Pläne

Kurzfristige Pläne	Sie weisen einen Zeitraum von bis zu einem Jahr auf und stellen **operative Pläne** dar.
Mittelfristige Pläne	Sie beziehen sich vielfach auf einen Zeitraum von einem bis vier oder fünf Jahren und sind **taktische Pläne**.
Langfristige Pläne	Sie umfassen einen Zeitraum von mehr als vier oder fünf Jahren und stehen den **strategischen Plänen** nahe.

- Nach dem **Umfang** der Pläne

Teilpläne	Sie beziehen sich vor allem auf die einzelnen betrieblichen Funktionsbereiche, z. B. als Absatz-, Personal-, Finanzpläne.
Gesamtpläne	Sie umfassen alle Bereiche des Unternehmens und werden, meist vom Absatzplan ausgehend, **sukzessive** erstellt, d. h. Teilplan um Teilplan. Mithilfe der EDV kann aber auch (in Grenzen) eine **simultane Planung** vorgenommen werden.

- Nach der **Verbindlichkeit** der Pläne

Prognosebezogene Pläne	Sie sollen über die künftige Entwicklung informieren und stellen **Erwartungspläne** dar.
Vorgabebezogene Pläne	Ihre Daten sind von den Entscheidungsträgern einzuhalten, weshalb sie auch **Vorgabepläne** genannt werden.

Eine Planung in Wertgrößen (Euro) wird als Budgetplanung bezeichnet und findet sich vor allem bei Projekten.

Aufgabe 28 > Seite 272

2.1.3 Kontrolle

Die Kontrolle umfasst die Gewinnung, Verarbeitung und Verwertung von Informationen, die sich auf die Einhaltung vorgegebener Daten im Rahmen der Realisierung der Arbeitsaufgabe beziehen. Sie besteht aus zwei **Teilen**:

- der **Überwachung** als Erfassung und Vergleich der Soll- und Istwerte
- der **Untersuchung**, mit der Soll-Ist-Abweichungen analysiert werden.

Mithilfe der Kontrolle kann die Führungskraft die Mitarbeiter erfolgreich führen. Die Mitarbeiter erhalten durch die Kontrolle eine **Rückmeldung** darüber, inwieweit ihre Leistungen den Anforderungen entsprechen.

Wichtig ist, dass die Kontrolle die Mitarbeiter **motiviert**. Je nach Art und Weise der Kontrolle kommt es in der Praxis jedoch vor, dass die Mitarbeiter durch die Kontrolle frustriert bzw. demotiviert werden. Dieser Gefahr sollte durch Informationen und vertrauensbildende Maßnahmen entgegengewirkt werden.

Arten der Kontrolle können unterschiedlichen Kriterien entsprechend sein:

- Nach dem **Objekt** der Kontrolle

Ergebniskontrolle	Dabei wird geprüft, ob bzw. in welchem Umfang ein **geplantes Ergebnis** eingetreten ist, nicht, wie es erreicht wurde.
Verfahrenskontrolle	Die Kontrolle bezieht sich auf das geplante **Arbeitsverfahren** und das tatsächliche **Arbeitsverhalten** des Mitarbeiters.

- Nach dem **Träger** der Kontrolle

Selbstkontrolle	Der ausführende Mitarbeiter nimmt die Kontrolle der geplanten Leistung **eigenständig** vor.
Fremdkontrolle	Die Kontrolle erfolgt durch **nicht** an der Ausführung **beteiligte Mitarbeiter** oder **Einrichtungen**.

- Nach dem **Umfang** der Kontrolle

Gesamtkontrolle	Hier werden **alle** geplanten **Tätigkeiten** kontrolliert, z. B. sämtliche erstellten Produkte.
Stichprobenkontrolle	Sie bezieht sich lediglich auf **bestimmte**, meist zufällig ausgewählte Teile der geplanten **Tätigkeiten**.

Die Kontrolle kann der Planung entsprechend **operativ** (kurzfristig), **taktisch** (mittelfristig) oder **strategisch** (langfristig) ausgerichtet sein. Sie kann zudem vom **Vorgesetzten**, ggf. einer sonstigen Prüfperson oder **automatisch** erfolgen.

Aufgabe 29 > Seite 272

2.2 Informationsbezogene Führungsmittel

Die Personalführung ist ohne informationsbezogene Führungsmittel nicht denkbar. Sie stellen eine unverzichtbare Grundlage für die Personalführung dar, wobei zu unterscheiden ist:

- **Information**
- **Kommunikation**.

2.2.1 Information

Die Information hat als Führungsmittel große Bedeutung. Sie kann im Rahmen der Personalführung verstanden werden als Weitergabe zweckorientierter Informationen, die sich auf Personen bzw. Arbeitsplätze bezieht.

Informationen können dabei auf verschiedenen Wegen fließen:

Mündlich	Mitarbeitergespräche, Besprechungen, Jour Fix, digitale Meetings (Zoom, Teams, usw.)
Schriftlich	E-Mail, Newsletter, schwarzes Brett, Intranet, Mitarbeiterzeitschrift, Handbücher
Formell	Die Informationen sind von der Führungskraft gesteuert und freigegeben, die Kommunikationslinien orientieren sich an der Hierarchie.
Informell	Die Informationen werden unter den Mitarbeitern (unkontrolliert) weitergegeben, z. B. Buschfunk

Im Rahmen des **Wissensmanagements** soll dafür gesorgt werden, dass das Wissen im Unternehmen verbleibt und nicht mit einem ausscheidenden Mitarbeiter abwandert. Dazu muss Wissen, in Form von Informationen, definiert, erlangt, bearbeitet und geteilt werden. Wissensmanagement stellt dabei ein organisationsübergreifendes, strategisches Führungskonzept dar und ist dabei eng verknüpft mit der Personalentwicklung. Die Wissensbereiche sind vielfältig und beziehen sich auf Wissen über Kunden, Produkte, Märkte und Wettbewerber sowie Prozesse, Projekte sowie Normen und Werte. Sprachlich artikulierbares Wissen (**explizites Wissen**) kann dabei in Form von Informationen ausgetauscht werden. Das Erfahrungswissen und Anwendungswissen (**implizites Wissen**) kann sprachlich schlecht erklärt werden und wird eher über „training on the job" oder Mentoring weitergegeben. In Zeiten der Digitalisierung, Krisen, kurzen Produktlebenszyklen und Bereitschaft der Mitarbeiter zum Arbeitsplatzwechsel, ist es für Unternehmen elementar, das Wissen vom Wissensträger zu trennen und im Unternehmen verfügbar zu machen. Instrumente wie Prozessbeschreibungen, Handbücher, interne Wikipedias oder Mentorenprogramme unterstützen die Einarbeitung neuer Mitarbeiter und die Wissensbewahrung.

Um Informationen wirkungsvoll an die Adressaten zu bringen, gibt es verschiedene **Informationstechniken**. Dazu zählen:

- Die **Visualisierung**, mit der Informationen bildhaft dargestellt werden. Sie bietet sich an, weil reines Hören **ohne** Sehen lediglich zu einer **Behaltensquote** von 20 % führt, Hören **und** Sehen aber eine Behaltensquote von 50 % bewirken. **Visualisierungsmittel** können z. B. Beamer, Overhead-Projektor, Flipchart, Pinnwand oder Tafel sein.
- Die **Präsentation**, die dazu dient, einem bestimmten Teilnehmerkreis vorbereitete Inhalte unter Verwendung von Visualisierungmitteln vorzustellen. Für den Präsentationserfolg ist das Auftreten des Präsentators von entscheidender Bedeutung.

- Die **Moderation**, bei der nicht über Fakten berichtet, sondern zu Ideen angeregt wird, z. B. bei Projektgruppensitzungen. Der Moderator sollte ein Experte für die **Methodik** sein, nicht für den Inhalt der Gruppensitzung.

2.2.2 Kommunikation

Die Kommunikation ist der wechselseitige **Austausch von Informationen** zwischen Menschen und/oder Maschinen. Sie zählt zu den wichtigsten Führungsmitteln überhaupt und kann sozial oder technisch ausgerichtet sein.

Als **technische Kommunikation** wird der Austauschprozess zwischen einem nicht personalen Sender und Empfänger bezeichnet. Sie kann computerbezogene Kommunikation sein, z. B. per Internet, E-Mail, oder sonstige technische Kommunikation, z. B. via Telefax, ISDN-Dienste.

Die **soziale Kommunikation** ist eine interpersonale Kommunikation. Sie erfolgt zwischen Personen zum Zwecke der gegenseitigen Information und wird auch **Interaktion** genannt. Es gibt:

- **Verbale Kommunikation**, die wechselseitige Informationen vor allem auf der Inhaltsebene vermittelt. Sie kann sein:

Gespräch	Es ist auf **zwei Personen** beschränkt, den Vorgesetzten und den Mitarbeiter, die Gedanken und Informationen austauschen. Mitarbeiterbezogene Gespräche sind z. B.: ► **Mitarbeitergespräch** (zur Information, Einweisung, Beratung) ► **Konfliktgespräch** (bei Streit zwischen Mitarbeitern, Beschwerden) ► **Beurteilungsgespräch** (nach einer schriftlichen Personalbeurteilung) ► **Dienstgespräch** (zur Übermittlung von Anweisungen, Aufträgen) ► **Korrekturgespräch** (bei falschem Verhalten, mangelhaften Leistungen) ► **Anerkennungsgespräch** (bei hervorzuhebenden Leistungen des Mitarbeiters) ► **Beratungsgespräch** (bei Unterstützungsbedarf des Mitarbeiters) ► **Versetzungsgespräch** (zur Erläuterung einer anstehenden Versetzung) ► **Beförderungsgespräch** (bei Aufstieg in der Hierarchie) ► Freisetzungsgespräch (bei Personalfreisetzung oder Eigenkündigung der Mitarbeiter).
Besprechung	An ihr nehmen **mehr als zwei Personen** teil, der Vorgesetzte und mehrere Mitarbeiter, meist jedoch nicht mehr als 15 Personen. Sie kann z. B. erfolgen als: ► **Mitarbeiterbesprechung** (zur Information, Meinungsbildung, Beratung) ► **Dienstbesprechung** (zur Übermittlung von Entscheidungen, Anordnungen) ► **Expertenbesprechung** (mit Spezialisten beliebiger Ebenen).

Konferenz	Bei ihr treffen Personen zusammen, die selbst mehr oder weniger aktiv zu einer Zielsetzung beitragen. Sie wird vom Vorgesetzten als Vorsitzenden geleitet und kann von einem Protokollanten in ihrem Verlauf bzw. Ergebnis schriftlich festgehalten werden. **Arten** der Konferenz sind z. B.: ► die **Problemlösungskonferenz**, bei der drei bis zwölf Teilnehmer diskutieren, um gemeinsam ein Problem zu lösen ► die **Verhandlungskonferenz**, bei der bis zu 20 Personen versuchen, Ergebnisse auszuhandeln (auch Konfrontationskonferenz genannt) ► die **Motivationskonferenz**, die der Überzeugung der Gesprächspartner dient, mitunter auch der Überredung ► die **Informationskonferenz**, bei der Informationen übermittelt bzw. Fragen beantwortet werden.

Verbale Kommunikation erfolgt **nicht nur** mit **Mitarbeitern**, sondern auch mit **externen Teilnehmern**, z. B. Bewerbern, Lieferanten oder Kunden.

- Die **nicht verbale Kommunikation** vermittelt Informationen auf der Beziehungsebene. Sie hält menschliche Beziehungen aufrecht und steuert sie – gewollt oder ungewollt – ohne Sprache, jedoch mithilfe von:
  - **Körperbewegungen** als Geste, Mimik, Haltungen, Handlungen
  - **Sprachverhalten** als Sprachpausen, Schweigen, nicht sprachliche Laute
  - **Kleidung** und **Schmuck** als Mittel sozialer Kommunikation.

Kommunikationstechniken beschreiben die Art und Weise, wie Kommunikation wirkungsvoll gestaltet werden kann. Sie stellen Gesprächs- bzw. Besprechungstechniken, Verhandlungstechniken und Konferenztechniken dar – siehe ausführlicher *Olfert (2015)*.

Aufgabe 30 > Seite 272

2.3 Aufgabenbezogene Führungsmittel

Die aufgabenbezogenen Führungsmittel stehen unmittelbar mit der Aufgabenerfüllung in Zusammenhang. Mit ihrer Hilfe lassen sich die Bedingungen gestalten, unter denen Arbeit zu leisten ist. Zu ihnen zählen:

- **Kooperation**
- **Delegation**
- **Partizipation**.

2.3.1 Kooperation

Mit der Kooperation wird in der Personalführung die **Zusammenarbeit** von zwei oder mehreren Personen bezeichnet, die gemeinschaftlich eine Aufgabe erfüllen. Sie dient dem möglichst störungsfreien Zusammenwirken von Vorgesetzten und Mitarbeitern sowie zwischen Mitarbeitern.

Im Vordergrund steht das wechselseitige **Helfen** und **Unterstützen**, das vom Vorgesetzten unterstützt werden sollte, z. B. indem er Kooperation anerkennt und honoriert sowie Wechselseitigkeit und Offenheit der Mitarbeiter fördert. Es setzt ein partnerschaftliches, von Vertrauen geprägtes Verhältnis zwischen den Beteiligten voraus.

2.3.2 Delegation

Die Delegation ist die Übertragung von klar umrissenen Aufgaben, zugehörigen Kompetenzen und der damit verbundenen Verantwortung auf hierarchisch nachgeordnete Organisationseinheiten, d. h. im Rahmen der Personalführung von Vorgesetzten auf Mitarbeiter. Ihre **Elemente** sind demnach:

- Die **Aufgabe**, welche die auf Dauer durch Aktivitäten zu erfüllende Verhaltenserwartung darstellt. Mit ihr werden die Verrichtungen festgelegt, die der Erreichung eines bestimmten Zieles dienen.
- Die **Kompetenz** als Befugnis einer Person, auf der Basis fachlicher Zuständigkeit die erforderlichen Maßnahmen zur Erfüllung von Aufgaben zu ergreifen, z. B. Entscheidungen zu treffen, Weisungen zu erteilen, über Sachen/Rechte zu verfügen.
- Die **Verantwortung**, die das persönliche Einstehen für die Folgen von Entscheidungen und Handlungen, aber auch von unterlassenen Aktivitäten ist. Sie kann sein:

Handlungs-verantwortung	Sie wird dem **Mitarbeiter** übertragen. Er hat die delegierte Aufgabe ordnungsgemäß zu erledigen.
Führungs-verantwortung	Sie bleibt beim **Vorgesetzten**, der die Folgen der Delegation, die in geeigneter Weise zu erfolgen hat, trägt.

Bedeutsame delegationsbezogene **Führungstechniken** sind:

- **Management by Exception**
- **Management by Delegation**.

2.3.2.1 Management by Exception

Das Management by Exception ist eine Führungstechnik, bei der die Mitarbeiter innerhalb eines **vorgegebenen Rahmens** selbstständig entscheiden dürfen. Dieser bezieht sich auf:

- die Wichtigkeit eines Vorganges
- die Unvorhersehbarkeit eines Vorganges
- eine bestimmte Norm.

Liegt eine besondere Wichtigkeit in einem Vorgang und/oder weicht er von einem vorgegebenen Rahmen ab, ist er als **Ausnahmefall** anzusehen, der dem Vorgesetzten zur Entscheidung vorzulegen ist.

Die Mitarbeiter werden durch die Möglichkeit, „normale" Vorgänge eigenständig bearbeiten zu dürfen, gefördert und motiviert. Für die Vorgesetzten bedeutet das Management by Exception eine Entlastung, insbesondere von Routinearbeiten. Die Führungstechnik ist für Führungsprobleme aber nur begrenzt anwendbar. Schließlich kann sich auch die Festlegung der Toleranzbereiche als schwierig erweisen.

2.3.2.2 Management by Delegation

Das Management by Delegation ist eine Führungstechnik, bei der **Kompetenzen** und **Handlungsverantwortung** soweit wie möglich auf die Mitarbeiter übertragen werden. Die Führungsverantwortung bleibt beim Vorgesetzten.

Mit dieser Führungstechnik werden schnelle, sachgerechte Entscheidungen möglich. Der Vorgesetzte kann entlastet und die Initiative wie auch die Motivation der Mitarbeiter können gefördert werden, wenn sichergestellt ist, dass der Vorgesetzte nicht lediglich uninteressante Aufgaben delegiert, sondern den Fähigkeiten der Mitarbeiter angemessene Aufgaben. Vollständigen Aufgaben sollte der Vorzug vor isolierten Teilaufgaben eingeräumt werden.

Mitunter ist festzustellen, dass Mitarbeiter versuchen, ihnen delegierte Aufgaben **zurück-** oder **weiterzudelegieren**, um sich so der Aufgabenerfüllung zu entziehen. Das ist im Führungsprozess auszuschließen. Eine Rückdelegation durch die Führungskraft (Rücknahme des Auftrags) ist ebenso zu vermeiden, da der Mitarbeiter mit Frust und Demotivation reagieren kann.

2.3.3 Partizipation

Die Partizipation ist die **Teilhabe** der Mitarbeiter **an Entscheidungen** des Vorgesetzten. Sie stellt ein wichtiges Führungsmittel dar, denn sie führt sowohl zu verbesserter Motivation der Mitarbeiter als auch zu sachgerechteren Entscheidungen. Wichtig ist dabei allerdings, dass die Mitarbeiter dadurch nicht überfordert sowie zeitaufwändige, fruchtlose Diskussionen vermieden werden. Es gibt:

- Die **„alltägliche" Partizipation** als das freiwillige Beteiligen der Mitarbeiter am Führungsprozess, wodurch diese zu Partnern ihrer Vorgesetzten werden.
- Die Partizipation als die durch das BetrVG verankerte **Mitbestimmung** und **Mitwirkung** des Betriebsrates, wie sie in >> Kapitel A. dargestellt wurde.
- Das **betriebliche Vorschlagswesen**, das den Mitarbeitern den Anreiz von Anerkennung und Prämien vermittelt. Es befasst sich mit der Bewertung und Belohnung von Verbesserungsvorschlägen der Mitarbeiter, die freiwillige Leistungen darstellen, welche über deren Aufgabenbereiche hinausgehen. Sie haben innerbetriebliche Bedeutung.

Mit dem betrieblichen Vorschlagswesen wird das **Ziel** verfolgt, die Leistungen des Unternehmens ständig zu verbessern und die Mitarbeiter zum Mitdenken und verantwortlichen Handeln zu bringen. Der Betriebsrat hat bezüglich der Grundsätze des betrieblichen Vorschlagswesens gemäß § 87 Abs. 1 Nr. 12 BetrVG ein **Mitbestimmungsrecht**.

Bewertungsgremium für das Vorschlagswesen ist eine **Kommission**, die im gleichen Anteil mit Arbeitgebervertretern und Arbeitnehmervertretern besetzt ist.

- Der **Qualitätszirkel**, der aus einer kleinen Gruppe von Mitarbeitern besteht, meist fünf bis 15 Personen. Die Arbeitsgruppe trifft sich auf Dauer regelmäßig und versucht in ihrem Arbeitsbereich auftretende Probleme kreativ zu lösen. Sie ist weitgehend nicht hierarchiegebunden. Ihre Mitglieder sollten ein im Wesentlichen homogenes intellektuelles Niveau aufweisen.

  Ziele des Qualitätszirkels können z. B. die Verbesserung der Produktivität im Arbeitsbereich, die Ausschaltung von Fehlern im Arbeitsablauf oder die Sicherung der Qualität im Leistungsprozess sein.

  Die von der Arbeitsgruppe eines Qualitätszirkels erarbeiteten **Problemlösungsvorschläge** können an Vorgesetzte oder an das betriebliche Vorschlagswesen weitergeleitet werden. Bei ihrer Verwertbarkeit ist eine Umsetzung anzustreben.

Dem Mitarbeiter soll im Rahmen der Partizipation das Gefühl vermittelt werden, mit seinen Beiträgen im Unternehmen etwas (mit-)bewegen zu können.

Aufgabe 31 > Seite 273

2.4 Personenbezogene Führungsmittel

Die personenbezogenen Führungsmittel sind direkt auf den Mitarbeiter gerichtet. Im Folgenden sollen behandelt werden – siehe ausführlich *Olfert (2015)*:

- **Personalbeurteilung**
- **Kritik**
- **Status.**

Weitere wichtige personenbezogene Führungsmittel sind z. B. die **Personalentlohnung** und die **Personalentwicklung**. Da sie ausführlich in >> Kapitel E. und >> Kapitel F. dargestellt werden, ist an der Stelle auf eine nähere Erörterung verzichtet worden.

2.4.1 Personalbeurteilung

Die Personalbeurteilung umfasst alle Maßnahmen zur systematischen Einschätzung der im Unternehmen tätigen Personen. Sie kann in der Zugangsphase, Leistungsphase und Abgangsphase des Personals erfolgen. Als modernes **Führungsmittel** dient die Personalbeurteilung vor allem:

- dem **Personaleinsatz**, denn sie ist für dessen Optimierung bei der Stellenbesetzung, der Beförderung, der Versetzung und bei der Entscheidung über Personalfreisetzungen unabdingbar
- der **Personalentlohnung**, denn nur durch eine objektive Leistungsbeurteilung ist es möglich, die Mitarbeiter leistungsgerecht zu bezahlen
- der **Personalentwicklung**, denn in regelmäßiger Form dient sie der Auswahl förderungswürdiger Mitarbeiter bzw. der Ermittlung von Fortbildungszielen und der Beurteilung von Ergebnissen der Personalentwicklung.

Für eine erfolgreiche Personalbeurteilung sollten folgende Grundsätze beachtet werden:

- Die Führungskraft muss sich Informationen über den zu Beurteilenden beschaffen durch Beobachtung oder Befragung.
- Beurteilungen müssen objektiv und möglichst wertfrei sein.
- Die zu beurteilenden Kriterien beziehen sich ausschließlich auf betrieblich relevante Inhalte.

Dabei ist die Beurteilung als Prozess zu verstehen:

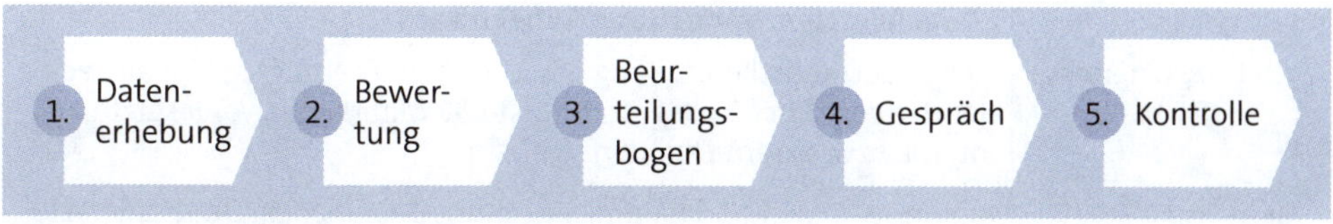

Aus Sicht der **Mitarbeiter** sollte auf eine regelmäßige, objektivierte Personalbeurteilung nicht verzichtet werden, denn nur dadurch haben die Mitarbeiter einen hohen Grad an Sicherheit dafür, dass sie gerecht beurteilt werden. Die damit verbundene Arbeitsbelastung sowie mögliche daraus resultierende Auseinandersetzungen rechtfertigen einen Verzicht nicht.

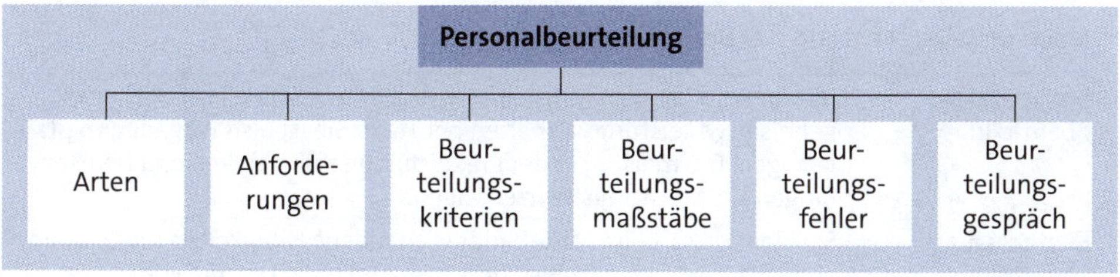

2.4.1.1 Arten

Die Personalbeurteilung kann auf sehr **unterschiedliche Art und Weise** erfolgen. Wichtige Differenzierungen lassen sich treffen:

- Nach dem **Beurteilenden und den Beurteilten**

Mitarbeiter-beurteilung	Sie ist die **am häufigsten** vorkommende Personalbeurteilung, bei der in der Regel der direkte Vorgesetzte seine ihm unterstellten Mitarbeiter beurteilt.
Kollegen-beurteilung	Sie hat in der Praxis **geringe Bedeutung**. Einerseits kann die gegenseitige Information damit gefördert werden, andererseits ist die Gefahr von Verfälschungen nicht gering. Die Kollegenbeurteilung wird auch **Gleichgestelltenbeurteilung** genannt.
Vorgesetzten-beurteilung	Auch sie ist bisher **begrenzt bedeutsam**, wird aber gerade in letzter Zeit wieder mehr diskutiert und mitunter angewandt. Sie setzt eine offene und vertrauensvolle Zusammenarbeit zwischen dem Vorgesetzten und dem Mitarbeiter voraus. Ihre **Objektivität** erscheint **eingeschränkt**, da Mitarbeiter Angst vor Nachteilen bzw. Konsequenzen aus negativen Beurteilungen haben könnten. Vorgesetzte können ihre Autorität wie auch ihr Machtprivileg in Gefahr sehen.
Selbstbeurteilung	Bei ihr beurteilt der einzelne Mitarbeiter sich selbst. Sie ist zwar einfach durchführbar und erfordert keinen großen Arbeitsaufwand. In der Praxis wird sie aber eher skeptisch gesehen, da Mitarbeiter eher eine ausgeprägte Tendenz zur Milde haben und bestimmte Kriterien anders als der Vorgesetzte gewichten, z. B. die soziale und technische Kompetenz. Ihre **Verbreitung** ist **begrenzt**.
360°-Beurteilung	Neben der Selbstbeurteilung des Mitarbeiters erfolgt bei ihr auch eine Beurteilung durch Kollegen, unterstellte Mitarbeiter, Vorgesetzte und interne bzw. externe Kunden. Mit dieser in den USA häufig in Großunternehmen, in Deutschland jedoch nur sehr **begrenzt praktizierten Methode** soll die Beurteilung ehrlicher, objektiver und verlässlicher sein als das Urteil eines einzelnen Beurteilenden. Dies muss aber nicht als sicher gelten, z. B. weil innertriebliche Beurteiler bei der Beurteilung auch an ihre Karriere denken, außerbetriebliche Beurteiler die Produkte des Unternehmens als Grundlage für ihre Zufriedenheit sehen.

- Nach dem **Gegenstand der Beurteilung**

Leistungs-beurteilung	Mit ihr wird die vom Mitarbeiter erbrachte Leistung als Leistungsergebnis bzw. Leistungsverhalten beurteilt. Sie ist also **vergangenheitsbezogen**. Die meisten in der Praxis durchgeführten Personalbeurteilungen sind Leistungsbeurteilungen.
Potenzial-beurteilung	Sie dient dazu, beim Mitarbeiter vorhandene Fähigkeiten und Eignungen – häufig auch mithilfe von Tests – aufzudecken, die vom Unternehmen künftig genutzt werden können. Die Potenzialbeurteilung ist demnach **zukunftsorientiert**, ihr Ausgangspunkt aber stets eine vergangenheitsbezogene Leistungsbeurteilung. Potenzialbeurteilungen werden weder regelmäßig noch für alle Mitarbeiter durchgeführt. Sie dienen oft z. B. individuellen Entwicklungsplanungen und Besetzungsentscheidungen.

- Nach der **Systematik der Beurteilung**

Systematische Beurteilung	Sie ist gegeben, wenn alle wesentlichen **Merkmale** der Beurteilung vorgegeben sind, insbesondere als Beurteilungsverfahren, Beurteilungskriterien und Beurteilungsmaßstab. Damit wird die Bewertung objektiver und besser vergleichbar. Die systematische Beurteilung wird auch **gebundene Beurteilung** genannt.
Systemlose Beurteilung	Bei ihr bleibt dem Beurteiler die Wahl überlassen bezüglich des Beurteilungsverfahrens, der Bewertungskriterien und des Beurteilungsmaßstabes. Sie wird auch als **freie Beurteilung** bezeichnet und kann ein individuelleres Bild geben als die gebundene Beurteilung.

- Nach der **Regelmäßigkeit der Beurteilung**

Regelmäßige Beurteilung	Sie erfolgt in **gleichen Zeitabständen**, z. B. jährlich oder zweijährlich. Mit der regelmäßigen Beurteilung wissen Unternehmen und Mitarbeiter stets relativ aktuell, „wo der Mitarbeiter steht". So zeigt sich bei der regelmäßigen Beurteilung, ob der Mitarbeiter unterfordert oder überfordert ist, ob Aufgabenveränderungen oder Maßnahmen der Personalentwicklung angezeigt sind.
Anlassbedingte Beurteilung	Sie kann aus vielen Gründen notwendig werden, deshalb ist sie nicht so einheitlich aufgebaut wie die regelmäßige Beurteilung, sondern individuell an den jeweiligen **Anlass** angepasst. Dieser Anlass kann sein: ► Ablauf der Probezeit ► Versetzung des Mitarbeiters ► Beförderung des Mitarbeiters ► Wechsel des Vorgesetzten ► Kündigung.

Bei der Aufstellung und Änderung allgemeiner Beurteilungsgrundsätze hat der Betriebsrat ein **Mitbestimmungsrecht** gemäß § 94 Abs. 2 BetrVG.

2.4.1.2 Anforderungen

Die Personalbeurteilung ist nur dann ein wirksames Mittel der Personalführung, wenn sie bestimmten Anforderungen gerecht wird. Das sind:

- Die **Objektivität**, die mithilfe detaillierter Richtlinien, standardisierter Methoden und verbindlicher Beurteilungskategorien erfüllt werden soll, was nur begrenzt gelingen kann. Die größte **Gefahr** für die Objektivität ist der Beurteiler, durch den die Beurteilung bewusst oder unbewusst verfälscht werden kann. Sie ist durch Schulungen der Beurteiler bzw. durch Aufklärung über Beurteilungsfehler reduzierbar, aber nicht völlig eliminierbar.
- Die Zweckerfüllung der Personalbeurteilung wird nicht erreicht, wenn die **Akzeptanz** beim Beurteiler und/oder beim Beurteilten nicht gegeben ist. Um sie bewirken zu können, ist die **Durchschaubarkeit** der Beurteilung eine grundlegende Voraussetzung. Hilfreich ist hier das Beurteilungsgespräch.

- Die **Systematik** des Einsatzes, z. B. jährlich, sowie die vorgegebenen Beurteilungsverfahren, Beurteilungskriterien und Beurteilungsmaßstäbe. Dadurch unterscheidet sich die kontinuierliche Beurteilung von zufälligen und alltäglichen Beurteilungen, die ergänzend genutzt werden können.
- Systematisierte Beurteilungen bieten eine **relative Vergleichbarkeit**. Allerdings birgt die zunehmende Systematisierung die **Gefahr**, dass die Individualität der Beurteilung und der Bezug zum Beurteilten abnehmen.

2.4.1.3 Beurteilungskriterien

Die Kriterien, die der Personalbeurteilung zu Grunde liegen, können vielfältig sein. Bei den meisten Personalbeurteilungen werden jedoch etwa 10 - 15 Beurteilungskriterien verwendet. Eine Vielzahl von Beurteilungskriterien kann es erforderlich machen, sie zu **gruppieren**. Die Beurteilungskriterien können sich beziehen auf:

- Das **Arbeitsverhalten**, das den Leistungsbereich betrifft, z. B.:
  - **Arbeitsumfang**, z. B. Menge der erbrachten Leistung
  - **Arbeitsgüte**, z. B. Qualität der Arbeitsdurchführung und der erbrachten Leistung
  - **Arbeitstempo**, z. B. Zeitaufwand zur Bewältigung der Arbeit
  - **Belastbarkeit**, z. B. geistige Ermüdung unter Druck
  - **Fachkenntnisse**, z. B. Fachwissen über zu lösende Aufgaben
  - **Verantwortungsbereitschaft**, z. B. Konsequenzen tragen.
- Das **Sozialverhalten** gegenüber Kollegen und Vorgesetzten, z. B.:
  - **Verhalten**, z. B. gegenüber Vorgesetzten und Mitarbeitern
  - **Aggressivität**, z. B. Erzeugen von Konfrontationen
  - **Aufgeschlossenheit**, z. B. am Betriebsgeschehen teilnehmen
  - **Hilfsbereitschaft**, z. B. Unterstützung der Mitarbeiter
  - **Zusammenarbeit**, z. B. Bereitschaft zu gemeinsamen Lösungen.
- Das **Führungsverhalten** als Führungskraft, z. B.:
  - **Planung**, z. B. Setzen und Durchsetzen von Zielen
  - **Delegation**, z. B. Aufgabenübertragung an Mitarbeiter
  - **Durchsetzungsvermögen**, z. B. Mitarbeiter aktivieren
  - **Kontrolle**, z. B. Mitarbeiter leistungsbezogen überwachen
  - **Motivationsfähigkeit**, z. B. Mitarbeiter anspornen, fördern.
- Die **geistigen Anlagen**, die angeboren sind, z. B.:
  - **Auffassungsgabe**, z. B. Sachverhalte und Zusammenhänge schnell aufzunehmen
  - **Gedächtnis**, z. B. Merkfähigkeit von Daten des Unternehmens und der Umwelt

- **Kreativität**, z. B. Fähigkeit zu Innovationen/neue Lösungen finden
- **Logik**, z. B. Fähigkeit, folgerichtig Schlüsse ziehen zu können.

2.4.1.4 Beurteilungsmaßstäbe

Um nach den vorgegebenen Kriterien beurteilen zu können, bedarf es geeigneter Beurteilungsmaßstäbe. Durch sie sollen die Ergebnisse vergleichbar gemacht und subjektive Einflüsse vermindert werden, die vom Beurteilenden auf das Beurteilungsergebnis wirken können. Zu unterscheiden sind:

- Das **Skalenverfahren**, bei dem für jedes Beurteilungskriterium eine Beurteilungsskala vorgegeben wird. Der Beurteiler ist aufgefordert, einen der Skalenwerte anzukreuzen. Dieses Verfahren ist heute in den Beurteilungsbögen der Unternehmen weit verbreitet. **Skalen**, die auch kombiniert zum Einsatz kommen, sind:

Skalenwert-beschreibung	Bei ihr werden für jeden Skalenwert verbale **Definitionen** vorgegeben, z. B. gilt als Beurteilungsskala: ► Mitarbeiter arbeitet ohne vermeidbare Fehler. ► Manchmal unterlaufen vermeidbare Fehler. ► Häufig werden vermeidbare Fehler verursacht.
Nominalskala	Bei ihr verzichtet man auf textliche Beschreibungen und gibt die Skalendefinition mit einzelnen **Begriffen** vor: ► sehr gut/gut/zufriedenstellend/schlecht ► stets/häufig/manchmal/selten/nie ► hoch/mittel/schwach ► überdurchschnittlich/durchschnittlich/unterdurchschnittlich.
Nummerische Skala	Bei ihr werden unmittelbar **zifferndefinierte Beurteilungswerte** vorgegeben. Das können z. B. die Ziffern von 1 bis 10 sein. Dabei findet man auf- und absteigende Skalen in der betrieblichen Praxis vor. Die Skalenart erinnert an Schulnoten.
Grafische Skala	Bei ihr erfolgt eine grafische Darstellung, die in zwei **Arten** gestaltet sein kann, nämlich als: ► **Skalenstrahl** 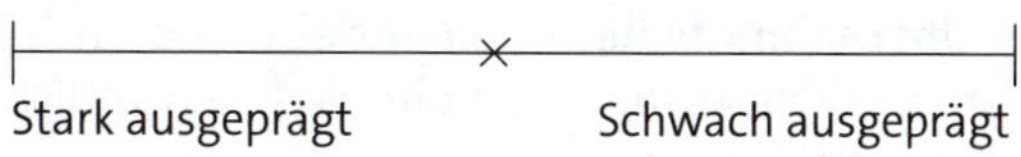 ► **Skalenscheibe** 

- Das **Rangordnungs-Verfahren**, bei dem der zu beurteilende Mitarbeiter jeweils paarweise mit anderen Mitarbeitern verglichen wird. Für jedes einzelne Beurteilungskriterium werden somit Rangordnungen der Beurteilten gebildet. Durch die Rangplätze für die betrachteten Beurteilungskriterien kann bei diesem Verfahren ein Gesamturteil ermittelt werden.

- Die **Methode der kritischen Vorfälle**, bei welcher der Beurteiler – in der Regel zusammen mit anderen Verfahren – in einem festgelegten Zeitraum alle Vorfälle sammelt, die durch den zu Beurteilenden verursacht oder beeinflusst wurden:

Negative Vorfälle	Dazu zählen z. B. Unpünktlichkeit, Fehlerverursachungen und Aggressivität.
Positive Vorfälle	Hierfür lassen sich z. B. Verhandlungserfolge, Selbstständigkeit bei Entscheidungen und Arbeitsweise, Verbesserungsvorschläge nennen.

- Das **Vorgabevergleichs-Verfahren**, bei dem jedem Mitarbeiter quantitativ messbare Ziele vorgegeben werden, damit die Beurteilung in Form von prozentualen Werten erfolgen kann. Außerdem werden zwischen Vorgesetzten und Mitarbeitern Leistungsstandards (Sollwerte) vereinbart, die das Messkriterium der Leistung bilden.

2.4.1.5 Beurteilungsfehler

Die Mitarbeiterbeurteilung, die in der Regel durch den direkten Vorgesetzten vorgenommen wird, soll so **objektiv** wie möglich erfolgen. Beurteilungsfehler sind zu vermeiden, die z. B. sein können:

- der **Haloeffekt**, bei dem der Beurteiler von einem wesentlichen Merkmal des Beurteilten auf alle oder viele Kriterien schließt
- der **Egozentriefehler**, bei dem der Beurteiler von sich selbst ausgeht, ohne die unterschiedliche Ausbildung oder Erfahrung des Beurteilten bei der Beurteilung zu berücksichtigen
- der **Belastungsfehler**, bei dem die Zahl der Fehlbeurteilungen mit der Zahl der Beurteilungen in einem Arbeitsgang steigt; deswegen sollte immer nur eine kleine Zahl von Beurteilungen in einem Arbeitsgang vorgenommen werden
- der **Ideologiefehler**, bei dem Mitarbeiter, welche die gleichen politischen und weltanschaulichen Vorstellungen haben wie der Beurteiler, bei der Beurteilung mitunter begünstigt werden
- der **Projektionsfehler**, bei dem eigene Stärken und Schwächen vom Beurteiler auf den Beurteilten projiziert werden
- der **Übernahmefehler (Klebereffekt)**, indem früher vorgenommene Beurteilungen übernommen werden, obwohl zwischenzeitlich positive oder negative Veränderungen eingetreten sind
- der **Tendenzfehler**, indem der Beurteiler zu streng, zu milde oder zu durchschnittlich beurteilt
- der **Nikolauseffekt**, bei dem der zu Bevorteilende weiß, dass die Beurteilung ansteht und sich in diesem Zeitraum besondere Mühe gibt

Beurteilungsfehler müssen aber nicht immer ihren Grund in der fehlerhaften Beurteilung durch den Beurteiler haben. Vielmehr gibt es auch **fehlerhafte Beurteilungsverfahren, zu kurze Beobachtungszeitäume** und andere Einflussfaktoren.

2.4.1.6 Beurteilungsgespräch

Der Personalbeurteilung als Führungsmittel sollte sich ein Beurteilungsgespräch anschließen, in dem sich Vorgesetzter und Mitarbeiter über die Beurteilung austauschen, Schlüsse aus der Beurteilung ziehen und künftige Maßnahmen bzw. Ziele vereinbaren können.

Das Beurteilungsgespräch bietet dem Mitarbeiter und der Führungskraft die Gelegenheit zu einem systematischen **Feedback**. Das beinhaltet den Blick zurück ebenso wie den Blick nach vorn. Es hat eine Schlüsselfunktion im gesamten Beurteilungsprozess und stellt ein wesentliches Instrument der Personalbeurteilung dar, auf das nicht verzichtet werden darf.

Wichtig ist, dass der Mitarbeiter ein **Gesamtbild** über seine Fähigkeiten, Fertigkeiten, Kenntnisse und Eigenschaften erhält. Durch die Einschätzung der erbrachten Leistung kann sein persönlicher Standort bestimmt werden. Ebenso lassen sich auch Informationen für betrieblich notwendige Qualifizierungsmaßnahmen gewinnen.

Bröckermann (2016) schlägt folgenden **Ablauf** des Beurteilungsgespräches vor:

Vorbereitung des Beurteilungsgespräches

- Einladung
- Anregung einer Beurteilten-Einschätzung
- Gesprächstermin
- Zeitrahmen
- Raum
- Gesprächsatmosphäre
- Vergegenwärtigung der Beurteilung

Durchführung des Beurteilungsgespräches

- unter vier Augen
- indirektes Gespräch
- offene Kommunikation
- aktive Kommunikation
- konzentrierte Kommunikation
- gezielte Kommunikation
- verantwortliche Kommunikation
- nicht immer sprechen
- beruhigen und inspirieren
- Willen zum Zuhören zeigen
- Ablenkungen fernhalten
- auf Gesprächspartner einstellen
- Geduld zeigen
- Selbstbeherrschung zeigen
- Fragen stellen
- Aufteilen in: Ermunterung → Zielorientierung → Befund → Rückäußerungen → Vereinbarungen

Aufbereitung des Beurteilungsgespräches

- Festhalten der Ergebnisse
- Umsetzung eigener Zusagen
- Kontrolle der Zusagen des Beurteilten

Der Betriebsrat hat gemäß § 94 Abs. 2 BetrVG bei der Aufstellung von Beurteilungsgrundsätzen ein **Mitbestimmungsrecht**. Nach § 82 Abs. 2 BetrVG kann der **Arbeitnehmer** die Erörterung seiner Beurteilung verlangen, wobei er ein Mitglied des Betriebsrates hinzuziehen kann. Eine mögliche Stellungnahme durch ihn ist zu den Beurteilungsunterlagen zu nehmen.

Aufgabe 32 > Seite 273

2.4.2 Kritik bzw. Korrektur

Kritik ist die sachbezogene Auseinandersetzung des Vorgesetzten mit den Leistungen seiner Mitarbeiter und soll eine Korrektur des Verhaltens nach sich ziehen. Sie sollte angemessen, zur rechten Zeit und am rechten Ort erfolgen und kann sein:

- **Positive Kritik**, mit der gute Leistungen gewürdigt werden und zu weiteren Anstrengungen ermuntert wird. Zu unterscheiden sind:

Anerkennung	Sie kann sich auf die **Leistung**, aber auch auf die **Person** beziehen und ist die schwächere Form positiver Kritik.
Lob	Es bezieht sich nur auf die **Leistung**, die in besonders guter Weise erbracht wurde, und lässt sich z. B. in einem Mitarbeitergespräch oder auch „öffentlich" aussprechen.

- **Negative Kritik**, die bei mangelhaften Leistungen des Mitarbeiters erfolgt und verstärkte Anstrengungen bewirken soll. Es gibt:

Kritik (i. e. S.)	Sie ist überwiegend **leistungsbezogen**, also auf die Arbeitsergebnisse ausgerichtet und sollte ruhig, sachlich und unter vier Augen erfolgen.
Tadel	Er ist vorwiegend **personenbezogen** und bezieht sich auf die Einstellung des Mitarbeiters zu seiner Arbeit.

Mitunter sind mit positiver Kritik entsprechende **Belohnungen**, mit negativer Kritik darauf folgende **Sanktionen** oder deren Inaussichtstellung verbunden.

2.4.3 Status

Der Status eines Mitarbeiters ergibt sich aus seiner **organisatorischen Positionierung**, z. B. als Gruppenleiter, Projektleiter, Prokurist. Vielen Mitarbeitern genügt aber dieser so geschaffene Status nicht, sie wollen einen möglichst hohen Status einnehmen. Das wird ihnen durch **Statussymbole** möglich, z. B.:

- **Firmentitel** zu den Funktionsbezeichnungen, z. B. Direktor
- **Büro** bzw. **Büroausstattung**, z. B. Einzelbüro, exklusive Büromöbel
- **Benutzungsrechte**, z. B. Zugang zum Casino, Parkplatz auf Firmengelände
- **Mitarbeiterausstattung**, z. B. persönliche Sekretärin(nen), Assistent(en), Fahrer
- **Teilnahme** und **Mitgliedschaften**, z. B. Führungsseminar, Incentivereise.

Unternehmen gewähren Mitarbeitern zunehmend mehr Statussymbole. Sie können ganz gezielt als Werkzeug zur Personalführung eingesetzt werden, was in den USA in wesentlich stärkerem Umfang geschieht als in deutschen Unternehmen.

3. Führungsstile

Der Führungsstil ist die Art und Weise, in der ein Vorgesetzter Einfluss auf die ihm unterstellten Mitarbeiter nimmt. Er basiert dabei auf bestimmten **Führungsmitteln**, mit deren Hilfe er führt sowie auf den **Führungstechniken**, die das Führungssystem eines Unternehmens beschreiben und vielfach für die Führungskräfte verbindlich sind.

Der Vorgesetzte hat in Bezug auf den von ihm praktizierten Führungsstil einen **Gestaltungsfreiraum**. Dies ist auch notwendig, weil es *den* geeigneten, generell anzuwendenden Führungsstil nicht gibt. Wie ein Vorgesetzter führt, hängt nicht zuletzt ab von:

- dem Vorgesetzten selbst, z. B. aufgrund seiner Persönlichkeit
- der Führungssituation
- dem Reifegrad des Mitarbeiters, bezogen auf Kompetenz und Motivation
- den Führungsgrundsätzen des Unternehmens.

Der Führungsstil kann grundsätzlich sein:

- Ein **aufgabenorientierter Führungsstil**, bei dem ausschließlich die zu bewältigende Aufgabe im Mittelpunkt steht. Dabei zählt die Beziehung zum Mitarbeiter als Mensch nicht, sondern lediglich als Aufgabenträger, der seine Arbeitskraft voll einzusetzen und möglichst viel zu leisten hat, ggf. auch mit Druck und Manipulation.
- Ein **personenorientierter Führungsstil**, bei dem die Mitarbeiter mit ihren Bedürfnissen und Erwartungen vorrangig sind. Der Vorgesetzte bemüht sich um seine Mitarbeiter, unterstützt sie und setzt sich für sie ein. Er behandelt sie gleichberechtigt, sie können unbefangen mit ihm reden.

Vorgesetzte werden von ihren Mitarbeitern eher positiv beurteilt, wenn sie „nach oben" Einfluss haben bzw. „von oben" Wertschätzung bekommen. Das gilt beachtlicherweise sowohl für aufgaben- als auch für personenorientiert führende Vorgesetzte.

Als Führungsstile sollen dargestellt werden:

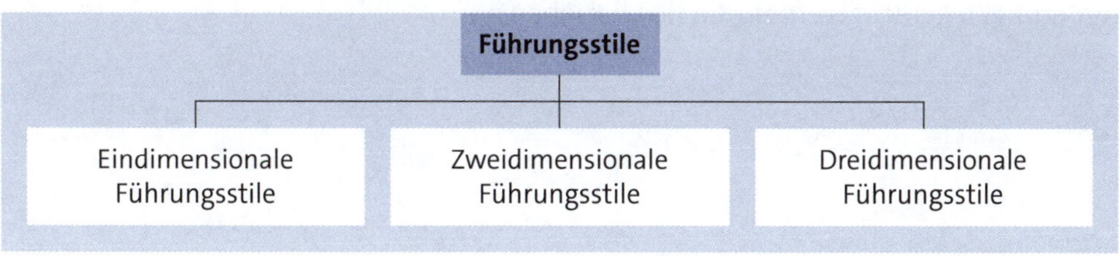

3.1 Eindimensionale Führungsstile

Führungsstile sind – in ihrer Darstellung – eindimensional, wenn ein **einzelnes Beurteilungskriterium** betrachtet wird, das mehr oder weniger erfüllt ist:

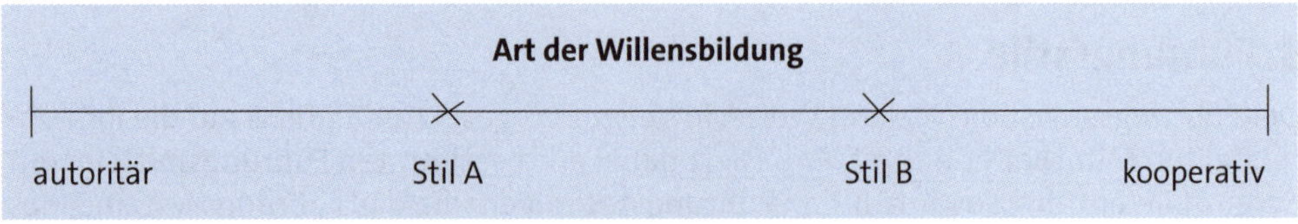

Als eindimensionale Führungsstile werden behandelt:

- **autoritärer Führungsstil**
- **kooperativer Führungsstil**
- **laissez faire Führungsstil.**

Außer diesen beiden Führungsstilen lassen sich weiter unterscheiden:

- Der **bürokratische Führungsstil**, bei dem die Mitarbeiter als anonyme Faktoren angesehen werden und ihre Motivation durch – meist schriftliche – Anordnungen und Vorschriften bewirkt wird.
- Der **patriarchalische Führungsstil**, bei dem die Mitarbeiter als Untergebene behandelt werden, die vom Patriarchen abhängig sind. Informationen fließen wohlwollend, gar willkürlich von oben.
- Der **charismatische Führungsstil**, bei dem die Führungskraft durch ihre Ausstrahlung auf den Mitarbeiter einwirkt.

3.1.1 Autoritärer Führungsstil

Beim autoritären Führungsstil führt der Vorgesetzte kraft seiner **Legitimationsmacht**. Er beteiligt seine Untergebenen nicht am Führungsprozess und erwartet disziplinierte Aufgabenerfüllung. Seine Entscheidungen haben den Charakter von Anordnungen.

Der Vorgesetzte hat ein distanziertes Verhältnis zu seinen Mitarbeitern, informiert sie nur über ihre Aufgaben und kontrolliert, ob und inwieweit seine Anordnungen befolgt wurden. Da er sie nicht in den Führungsprozess einbezieht, muss er selbst hohen **Anforderungen** gerecht werden, die sich beziehen auf:

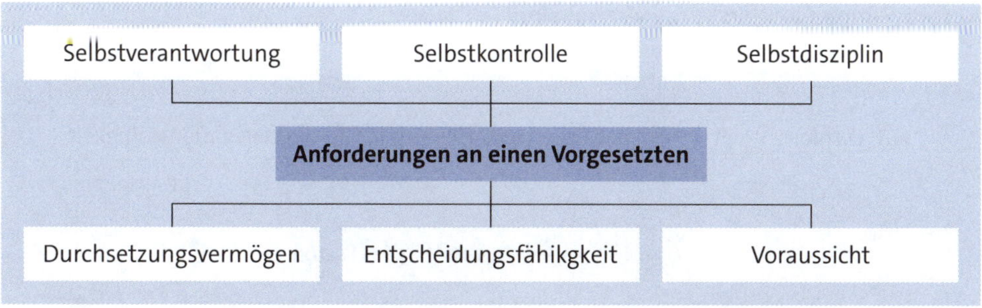

Der autoritäre Führungsstil ermöglicht eine hohe Entscheidungsgeschwindigkeit und ist tendenziell bei Routinearbeiten erfolgreich. Er fördert die Motivation, Selbstständigkeit und Entwicklung der Untergebenen jedoch nicht und birgt die Gefahr von Fehlentscheidungen in sich. Eingesetzt wird der autoritäre Stil insbesondere bei Mitarbeitern mit niedrigem Reifegrad (fehlender Kompetenz) oder sicherheitsrelevanten Aufgaben.

Der Übergang zwischen dem autoritären und dem kooperativen Führungsstil ist fließend. Insofern gibt es auch *den* autoritären bzw. *den* kooperativen Führungsstil nicht, sondern stets nur spezielle Ausprägungen davon:

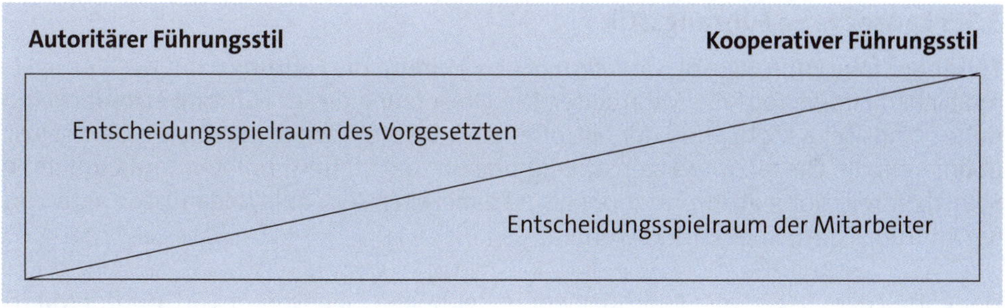

3.1.2 Kooperativer Führungsstil

Beim kooperativen Führungsstil wird der Führungsprozess im **Zusammenwirken** des Vorgesetzten und der Mitarbeiter gestaltet. Das Ausmaß des Zusammenwirkens kann jedoch, wie oben gezeigt, unterschiedlich ausgeprägt sein.

Der Vorgesetzte informiert z. B. umfassend und delegiert entsprechend den Fähigkeiten seiner Mitarbeiter so viel wie möglich. Die unvermeidliche Kontrolle findet als Selbstkontrolle oder in Form von Stichproben statt, mit dem Ziel der Hilfestellung.

Anforderungen an den Vorgesetzten sind:

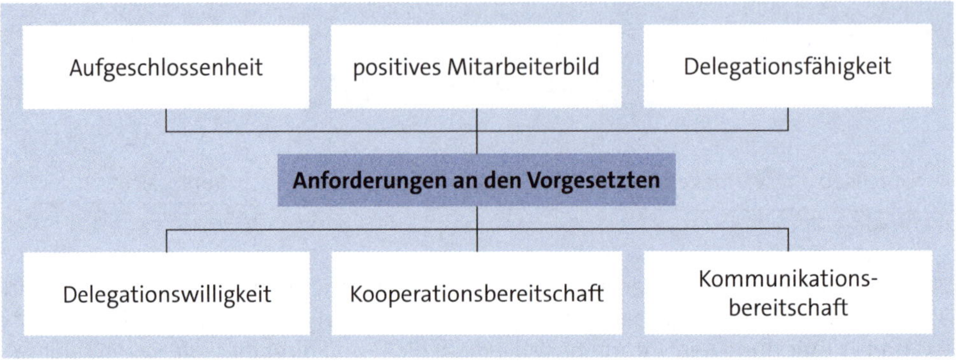

Der kooperative Führungsstil ermöglicht sachgerechte Entscheidungen und fördert die Motivation, Selbstständigkeit und Entwicklung der Mitarbeiter. Es kommt zu einer Entlastung des Vorgesetzten, mitunter aber auch zu einer Verlangsamung bzw. Verzögerung des Entscheidungsprozesses.

3.1.3 Laissez faire Führungsstil

Bei laissez faire Führungsstil („*lass sie machen*“) nimmt die Führungskraft den geringstmöglichen Einfluss auf die Mitarbeiter. Die Umsetzung dieser Führung erfordert eine hohe intrinsische Motivation der betroffenen Arbeitnehmer, da diese sich Ziele selbst definieren, die Umsetzung eigenständig planen und steuern müssen und eine reine Selbstkontrolle vorliegt. Informationen sind dabei eine Holschuld und müssen aktiv von der Führungskraft eingefordert werden.

Der Vorteil der laissez faire Führung liegt in der hohen Eigenverantwortung der Mitarbeiter, die sich kreativ und motiviert den Aufgaben stellen sollen. Bei fehlender Motivation oder unzureichender Kompetenz der Mitarbeiter kann sich ein rasches Scheitern der Aufgabe einstellen. Dieser Führungsstil findet sich vor allem bei Führungskräften, die einen hohen Reifegrad besitzen oder bei Projekten, die von der Eigeninitiative der Mitarbeiter leben.

Aufgabe 33 > Seite 273

3.2 Zweidimensionaler Führungsstil

Als zweidimensionaler Führungsstil soll das **Verhaltensgitter** von *Blake/Mouton* dargestellt werden, das auch **Managerial Grid** genannt wird. In seiner **Vertikalen** wird das personenorientierte Führungsverhalten, in seiner **Horizontalen** das aufgabenorientierte Führungsverhalten dargestellt:

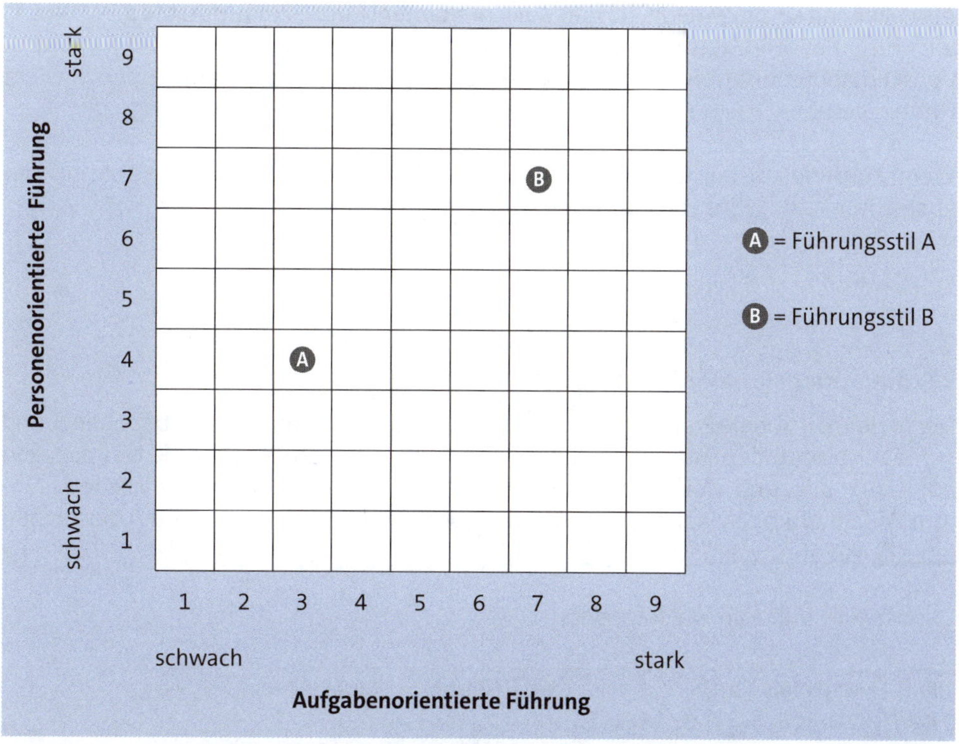

Das Verhaltensgitter lässt 81 mögliche Ausprägungen des Führungsstils zu, die eindeutig definiert sind. Sie unterscheiden sich, wenn sie unmittelbar nebeneinaner oder unter- bzw. übereinander liegen, nur unwesentlich. **Typische Führungsstile**, die aus dem Verhaltensgitter abgeleitet werden können, sind:

- der **1.1-Führungsstil**, der weder auf hohe Arbeitsleistung noch auf die zwischenmenschlichen Beziehungen gerichtet ist
- der **1.9-Führungsstil**, der auf die zwischenmenschlichen Beziehungen, nicht aber auf die Arbeitsleistung orientiert ist
- der **5.5-Führungsstil**, der auf durchschnittliche Leistungen und durchschnittliche Zufriedenheit der Mitarbeiter gerichtet ist
- der **9.1-Führungsstil**, bei dem eine hohe Arbeitsleistung erwartet wird, ohne dass die zwischenmenschlichen Beziehungen gefördert werden
- der **9.9-Führungsstil** als der erstrebenswerte Führungsstil, der auf hohe Arbeitsleistung und hohe Zufriedenheit der Mitarbeiter gerichtet ist.

In der Praxis kann es sich als **schwierig** erweisen, den **9.9-Führungsstil** zu realisieren. Die Gründe sind bei Führungskräften wie auch bei den Mitarbeitern zu finden, die diesen hohen Anforderungen nicht gerecht werden, z. B. weil ihre Fach- und/oder Führungsqualifikation zu gering ist oder weil es an Motivation und/oder Identifikation mangelt.

Abschließend sei angemerkt, dass es auch **dreidimensionale Führungsstile** gibt, die z. B. auf Aufgabenorientierung, Beziehungsorientierung und Effektivität als Organisationsklima, Organisationsstruktur, Arbeitsweise, Aufgabenanforderungen, personellem Umfeld beruhen – siehe *Olfert (2015)*.

Wenn Führungsmittel, Führungstechniken und Führungsstile als System aufeinander abgestimmt sind, wird von **Führungsmodellen** gesprochen.

Aufgabe 34 > Seite 273

3.3 dreidimensionaler Führungsstil

Der dreidimensionale Führungsstil wird auch als situativer Führungsstil bezeichnet und richtet sich nach der Führungssituation und dem Reifegrad des Mitarbeiters bezogen auf Kompetenz und Motivation. Paul Hersey und Ken H. Blanchard entwickelten in ihrem Reifegradmodell vier Abstufungen von Mitarbeiterreife und ordneten diesen den jeweiligen Führungsstil zu.

Das Modell stellt sich wie folgt dar:

Reifegrad	Merkmale	Führungsstil	Beschreibung
R 1	Geringe Reife, mangelnde Kompetenz und fehlende Motivation	**S 1**	„telling“ – der Mitarbeiter erhält klare Anweisungen und wird in der Aufgabenausführung kontrolliert.
R 2	Geringe – mäßige Reife, fehlende Kompetenz oder Unsicherheit, Motivation vorhanden	**S 2**	„partizipation“ – die Führungskraft unterstützt durch Teilhabe bei der Aufgabenerfüllung und entwickelt den Mitarbeiter weiter.
R 3	Mäßige – hohe Reife, vorhandene Kompetenz, fehlende Motivation	**S 3**	„motivation“ – Führungskraft erläutert Hintergründe und Sinnhaftigkeit der Aufgabe und setzt Anreize.
R 4	Hohe Reife, Kompetenz und Motivation vorhanden	**S 4**	„delegation“ – der Mitarbeiter erfüllt die Aufgaben eigenständig und mit hoher Eigenverantwortung.

Neben den beiden Dimensionen Können (Kompetenz & Fähigkeiten) und Wollen (Motivation) richtet sich die Führung ebenso nach der Führungssituation.

Beispiel

Auch ein Prokurist mit Reifegrad R4 wird im Brandfall eine autoritäre Anweisung erhalten, das Gebäude zu verlassen.

4. Führungserfolg

Der Führungserfolg ist das Ergebnis, das die Führungskraft in Erfüllung ihrer Führungsaufgabe erzielt. Er kann **positiv** oder **negativ** sein. Bezüglich des Führungserfolges sollen betrachtet werden – siehe ausführlich *Olfert (2015)*:

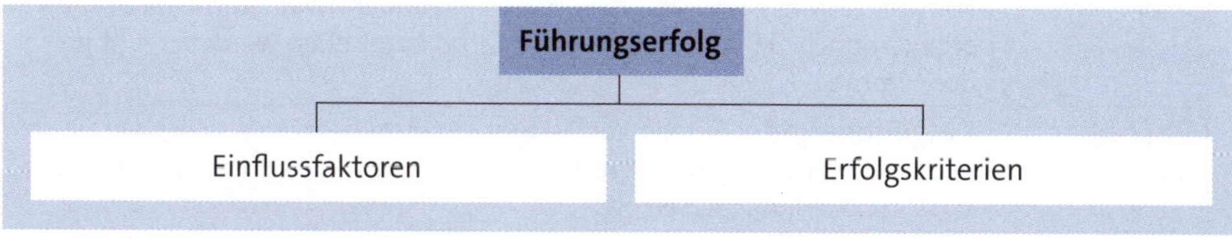

4.1 Einflussfaktoren

Als herausragende Faktoren, die den Führungserfolg beeinflussen, können genannt werden:

- Der **Vorgesetzte**, dem eine besondere Bedeutung im Hinblick auf den Führungserfolg zukommt. Er weist führungsbezogen folgende **Merkmale** auf:

Autorität	Sie ist durch Macht oder Können erworbenes **Ansehen** einer Führungskraft. Autorität kann auch eine soziale Einflussbeziehung beschreiben. **Formen** der Autorität sind: ► Die **formale Autorität**, die vorwiegend aus der Unternehmensverfassung und der Formalstruktur der Organisation abgeleitet wird. Sie erwächst kraft Amtes aus der Tätigkeit selbst heraus und stellt damit eine **positionale Autorität** dar. ► Die **personale Autorität**, die in den persönlichen Eigenschaften der Führungskraft begründet ist, z. B. in Ausstrahlungskraft, Reife, Wertschöpfungsverhalten, persönlicher Integrität, Erfahrung, Charisma, Zugänglichkeit. ► Die **funktionale Autorität** resultiert direkt aus der fachlichen Qualifikation der Führungskraft, d. h. sie betrifft das Wissen und Können einer Person auf einem bestimmten Gebiet. Sie wird deshalb auch als **Fachautorität, Expertenautorität** oder **Sachautorität** bezeichnet. Eine Sonderform der funktionalen Autorität ist die **koordinative Autorität**, die sich in der Eignung der Führungskraft zeigt, sachliche und soziale Prozesse zu lenken und zu koordinieren. Im Hinblick auf die **Effizienz** der Führung von Mitarbeitern sind vor allem die personale und die funktionale Autorität bedeutsam.
Eigenschaften	Sie stellen als **Persönlichkeitsmerkmale** relativ beständige Merkmale von Menschen dar. Ausschließlich von den Eigenschaften auf den Führungserfolg zu schließen, ist nicht möglich. Sie leisten aber, je nach Eigenschaft, mehr oder weniger einen **Beitrag** zum Führungserfolg.

Menschenbild	Ein dem Vorgesetzten innewohnendes **positives Menschenbild** fördert die Erreichung des Führungserfolges. Ein **negatives Menschenbild** erschwert die Durchführung der Führungsaufgabe und mindert in der Regel den Führungserfolg.
Verhalten	Vom Führungsverhalten des Vorgesetzten kann nicht unmittelbar auf den Führungserfolg geschlossen werden. Ein **kooperativer Führungsstil** kann aber dennoch vielfach als erfolgsfördernd angesehen werden, nicht jedoch immer.
Disposition/ Kondition	Die **geistige und seelische Verfassung** des Vorgesetzten als Disposition sowie seine Kondition als **körperliche Verfassung** haben ebenfalls einen Einfluss auf den Führungserfolg.

- Die **Mitarbeiter**, die **einzeln** oder als **Gruppenmitglieder** zu führen sind. Sie lassen sich mit einem bestimmten (gleichartigen) Führungsverhalten unterschiedlich stark motivieren. Wie die Vorgesetzten weisen sie als **Merkmale** vor allem auf:
  - Fähigkeiten
  - Eigenschaften
  - Einstellung (zum Vorgesetzten)
  - Verhalten
  - Disposition
  - Kondition.
- Die **Führungssituation**, auf die der Vorgesetzte sich einstellen muss. Sie ist z. B. durch Faktoren wie Arbeitsplatz, Arbeitszeit, Arbeitsklima, Aufgabeninhalt, Aufgabenstruktur, Organisation geprägt. Nur eine **situationsgerechte Führung** kann hinreichenden Führungserfolg bewirken.

4.2 Erfolgskriterien

Als Erfolgskriterien lassen sich unterscheiden:

- Die **Effektivität der Führung** als ihre Leistungswirksamkeit. Sie stellt die wirtschaftliche Effizienz dar, die auf die Quantität und Qualität der erbrachten Leistung ausgerichtet ist. Ihre **Maßstäbe** sind z. B. Gewinn oder Umsatz.
- Die **Effizienz der Führung**, die sich auf die soziale Wirksamkeit des Führungsverhaltens bezieht, d. h. die Frage beantwortet, inwieweit die individuellen **Ziele der Mitarbeiter** erfüllt werden.

  Folgende **Gegebenheiten** können Hinweise auf den effizienzbezogenen **Führungserfolg** geben, wobei das Führungsverhalten des Vorgesetzten in der Regel erheblichen Einfluss hat, aber nicht immer die einzige den Führungserfolg beeinflussende Größe darstellt:

Arbeits-zufriedenheit	Das ist der positive Eindruck, den der **einzelne Mitarbeiter** aus der **subjektiven Bewertung** der eigenen Arbeit und der unmittelbar auf ihn wirkenden Arbeitsbedingungen gewinnt. Sie wird auch als **Arbeitsklima** bezeichnet.
Betriebsklima	Bei ihm handelt es sich um einen Zustand der Unzufriedenheit oder Zufriedenheit bei der **Mehrheit der Mitarbeiter**, der in feststellbaren Merkmalen der betrieblichen Situation seine Ursache hat (*v. Rosenstiel, 2009*). Dabei kommt der Qualität der zwischenmenschlichen **Beziehungen** und der **Zusammenarbeit** eine besondere Bedeutung zu.
Konflikte	Sie entstehen, wenn nicht vereinbarte **Bedürfnisse, Interessen** und **Werte** von Menschen widersprüchlich auftreten, ohne dass dies gewollt ist. Konflikte sind im Unternehmen **nur begrenzt vermeidbar**, sollten aber nicht zu häufig auftreten bzw. zu heftig sein oder ausufern.
Mobbing	Es ist eine **konflikbelastete Kommunikation** am Arbeitsplatz unter Kollegen oder zwischen Vorgesetzten und Untergebenen. Dabei handelt es sich um zielgerichtete Schikanen, die sich über längere Zeit erstrecken. Die angegriffene Person ist unterlegen und wird von einer oder einigen Personen systematisch, oft und während längerer Zeit mit dem Ziel und/oder dem **Effekt des Ausstoßes** aus dem Arbeitsverhältnis angegriffen und empfindet dies als **Diskriminierung** (*Leymann, 2006*).
Fehlzeiten	Als arbeitnehmerbezogene Ereignisse können sie auf **Krankheit, Kur** und **Unfall** beruhen. In Bezug auf Erkrankungen gibt es **„echte"** und motivationsbedingt **„vorgeschobene" Krankheiten**. Es gibt aber auch Fehlzeiten (im weiteren Sinne), die aufgrund von Gesetzen, Tarifverträgen usw. notwendigerweise anfallen.
Innere Kündigung	Sie stellt ein zeitlich relativ stabiles **Verhaltensmuster** dar, das durch eine ablehnende bis hin zu einer depressiv resignativen Grundhaltung der Arbeitssituation gegenüber gekennzeichnet ist, oftmals in Kombination mit „vorgeschobener" Krankheit (siehe zuvor).
Fluktuation	Darunter sollen **Personalabgänge** verstanden werden, die auf autonomen Entscheidungen von Mitarbeitern beruhen, um in einem anderen Unternehmen oder selbstständig tätig zu werden.

Aufgabe 35 > Seite 274

4.3 Führungsdefizite

Eigenschaften (in der Persönlichkeit) der Führungskraft können als nette Schwäche oder echtes Defizit wirken. Führungsdefizite zeigen sich beispielsweise in

- mangelnder Delegationsfähigkeit
- fehlendem Durchsetzungsvermögen
- Ungerechtigkeit
- fehlender Empathie.

Dabei spielt die Selbsteinschätzung der Führungskraft eine wichtige Rolle, insbesondere im Abgleich mit der (wahrgenommenen) Fremdeinschätzung. Hier entsteht nach dem sog. **„Johari-Fenster“** ein „blinder Fleck“

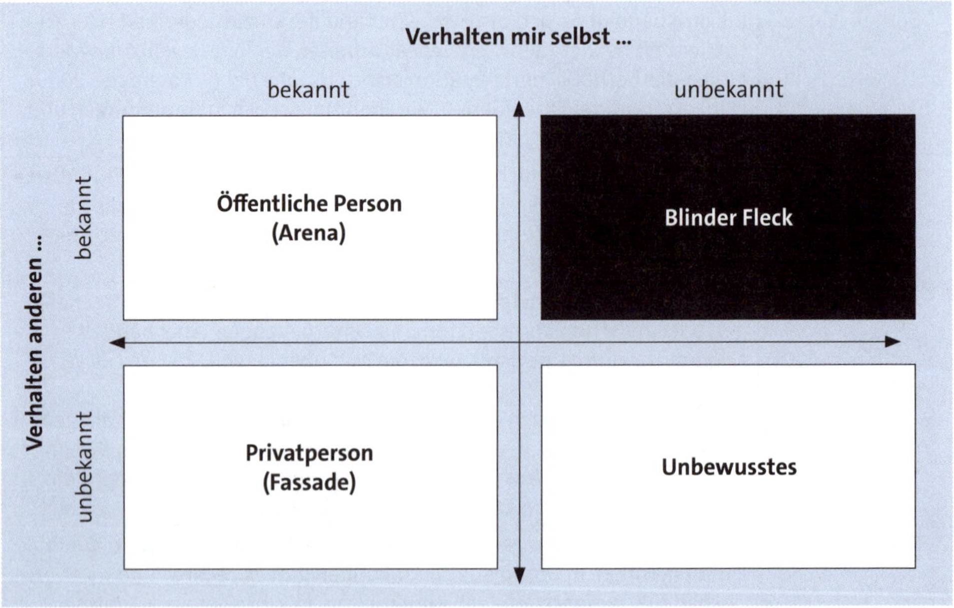

Quelle: „Die Prüfung der Betriebswirte nach dem Berufsbildungsgesetz“ *Bundle, Ernst*

Dieser blinde Fleck sollte durch offene Gespräche, systematisches Feedback und Coaching bewusst gemacht werden – bei Mitarbeitern wie bei Führungskräften.

Führungskräfte sollten permanent an ihrem Führungsverhalten arbeiten dabei sind Führungskräfte auf Kritik und Feedback angewiesen.

E. Personalentlohnung

Die Personalentlohnung umfasst alle Maßnahmen, die mit der Bereitstellung **finanzieller Leistungen** des Unternehmens an bzw. für seine Arbeitnehmer zusammenhängen. Sie bildet die Gegenleistung für die von ihnen erbrachten Arbeitsleistungen und kann erfolgen als:

- **geldliche Leistungen**, z. B. als Löhne, Zulagen, Gratifikationen
- **geldwerte Leistungen**, z. B. in Form privat nutzbarer Dienstfahrzeuge.

Während die **Entlohnung** als allgemeiner Begriff alle Maßnahmen der Bereitstellung finanzieller Leistungen umfasst, wird das **Entgelt** vielfach als Sammelbegriff für die finanziellen geldlichen und geldwerten Leistungen verwendet, die dem einzelnen Arbeitnehmer erbracht werden. Sowohl die Entlohnung als auch das Entgelt können auch als **Vergütung** bezeichnet werden. Sie setzt sich aus dem Lohn und sonstigen Entgeltteilen zusammen.

Das Entgelt bzw. die Vergütung umfasst somit:

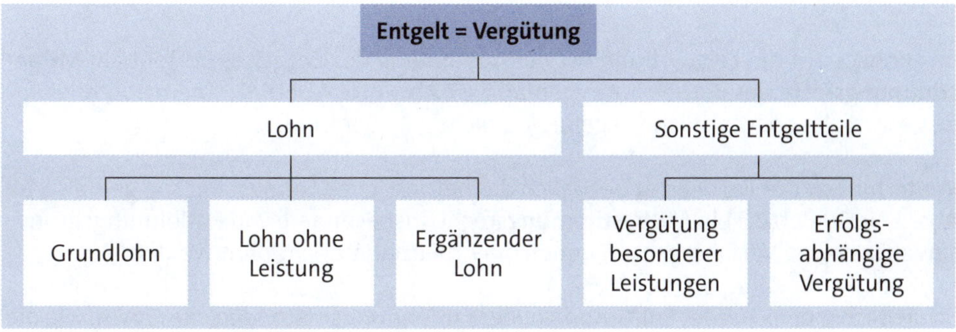

Der Lohn bzw. die Vergütung, die Arbeitnehmern gezahlt wird, stellt Kosten dar. Für das Unternehmen fallen aber darüber hinaus weitere personelle Kosten für Arbeitnehmer an. **Personalkosten** sind alle Leistungen des Unternehmens, die Arbeitnehmern direkt oder indirekt, geldlich oder geldwert gewährt und auch als **Arbeitskosten** bezeichnet werden. Sie umfassen:

- **Personal*basis*kosten**, die in unmittelbarem Zusammenhang mit der Leistungserstellung stehen, z. B. der Grundlohn.
- **Personal*zusatz*kosten**, die in keinem unmittelbaren Zusammenhang mit der Leistungserstellung stehen und rund 80 % der Personalbasiskosten zusätzlich verursachen, z. B. als Lohn ohne Leistung. Sie sind teilweise **gesetzlich** oder **tarifvertraglich** begründet bzw. werden **freiwillig** gewährt.

Die aktuellen Personal- bzw. Arbeitskosten in der EU können unter: https://www.destatis.de/Europa/DE/Thema/Bevoelkerung-Arbeit-Soziales/Arbeitsmarkt/EU_Hoehe Arbeitskosten.html beim statistischen Bundesamt eingesehen werden.

Das Entgelt kann im Hinblick auf die **Zahl der zu vergütenden Arbeitskräfte** ein **Einzelentgelt** sein, das dem einzelnen Mitarbeiter aufgrund der von ihm erbrachten Leistungen gewährt wird, oder ein **Gruppenentgelt**, bei dem eine gesamte Arbeitsgruppe entlohnt wird, wobei Verteilungskonflikte auftreten können.

Geldliche Leistungen sind möglich als:

- **Bruttoentgelt**, das meist üblich ist. Zur Auszahlung kommt der um die Lohnsteuer und ggf. um den Arbeitnehmeranteil zur Sozialversicherung gekürzte Betrag.
- **Nettoentgelt**, bei dem der Arbeitnehmer den gesamten Lohn ausgezahlt erhält und der Arbeitgeber die Lohnsteuer und ggf. den Arbeitnehmeranteil zur Sozialversicherung abführt.

Die Personalentlohnung muss leistungsgerecht, anforderungsgerecht und sozialgerecht erfolgen.

Im Hinblick auf die Zeit, Ort und Art der Auszahlung des Entgeltes besteht ein **Mitbestimmungsrecht** des Betriebsrates gemäß § 87 Abs. 1 Nr. 4 BetrVG, sofern abschließende gesetzliche oder tarifliche Regelungen nicht gegeben sind.

Weiterhin hat der Betriebsrat bezüglich der betrieblichen Lohngestaltung gemäß § 87 Abs. 1 Nr. 10 BetrVG ein **Mitbestimmungsrecht**, insbesondere von Entlohnungsgrundsätzen, also den Verfahren, nach denen die Arbeitnehmer entlohnt werden.

Schließlich gibt es bei der Einführung neuer Entlohnungsmethoden, die regeln, wie die Entlohnungsgrundsätze ausgestaltet werden sollen, sowie deren Änderung für den Betriebsrat gemäß § 87 Abs. 1 Nr. 10 BetrVG ebenfalls ein **Mitbestimmungsrecht**.

Aufgabe 36 > Seite 274

Im Rahmen der Personalentlohnung sollen behandelt werden:

Personalentlohnung	Grundlagen
	Lohnfindung
	Entgelt
	Personalkosten

1. Grundlagen

Die Personalentlohnung ist ein **konfliktträchtiger Bereich**, da es den „gerechten" Lohn nicht gibt. Deshalb soll zunächst eingegangen werden auf:

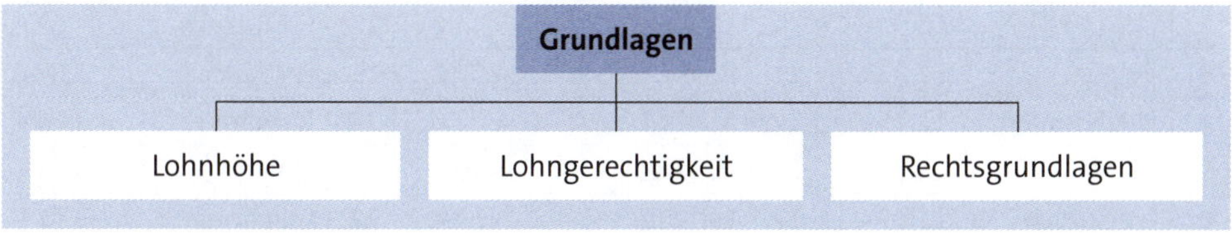

1.1 Lohnhöhe

Die Lohnhöhe als der Betrag, der den Arbeitnehmern für ihre Arbeitsleistungen entgolten wird, kann sein:

- Die **absolute Lohnhöhe**, die sich im Vergleich zu anderen Unternehmen – z. B. der gleichen Branche – ergibt. Sie wird häufig durch **Tarifverträge** bestimmt, weshalb sie vom einzelnen Unternehmen nur in recht begrenztem Umfang gestaltbar ist. Inzwischen hat der Gesetzgeber eine Regelung zur absoluten Lohnhöhe getroffen, den **Mindestlohn** – siehe unten.
- Die **relative Lohnhöhe**, die sich aus der Differenzierung der Löhne innerhalb des Unternehmens ergibt. Um sie festzulegen, müssen mithilfe der Arbeitsbewertung die **Lohnsätze** festgelegt sowie die **Lohnformen** bestimmt werden.

Die Lohnhöhe soll den von den Arbeitnehmern im Unternehmen erbrachten Leistungen entsprechen. Dieser Tatbestand wird auch als **Prinzip der Äquivalenz** von Lohn und Leistung bezeichnet.

Den **Mindestlohn** gibt es seit 2015. Er stellt die Untergrenze des zu zahlenden Lohnes dar und ist im Mindestlohngesetz (MiLoG) geregelt. Danach haben sämtliche Arbeitnehmer einen Anspruch auf Zahlung eines Arbeitsentgeltes mindestens in Höhe des Mindestlohnes. Er wird durch die Mindestlohnkommission festgelegt und beträgt:

- 2020: 9,35 €
- 2021: 9,50 € (1.1.) und 9,60 € (1.7.)
- 2022: 9,82 € (1.1.), 10,45 € (1.7.) und 12,00 € (1.10)

In verschiedenen Branchen wurde tarifvertraglich ein höherer Mindestlohn als der gesetzliche Mindestlohn vereinbart.

Im Vergleich zu anderen Ländern der EU steht Deutschland beim Mindestlohn momentan an 2. Stelle. Er betrug Stand Januar 2023:

1.	Luxemburg	13,80 €	9.	Zypern	5,70 €	17.	Kroatien	4,05 €
2.	Deutschland	12,00 €	10.	Litauen	5,14 €	18.	Slowakei	4,02 €
3.	Belgien	11,85 €	11.	Polen	4,87 €	19.	Lettland	3,67 €
4.	Niederlande	11,75 €	12.	Malta	4,82 €	20.	Rumänien	3,64 €
5.	Irland	11,30 €	13.	Portugal	4,50 €	21.	Ungarn	3,41 €
6.	Frankreich	11,27 €	14.	Estland	4,30 €	22.	Bulgarien	2,41 €
7.	Slowenien	6,96 €	15.	Tschechien	4,23 €			
8.	Spanien	6,55 €	16.	Griechenland	4,12 €			

Quelle: Gesetzliche Mindestlöhne in EU-Ländern 2023 | Statista

Vereinbarungen, die den Anspruch auf Mindestlohn unterschreiten oder seine Geltendmachung beschränken bzw. ausschließen, sind unwirksam. Ein Verzicht von Arbeitnehmern auf den aus dem Gesetz resultierenden Anspruch ist nur im Rahmen eines gerichtlichen Vergleiches möglich.

Wichtige Regelungen des MiLoG sind für die Unternehmen:

- Der **Personenkreis**, auf den die Vorschriften des Gesetzes anzuwenden sind, umfasst alle Arbeitnehmer.
- **Nicht** als **Arbeitnehmer** im Sinne des Gesetzes gelten:
  - **Jugendliche** unter 18 Jahren ohne abgeschlossene Berufsausbildung
  - **Praktikanten**, die

    ein Praktikum verpflichtend u. a. aufgrund einer schulrechtlichen Bestimmung, einer Ausbildungsordnung, einer hochschulrechtlichen Bestimmung leisten

    ein Praktikum von bis zu drei Monaten zur Orientierung für eine Berufsausbildung oder für die Aufnahme eines Studiums leisten

    ein Praktikum von bis zu drei Monaten begleitend zur Berufs- oder Hochschulausbildung leisten, wenn kein solches Praktikumsverhältnis zuvor bestand

    an einer Einstiegsqualifizierung nach § 54a SGB III oder an einer Berufsausbildungsvorbereitung nach §§ 68 - 70 BBiG teilnehmen
  - **Arbeitslose** nach mindestens zwölfmonatiger Arbeitslosigkeit für die ersten sechs Monate ihres neuen Arbeitsverhältnisses, um Arbeitgebern einen Anreiz zu geben, Langzeitarbeitslose einzustellen.

Der Mindestlohn bringt **Aufzeichnungspflichten** für alle Arbeitgeber von betrieblichen Minijobbern bis 450 € monatlich und von kurzfristig Beschäftigten, die bis drei Monate oder 70 Arbeitstage sozialversicherungsfrei arbeiten dürfen, mit sich. Die **Zollverwaltung** überwacht die Einhaltung des Mindestlohnes.

1.2 Lohngerechtigkeit/Lohngleichheit

Eine absolute Lohngerechtigkeit gibt es nicht, auch keine objektiven Maßstäbe zu ihrer Beurteilung. Deshalb sollte wenigstens eine **relative Lohngerechtigkeit** angestrebt werden. Sie kann sich an folgenden **Kriterien** orientieren:

- **Anforderungen** (Schwierigkeitsgrad der Arbeitsaufgaben)
- **Qualifikationen** (insbesondere auch Vielseitigkeit der Arbeitnehmer)
- **Leistungen** (qualitative/quantitative Leistungen der Arbeitnehmer)
- **Markt** (Gegebenheiten am Arbeitsmarkt)
- **Sozialem** (z. B. Lebensalter, Familienstand, Kinderzahl).

Gerechtigkeit muss auch den verschiedenen Gruppen von Arbeitnehmern untereinander zuteil werden. Hier gibt es das **Gleichbehandlungsprinzip**, das die Gleichbehandlung sicherstellen soll, z. B. zwischen Voll- und Teilzeitkräften.

Im Übrigen ist das **Entgelttransparenzgesetz**, das 2017 in Kraft getreten ist, zu beachten. Mit seine Hilfe soll dem Gebot des gleichen Entgeltes für Männer und Frauen bei gleicher oder gleichwertiger Arbeit Rechnung getragen werden.

Das bedeutet, dass Beschäftigte in Betrieben mit mehr als 200 Arbeitnehmern einen **Auskunftsanspruch** haben:

- im Hinblick auf das **Entgelt** derjenigen Beschäftigten des anderen Geschlechts, die eine vergleichbare Tätigkeit ausüben
- in Bezug auf die **Kriterien**, die für die Festlegung des Entgeltes maßgeblich waren.

Schließlich sind die Regelungen des seit 2006 gültigen **Allgemeinen Gleichbehandlungsgesetzes** (AGG) strikt zu beachten.

1.3 Rechtsgrundlagen

Das **Grundgesetz** ist für die Bundesrepublik Deutschland die Rechtsnorm, an der sich alle anderen deutschen Rechtsvorschriften ausrichten müssen. Zunehmende Bedeutung kommt auch dem **Europäischen Recht** zu, welches das deutsche Recht überlagert. Rechtsgrundlagen für die Personalentlohnung können sein:

- **Gesetze**, z. B. das Betriebsverfassungsgesetz (BetrVG), das Tarifvertragsgesetz (TVG), das Allgemeine Gleichbehandlungsgesetz (AGG), das Entgeltfortzahlungsgesetz (EntgeltFG), das Bürgerliches Gesetzbuch (BGB) sowie das derzeit in Vorbereitung befindliche Gesetz zur Einführung des Mindestlohnes.
- **Tarifverträge** in Form der **Manteltarifverträge**, die z. B. die Zeitlohnarbeit, Zuschläge, Akkordlohnarbeit, Lohngarantie bei Versetzung, Einstufung, Lohnzahlung bei Krankheit regeln sowie der **Lohn-/Gehaltstarifverträge**, die z. B. die Lohn- und Gehaltsgruppen, Ortsklassen, Lohn- und Gehaltssätze, Leistungszulagen enthalten.

Die **Ecklohngruppe** ist die Bezugslohngruppe für die übrigen Lohngruppen. Sie entspricht 100 %, der für diese Lohngruppe festgelegte Stundenlohnsatz ist der **Ecklohn**. Er gilt für Arbeitsstellen in Orten einer bestimmten Größenklasse. Für andere Ortsklassen erfolgt eine prozentuale Korrektur.

- **Betriebsvereinbarungen**, wobei nach § 77 Abs. 3 BetrVG Arbeitsentgelte und sonstige Arbeitsbedingungen, die durch Tarifverträge geregelt sind oder üblicherweise geregelt werden, nicht Gegenstand von Betriebsvereinbarungen sein können, es sei denn, ein Tarifvertrag lässt den Abschluss ergänzender Betriebsvereinbarungen ausdrücklich zu.
- **Arbeitsverträge**, die vielfach Regelungen zur Personalentlohnung enthalten können, z. B. bezüglich der Art des Entgeltes, der Höhe des Entgeltes, der Fälligkeit des Entgeltes, der Vergütung von Mehrarbeit, Schichtarbeit und Sonntagsarbeit. Die arbeitsvertraglichen Regelungen müssen für ihre Wirksamkeit mindestens den zwingenden Vorschriften aus Betriebsvereinbarungen, Tarifverträgen und Gesetzen entsprechen.

Als nicht „festgeschriebene" Rechtsgrundlage ist schließlich noch die **betriebliche Übung** zu nennen, die dem Gewohnheitsrecht ähnlich ist.

2. Lohnfindung

Den gerechten Lohn zu finden, ist eine schwer zu lösende Aufgabe. Entsprechend der Kriterien für die relative Lohngerechtigkeit lassen sich folgende **wirtschaftliche Arten** der Lohnfindung unterscheiden:

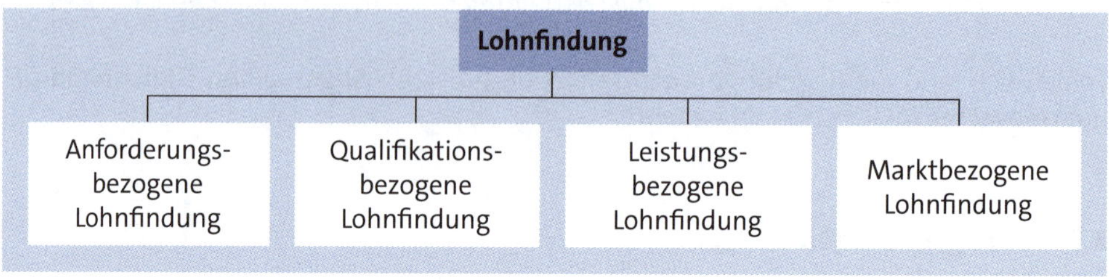

2.1 Anforderungsbezogene Lohnfindung

Bei der anforderungsbezogenen Lohnfindung wird nach den unterschiedlichen **Schwierigkeitsgraden** der von den Mitarbeitern zu verrichtenden Arbeitsaufgaben differenziert. Den jeweiligen Anforderungen, die an die Mitarbeiter gestellt werden, wird man mit einer **Differenzierung des Lohnsatzes** gerecht, z. B. erhält der Arbeiter 13 € pro Stunde und der Vorarbeiter 15 € pro Stunde.

Die Ermittlung des Schwierigkeitsgrades erfolgt mithilfe der **Arbeitsbewertung**, die der Untersuchung von Arbeiten in Unternehmen dient, um deren Verhältnis zueinander nach dem Arbeitsinhalt oder den Arbeitsanforderungen festzulegen. Dies geschieht unabhängig von der persönlichen Leistung des Arbeitnehmers.

Für die zu bewertenden Arbeiten wird die **Normalleistung** zu Grunde gelegt. Das ist die menschliche Leistung, die von jedem hinreichend geeigneten Arbeitnehmer bei voller Übung und Einarbeitung ohne Gesundheitsschädigung auf die Dauer im Durchschnitt mindestens erreicht und erwartet werden kann, wenn er die in der Vorgabe enthaltenen Verteilzeiten und Erholungszeiten beachtet (*REFA*).

Die Grundlage für die Arbeitsbewertung ist die **qualitative Arbeitsanalyse**, die besteht aus:

- Der **Arbeitsuntersuchung**, mit welcher der Arbeitsablauf nach Art, Umfang und Inhalt der Teilarbeiten erfasst und festgestellt wird, welche Verrichtungen im Einzelnen erforderlich sind. Sie ist auch auf Arbeitsgeräte, Betriebsmittel, Arbeitsbedingungen und die Organisation des Arbeitsablaufes gerichtet.
- Der **Arbeitsbeschreibung**, die alle Angaben umfassen sollte, die für eine sichere Bewertung erforderlich sind. Inhaltlich enthält sie insbesondere die gestellte Arbeitsaufgabe, das gewünschte Arbeitsergebnis, den Arbeitsablauf sowie die verwendeten Mittel. Sie muss eindeutig, verständlich und ausführlich sein.

Auf der Grundlage der qualitativen Arbeitsanalyse ist es möglich, die Arbeitsbewertung vorzunehmen. Als **Methoden** lassen sich unterscheiden:

- **summarische Arbeitsbewertung**
- **analytische Arbeitsbewertung**.

2.1.1 Summarische Arbeitsbewertung

Mithilfe der summarischen Arbeitsbewertung erfolgt eine **Gesamteinschätzung der Arbeitsaufgabe**, ohne einzelne Anforderungsarten zu analysieren. Es gibt:

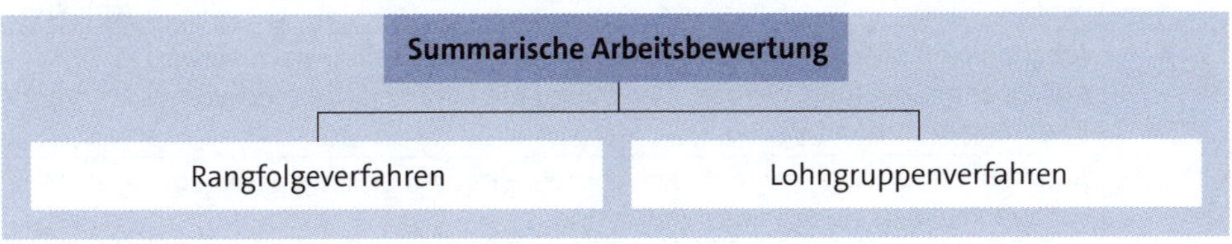

2.1.1.1 Rangfolgeverfahren

Beim Rangfolgeverfahren werden alle anfallenden **Arbeiten** auf der Grundlage der Arbeitsbeschreibungen zunächst **aufgelistet** und daraufhin nach Maßgabe ihrer Arbeitsschwierigkeit durch paarweise Gegenüberstellung oder gegenseitigen Vergleich in eine **Rangfolge** gebracht.

Beispiel

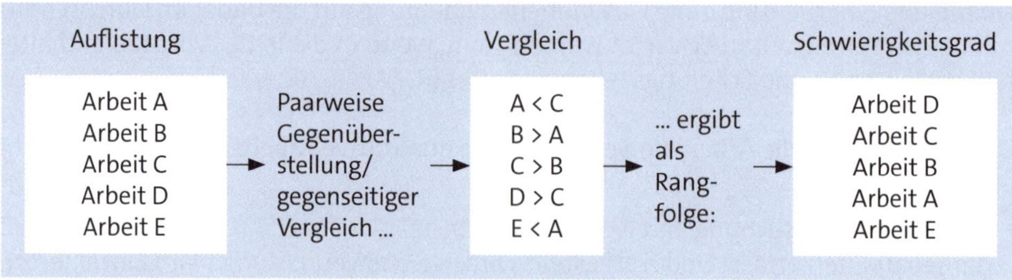

Das Rangfolgeverfahren ist einfach zu handhaben, kostengünstig und leicht verständlich. Als **nachteilig** erweist sich, dass die Rangabstände nicht bekannt, die Anforderungsarten nicht gewichtet sind und die Bewertung als recht subjektiv anzusehen ist.

2.1.1.2 Lohngruppenverfahren

Beim Lohngruppenverfahren werden mehrere **Lohn-** bzw. **Gehaltsgruppen** gebildet, inhaltlich beschrieben und ggf. durch Beispiele erläutert, die verschiedene Schwierigkeitsgrade darstellen. Es wird auch als **Katalogverfahren** bezeichnet und häufig in Tarifverträgen genutzt.

Beispiel

Gruppe	Lohngruppen-Definition	Lohnschlüssel
1	Arbeiten einfacher Art, die ohne vorherige Arbeitskenntnisse nach kurzer Anweisung ausgeführt werden können und mit geringen körperlichen Belastungen verbunden sind.	75 %
2	Arbeiten, die ein Anlernen von vier Wochen erfordern und mit geringen körperlichen Belastungen verbunden sind.	80 %
3	Arbeiten einfacher Art, die ohne vorherige Arbeitskenntnisse nach kurzer Anweisung ausgeführt werden können.	85 %
4	Arbeiten, die ein Anlernen von vier Wochen erfordern.	90 %
5	Arbeiten, die ein Anlernen von drei Monaten erfordern.	95 %
6	Arbeiten, die eine abgeschlossene Anlernausbildung in einem anerkannten Anlernberuf oder eine gleichzuwertende Ausbildung erfordern.	**100 %**[1]

[1] Ecklohn nach Tarifvertrag

Gruppe	Lohngruppen-Definition	Lohn-schlüssel
7	Arbeiten, deren Ausführung ein Können voraussetzt, das erreicht wird durch eine entsprechende ordnungsgemäße Berufslehre (Facharbeiten). Arbeiten, deren Ausführung Fertigkeiten und Kenntnisse erfordern, die Facharbeiten gleichzusetzen sind.	108 %
8	Arbeiten schwieriger Art, deren Ausführung Fertigkeiten und Kenntnisse erfordern, die über jene der Gruppe 7 wegen der notwendigen mehrjährigen Erfahrungen hinausgehen.	118 %

Die zu bewertenden Arbeiten werden beim Lohngruppenverfahren ihrem Schwierigkeitsgrad entsprechend in die zutreffenden **Lohngruppen** eingeordnet. Wie das Rangfolgeverfahren ist auch dieses Verfahren einfach zu handhaben, kostengünstig und leicht verständlich. **Nachteilig** ist, dass es aber die Gefahr der Schematisierung in sich birgt und sowohl individuelle Gegebenheiten als auch technische Entwicklungen nicht hinreichend berücksichtigt.

2.1.2 Analytische Arbeitsbewertung

Bei der analytischen Arbeitsbewertung wird nicht die Arbeitsschwierigkeit als Gesamtheit bewertet, sondern es wird die Höhe der **Beanspruchung für jede Anforderungsart** einzeln ermittelt. *REFA* unterscheidet:

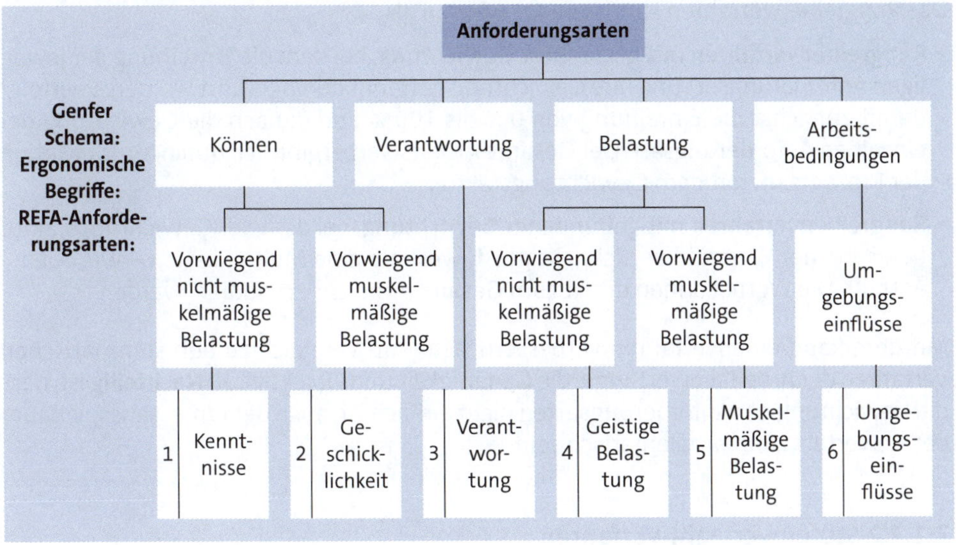

Die analytische Arbeitsbewertung weist grundsätzlich folgenden **Ablauf** auf:

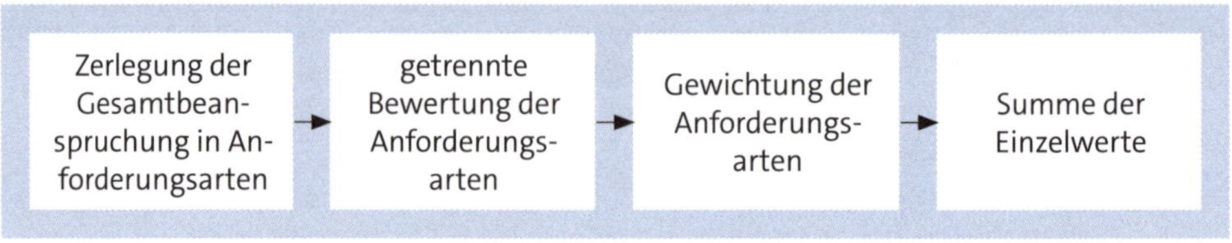

Verfahren der analytischen Arbeitsbewertung sind (siehe ausführlicher *Olfert, 2015*):

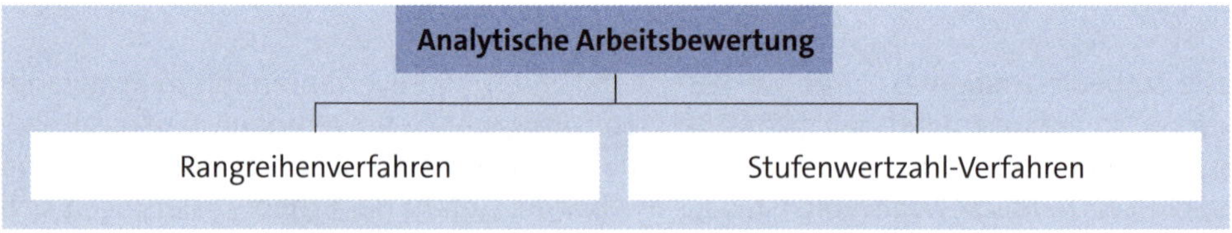

2.1.2.1 Rangreihenverfahren

Beim Rangreihenverfahren wird – gleich dem Rangfolgeverfahren – für jede Anforderungsart getrennt eine Einordnung von der einfachsten bis zur schwierigsten Verrichtung vorgenommen. Die Stellung einer bestimmten Tätigkeit in der Rangreihe wird in Prozenten ausgedrückt, die am niedrigsten bewertete Verrichtung mit 0 %, die am höchsten bewertete Verrichtung mit 100 %.

Das Rangreihenverfahren kann genutzt werden als:

- **Rangreihenverfahren mit getrennter Gewichtung**, bei dem die Einreihung der jeweiligen Anforderungsart und ihre Gewichtung getrennt durchgeführt werden. Es erfolgt damit zunächst die Einreihung von 0 % bis 100 % und danach die Gewichtung der einzelnen Anforderungsart. Der Gesamt-Arbeitswert ergibt sich durch Multiplikation der Prozentzahl mit dem Gewichtungsfaktor.
- **Rangreihenverfahren mit gebundener Gewichtung**, bei dem der Gewichtungsfaktor bereits in der Wertzahl berücksichtigt ist, weshalb eine Multiplikation – wie oben – entfällt. Die Werte können direkt zum Gesamt-Arbeitswert addiert werden.

Mit dem Rangreihenverfahren verbessern sich – im Vergleich zu den summarischen Verfahren der Arbeitsbewertung – die Genauigkeit und Objektivität. **Nachteilig** ist, dass die Gewichtung der Anforderungsarten nicht einfach ist, auch der Ermessensspielraum des Bewerters kann problematisch sein.

2.1.2.2 Stufenwertzahl-Verfahren

Beim Stufenwertzahl-Verfahren wird für jede einzelne Anforderungsart eine Punktwert-Reihe erstellt. Jede Bewertungsstufe der Punktwert-Reihe ist definiert und durch Arbeitsbeispiele erläutert. Es wird in der Praxis häufig angewandt.

Beispiel

Stufe	Beschreibung der Tätigkeit	Wertzahl
1	Die Tätigkeit erfordert **ausreichende Kenntnisse** in einer Fremdsprache. Dies bedeutet die Fähigkeit, einfachere fremdsprachliche Texte zu lesen, einfachen Schriftwechsel zu führen, allgemeine Auskünfte zu erteilen usw.	7
2	Die Tätigkeit erfordert **gute Kenntnisse** in einer Fremdsprache. Dies bedeutet die Fähigkeit, etwas schwierigeren Schriftwechsel zu führen, Texte mittlerer Schwierigkeit zu übersetzen, Fachliteratur und Publikationen der Unternehmensleitung und der verbundenen Unternehmen zu lesen und auszuwerten sowie das Sachgebiet betreffende Unterhaltungen zu führen.	28
	⋮	

Wie beim Rangreihenverfahren ist das Stufenwertzahl-Verfahren durchführbar mit:

- **getrennter Gewichtung** (Gewichtungsfaktoren • Stufen-Wertzahlen)
- **gebundener Gewichtung** (Summierung der erfassten Stufen-Wertzahlen).

Die **Objektivität** ist beim Stufenwertzahl-Verfahren – im Vergleich zu den übrigen Verfahren – am ehesten gewahrt. Je differenzierter es aufgebaut ist, umso unübersichtlicher kann es aber andererseits werden.

Der Arbeitgeber hat vor jeder Eingruppierung und Umgruppierung von Arbeitnehmern den Betriebsrat zu unterrichten und die Zustimmung einzuholen. Dieser hat also ein **Mitbestimmungsrecht**.

Aufgabe 37 > Seite 275

2.2 Qualifikationsbezogene Lohnfindung

Die Unternehmen sind aufgrund der technologischen und arbeitsorganisatorischen Entwicklung der letzten und kommender Jahre zunehmend darauf angewiesen, flexibel einsetzbare und entwicklungsfähige Mitarbeiter vorzuhalten, um im Hinblick auf den immer schwieriger werdenden Wettbewerb bestehen zu können.

Aus diesem Grund ist und wird es künftig verstärkt erforderlich, nicht nach gegenwärtigen Anforderungen zu entlohnen, sondern nach den **Qualifikationen** der Mitarbeiter, die **in der Zukunft benötigt** werden.

2.3 Leistungsbezogene Lohnfindung

Bei der leistungsbezogenen Lohnfindung ist das **Arbeitsergebnis** die Grundlage für die Entlohnung, d. h. eine höhere Leistung zieht auch einen höheren Lohn nach sich, wodurch die Lohngerechtigkeit erheblich gefördert wird. Der Lohn lässt sich dabei auf zwei **Wegen** differenzieren:

- durch die Wahl einer **leistungsbezogenen Lohnform**, bei der sich der Akkordlohn oder der Prämienlohn anbietet
- durch eine von der Lohnform unabhängige **Leistungsbeurteilung**, deren Ergebnis für die Lohnhöhe bedeutsam ist.

Während die leistungsbezogene Lohnfindung früher vor allem im Produktionsbereich erfolgte, wurde sie in den vergangenen Jahren auch im Verwaltungsbereich bedeutsamer.

2.4 Marktbezogene Lohnfindung

Bei der Lohnfindung können auch (arbeits-)marktbezogene Aspekte eine Rolle spielen. Warum Arbeitnehmer für gleiche Arbeit unterschiedlich hoch entlohnt werden, kann **konjunkturell, saisonal** sowie **regional bedingte Gründe** haben.

Beispiel

Beispielsweise wurden Sekretariats- und Bürokräften einer Untersuchung der Unternehmensberatung Kienbaum entsprechend in Frankfurt um 5 % und in München um 6 % höhere, in Hannover und Nürnberg um 5 %, in Dresden und Leipzig um 22 % niedrigere Löhne gezahlt als in Dortmund.

3. Entgelt

Das den Mitarbeitern zu gewährende Entgelt besteht vorrangig aus dem Lohn. Dazu können sonstige Entgeltteile kommen, z. B. Erfindervergütungen, Prämien für Verbesserungsvorschläge und erfolgsabhängige Vergütungen:

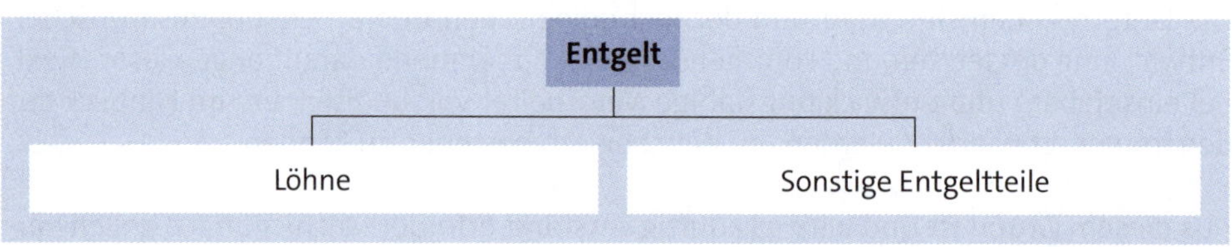

Der Betriebsrat hat ein **Mitbestimmungsrecht** gemäß § 87 Abs. 1 Nr. 10 BetrVG bezüglich der betrieblichen Lohngestaltung, insbesondere von Entlohnungsgrundsätzen, also den Verfahren, nach denen die Arbeitnehmer entlohnt werden, sofern eine gesetzliche oder tarifliche Regelung nicht besteht. Die Höhe des Entgeltes unterliegt aber nicht dem Mitbestimmungsrecht des Betriebsrates.

3.1 Löhne

Die Arbeitnehmer erhalten **Löhne** nicht nur für erbrachte Leistungen, sondern in verschiedenen Fällen auch **ohne Leistung**, was durch Gesetze, Tarifverträge, Betriebsvereinbarungen und Arbeitsverträge begründet sein kann, z. B. als:

- Löhne, die während der **Arbeitsunfähigkeit** von Arbeitgebern gezahlt werden. Ein Entgeltfortzahlungsanspruch besteht für die Dauer von bis zu sechs Wochen, sofern Arbeitnehmer kein Verschulden an der Arbeitsunfähigkeit trifft. Die Höhe der **Entgeltfortzahlung** beträgt gesetzlich 100 % des für die regelmäßige Arbeitszeit zustehenden Arbeitsentgeltes.
- Löhne, die während **Kuren** und **Heilverfahren** anfallen, werden regelungstechnisch gleich behandelt, wie zuvor dargestellt. Während einer nach einem Heilverfahren angezeigten Schonzeit besteht ein Anspruch auf **Entgeltfortzahlung** nur dann, wenn der Arbeitnehmer arbeitsunfähig ist.
- Löhne, die während des **Erholungsurlaubes** gezahlt werden, auf den der Arbeitnehmer gesetzlich mindestens 24 Werktage, tarifvertraglich in der Regel erheblich länger, Anspruch hat. Der volle **Urlaubsanspruch** wird erstmalig nach sechsmonatigem Bestehen des Arbeitsverhältnisses erworben (§§ 1, 3, 4 BUrlG).
- Löhne, die an **gesetzlichen Feiertagen** anfallen und den Arbeitnehmern gemäß § 2 EntgeltFG für die ausgefallene Arbeitszeit zu zahlen sind. Bleiben Arbeitnehmer am letzten Arbeitstag vor oder am ersten Arbeitstag nach Feiertagen **unentschuldigt** der Arbeit fern, haben sie keinen Anspruch auf Bezahlung dieser Feiertage.
- Löhne, die während einer **persönlichen Verhinderung** des Arbeitnehmers anfallen, z. B. Geburt, Hochzeit, Sterbefall, Behördengang, Prüfungen im Rahmen der Aus- und Weiterbildung, Ausübung öffentlicher Ehrenämter.
- Löhne, die anfallen, wenn der Arbeitnehmer seine Arbeitsleistung anbietet, der Arbeitgeber aber keine Arbeit zuweist, z. B. weil der Arbeitnehmer gekündigt hat (**Annahmeverzug**).
- Löhne, die für eine objektiv oder subjektiv nicht vollziehbare Leistung anfallen und die zu Beginn oder im Verlaufe des Arbeitsverhältnisses eintritt, sofern das Verschulden dafür beim Arbeitgeber liegt (**Unmöglichkeit**).

Löhne sollen grundsätzlich den Arbeitnehmern zufließen, die sie beanspruchen können. Deshalb gilt, dass der aus der Lohnpfändungstabelle entnehmbare nicht pfändbare Teil des Lohnes weder **verpfändet** noch **abgetreten** werden darf. Der Arbeitgeber darf die Lohnforderung des Arbeitnehmers im Übrigen nur dann aufrechnen, wenn seine Forderung fällig und auch eine Geldforderung ist.

3.1.1 Grundlöhne

Die Grundlöhne können in verschiedenen **Formen** vergütet werden, die als Lohnformen bezeichnet werden. Das sind vor allem:

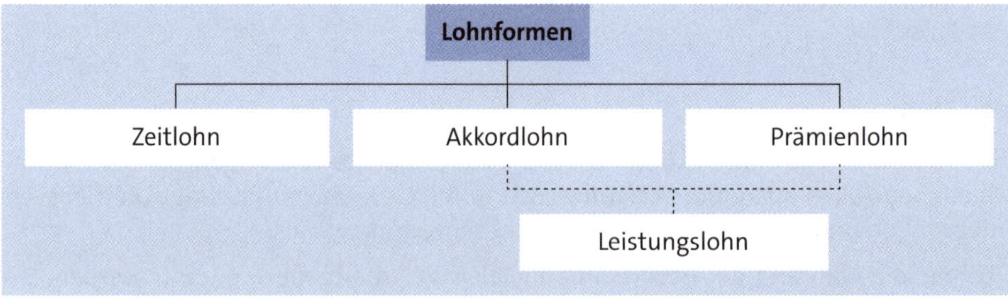

Diese Lohnformen entsprechen teilweise in vollem Umfang den **Grundlöhnen**, wie z. B. der reine Zeitlohn, zum Teil enthalten sie konstruktionsbedingt bereits Elemente der **ergänzenden Löhne**, z. B. in Form von Prämien.

Eine weitere, hier nicht weiter auszuführende Lohnform ist der **Pensumlohn**, mit dem künftig erwartete Leistungen entlohnt werden, nicht in der Vergangenheit erbrachte Leistungen. Er hat in den letzten Jahren an Bedeutung gewonnen – siehe *Olfert (2015)*.

3.1.1.1 Zeitlohn

Beim Zeitlohn wird nach der Dauer der geleisteten **Arbeitszeit entlohnt**, z. B. Stunde, Woche, Monat. Während der **Arbeiter** in der Vergangenheit überwiegend einen Stundenlohn erhielt, wurde dem **Angestellten** seit jeher ein Monatslohn gezahlt, der Gehalt genannt wird. Der Zeitlohn ist zwar kein **Leistungslohn**, es besteht dennoch ein mittelbarer Leistungsbezug, der sich in der konkreten Leistungserwartung ausdrückt.

Zu unterscheiden sind:

- Der **reine Zeitlohn** als Stundenlohn, Monatslohn oder Gehalt, der keine ergänzenden Leistungsanreize aufweist und dem eine ausschließlich anforderungsorientierte Lohndifferenzierung zu Grunde liegt. Er wird als **Bruttolohn** in folgender Weise ermittelt:

  Zeitlohn = Lohnsatz je Zeiteinheit • Anzahl der Zeiteinheiten

  Beispiel

  Ein Arbeiter hat im Abrechnungszeitraum 38 Stunden gearbeitet. Der Lohnsatz beträgt 13,50 €/Std. Damit erhält er einen Zeitlohn in Höhe von 13,50 € • 38 = **513 €**.

Während der **Lohnsatz** je Zeiteinheit beim Zeitlohn konstant ist, z. B. die obigen 13,50 €/Stunde, verändern sich die **Lohnkosten** pro Stück, wenn die Leistung sich im Betrachtungszeitraum verändert.

- Der **Zeitlohn mit Leistungszulage**, der nicht nur ein Grundlohn ist, sondern auch ergänzenden Lohn beinhaltet. Seine Ermittlung als **Bruttolohn** erfolgt:

  Lohn = Zeitlohn + Leistungszulage

  Die Leistungszulage beim Zeitlohn wird vielfach als **Prämie** gewährt, z. B. als Qualitätsprämie, Mengenprämie, Pünktlichkeitsprämie, Anwesenheitsprämie, Ersparnisprämie, Flexibilitätsprämie. Sie kann tarifvertraglich festgelegt sein, aber auch betrieblich freiwillig erfolgen, wofür allgemeine Beurteilungsgrundsätze nötig sind.

Im Zeitlohn entlohnte **Arbeiter** erhielten in der Vergangenheit einen Stundenlohn, in jüngerer Zeit wird zunehmend ein Monatslohn gezahlt, dessen Höhe aber von der Zahl monatlicher Arbeitstage abhängt. **Angestellte** erhalten seit jeher einen Monatslohn, der als Gehalt in jedem Monat gleich hoch ist.

Aufgabe 38 > Seite 275

3.1.1.2 Akkordlohn

Beim Akkordlohn wird die Arbeitskraft für die von ihr geleistete **Arbeitsmenge entlohnt**. Es besteht ein unmittelbarer Leistungsbezug. Seine Verbreitung hat in den vergangenen Jahren wegen verstärkter Mechanisierung und Automatisierung der Fertigungsprozesse deutlich abgenommen.

Voraussetzungen für die Anwendbarkeit des Akkordlohnes sind:

- die **Akkordfähigkeit**, bei der die Arbeit im Voraus bekannt, gleichartig, regelmäßig wiederkehrend sowie leicht und genau messbar ist
- die **Akkordreife**, bei welcher der Arbeitsablauf keine Mängel aufweist und nach entsprechender Einarbeitung und Übung ausreichend beherrschbar ist
- die **Beeinflussbarkeit der Leistungsmengen**, die der Arbeitskraft unmittelbar hinreichend möglich sein muss.

Der Akkordlohn wird üblicherweise als **Proportionalakkord** genutzt, bei dem der Lohn sich proportional zur Zeiteinsparung ändert, die Lohnkosten pro Stück aber gleich bleiben. Er besteht aus zwei Teilen, die den **Akkordrichtsatz** als den Lohn einer Arbeitskraft bei Normalleistung ergeben:

- dem **Mindestlohn**, der meist tariflich garantiert ist und dem vergleichbaren Zeitlohn bei Normalleistung entspricht
- dem **Akkordzuschlag**, der tariflich üblicherweise 15 % - 25 % des Mindestlohnes beträgt.

Bezüglich des Akkordlohnes sollen behandelt werden:

- **Arten**
- **Vorgabezeiten.**

3.1.1.2.1 Arten

Nach den unterschiedlichen **Verrechnungseinheiten** gibt es als Arten des Akkordlohnes:

- Den **Geldakkord**, der auch **Stückakkord** genannt wird. Bei ihm wird der Arbeitskraft ein Geldbetrag als Akkordsatz für die Erbringung einer bestimmten Leistung vorgegeben bzw. gutgeschrieben:

  $$\text{Akkordsatz} = \frac{\text{Akkordrichtsatz}}{\text{Leistungseinheiten bei Normalzeit}}$$

  Die Normalzeit für eine Leistungseinheit wird in Form der **Vorgabezeit** (= Soll-Zeit aufgrund von Zeitaufnahmen) ermittelt – siehe S. 186 f. Der Akkordlohn der Arbeitskraft ergibt sich:

  $$\text{Akkordlohn} = \text{Leistungsmenge} \cdot \text{Akkordsatz}$$

  Beispiel

  Der Zeitlohn beträgt 14 €/Stunde, der Akkordzuschlag 20 %, die Vorgabezeit für ein Stück 10 Minuten. Der Arbeiter fertigt durchschnittlich 7 Stück pro Stunde.

  $$\text{Akkordlohn} = 7 \cdot \frac{14 + 14 \cdot 0{,}20}{6} = \mathbf{19{,}60\ €/Std.}$$

  Beim Geldakkord ist **nachteilig**, dass die Zeitvorgabe nicht unmittelbar erkannt werden kann. Die Akkordvorgaben müssen bei Tarifänderungen stets völlig neu berechnet werden.

- Das ist beim **Zeitakkord** nicht der Fall, bei dem der Arbeitskraft eine bestimmte Zeit pro Stück vorgegeben bzw. gutgeschrieben wird, die der Vorgabezeit entspricht. Die **Umrechnung in Geldeinheiten** erfolgt erst am Ende der Abrechnungsperiode:

  $$\text{Akkordlohn} = \text{Leistungsmenge} \cdot \text{Vorgabezeit} \cdot \text{Minutenfaktor}$$

  wobei:

  $$\text{Minutenfaktor} = \frac{\text{Akkordrichtsatz}}{60}$$

Beispiel

Der Zeitlohn beträgt 14 €/Stunde, der Akkordzuschlag 20 %, die Vorgabezeit für ein Stück 10 Minuten. In einer Stunde werden 7 Stück gefertigt.

$$\text{Akkordlohn} = 7 \cdot 10 \cdot \frac{14 + 14 \cdot 0{,}20}{60} = \mathbf{19{,}60\ €/Std.}$$

Der Zeitakkord ist die in der Praxis vorrangig genutzte Art des Akkords, weil die Zeitvorgaben unmittelbar erkennbar sind und Tariferhöhungen lediglich die Korrektur des Minutenfaktors erfordern.

Der Akkordlohn kann sich auf eine unterschiedliche **Zahl** von gemeinsam entlohnten **Arbeitskräften** beziehen. Es gibt danach:

- Den **Einzelakkord**, bei dem die Arbeitsleistung einer einzelnen Arbeitskraft erfasst und entlohnt wird. Er stellt die überwiegend verwendete Form der Akkordentlohnung dar.
- Den **Gruppenakkord**, bei dem mehrere Arbeitskräfte gemeinsam entlohnt werden. Dabei kann sich die gerechte bzw. als gerecht empfundene Aufteilung des Lohnes auf die Gruppenmitglieder als schwierig erweisen. Sie erfolgt zweckmäßigerweise mithilfe von Äquivalenzziffern, z. B. auf der Grundlage der Tariflöhne.

  Voraussetzungen für die Entlohnung im Gruppenakkord sind (*von Rosenstiel, 2009*):

  - Die Arbeitsgruppe ist klein und stabil.
  - Die Mitglieder verrichten ähnliche Arbeiten.
  - Die Mitglieder weisen keine großen Leistungsunterschiede auf.
  - Die Entlohnungsform muss einfach, transparent, nachkontrollierbar sein.

3.1.1.2.2 Vorgabezeiten

Vorgabezeiten sind **Soll-Zeiten**, die für Arbeitsabläufe angesetzt werden, welche von Menschen und Betriebsmitteln ausgeführt werden, als (*REFA*):

- **Auftragszeiten**, die menschenbezogene Vorgabezeiten sind
- **Belegungszeiten**, die betriebsmittelbezogene Vorgabezeiten darstellen.

In Verbindung mit dem Akkordlohn sind ausschließlich die **Auftragszeiten** als Vorgabezeiten von Bedeutung. Sie setzen sich zusammen aus:

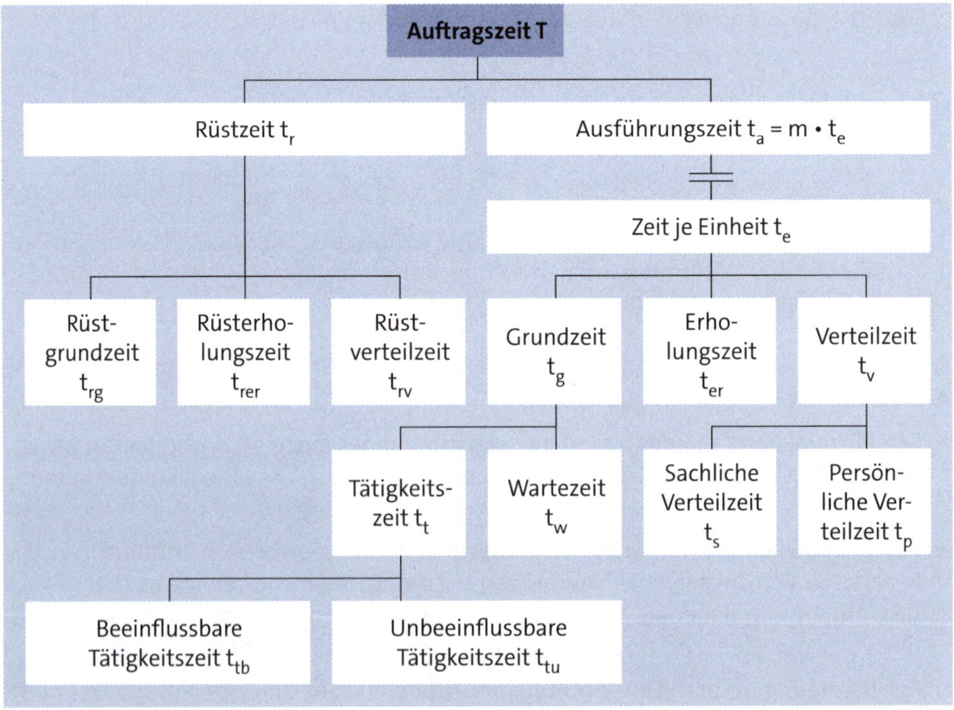

Rüstgrundzeit	Sie ist die Zeit, während der ein Betriebsmittel vom Menschen gerüstet, d. h. auf die Erfüllung seiner Arbeitsaufgabe vorbereitet wird.
Rüsterholungszeit	Sie ist die Zeit, die beim Rüsten notwendig ist, um die Ermüdung abzubauen, die durch das Rüsten eingetreten ist.
Rüstverteilzeit	Sie ist die Zeit, die beim Rüsten zusätzlich unplanmäßig durch den Menschen entsteht.
Grundzeit	Sie ist die Zeit, die zum Ausführen einer Mengeneinheit durch den Menschen erforderlich ist und die Tätigkeitszeit und Wartezeit umfasst.
Erholungszeit	Sie ist die Zeit, die für das Erholen des Menschen pro Mengeneinheit erforderlich ist. Ihre Länge orientiert sich an den Anforderungen, die an den Menschen gestellt werden.
Verteilzeit	Sie ist die Zeit, die zusätzlich zur planmäßigen Ausführung durch den Menschen pro Mengeneinheit erforderlich ist.

Um Vorgabezeiten feststellen zu können, lassen sich grundsätzlich zwei **Wege** beschreiben:

- Es erfolgt eine **Ist-Zeitermittlung**, die vorgenommen werden kann als:

Zeitschätzung	Sie ist das **einfachste**, aber auch **ungenaueste Verfahren**, das nur dann genutzt werden sollte, wenn andere Verfahren nicht anwendbar oder zu zeit- bzw. kostenintensiv sind.
Zeitaufnahme	Mit ihr wird die auf den Menschen bezogene **Zeit erfasst**. Sie ist zweckmäßig, wenn sich der untersuchte Ablauf auch zukünftig in gleicher Weise wiederholt.
Multimoment-aufnahme	Sie stellt ein **Stichprobenverfahren** dar, das Aussagen über die prozentuale Häufigkeit bzw. über die Dauer von vorwiegend unregelmäßig auftretenden Vorgängen oder Größen beliebiger Art für eine frei wählbare Genauigkeit bei einer statistischen Sicherheit von 95 % gibt.

- Möglich ist auch, mithilfe von **Systemen vorbestimmter Zeiten** zu den Vorgabezeiten zu gelangen. Sie gehen von dem Gedanken aus, dass manuelle vom Menschen beeinflussbare Tätigkeiten systematisch ermittelt werden können. Grundsätzlich wird in zwei **Schritten** vorgegangen:

Analyse des Bewegungsablaufes	Damit werden die in einem Ablaufabschnitt enthaltenen **Bewegungselemente** ermittelt, die z. B. Hinlangen, Bringen, Greifen, Loslassen, Vorrichten, Fügen sein können.

↓

Zuordnung der Zeiteinheiten	Danach erfolgt die Zuordnung der Zeiteinheiten zu den festgestellten Bewegungselementen unter Verwendung von Bewegungszeittabellen.

Verfahren, die den Systemen vorbestimmter Zeiten zugerechnet werden können, sind das **Work-Factor-Verfahren** und das **Methods-Time-Measurement-Verfahren** – siehe *Olfert (2015)*.

Aufgabe 39 > Seite 275

3.1.1.3 Prämienlohn

Der Prämienlohn wird verwendet, wenn das Arbeitsergebnis vom Arbeitnehmer beeinflussbar ist, die Ermittlung genauer Vorgaben für das Unternehmen aber unwirtschaftlich oder unmöglich ist. Er besteht aus zwei **Teilen**:

- dem **Grundlohn**, der als Zeitlohn leistungsunabhängig ist.
- der **Prämie**, die planmäßig und zusätzlich leistungsbezogen gewährt wird.

Der Prämienlohn ist damit **kein reiner Grundlohn**, sondern er enthält in Form der Prämie ein Element, das eigentlich dem ergänzenden Lohn zuzurechnen ist. Je nach **Leistung** ergibt sich z. B. folgendes Bild:

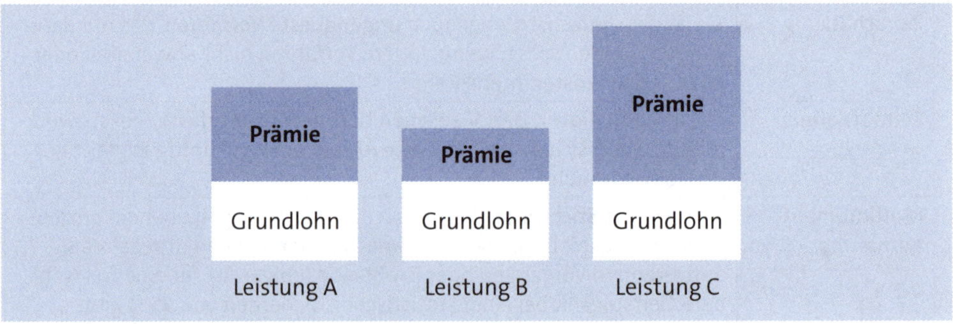

Der **Prämienverlauf** kann unterschiedlich gestaltet sein:

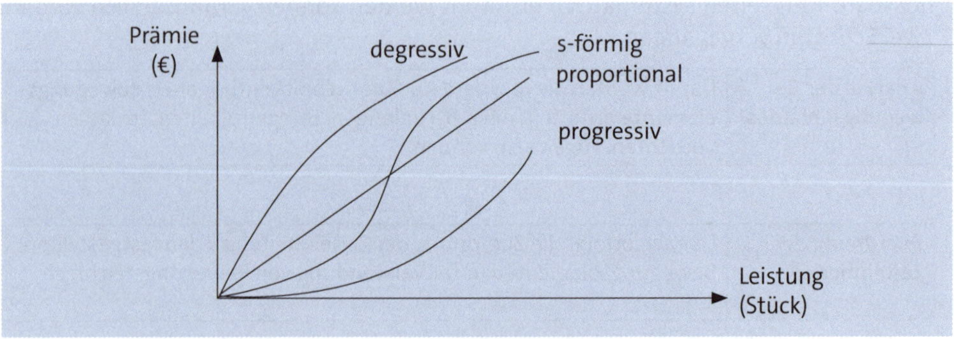

Am häufigsten ist der **degressive Prämienverlauf** in der Praxis vorzufinden. Mit ihm wird angestrebt, dass möglichst viele Arbeitskräfte in den Bereich höherer Prämien kommen, der Leistungsanreiz ab einer bestimmten Leistung aber geringer wird.

Nach der **Art der Zurechnung** lassen sich unterscheiden:

- die **Einzelprämie**, die einer einzelnen Arbeitskraft aufgrund ihrer individuellen Leistung gewährt wird
- die **Gruppenprämie**, die mehrere Arbeitskräfte für die von ihnen gemeinsam erbrachten Leistungen erhalten, wobei die Verteilung der Prämie auf die einzelnen Gruppenmitglieder problematisch sein kann. Sie hat in den letzten Jahren an Bedeutung gewonnen.

Die Gewährung der **Prämie** ist für unterschiedliche Leistungen möglich, z. B. als:

- Mengenleistungsprämie bzw. Quantitätsprämie
- Nutzungsprämie bzw. Nutzungsgradprämie
- Qualitätsprämie
- Ersparnisprämie.

Der Prämienlohn stellt für die Arbeitskräfte einen **Leistungsanreiz** dar. Er bietet die Möglichkeit, sowohl quantitative als auch qualitative Merkmale zu berücksichtigen, die auch miteinander kombiniert werden können. Ein **Nachteil** ist der mit seiner Abrechnung verbundene erhöhte Aufwand. Der Betriebsrat hat bei der Festsetzung der Prämiensätze gemäß § 87 Abs. 1 Nr. 11 BetrVG ein **Mitbestimmungsrecht**, sofern es keine gesetzliche oder tarifliche Regelung gibt.

3.1.2 Ergänzende Löhne

Den Arbeitskräften werden in der Regel nicht nur Grundlöhne bezahlt. **Typische** darüber hinaus gewährte **Leistungen** sind:

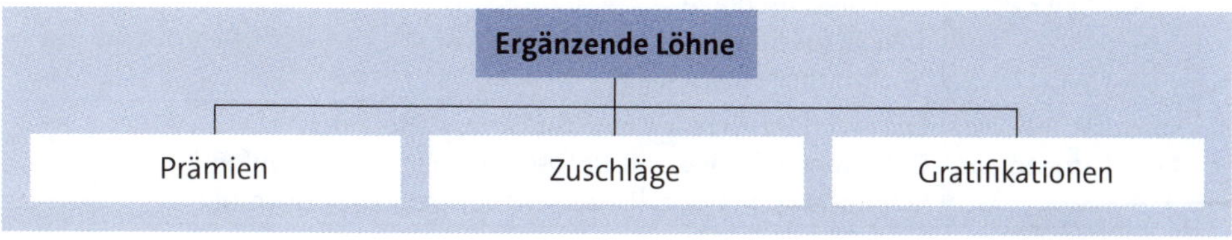

Weitere nicht immer eindeutig zuordenbare geldliche oder geldwerte **Leistungen** sind z. B. Mietzuschüsse, Verpflegungszuschüsse, Beihilfen, Deputate, privat nutzbare Dienstwagen. Den ergänzenden Löhnen wird mitunter auch das **13. Monatsgehalt** zugerechnet, der aber ein aufgespeicherter unmittelbarer Bestandteil des Lohnes ist, also kein ergänzender Lohn.

3.1.2.1 Prämien

Prämien sind besondere Vergütungen, die neben dem Grundlohn gezahlt werden, um eine längere Zugehörigkeit im Unternehmen bzw. bestimmte persönliche Leistungen oder Arbeitserfolge zu honorieren. Sie werden für bestimmte Arbeitserfolge auch beim **Prämienlohn** für über der Normalleistung liegende Leistungen berücksichtigt.

Arbeitsvertraglich kann vereinbart werden, dass der Arbeitgeber eine Prämie nur dann zu zahlen hat, wenn der Arbeitnehmer sich im Zeitpunkt der Prämienabrechnung in einem **ungekündigten Arbeitsverhältnis** befindet. Des Weiteren können **Rückzahlungsklauseln** vereinbart werden.

3.1.2.2 Zuschläge

Zuschläge werden auch als **Zulagen** bezeichnet. Das Unternehmen kann zur Gewährung von Zuschlägen durch Gesetze oder Tarifverträge verpflichtet sein, aber auch aufgrund des notwendigerweise zu beachtenden Gleichbehandlungsgrundsatzes. Zuschläge können aber auch freiwillig gewährt werden, indem ihre Zahlung in Betriebsvereinbarungen oder Arbeitsverträgen aufgenommen wird.

Entsprechend ihrer **Zwecksetzung** lassen sich unterscheiden:

- Zuschläge für **besondere Leistungen**, zu denen zählen:

Überstunden-zuschläge	Sie werden für Überarbeit gewährt, d. h. wenn die regelmäßige betriebliche Arbeitszeit überschritten wird.
Leistungs-zuschläge	Besonders gute Arbeitsleistungen des Arbeitnehmers sollen damit anerkannt werden.
Funktions-zuschläge	Sie werden Arbeitnehmern für die Wahrnehmung bestimmter Funktionen im Unternehmen gewährt.

- Zuschläge für **ungünstige Arbeitsumstände**, die sich beziehen können auf:

Ungünstige Arbeitszeiten	Sonntagszuschläge Feiertagszuschläge Schichtzuschläge Nacht(arbeits-)zuschläge
Sonstige Arbeitsumstände	Erschwerniszuschläge, z. B. für Lärm, Kälte, Hitze Gefahrenzuschläge, z. B. bei gefährlichen Arbeitsstoffen Schmutzzuschläge, z. B. für nicht vermeidbaren Schmutz

- Zuschläge aus **sozialen Gründen**, die keinen Leistungsbezug haben:

Sozialzuschläge/ -zulagen	► Ortszuschläge ► Kinderzuschläge ► Alterszuschläge ► Trennungszuschläge ► Wohnzuschläge ► Fahrtzuschläge

Arbeitsvertraglich vereinbarte Zuschläge sind bei vorbehaltloser Gewährung nicht einseitig widerrufbar. Bei der Gestaltung der Zuschläge hat der Betriebsrat ein **Mitbestimmungsrecht**, soweit ihre Gestaltung nicht gesetzlich oder tarifvertraglich geregelt ist.

3.1.2.3 Gratifikationen

Gratifikationen sind Vergütungen, die aus **bestimmten Anlässen** über die Grundvergütung der Arbeitnehmer hinaus gewährt werden. Sie dienen als Belohnung für Dienste, die in der Vergangenheit erbracht wurden, sowie als Ansporn für Dienste, die künftig zu leisten sind.

Ein **Rechtsanspruch** auf die Gewährung von Gratifikationen kann in Tarifverträgen, Betriebsvereinbarungen, Arbeitsverträgen und betrieblicher Übung begründet sein. Er lässt sich davon abhängig machen, dass der Arbeitnehmer dem Unternehmen im Auszahlungszeitpunkt angehört, nicht gekündigt hat bzw. innerhalb angemessener Frist nicht kündigt. Häufig vorzufindende **Gratifikationen** sind:

- Die **Weihnachtsgratifikation**, die meistens an das Bestehen des Arbeitsverhältnisses im Auszahlungszeitpunkt gebunden ist oder – bei Gratifikationen über rund 100 € – an einen späteren Zeitpunkt. Scheidet der Arbeitnehmer innerhalb dieser Bindungsfristen aus, muss er die Weihnachtsgratifikation grundsätzlich **zurückzahlen**.
- Die **Jubiläumsgratifikation**, die sich auf das Dienstjubiläum eines Mitarbeiters oder das Jubiläum eines Unternehmens beziehen kann. Sie ist eine freiwillige Gratifikation, mit der die dem Unternehmen erbrachte **Treue honoriert** wird.

Soll eine **betriebliche Übung** aufgrund dreimaliger vorbehaltloser Gewährung nicht wirksam werden, muss die Zahlung von Gratifikationen in jedem Einzelfall unter Vorbehalt erfolgen bzw. ein Vorbehalt in eine Betriebsvereinbarung eingebracht werden.

Bei der Gewährung von Gratifikationen, Treueprämien und Anwesenheitsprämien hat der Betriebsrat ein **Mitbestimmungsrecht** gemäß § 87 Abs. 1 Nr. 10 und 11 BetrVG im Hinblick darauf, nach welchen Grundsätzen diese Leistungen auf die Arbeitnehmer verteilt werden sollen, nicht hingegen in Bezug auf die Fragen, ob und in welchem Umfang freiwillige Leistungen gewährt werden. Der **Gleichbehandlungsgrundsatz** ist unbedingt zu beachten.

3.1.2.4 Flexibilisierung

Die Prämien, Zuschläge, Gratifikationen und sonstigen Zuwendungen wurden in der Vergangenheit vielfach relativ unflexibel gehandhabt. Inzwischen gibt es aber auch Konzepte, die eine Flexibilisierung und Individualisierung ermöglichen. Das sind **Cafeteria-Systeme**, die sich zwar schwerpunktmäßig auf die lohnergänzenden Leistungen beziehen, aber auch mitunter auf die Löhne selbst und die erfolgsbezogenen Entgeltteile.

Cafeteria-Systeme sind **Vergütungsregelungen**, bei denen es den Mitarbeitern überlassen ist, unter der Prämisse der Kostenneutralität zwischen inhaltlich und zeitlich verschiedenen Entgeltbestandteilen innerhalb eines bestimmten Budgets auszuwählen – wie bei dem Menü in einer Cafeteria. Die Zuwendung erfolgt somit nach der **individuellen Bedürfnisstruktur** des Mitarbeiters.

Merkmale der Cafeteria-Systeme sind:

- das **Wahlangebot** für die Mitarbeiter mit mindestens zwei Alternativen
- das **Wahlbudget**, an das die Mitarbeiter gebunden sind, z. B. 2.000 €
- die periodische **Wahlmöglichkeit**, z. B. jeweils für ein bis fünf Jahre.

Das Wahlangebot, das möglichst umfangreich sein sollte, ermöglicht es, gezielt auf die Mitarbeitererwartungen eingehen zu können, die z. B. allein schon altersbedingt sehr unterschiedlich sein können, wie zu sehen ist:

Beispiel

Paket I **für Mittfünfziger**	**Paket II** **für 40 - 45-jährige Führungskraft**	**Paket III** **für 30 - 35-jährigen Nachwuchsmanager**
▸ Höhere Altersversorgung ▸ Lebensversicherung ▸ Aktien ▸ Frühpensionierung	▸ Pkw-Programm ▸ Arbeitgeberdarlehen ▸ Bargeld ▸ Zusatzurlaub	▸ Pkw-Programm ▸ Langzeiturlaub ▸ MBA-Angebot ▸ Aktien

Die **Zielgruppe** für Cafeteria-Systeme sind vor allem Fach- und Führungskräfte der mittleren und oberen Ebene, die aus einem möglichst umfangreichen Wahlangebot auswählen können, das den Mitarbeitererwartungen gerecht werden sollte.

Aufgabe 40 > Seite 275

3.2 Sonstige Entgeltteile

Neben den Grundlohn – meist als **tariflicher Mindestlohn** – und den ergänzenden Lohn, insbesondere in Form von Prämien, Zuschlägen und Gratifikationen, können weitere Entgeltteile treten:

- **Vergütung besonderer Mitarbeiterleistungen**
- **erfolgsabhängige Vergütung.**

3.2.1 Entgeltteil besonderer Mitarbeiterleistungen

Mitarbeiter sollen nicht nur für die Verrichtung der ihnen übertragenen Aufgaben entlohnt werden, sondern auch für **über** ihre **Aufgabe hinausgehende Leistungen**, die sie eigeninitiativ erbringen:

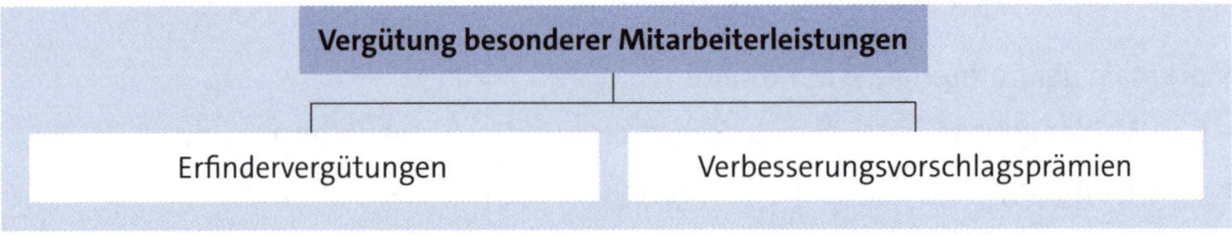

3.2.1.1 Erfindervergütungen

Erfindungen und ihre Vergütung sind im **Arbeitnehmererfindungsgesetz** (ArbnErfG) geregelt. Es unterscheidet:

- **Diensterfindungen** als während der Dauer des Arbeitsverhältnisses gemachte Erfindungen, die entweder aus der dem Arbeitnehmer obliegenden Tätigkeit entstanden sind oder maßgeblich auf den Erfahrungen oder Arbeiten des Unternehmens beruhen (§ 4 Abs. 2 ArbnErfG).

  Der Arbeitnehmer muss sie dem Arbeitgeber unverzüglich melden, der sie in Anspruch nehmen kann. Erklärt er dies innerhalb einer Frist von vier Monaten, muss er dem Arbeitnehmer eine **angemessene Vergütung** gewähren, über deren Bemessung es Richtlinien des Bundesministers für Arbeit gibt. Dafür gehen alle Rechte an der Erfindung an ihn über (§§ 5, 6, 7 ArbnErfG).

- **Freie Erfindungen** als all jene Erfindungen, die nicht zu den Diensterfindungen zählen. Auch sie müssen dem Arbeitgeber gemeldet werden, sofern sie nicht offensichtlich für ihn unverwertbar sind. Der Arbeitnehmer hat im Hinblick auf die anzuzeigenden freien Erfindungen dem Arbeitgeber ein **Mitbenutzungsrecht zu angemessenen Bedingungen** anzubieten (§ 19 ArbnErfG).

3.2.1.2 Verbesserungsvorschlagsprämien

Verbesserungsvorschläge sind besondere Mitarbeiterleistungen, die zur **Weiterentwicklung eines bestehenden Zustandes** im Unternehmen führen. Sie haben hohe innerbetriebliche Bedeutung und werden von modern geführten Unternehmen gefördert, die im Rahmen des Verbesserungsvorschlagswesens geeignete Verbesserungsvorschläge prämieren.

Grundsätze der Vergütung und **des Verfahrens** für das Vorschlagswesen finden sich in Tarifverträgen, ersatzweise in Betriebsvereinbarungen.

Der Betriebsrat hat beim betrieblichen Vorschlagswesen ein **Mitbestimmungsrecht** (§ 87 Abs. 1 Nr. 12 BetrVG). Es bezieht sich aber nur auf seine Grundsätze, indem z. B. der vorschlagsberechtigte bzw. prämienberechtigte Personenkreis, der Prüfungsausschuss und die Bewertung der Vorschläge geregelt werden.

3.2.2 Erfolgsabhängige Vergütung

Bei der erfolgsabhängigen Vergütung geht es um die **Beteiligung der Mitarbeiter am Erfolg**, den das Unternehmen als Gesamtheit erwirtschaftet hat. Sie erfolgt **freiwillig** aufgrund von Regelungen, die in einer Betriebsvereinbarung oder in Arbeitsverträgen getroffen werden. Es sollen betrachtet werden:

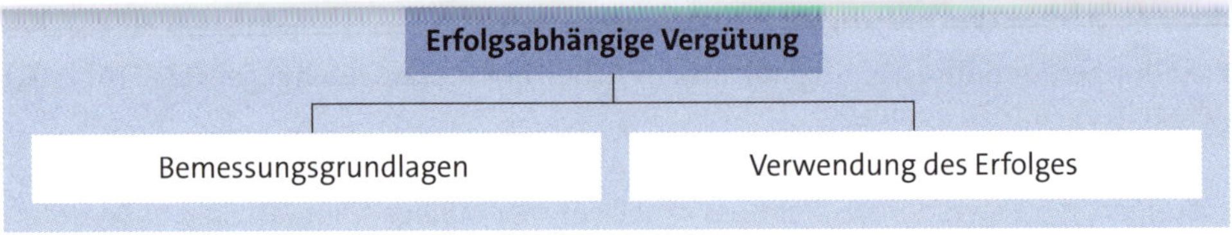

3.2.2.1 Bemessungsgrundlagen

In der Praxis gibt es zahlreiche Konzepte, die sich unterschiedlicher Bemessungsgrundlagen bedienen. Grundsätzlich kann die Erfolgsbeteiligung auf folgenden **Beteiligungsformen** beruhen:

- Der **Leistungsbeteiligung**, die beim Erreichen oder Überschreiten einer vereinbarten Normalleistung erfolgt. Sie kann sein:

Produktionsbeteiligung	Grundlage ist die Produktionsmenge, die durch Mehrleistung gesteigert werden kann, aber auch durch technischen Fortschritt.
Produktivitätsbeteiligung	Hier wird die Veränderung des Verhältnisses der produzierten Menge zu den Kosten zu Grunde gelegt.
Kostenersparnisbeteiligung	Sie beruht ausschließlich auf der Entwicklung der Kosten, die durch den Leistungsprozess entstehen.

- Der **Ertragsbeteiligung**, die beim Erreichen oder Überschreiten einer bestimmten Ertragsgröße geschieht. Zu unterscheiden sind:

Umsatzbeteiligung	Sie birgt die Gefahr, dass „reines Umsatzdenken" zulasten von Kosten und Gewinnen gefördert wird.
Nettoertragsbeteiligung	Grundlage ist der um betriebliche Aufwendungen und kalkulatorische Kosten verminderte Rohertrag.
Wertschöpfungsbeteiligung	Die Höhe der Wertschöpfung ergibt sich bei der Wertschöpfungsbeteiligung aus der Differenz zwischen dem Rohertrag und den Kosten der Vorleistungen.

- Der **Gewinnbeteiligung**, die in den Unternehmen am häufigsten verbreitet ist. Sie ist möglich als:

Ausschüttungsgewinnbeteiligung	Bei dieser Beteiligung werden bei Aktiengesellschaften die ausgeschütteten Dividenden als Bemessungsgrundlage herangezogen.
Substanzgewinnbeteiligung	Grundlage bei der Substanzgewinnbeteiligung ist die positive bzw. negative Substanzveränderung des Eigenkapitals des Unternehmens.
Bilanzgewinnbeteiligung	Sie bezieht sich meist auf den Steuerbilanzgewinn, der weniger gestaltbar ist als der Handelsbilanzgewinn.

Die Unternehmen geben der **Bilanzgewinnbeteiligung** vielfach den Vorzug vor den übrigen Beteiligungsformen, da sie nur dann Leistungen erbringen müssen, wenn tatsächlich auch Gewinne erzielt werden.

3.2.2.2 Verwendung

Die **Verteilung** des Betrages, der sich aus der Erfolgsbeteiligung ergibt, kann nach verschiedenen **Prinzipien** erfolgen (*Schanz, 2000*):

- dem **Gleichheitsprinzip**, bei dem nach Köpfen gleich verteilt wird
- dem **Leistungsprinzip**, das sich in der Regel am jeweiligen Einkommen orientiert
- dem **Sozialprinzip**, bei dem soziale Mitarbeiter-Merkmale bedeutsam sind.

Die **Verwendung** der Erfolgsbeteiligung ist möglich, indem:

- Die **Erfolgsanteile** z. B. als **leistungsabhängige Jahreszahlungen**, **Tantiemen** (nur an Vorstände, Geschäftsführer, leitende Angestellte) bzw. **Provisionen** (realisierte Umsätze bzw. Geschäfte) an die Mitarbeiter **ausbezahlt** werden.
- Die **Erfolgsanteile einbehalten** werden, um sie im Unternehmen anzulegen, was in einer nicht geringen Anzahl von Unternehmen geschieht. Die Mitarbeiter werden damit am Kapital des Unternehmens beteiligt und dadurch zu Eigentümern bzw. zu Gläubigern. Das kann als **Eigenkapital** (Beteiligung als Gesellschafter des Unternehmers) oder als **Fremdkapital** (z. B. Mitarbeiterdarlehen, Mitarbeiterschuldverschreibung) geschehen.

Das **5. VermBG** fördert die Kapitalbeteiligung der Arbeitnehmer an ihren Unternehmen.

4. Personalkosten

Die Personalkosten stehen in den letzten Jahren immer stärker im Mittelpunkt der öffentlichen Diskussion, wenn es um die Zukunftsaussichten deutscher Unternehmen und den **Standort „Deutschland"** geht. Sie liegen bei weltweiter Betrachtung bei uns im oberen Bereich – siehe S. 173. Zu unterscheiden sind:

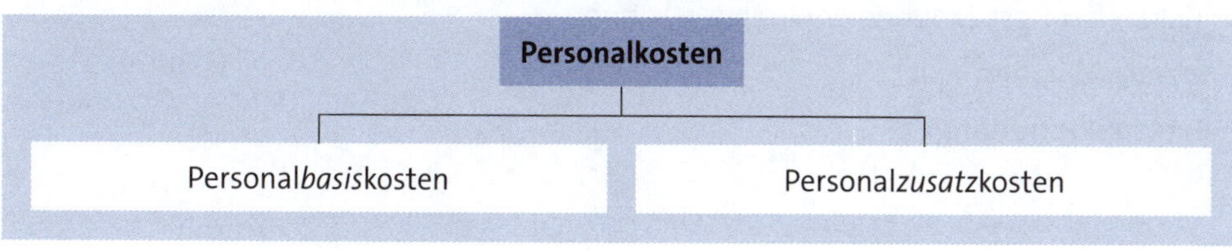

4.1 Personalbasiskosten

Die Personalbasiskosten umfassen den Teil der Personalkosten, der in **unmittelbarem Zusammenhang mit der Leistungserstellung** der Mitarbeiter steht. In Anlehnung an die *Deutsche Gesellschaft für Personalführung e. V. (DGFP)* umfassen die Personalbasiskosten:

	Entgelt
-	Löhne ohne Leistung
-	Zusatzlöhne, soweit ohne Leistungsbezug
-	Ausbildungsvergütungen, soweit ohne Leistungsbezug
=	**Löhne für geleistete Arbeitszeit**
-	Löhne für geleistete Arbeitszeit in sozialen Einrichtungen
-	Löhne für geleistete Arbeitszeit der Mitarbeiter in der Aus- und Weiterbildung
=	**Personalbasiskosten**

Die **Löhne** der Mitarbeiter in der **Aus- und Fortbildung** von den Personalbasiskosten abzusetzen und damit den Personalzusatzkosten zuzurechnen, wie dies von der *DGFP* vorgeschlagen wird, erscheint **nicht zweckdienlich**.

4.2 Personalzusatzkosten

Die Personalzusatzkosten stellen den Teil der Personalkosten dar, der über die Personalbasiskosten hinausgeht. Sie beziehen sich auf die vom Unternehmen gewährten Zusatz- und Sozialleistungen und betragen heute zumindest **rund 80 % der Personalbasiskosten**.

Der hohe Anteil der Personalzusatzkosten an den Personalkosten ist vom Unternehmen nur in begrenztem Umfang reduzierbar, denn die **Zusatz- und Sozialleistungen** sind gesetzlich bedingt, z. B. beim Lohn ohne Arbeit oder Sozialabgaben, tariflich bedingt, z. B. als Urlaubsgeld, Gratifikationen bzw. werden freiwillig gewährt, z. B. als Beihilfe, Kantine, Werksbücherei. Zu unterscheiden sind:

- **Löhne ohne Leistung**
- **nicht leistungsbezogene ergänzende Löhne**
- **soziale Abgaben**
- **Personalbetreuung.**

4.2.1 Löhne ohne Leistung

Löhne fallen nicht nur für erbrachte Leistungen, sondern verschiedentlich auch ohne die Erbringung von Leistungen an. **Rechtsgrundlagen** dafür sind Gesetze, Tarifverträge, Betriebsvereinbarungen und Arbeitsverträge. Auf sie wurde bereits eingegangen – siehe S. 175 ff.

4.2.2 Nicht leistungsbezogene ergänzende Löhne

Neben den Löhnen in Form der Zeitlöhne, Akkordlöhne oder Prämienlöhne erhalten die Arbeitnehmer vielfach lohnergänzende Leistungen, z. B. als Prämien, Zuschläge bzw. Zulagen, Gratifikationen – siehe S. 191 ff. **Soweit** diese Zuwendungen **nicht in unmittelbarem Bezug zur Leistung** des Arbeitnehmers stehen, zählen sie zu den Personalzusatzkosten.

4.2.3 Soziale Abgaben

Soziale Abgaben muss der Arbeitgeber für die **Sozialversicherung** leisten, die eine gesetzliche Zwangsversicherung ist. Sie umfasst:

- Die **Krankenversicherung**, bei der alle Arbeiter pflichtversichert sind, sowie alle Angestellten, die ein bestimmtes Entgelt nicht überschreiten. Ihre **Leistungen** umfassen Unfall und Krankheit, Schwangerschaft und Entbindung, Tod, Gesundheitsvorsorge und Krankengeld. Die Leistungen erfolgen nicht nur für den Versicherungsnehmer, sondern auch für seine **Familienangehörigen**, sofern sie kein eigenes Einkommen als Arbeitnehmer haben.
- Die **Pflegeversicherung**, die von den Pflegekassen zu tragen ist, deren Aufgaben von den Krankenkassen wahrgenommen werden. Versicherungspflicht besteht für alle Mitglieder der gesetzlichen Krankenversicherung und auch privat Versicherte. Die **Leistungen** der Pflegeversicherung beziehen sich auf häusliche, teilstationäre und stationäre Pflege.
- Die **Rentenversicherung**, die Versicherungsfälle der Erwerbsunfähigkeit, der Berufsunfähigkeit, des Alters und des Todes erfasst. Sie ist eine lohn- und beitragsbezogene Versicherung, d. h. die Renten orientieren sich an der Höhe des erzielten Entgeltes und der darauf entrichteten Beiträge zur Rentenversicherung. Ihre **Leistungen** sind die Versichertenrente und Hinterbliebenenrente.
- Die **Arbeitslosenversicherung**, die ebenfalls eine Pflichtversicherung für alle Arbeitnehmer ist. Bei Arbeitslosigkeit hat der Versicherte Anspruch auf **Arbeitslosengeld**, wobei zwei **Stufen** zu unterscheiden sind:

Arbeitslosengeld I	Es wird grundsätzlich bis maximal zwölf Monate in Höhe von 60 % bzw. 67 % (für Arbeitslose mit Kind) des pauschalierten Nettoentgelts gewährt. Bei entsprechenden Beitragsmonaten kann die Bezugsdauer ab dem vollendeten 50. Lebensjahr auf 15 Monate, ab dem 55. Jahr auf 18 Monate und ab dem 58. Jahr auf 24 Monate steigen. **Voraussetzung** für die Gewährung sind Arbeitslosigkeit, Erfüllung der Anwartschaft, persönliche Arbeitslosmeldung.

Bürgergeld	Es dient nach dem Auslaufen des Arbeitslosengeldes I der **Sicherung des Lebensunterhaltes**. Anspruchsberechtig ist, wer ► über 15 Jahre alt und noch nicht im Renteneintrittsalter ist ► sich gewöhnlich in der Bundesrepublik Deutschland aufhält ► der Antragsteller kann mindestens 3 Stunden pro Tag arbeiten ► der Antragsteller oder Mitglieder seines Haushaltes sind hilfsbedürftig ► das Vermögen des Antragsstellers beträgt im ersten Jahr weniger als 40.000 € (je weitere Person der Bedarfsgemeinschaft 15.000 €) Das Bürgergeld setzt sich zusammen aus: ► einer **Regelleistung**, die für Erwachsene Unverheiratete oder Alleinerziehende seit 01.01.2023 bei 502 €/Monat, für volljährige Partner bei 451 €/Monat und für Volljährige unter 25-Jährige wohnhaft bei den Eltern 402 €/Monat liegt. Für Kinder gibt es 318 €/Monat (0 - 5 Jahre) bzw. 348 € (6 - 13 Jahre) und für Jugendliche (14 - 17 Jahre) 420 € Monat. ► Dazu kommen die anteiligen angemessenen Kosten für **Unterkunft** und Heizung sowie zusätzlich ggf. einmalige Leistungen für **Mehrbedarfe** im Einzelfall.

- Die **Unfallversicherung**, der alle Arbeitnehmer unterliegen. Zu ihren Aufgaben gehören die Verhütung von Arbeitsunfällen sowie Hilfe für die Verletzten und ggf. für die Hinterbliebenen nach Eintritt des Unfalles. Sie tritt bei Arbeitsunfällen, Wegeunfällen und Berufskrankheiten ein.

  Leistungen der Unfallversicherung sind Heilbehandlungen, Berufshilfe, Verletztenrente, Sterbegeld und Hinterbliebenenrente. Träger der Unfallversicherung sind die Berufsgenossenschaften.

Die **Beiträge** zur Kranken-, Pflege-, Renten- und Arbeitslosenversicherung werden von Arbeitgebern und Arbeitnehmern je zur Hälfte aufgebracht.

Für 2023 gelten als Beitragssätze:

- Bei der **Krankenversicherung** liegt der allgemeine Beitragssatz 2019 bei 14,6 % (ermäßigt für Beschäftigte ohne Anspruch auf Krankengeld bei 14,0 %).
- Für die **Pflegeversicherung** ist ein Beitrag von 3,05 % zu leisten, wobei eine hälftige Aufteilung der Beitragsanteile zwischen Arbeitgeber und Arbeitnehmer erfolgt. Kinderlose müssen zur Pflegeversicherung zusätzlich einen Beitrag in Höhe von 0,35 % zahlen.
- Der Beitragssatz zur **Rentenversicherung** beträgt 18,6 %.
- Für die **Arbeitslosenversicherung** ist ein Beitrag von 2,6 % zu entrichten.

4.2.4 Personalbetreuung

Als Personalbetreuung sollen alle Maßnahmen zusammengefasst werden, die das Unternehmen seinen Mitarbeitern über das vereinbarte Entgelt hinaus gewährt. Sie ist auf zwei **Arten** möglich:

- als **Sozialmaßnahmen**, die direkte Übertragungen von Sozialleistungen an die Mitarbeiter umfassen, die gesetzlich oder tarifvertraglich begründet sein oder freiwillig gewährt werden können
- als **Sozialeinrichtungen**, die indirekte Übertragungen von Sozialleistungen an die Mitarbeiter bewirken, d. h. die Leistungen werden vorgehalten und die Mitarbeiter können sie nutzen oder auch nicht.

Der Betriebsrat hat ein **Mitbestimmungsrecht** gemäß § 87 Abs. 1 Nr. 8 BetrVG bei der Form, Ausgestaltung und Verwaltung von Sozialeinrichtungen, deren Wirkungskreis auf den Betrieb, das Unternehmen oder den Konzern beschränkt ist sofern eine gesetzliche oder tarifliche Regelung nicht besteht. Ob der Arbeitgeber Sozialeinrichtungen errichtet, entscheidet er selbst. Der Betriebsrat kann gemäß § 80 Abs. 1 Nr. 2 BetrVG dazu aber Anregungen geben bzw. Anträge stellen.

Zu der Personalbetreuung können auch die Bereitstellung von Statussymbolen und Titeln sowie die Information, Beratug und alltägliche Unterstützung der Mitarbeiter gerechnet werden. **Schwerpunkte** der Personalbetreuung sind:

- Die **Altersversorgung**, die auf unterschiedliche Weise erfolgen kann, um verbindliche Versorgungsansprüche zu bewirken:

Pensionszusagen	Sie werden auch als **Ruhegeldverpflichtungen** oder **Direktzusagen** bezeichnet. Bei ihnen ist das Unternehmen unmittelbarer Träger der Versorgungsleistung. Es bildet steuerrechtlich wirksame Pensionsrückstellungen in der Bilanz. Für die Mitarbeiter besteht bei einer Pensionszusage ein verbindlicher **Versorgungsanspruch** gegenüber dem Arbeitgeber.
Pensionskassen	Versicherungsvereine auf Gegenseitigkeit werden dazu von einem oder mehreren Unternehmen getragen. Die Mitarbeiter erwerben dort ebenfalls einen verbindlichen **Versorgungsanspruch**. Dabei sind Eigenleistungen der Berechtigten zulässig.
Direktversicherungen	Private Lebensversicherungen sind die Träger der Versorgungsleistungen. Der Arbeitgeber zahlt dabei die Versicherungsbeiträge entweder vollständig oder zum Teil.

- Die **Betriebskrankenkasse**, die jedes Unternehmen unter bestimmten Voraussetzungen, die im SGB V zu finden sind, mit Genehmigung der Aufsichtsbehörde errichten kann.
- Die **Arbeitssicherheit**, die auch dem Unfallschutz dient. Auf sie ist in Verbindung mit der Arbeitsplatzgestaltung und Arbeitszeitgestaltung zu achten, wobei besonders

schutzwürdige Personen besonders zu berücksichtigen sind. Dabei ist eine Vielzahl von allgemeinen und speziellen **Schutzvorschriften** einzuhalten, zu denen z. B. zählen:

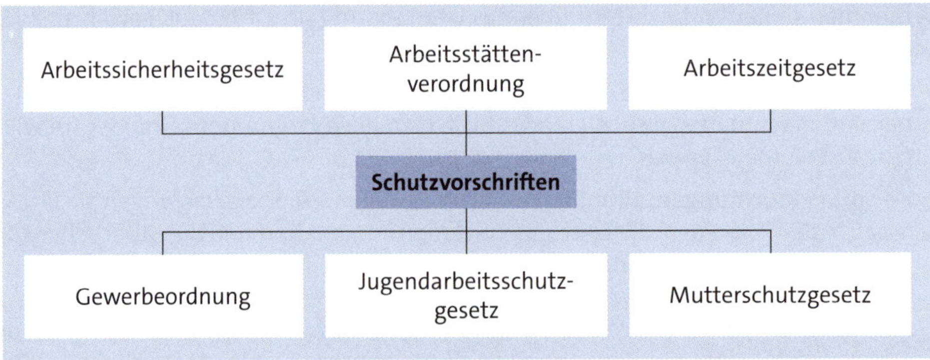

Der Arbeitsschutz obliegt dem **Gewerbeaufsichtsamt** und den **Berufsgenossenschaften**.

- Der **Betriebsarzt**, der hauptamtlich oder teilzeitlich eingesetzt werden kann. Er nimmt z. B. Einstellungsuntersuchungen, Erste-Hilfe-Leistungen, Vorbeugungsuntersuchungen vor. Ob ein Unternehmen die Dienste eines Betriebsarztes nutzt, hängt wesentlich von seiner Größe ab. Das gilt auch für die Einrichtung einer Sanitätsstelle.
- Das **Wohnungswesen**, das die Mitarbeiter bei der Wohnungsbeschaffung unterstützt. In der Vergangenheit haben viele Unternehmen dabei über eigene Wohnungen verfügt oder Verträge mit Wohnungsgesellschaften geschlossen, was inzwischen aber deutlich rückläufig ist.
- Die **Mitarbeiterverpflegung**, bei der Getränke und Imbisse in Kiosken, Verkaufsstellen und Automaten sowie Hauptmahlzeiten – insbesondere das Mittagessen – in Kantinen bereitgestellt werden. Vielfach gibt es auch Verpflegungseinrichtungen, die für Kunden eingerichtet sind, z. B. als Cafeteria. Sie dürfen meist auch von leitenden Mitarbeitern genutzt werden.

  Besitzt ein Unternehmen keine eigene Kantine, können z. B. Essensgutscheine für nahe gelegene Gaststätten ausgegeben oder Gemeinschaftskantinen mit benachbarten Unternehmen genutzt werden.
- **Freizeitaktivitäten**, die als kulturelle, sportliche und sonstige Freizeitveranstaltungen gefördert werden. Das kann auch dadurch geschehen, dass Gruppen und Vereine gebildet bzw. unterstützt werden. Es ist auch möglich, dass Unternehmen eigene Freizeit- und Erholungseinrichtungen zur Verfügung stellen.
- **Betriebsveranstaltungen**, mit denen das Zusammengehörigkeitsgefühl gestärkt und das Betriebsklima positiv beeinflusst werden kann, z. B. als Betriebsfeste, Betriebsausflüge, Jubilarfeiern. Weitere Betriebsveranstaltungen sind zu besonderen Anlässen möglich, z. B. bei Unternehmensjubiläen, Grundsteinlegungen, Werkseröffnungen.

Der Betriebsrat hat nach § 87 BetrVG ein **Mitbestimmungsrecht bei verschiedenen Maßnahmen** der Personalbetreuung.

Aufgabe 41 > Seite 276

F. Personalentwicklung

Die Personalentwicklung umfasst alle Maßnahmen zur Erhaltung und Verbesserung der Qualifikation von Mitarbeitern. Ihr kommt aufgrund des **wirtschaftlichen** und **technologischen Wandels**, dem die Unternehmen gerecht werden müssen, eine große Bedeutung für deren Existenzsicherung zu. Schließlich hat sie dafür Sorge zu tragen, dass das Personal frühzeitig und umfassend auf diese Entwicklung eingestellt wird. Der Personalentwicklung können zugerechnet werden:

<table>
<tr><th>Personalbildung</th><th>Personalförderung</th><th>Organisationsentwicklung</th></tr>
<tr><td>Basisaufgabe der Personalentwicklung</td><td>Zusatzaufgabe der Personalentwicklung</td><td>Gestaltung des organisatorischen Wandels</td></tr>
<tr><td>↓</td><td>↓</td><td>↓</td></tr>
<tr><td>Immer Teil der Personalentwicklung</td><td>Oft Teil der Personalentwicklung</td><td>Mitunter Teil der Personalentwicklung</td></tr>
<tr><td>Personalentwicklung im engen Sinne</td><td></td><td></td></tr>
<tr><td colspan="2">Personalentwicklung im weiteren Sinne</td><td></td></tr>
<tr><td colspan="3">Personalentwicklung im weitesten Sinne</td></tr>
</table>

Mithilfe der Personalentwicklung sichern sich die Unternehmen langfristig die Verfügbarkeit geeigneter Fach- und Führungskräfte. Die Mitarbeiter werden in ihrer **Handlungskompetenz** gefördert, die sich zusammensetzt aus:

- **sozialer Kompetenz**, die sie z. B. befähigt, wirksam zusammenzuarbeiten und zu kommunizieren sowie effizient mit Konflikten umzugehen
- **fachlicher Kompetenz**, die sich insbesondere auf fachliche Fähigkeiten, Fertigkeiten und Kenntnisse für berufliche Aufgaben bezieht
- **methodischer Kompetenz**, bei der es sich z. B. um die Fähigkeit handelt, Informationen zu beschaffen und zu verwenden sowie Lösungen für neue Probleme eigenständig zu finden.

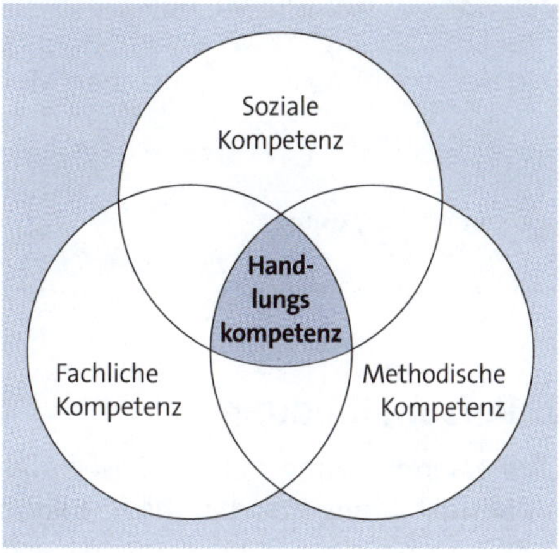

Träger der Personalentwicklung sind:

- die **Unternehmensleitung**, die Grundsatzentscheidungen über die Unternehmensentwicklung zu treffen hat, sowie die **Personalabteilung** oder eine eigens dafür geschaffene **Personalentwicklungsstelle** bzw. **Personalentwicklungsabteilung**, die mit der Planung, Durchführung und Kontrolle der Personalentwicklung befasst ist.
- Außerdem zählen die **Vorgesetzten** zu ihren Trägern. Ihnen obliegt sowohl die Initiierung der Personalentwicklungsmaßnahmen als auch die Unterstützung der Personal(entwicklungs-)abteilung/-stelle in ihren Aufgabenstellungen.
- Schließlich empfiehlt es sich, auch die **Mitarbeiter** als Träger der Personalentwicklung anzusehen, das sie sich aktiv mit der Personalentwicklung auseinandersetzen und Qualifizierungen eigenständig anstreben sollten.

Kein Träger der Personalentwicklung ist der **Betriebsrat**. Dennoch ist er ein wichtiger Beteiligter an der Personalentwicklung, da er bei der Personalentwicklung verschiedene Mitwirkungs- und Mitbestimmungsrechte hat (§§ 96 - 98 BetrVG).

Der Personalentwicklung liegen zahlreiche **Ziele** zu Grunde. So strebt die **Unternehmensleitung** z. B. an, das Potenzial der Mitarbeiter auszuschöpfen, Qualifikationen bedarfsgerecht anzupassen, technische Entwicklungen zu ermöglichen, selbstständige und verantwortungsvolle Mitarbeiter zu Verfügung zu haben, Unabhängigkeit von und Anerkennung am Arbeitsmarkt zu erlangen.

Die **Vorgesetzten** werden mit ihrer Hilfe z. B. befähigt, entwicklungsfähige Mitarbeiter sowie deren Wünsche bzw. Interessen (besser) zu erkennen und zu fördern bzw. sie partizipativ(er) und zielgerichtet(er) zu führen sowie in geeigneter Weise einzusetzen.

Die Ziele der **Mitarbeiter** sind z. B. in der Steigerung ihre Motivation, der Umsetzung ihrer Entwicklungserwartungen, einer möglichen Reduzierung ihres Arbeitsplatzrisikos und der Erhöhung ihrer beruflichen Mobilität zu sehen.

Personalentwicklung	Personalbildung
	Personalförderung
	Organisationsentwicklung

1. Personalbildung

Die Personalbildung stellt die Basisaufgabe der Personalentwicklung dar. Sie wird auch als **Berufsbildung** bzw. **berufliche Bildung** bezeichnet und ist im Berufsbildungsgesetz (BBiG) geregelt. Ihre Bedeutung hat sich in den letzten Jahren erheblich verstärkt, insbesondere auch wegen des raschen wirtschaftlichen und technologischen Wandels. Zu unterscheiden sind:

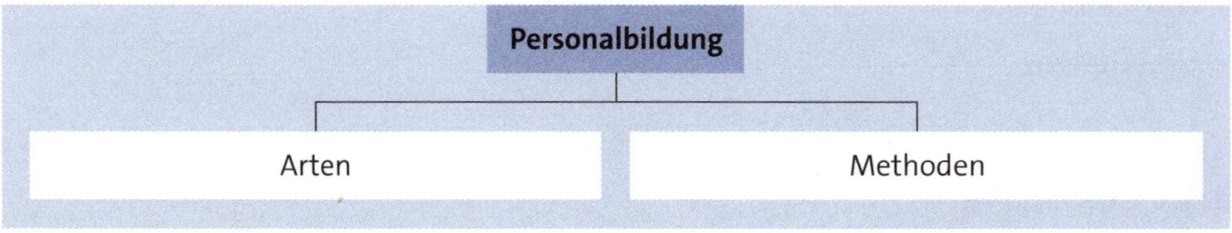

Bezüglich der Personalbildung stehen dem Betriebsrat – außer bei Maßnahmen für leitende Angestellte – **Mitwirkungsrechte** zu. Er verfügt nach § 92 Abs. 1 BetrVG über ein Informationsrecht, außerdem nach §§ 96, 97 BetrVG über ein Beratungsrecht (ob bestimmte Maßnahmen ergriffen werden) sowie ein Vorschlagsrecht zu Fragen der Bildung.

Gemäß § 97 BetrVG hat der Arbeitgeber mit dem Betriebsrat darüber zu beraten, *ob* betriebliche Einrichtungen zur Berufsbildung errichtet oder ausgestaltet werden, betriebliche Bildungsmaßnahmen eingeführt werden bzw. an außerbetrieblichen Berufsbildungsmaßnahmen teilgenommen wird.

Bei der Frage, *wie* dies zu geschehen hat, steht dem Betriebsrat ein **Mitbestimmungsrecht** zu. Er ist dazu berechtigt, Vorschläge nach § 98 Abs. 3 BetrVG bezüglich der Auswahl der Teilnehmer zu machen, die an der Bildungsmaßnahme teilnehmen sollen.

1.1 Arten

Die Personalbildung kann unterschiedlichen **Zwecken** dienen. Um ihnen gerecht werden zu können, müssen grundsätzlich drei Bereiche der Personalentwicklung unterschieden werden.

berufsvorbereitend	
duale Ausbildung	Ungelernte, Quereinsteiger
⇩	
berufsbegleitend	
Anpassungsqualifikation	Aufstiegsqualifikation
⇩	
berufsverändernd	
Umschulung	Grund: Berufskrankheit oder sonstige

Nachfolgend sollen folgende drei Bereiche näher betrachtet werden:

- **Ausbildung**
- **Fortbildung**
- **Umschulung**.

1.1.1 Ausbildung

Die Ausbildung ist eine berufliche Erstausbildung, die in einem anerkannten Ausbildungsberuf erfolgt. Das BBiG bezeichnet sie als **Berufsausbildung**. Vielfach wird sie auch als Ausbildung *im engeren Sinne* eingestuft, deren **Merkmale** sind:

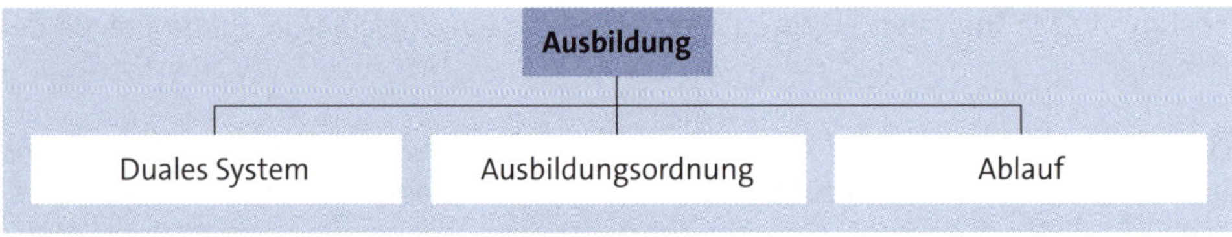

Ergänzend sei angemerkt, dass die Ausbildung begrifflich mitunter auch *im weiteren Sinne* gesehen wird. Die berufliche Erstausbildung bietet folgende Vorteile:

- für die Gesellschaft (Beitrag zum Bruttoinlandsprodukt, Sicherung des Wohlstands)
- für das Unternehmen (Fachkräftesicherung, Unabhängigkeit vom Arbeitsmarkt)
- für den Auszubildenden (Grundlage der beruflichen Existenz, Unabhängigkeit vom Elternhaus).

In diesem Fall schließt sie die **Anlernausbildung** sowie das **Praktikum, Volontariat** oder **Traineeprogramm** ein.

1.1.1.1 Duales System

In Deutschland erfolgt die Ausbildung grundsätzlich im Rahmen des Dualen Systems, d. h. an zwei **Ausbildungsorten**:

- Dem **Unternehmen**, das als Ausbildungsstätte generell geeignet sein muss – § 27 BBiG. Es hat dafür zu sorgen, dass dem Auszubildenden die Fertigkeiten und Kenntnisse vermittelt werden, die zum Erreichen des Ausbildungszieles erforderlich sind. **Ausbildungsinhalte**, die es nicht selbst vermitteln kann, sind dem Auszubildenden außerhalb der Ausbildungsstätte zu vermitteln.

  Um die Ausbildung sachgerecht durchführen zu können, setzt das Unternehmen Ausbilder ein. Voraussetzung für die Ausbildertätigkeit ist die fachliche Eignung nach § 30 BBiG (Abschluss oder Studium im betreffenden Berufsfeld) sowie eine pädagogische Eignung (Ausbilderschein nach AEVO). Ausbilder benötigen weiterhin die persönliche Eignung nach § 29 BBiG, d. h, es liegen keine Vorstrafen oder Verstöße gegen das Berufsbildungs- oder Jugendarbeitsschutzgesetz vor.

In **Ergänzung** zum Unternehmen, das nicht alle Ausbildungsinhalte vermitteln kann, oder als **Ersatz** für das Unternehmen als Ausbildungsstätte gibt es:

- **Überbetriebliche** Ausbildungsstätten, die von verschiedenen Institutionen – z. B. Innungen, Kammern, Gewerkschaften – getragen werden.
- **Ausbildungsverbunde** in unterschiedlichen Organisationsformen, z. B. als:

  Leitunternehmen, an die Partnerunternehmen angeschlossen sind

  Konsortien vom Unternehmen mit ähnlichwertigen Ausbildungsanteilen

  rechtlich eigenständige **Ausbildungsvereine**

  Auftragsausbildungen durch Unternehmen gegen Kostenerstattung.

► Die **Berufsschule** soll – neben dem Unternehmen – als zweiter Ausbildungsort die theoretischen Ausbildungsinhalte vermitteln. Als fachliche Grundlage dienen **Rahmenlehrpläne**, die von den Kultusministerien der Länder erlassen werden und enthalten:

- die einzelnen Unterrichtsfächer
- ihre stundenmäßige Gewichtung
- ihre zeitliche Anordnung
- die Stoffauswahl in den Fächern
- die Gliederung des Stoffes
- seine didaktische Verknüpfung.

Der Berufsschul-Unterricht kann an fortlaufend bestimmten Wochentagen oder in mehreren Zeitblöcken erfolgen – siehe nachstehend. Wichtig, aber nicht immer einfach und realisiert, ist die Abstimmung von praktischen und theoretischen Lerninhalten, d. h. die **didaktische Parallelität**.

1.1.1.2 Ausbildungsordnung

Die Ausbildungsordnung stellt die rechtliche Grundlage für die Ausbildung dar. Sie umfasst mindestens:

► Die **Bezeichnung des Ausbildungsberufes**, wobei entsprechend vorliegender Ausbildungsordnungen unterschieden werden können:

Monoberufe	Sie weisen als **Ausbildungsberufe ohne Spezialisierung** ein einheitliches Berufsbild mit einheitlichem Ausbildungsrahmenplan ohne Differenzierungen für alle Auszubildenden auf, z. B. Industriekaufmann.
Berufe mit Spezialisierung	Sie verfügen zwar über ein einheitliches Berufsbild. Es sind aber Spezialisierungen möglich, beim Buchhändler z. B. im Sortiment, Verlag, Antiquariat.
Gestufte Ausbildung	Im **1.** und **2. Jahr** erfolgt eine Grund- und Fachausbildung. Die Ausbildung wird danach abgeschlossen. Sie kann aber in einem **3. Jahr** fortgesetzt und mit einem weiteren beruflichen Abschluss beendet werden, z. B. beim Maler und Lackierer, der zunächst Bauten- und Objektbeschichter werden kann.

- Die **Ausbildungsdauer**, die zwischen zwei und dreieinhalb Jahren liegt, bei Büro- bzw. Industriekaufmann/frau z. B. drei Jahre. Sie kann bei entsprechender Vorbildung wie auch bei guten Leistungen des Auszubildenden verkürzt werden.
- Das **Ausbildungsberufsbild**, in dem die Ausbildungsinhalte festgelegt sind, die in jedem Fall als Kenntnisse und Fertigkeiten vermittelt werden müssen.
- Der **Ausbildungsrahmenplan**, der die ausführliche zeitliche und sachliche Gliederung der zu vermittelnden Ausbildungsinhalte des Ausbildungsberufsbildes in sachlicher sowie zeitlicher Gliederung aufweist und Grundlage für die betriebliche Ausbildungsplanung ist.
- Hinweis auf den **Ausbildungsnachweis**, der Zulassungsvoraussetzung für die Abschlussprüfung ist und die Inhalte der Ausbildung nachweist.
- Die **Prüfungsanforderungen**, die im Rahmen der betrieblichen Ausbildungsplanung entsprechend zu beachten sind. Als Prüfungen sind in der Prüfungsordnung vorgesehen:

Zwischenprüfung	Sie erfolgt **etwa zur Hälfte der Ausbildungszeit**, dient vor allem der Selbstkontrolle und ist Voraussetzung für die Teilnahme an der Abschlussprüfung.
Abschlussprüfung	Sie wird in den **letzten beiden Ausbildungsmonaten** durchgeführt und umfasst schriftliche, mündliche und fachpraktische Leistungen.

1.1.1.3 Ablauf

Der Ablauf der Ausbildung muss sorgfältig gestaltet werden. Er umfasst drei **Stufen**. Das sind:

- Die **Planung**, die sowohl sachlich als auch zeitlich vorzunehmen ist als:

Betriebliche Planung	Sie basiert auf dem Ausbildungsrahmenplan und wird im **betrieblichen Ausbildungsplan** für jeden Auszubildenden dokumentiert, der offenlegt, wann und wie lange der Auszubildende in welchen Abteilungen zu sein hat.
Schulische Planung	Für sie ist der **Rahmenlehrplan** die Grundlage, in dem festgelegt ist, wann welche Lehrinhalte vermittelt werden. Auch muss geregelt werden, wie der **Berufsschulunterricht** organisiert ist, z. B. als: ► wöchentlicher Unterricht an 1 bis 2 Tagen (ca. 12 Std./Woche) ► ein Jahresblock (12 - 13 Wochen ununterbrochen) ► zwei Jahresblöcke (ca. je 6 Wochen mit großem Zeitabstand) ► drei Jahresblöcke (ca. je 4 Wochen mit zeitlichem Abstand).

  Gegebenenfalls ist auch noch **innerbetrieblicher Unterricht** zu planen, der in größeren Unternehmen vielfach regelmäßig, ansonsten ggf. gelegentlich oder fallweise erfolgt.

- Bei Ausbildungsberufen der Handwerkskammer sind die überbetrieblichen Lehrunterweisungen (ÜLO) an der HWK einzuplanen.

- Die **Durchführung**, die – wenn vorhanden – in der **Ausbildungsabteilung** erfolgt, z. B. in Form der Lehrwerkstatt, des Lehrlabors, einer Übungsfirma oder eines Übungsbüros, sowie in den einzelnen **Fachabteilungen**. Dabei ist darauf zu achten, dass die didaktische Parallelität sichergestellt wird, d. h. möglichst eine enge Verzahnung praktischer und theoretischer Ausbildungsinhalte erfolgt.

  Erforderlichenfalls müssen **Anpassungsmaßnahmen** eingeleitet oder **Ergänzungsmaßnahmen** vorgenommen werden, z. B. die theoretische Fundierung aktuell ausgeübter praktischer Tätigkeiten durch betrieblichen Unterricht.
- Die **Kontrolle**, die – wie dargestellt – in Form einer Zwischenprüfung und einer Abschlussprüfung geschieht. Auch dienen die **Beurteilungen** von Leistung und Verhalten des Auszubildenden in den verschiedenen Abteilungen als Kontrollinstrumente. Schließlich ist grundlegend auf die **Bildungskontrolle** hinzuweisen – siehe S. 220.

Aufgabe 42 > Seite 276

1.1.2 Fortbildung

Die Fortbildung umfasst alle Maßnahmen der Personalentwicklung, die grundsätzlich auf der Ausbildung aufbauen, um dort erworbene Kenntnisse und Fertigkeiten zu erhalten, zu erweitern und anzupassen. Mit ihr werden verschiedene **Ziele** verfolgt:

- Für das **Unternehmen** dient die Fortbildung der langfristigen Sicherung und Verbesserung seiner Wettbewerbs- und Innovationsfähigkeit, aber auch einer Erhöhung der Identifikation der Mitarbeiter mit ihrem Unternehmen. Schließlich sollen mithilfe der Fortbildung die Entwicklung der Fachkräfte und Führungskräfte gewährleistet werden.
- Die **Mitarbeiter** können durch die Fortbildung die eigene Leistungsfähigkeit erhalten und sich ihre Beschäftigung sowie ein geregeltes Einkommen sichern, insbesondere in Zeiten tendenziell steigender Bildungsniveaus. Zudem ermöglicht sie die Übernahme höherwertiger Tätigkeiten, bietet also Karrierechancen und berufliche Entwicklung.

Entsprechend ihrer unterschiedlichen Ziele sind als **Arten** der Fortbildung zu unterscheiden:

- die **Erhaltungsfortbildung**, mit der verlustig gegangene Kenntnisse und Fertigkeiten ausgeglichen werden sollen, die durch fehlende Ausübung des Berufes entstanden sind, z. B. nach einer beruflichen Unterbrechung
- die **Erweiterungsfortbildung**, mit welcher der Erwerb zusätzlicher beruflicher über die gegenwärtige bzw. unmittelbar zu erwartende Arbeitsaufgabe hinausgehende Kenntnisse und Fertigkeiten angestrebt wird
- die **Anpassungsfortbildung**, die der Angleichung der Kenntnisse und Fertigkeiten an veränderte Arbeitsbedingungen am Arbeitsplatz dient, jedoch ohne Höherqualifizierung, z. B. bei organisatorischem bzw. technologischem Wandel

- die **Aufstiegsfortbildung**, mit der Kenntnisse und Fertigkeiten – auch Denk-/Verhaltensweisen – vermittelt werden, die zur Bewältigung höherwertiger Aufgaben bzw. zur Einnahme höherer hierarchischer Positionen befähigen soll.

Besondere **Bedeutung** in der betrieblichen Praxis haben die Anpassungs- und Aufstiegsfortbildung. Die Fortbildung erfolgt in mehreren **Schritten**:

1. Analyse der zukünftigen (Arbeitsplatz)anforderung
2. Abgleich vorhandener Qualifikationen mit den Anforderungen
3. Entwicklungsbedarf ermitteln
4. Entwicklungsmöglichkeiten analysieren (Potentialanalyse)
5. Entwicklungsmaßnahmen planen
6. Entwicklungsmaßnahmen durchführen und steuern
7. Entwicklungsmaßnahmen auf Erfolg kontrollieren

Näher betrachtet werden im Verlauf:

Ermittlung des Fortbildungsbedarfes

↓

Deckung des Fortbildungsbedarfes

1.1.2.1 Ermittlung des Fortbildungsbedarfes

Die Fortbildung soll dem Unternehmen einen bestimmten Nutzen bringen. Um dies zu gewährleisten, muss sie mit der genauen Ermittlung des Fortbildungsbedarfes beginnen. Sie erfolgt in vier **Stufen**:

Ermittlung der Anforderungen	Die Anforderungen, die an einen Mitarbeiter für die Bewältigung einer bestimmten Arbeitsaufgabe zu stellen sind, werden zunächst festgestellt. Sie beziehen sich z. B. auf: - **Arbeitsleistung**, z. B. Fachwissen, Fachkönnen, Arbeitsqualität - **Arbeitsverhalten**, z. B. Belastbarkeit, Flexibilität, Initiative - **Zusammenarbeit**, z. B. Kooperations-, Informationsverhalten - **Unternehmerisches Handeln**, z. B. Kosten-, Risikobewusstsein - **Führungsverhalten**, z. B. Planen, Organisieren, Delegieren. Anhand der ausgewählten Anforderungsmerkmale können **Anforderungsprofile** erstellt werden.

↓

Ermittlung der Mitarbeiterqualifikation

Im zweiten Schritt ist die Qualifikation des Mitarbeiters zu ermitteln bzw. zu analysieren. Dabei sollten die gleichen Beurteilungskriterien zu Grunde gelegt werden wie bei der Ermittlung der Anforderungen. So können sich **Qualifikationsprofile** ergeben, die auch als **Fähigkeitsprofile** bezeichnet werden.

Quellen für die Ermittlung der Qualifikation sind vor allem:

- Leistungsbeurteilung
- Potenzialbeurteilung
- Management-Audit
- Personalakte
- Personalstammkartei
- Personalentwicklungskartei/-datei
- Personalentwicklungsgespräch
- Personalentwicklungs-Review
- Personalinformationssystem
- Mitarbeiterbefragung
- Vorgesetztenbefragung
- Assessment-Center
- verschiedene Tests.

Ermittlung der Mitarbeiterinteressen

Die Fortbildung ist nur dann erfolgreich, wenn der Mitarbeiter sich mit der Maßnahme **identifizieren** kann. Er muss aktiv an der Fortbildung mitwirken. Dies zu erreichen gelingt nur, wenn die Interessen des Mitarbeiters mit der sachlichen Notwendigkeit in Übereinstimmung gebracht werden kann.

Feststellung des Fortbildungsbedarfes

Der Fortbildungsbedarf ergibt sich, indem die Mitarbeiteranforderungen der Mitarbeiterqualifikation gegenübergestellt werden. Dies geschieht zweckmäßigerweise unter Verwendung des jeweiligen **Anforderungs**- und **Qualifikationsprofils**:

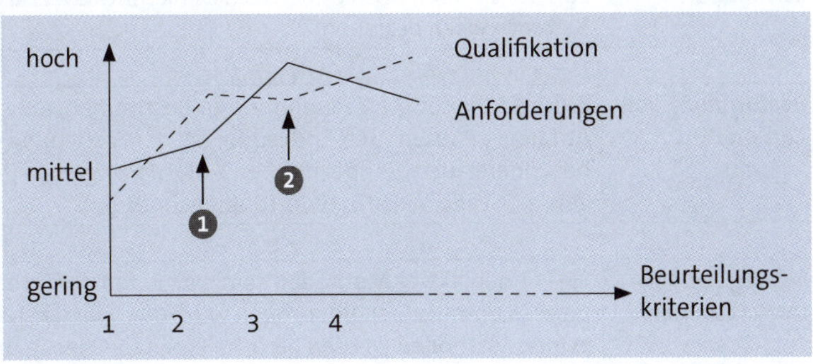

Wie zu sehen ist, ergeben sich bei Vergleich der Profile sowohl **Anforderungslücken** ❶, die auf Unterforderung hindeuten als auch **Qualifikationslücken** ❷, die Fortbildung nötig machen.

1.1.2.2 Deckung des Fortbildungsbedarfes

Der ermittelte Fortbildungsbedarf muss nun in geeigneter Weise gedeckt werden. Dies kann geschehen durch:

- **interne Fortbildung**, bei der die jeweilige Maßnahme durch das **Unternehmen** selbst geplant, entwickelt und durchgeführt wird, unabhängig davon, ob sie innerhalb oder außerhalb des Unternehmens bzw. mit unternehmenseigenen oder unternehmensfremden Trainern erfolgt
- **externe Fortbildung**, bei der die Maßnahme durch eigenständige **Bildungsträger** oder **Trainer** geplant, entwickelt und durchgeführt wird. Sie kann innerhalb oder außerhalb des Unternehmens vorgenommen werden.

Für den **Ablauf** der Deckung des Fortbildungsbedarfes sind folgende **Stufen** typisch:

Formulierung der Lernziele	Mit den Lernzielen werden angestrebte Lernergebnisse beschrieben. Nach ihrer **Operationalität** sind zu unterscheiden: ► **Richtlernziele** (allgemeine, sehr abstrakte Zielbeschreibung) ► **Groblernziele** (weniger abstrakte Zielbeschreibung) ► **Feinlernziele** (genaue, konkrete Zielbeschreibung). Nach dem angesprochenen **Persönlichkeitsbereich** gibt es: ► **kognitive Lernziele** (Wissen, intellektuelle Fähigkeiten) ► **affektive Lernziele** (Interessen, Werthaltungen) ► **psychomotorische Lernziele** (motorische Fähigkeiten).
Bestimmung der Zielgruppe	Hier sollte **Chancengleichheit** für alle Mitarbeiter bzw. für bestimmte Mitarbeitergruppen gewährleistet werden. Auch die **Homogenität** der Zielgruppe ist wichtig, die durch Gemeinsamkeiten der Teilnehmer gefördert werden kann, z. B. im Bildungsniveau oder beim Bildungsbedarf.
Festlegung der Lerninhalte	Sie sind auf der Grundlage der formulierten Lernziele festzulegen sowie zu strukturieren und können sich auf **Kenntnisse, Fertigkeiten** und **Verhaltensweisen** beziehen.
Bestimmung von Zeit und Ort	Es ist das benötigte Zeitvolumen zu bestimmen, aber auch die konkreten **Anfangs-, Pausen**- und **Endzeiten**. Bei der Festlegung des Ortes sind insbesondere auch die spezifischen **Anforderungen** an ihn zu berücksichtigen, z. B. Lage, Akustik, Belüftung, Technik.
Festlegung der Lernmethoden	Sie können **aktive Methoden** sein, bei denen der Lernende in den Lernprozess unmittelbar einbezogen wird, oder **passive Methoden.** Die einzelnen Methoden werden als arbeitsplatzbezogene und nicht arbeitsplatzbezogene Methoden noch genauer behandelt – siehe S. 216 ff.

Bestimmung der Lehrmedien	Zu unterscheiden sind: ► **visuelle** (optische) **Medien**, z. B. Beamer, Flip-Chart, Projektor ► **akustische** (auditive) **Medien**, z. B. CD, Kassette ► **audio-visuelle Medien**, z. B. DVD, Film, Fernsehen. Bei der Ergänzung akustischer Medien um visuelle Medien steigert sich die **Behaltensquote** des Lernenden von rund 20 % auf rund 50 %.
Durchführung	Die Fortbildung wird als interne oder externe Maßnahme plangemäß durchgeführt.
Kontrolle der Fortbildung	Die Kontrolle der durchgeführten Fortbildungsmaßnahme bildet den Abschluss. Sie ist unerlässlich und kann auf verschiedene Weise erfolgen als – siehe S. 220 f.: ► **ökonomische Kontrolle** als quantitative Kontrolle, wobei eine Kontrolle der für die Fortbildungsmaßnahme aufgewendeten Kosten erfolgt oder ihre Rentabilität ermittelt wird ► **Erfolgskontrolle** als qualitative Kontrolle, die eine Lernerfolgskontrolle oder eine Anwendungskontrolle sein kann.

Bei der **externen Fortbildung** ist es erforderlich, den externen Bildungsträger sorgfältig auszuwählen. Um dessen Eignung systematisch beurteilen zu können, bietet es sich an, einen festen Fragenkatalog zu verwenden – siehe *Bröckermann (2012), Olfert (2015).*

1.1.3 Umschulung

Die Umschulung umfasst Maßnahmen zur Verbesserung der Qualifikation von Beschäftigten sowie nicht in Arbeitsverhältnissen stehenden Personen, z. B. wegen Berufskrankheit. Sie dient dazu, den **Übergang** in einen **anderen Beruf** zu ermöglichen bzw. die **berufliche Beweglichkeit** zu verbessern.

Gesetzliche Grundlagen der Umschulung bilden das Berufsbildungsgesetz (BBiG), die Sozialgesetzbücher (SGB) und die Handwerkerordnung (HwO). Zu unterscheiden sind:

- die **betriebliche Umschulung**, bei welcher Mitarbeiter z. B. für einen betrieblichen Bedarf oder zur Abwendung von Entlassungen geschult werden
- die **überbetriebliche Umschulung**, die in privaten, gewerkschaftlich orientierten oder der öffentlichen Hand verbundenen Bildungs- bzw. Rehabilitationszentren erfolgen kann.

Die Umschulung ist in einem anerkannten **Ausbildungsberuf** möglich, wobei die Ausbildungszeit verkürzt wird. Zur Vermittlung spezieller Qualifikationen kann sie aber auch **fortbildungsähnlich** erfolgen. Insofern orientiert sich der Ablauf der Umschulung daran, was bei der Ausbildung bzw. Fortbildung bereits ausgeführt wurde.

1.2 Methoden

Die Methoden, derer sich die Personalbildung bedient, können **aktive Methoden** sein, bei denen der Lernende in die Vermittlung der Lerninhalte unmittelbar einbezogen wird, oder **passive Methoden**, mit denen das Wissen an den Lernenden „herangetragen" wird, ohne dass er (wesentlich) dazu beiträgt. Sie können sich auf einzelne Lernende beziehen oder auf Gruppen. Es gibt:

- **Bildung am Arbeitsplatz** (training on the job)
- **Bildung außerhalb des Arbeitsplatzes** (training off the job).

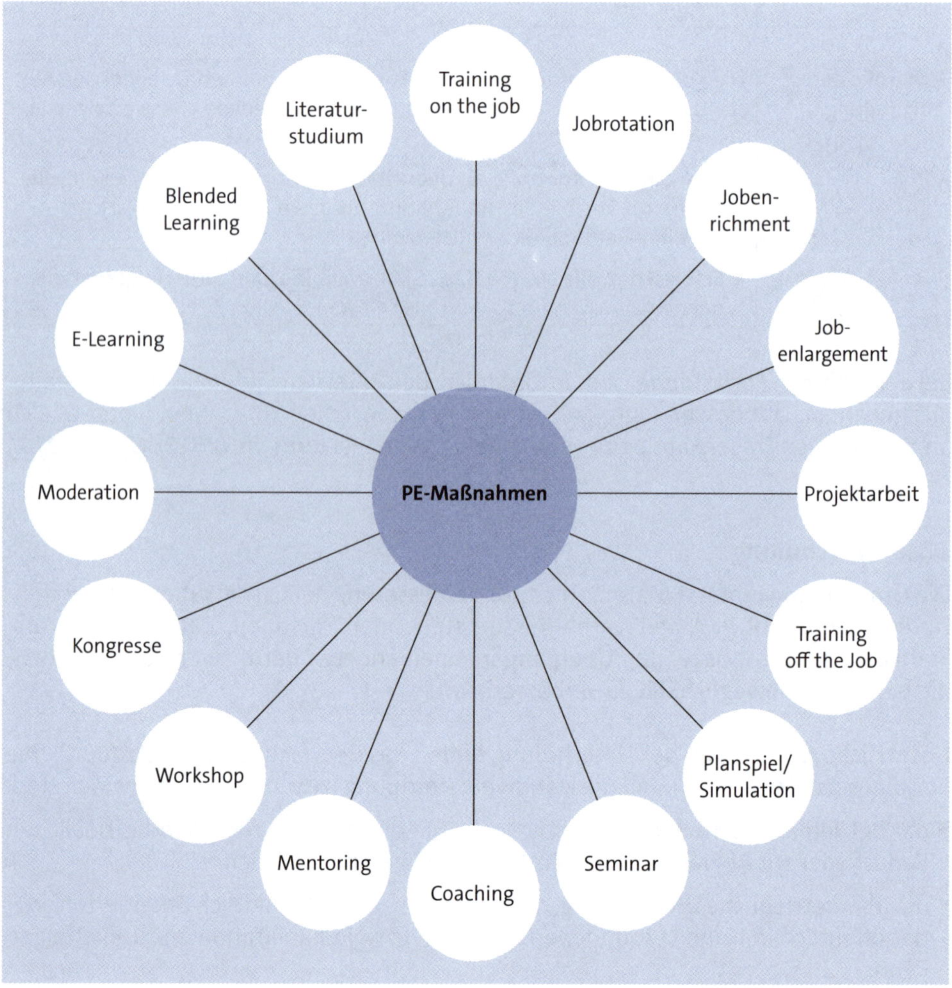

Bildquelle: „Die Prüfung der Betriebswirte nach dem Berufsbildungsgesetz" *Bundle, Ernst*

1.2.1 Bildung am Arbeitsplatz

Durch die Bildung am Arbeitsplatz lernt der Mitarbeiter die praktischen Bedingungen **„vor Ort“** kennen. Er erhält damit die Möglichkeit, sich im Unternehmen selbst praktische Erfahrungen anzueignen. Die Bildung am Arbeitsplatz wird auch als **Training-on-the-Job** bezeichnet. Sie ist vor allem möglich als:

- **Planmäßige Unterweisung**, die eine Arbeitsunterweisung ist, bei der dem Lernenden auf methodische Weise Kenntnisse, Fertigkeiten und Verantwortungsbewusstsein vermittelt werden, die er für die Erfüllung von Arbeitsaufgaben benötigt (*REFA*). Sie hat besondere Bedeutung bei der Ausbildung.

  Sie erfolgt als **Vier-Stufen-Methode**:

  Vorbereitung der Unterweisung durch den Unterweisenden
  ↓
  Vormachen und erläutern durch den Unterweisenden
  ↓
  Nachmachen und erklären durch den Unterwiesenen
  ↓
  Selbstständige Abhandlung durch den Unterwiesenen

  Die **Vorteile** bei der Vier-Stufen-Methode liegen in der Praxisnähe, den relativ niedrigen Kosten und der anpassbaren Lerngeschwindigkeit.

- **Leittextmethode**, die vorrangig in der Ausbildung eingesetzt wird. Bei ihr erhält der Auszubildende schriftliche Anweisungen in Form von Leittexten, aufgrund derer sie einen Vorgang, ein Projekt oder einen Auftrag selbstständig erledigen, wobei der Ausbilder fachlicher Berater und Ansprechpartner ist, der verbleibende Wissens- und Fertigkeitslücken schließt.

- **Übertragung begrenzter Verantwortung** (job enlargement), die auf unterschiedliche Weise möglich ist. Dabei kann der fortzubildende Mitarbeiter in verschiedenen Positionen eingesetzt werden, und zwar als:

Nachfolger	Er soll die Aufgaben des Stelleninhabers später übernehmen.
Stellvertreter	Er erledigt die Aufgaben des Stelleninhabers bei Verhinderung.
Assistent	Er arbeitet für bestimmte Zeit einem Stelleninhaber zu.

Die vor allem für Führungs(nachwuchs-)kräfte geeigneten Maßnahmen haben den Vorteil der schrittweisen Übernahme qualifizierterer Aufgaben.

- **Übertragung von Sonderaufgaben**, mit denen der Lernende über sein Aufgabenfeld hinaus tätig wird. Sie können sein:

Querschnitts-aufgaben	Sie umfassen Problemstellungen aus mehreren betrieblichen Bereichen, die übergreifend miteinander zusammenwirken.
Auslandseinsätze	Sie sollen die Vermittlung fachlicher, sozialer und interkultureller Qualifikationen unterstützen.
Projektarbeit	Sie wird immer bedeutsamer, da sie hilft, fachliche, methodische und soziale Qualifikationen zu fördern.

Die Übertragung von Sonderaufgaben eignet sich insbesondere für Führungs(nachwuchs-)kräfte. Ihr **Vorteil** ist, dass die Mitarbeiter zur Lösung neuer Problemstellungen gezwungen sind.

- **Geplanter Arbeitsplatzwechsel**, der in zweifacher Weise möglich ist:

Job Rotation	Diese Maßnahme des Personaleinsatzes dient auch der Personalbildung, wenn sie planmäßig qualifizieren soll – siehe S. 122 f..
Trainee-programm	Es stellt ein berufs- und unternehmensspezifisches **Startprogramm** vorwiegend **für Hochschulabsolventen** dar, das zeitlich begrenzt ist und meist in verschiedenen betrieblichen Ausbildungsstationen durchgeführt wird.

„Klassisch“ **Ressort-übergreifend**	4 Monate	4 Monate	4 Monate	4 Monate	
	Beschaffung	Produktion	Absatz	Finanzen	16 Monate

Ressort-übergreifend mit ...	3 Monate	3 Monate	3 Monate	7 Monate	
	Beschaffung	Produktion	Absatz	**... individuelle Fachausbildung**	16 Monate

Ressort-begrenzt mit ...	10 Monate					6 Monate			
	Personalplanung	Personalbeschaffung	Personalverwaltung	als	**Grundausbildung**	Personalentwicklung	als	**... Vertiefungsphase**	16 Monate

Bildungsmaßnahmen außerhalb des Arbeitsplatzes, z. B. Seminare, ergänzen das Programm üblicherweise.

Die **Vorteile** der Job Rotation liegen in dem verbesserten Einblick in das Unternehmensgeschehen und dem besseren Durchblick bei Problemlösungen. Beim Traineeprogramm müssen sich die Trainees in unterschiedlichsten Problemstellungen und Bereichen bewähren und können unternehmensübergreifende Kenntnisse und Erfahrungen sammeln.

1.2.2 Bildung außerhalb des Arbeitsplatzes

Die Bildung außerhalb des Arbeitsplatzes wird auch als **Training-off-the-Job** bezeichnet. Sie ist nicht den Zwängen des Arbeitsplatzes unterworfen, kann also den Bildungserfordernissen entsprechend gestaltet werden. Zu den zahlreichen **Maßnahmen** zählen:

- Die **Vorlesungsmethode** als passive Methode, mit der einer nicht begrenzten Zuhörerzahl ein relativ großes Wissensgebiet systematisch, zeitgünstig und kostengünstig vermittelt werden kann, wobei der Einsatz visueller Medien sehr zu empfehlen ist. **Nachteilig** ist, dass die Zuhörer keinen Einfluss auf den Lerninhalt und die Lerngeschwindigkeit haben und sich passiv verhalten.
- Das **Lehrgespräch** als aktive Methode, die der vertiefenden Unterweisung insbesondere Auszubildender dient. Es wird auch **Lehrkonferenz** oder **Lehrdialog** genannt. Der Lehrende stellt dabei themenbezogen gezielte Fragen, gibt Denkanstöße, analysiert und diskutiert die Antworten, um sodann ggf. selbst vorzutragen:

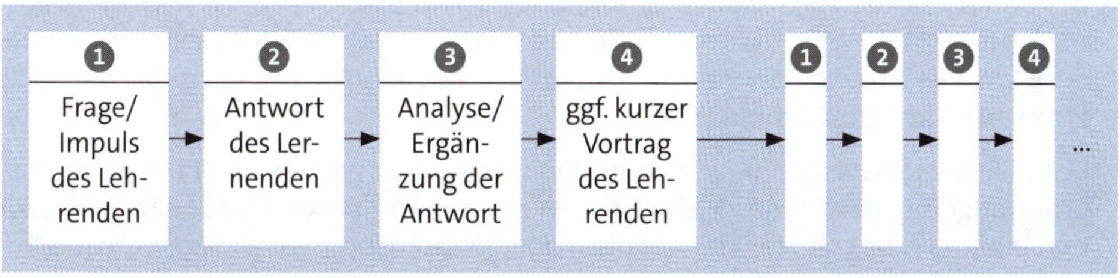

Das Lehrgespräch erfordert vom Lehrenden eine hohe Qualifikation und Sicherheit. Es ist recht zeitaufwändig, ermöglicht aber einen **guten Lernerfolg**.

- Die **programmierte Unterweisung** als aktive Methode, die im Selbststudium vorgenommen werden kann. Sie ist in Form eines Buches oder Computerprogrammes möglich. Der **Lernprozess** umfasst die Phasen:

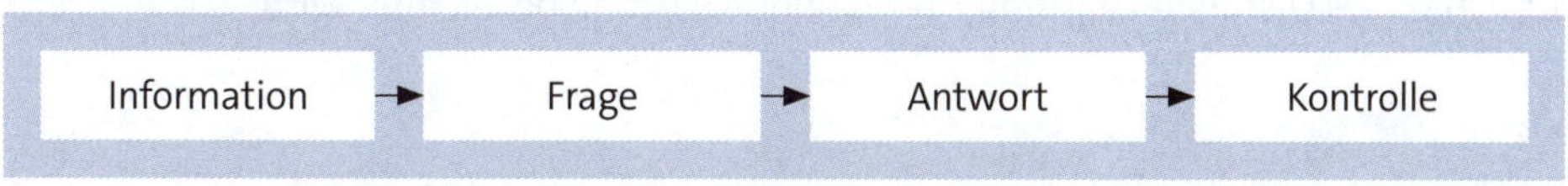

Falsche Antworten bewirken, dass der Lernende auf die vorangegangenen oder ergänzende bzw. weitergehende Informationen zurückgeführt wird. **Vorteile** dieser Methode liegen in der freien Gestaltbarkeit von Lerngeschwindigkeit und Lernzeitpunkt(en) sowie in dem raschen Feedback.

- Die **Fallstudie** als aktive Methode, die betriebliche Problemsituationen so realitätsnah wie möglich simulieren soll, um sie von einzelnen Mitarbeitern oder in Gruppen analysieren und lösen zu lassen.

Mithilfe von Fallstudien werden das analytische Denken, die Entscheidungsfähigkeit, das kooperative Handeln und die aktive Mitarbeit der damit befassten Mitarbeiter gefördert. Ihre Vorbereitung ist aber aufwändig und das zu ihrer Bearbeitung erforderliche Wissen mitunter erheblich.

- Das **Rollenspiel** als aktive Methode, das der Verhaltensschulung bei Konfliktsituationen, Verhandlungsführung und Mitarbeiterführung dient. Bei dieser Simulationsmethode schlüpfen die Teilnehmer in die Rollen der Kontrahenten, womit das Verständnis für Standpunkte geweckt wird, die von den eigenen Standpunkten abweichen.

  Der **Vorteil** des Rollenspieles liegt darin, dass auf konkrete Probleme durch problemlösendes Denken und Handeln reagiert werden kann. Andererseits ist das Rollenspiel zeitaufwändig, erfordert umfassende Vorbereitungen und stellt hohe Anforderungen an den Trainer.

- Das **Planspiel** als aktive Methode, das eine Variante der Fallstudie ist. Es wird in der Regel computergestützt durchgeführt. Die Teilnehmer des Planspieles werden Mitarbeiter von untereinander im Wettbewerb stehenden fiktiven Unternehmen und verantworten betriebliche Funktionen. Dort entscheiden und handeln sie selbstständig, ohne ein reales Risiko einzugehen.

  Die Dauer des Planspieles umfasst **mehrere Perioden**, nach deren Ablauf die Teilnehmer verschiedene Informationen über die wirtschaftliche Lage ihres Unternehmens erhalten. Die Marktdaten können sich im Verlaufe des Spieles verändern, z. B. Rohstoffpreise oder die Konjunktur.

  Das Planspiel lässt Handlungen unmittelbar erkennbar werden und hilft, „praktische" Erfahrungen zu gewinnen. Die Teilnehmer müssen komplexe Situationen analysieren und innerhalb begrenzter Zeitvorgaben geeignete Lösungsvorschläge entwickeln.

Die Personalbildung öffnet sich gegenwärtig zunehmend den neuen Informations- und Kommunikationstechnologien. Es gibt inzwischen verschiedene Möglichkeiten, multimediales Lernen als **E-Learning** zu realisieren. Dabei werden z. B. das **Computer Based Training (CBT)**, das unter Verwendung von Datenträgern (z. B. CDs) erfolgt, und das **Web Based Training (WBT)** unterschieden, das auf Internet-Technologie zurückgreift und auch als Distance-Learning bzw. Online-Learning bezeichnet wird.

Aufgabe 43 > Seite 276

1.3 Bildungskontrolle

Die Unternehmen dürfen sich nicht darauf beschränken, die Bildungsmaßnahmen sorgsam zu planen und professionell durchzuführen bzw. realisieren zu lassen, sie müssen auch eine bestmögliche Kontrolle (Evaluation) vornehmen. Sie kann sein:

- **ökonomische Kontrolle**
- **Erfolgskontrolle**.

1.3.1 Ökonomische Kontrolle

Die ökonomische Kontrolle ist eine **quantitative Kontrolle**, der Kosten und Erträge zu Grunde liegen. Während sich die Kosten von Bildungsmaßnahmen relativ einfach ermitteln lassen, sind die Erträge dieser Maßnahmen im Sinne des erzielten Nutzens nur sehr schwer feststellbar. Die ökonomische Kontrolle kann sein:

- Eine **Kostenkontrolle**, mit der ergründet werden soll, inwieweit die Personalbildung dem **Wirtschaftlichkeitsprinzip** genügt. Dies geschieht durch den Vergleich von Soll-Kosten und Ist-Kosten, wobei einzelne Kosten in der Praxis vielfach nicht berücksichtigt werden, z. B. Kosten für die bildungsbedingt ausgefallene Arbeitszeit der Bildungsteilnehmer:

$$\text{Wirtschaftlichkeit} = \frac{\text{Soll-Kosten}}{\text{Ist-Kosten}}$$

- Eine **Rentabilitätskontrolle**, die in folgender Weise möglich ist:

$$\text{Rentabilität} = \frac{(\text{Wert der Bildungsmaßnahme - Entstandene Kosten})}{\text{Entstandene Kosten}} \cdot 100$$

  Der Wert der Bildungsmaßnahme ist schwer oder gar nicht konkret ermittelbar. Dies gilt umso mehr bei hierarchisch höher angesiedelten Bildungsteilnehmern.

1.3.2 Erfolgskontrolle

Mit der Erfolgskontrolle soll herausgefunden werden, inwieweit die Bildungsmaßnahme ihren Zweck erfüllt hat. Sie ist eine **qualitative Kontrolle** und ähnlich schwierig wie die ökonomische Kontrolle. Zu unterscheiden sind:

- Die **Lernerfolgskontrolle**, die auf der Grundlage der vorgegebenen Lernziele erfolgt. Sie kann im Verlauf oder zu Ende der Bildungsmaßnahme in Form von Befragungen, Prüfungen oder Tests geschehen.
- Die **Anwendungserfolgskontrolle**, bei der überprüft wird, inwieweit es gelungen ist, die durch die Bildungsmaßnahme vermittelten Kenntnisse und Fertigkeiten für die auszuübende Arbeitsaufgabe nutzbar zu machen, z. B. mithilfe von Befragungen, Beobachtungen am Arbeitsplatz und Mitarbeiterbeurteilungen (Praxistransfer).

  Dabei ist zu beachten, dass es langsamer und schneller umsetzende Mitarbeiter gibt.

2. Personalförderung

Die Personalförderung dient dazu, die Mitarbeiter in ihrer **persönlichen Entwicklung** im Unternehmen zu fördern. Sie bezieht sich insbesondere auf die Veränderungen bei den Arbeitsplätzen bzw. Positionen und in den Arbeitsinhalten. Ihr Ausgangspunkt sollte in jedem Fall das **Fördergespräch** sein, das zukunftsbezogen ausgerichtet sein soll. Mit ihm werden:

- die Förderungs**erwartungen** der Mitarbeiter erkundet
- die Förderungs**möglichkeiten** der Mitarbeiter aufgezeigt
- die Förderungs**maßnahmen** vereinbart.

Maßnahmen der Personalförderung können sein:

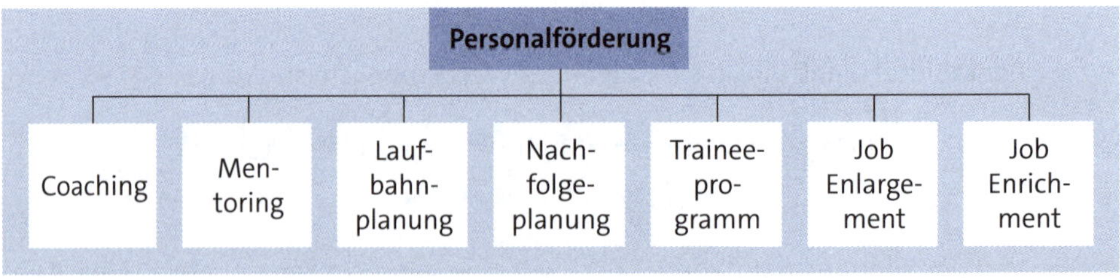

Job Enlargement und **Job Enrichment** wurden bereits als Maßnahmen des Personaleinsatzes behandelt – siehe S. 122 f., das **Traineeprogramm** in Verbindung mit der Bildung am Arbeitsplatz – siehe S. 214 f. Auf die **Nachfolgeplanung** wurde bei der Personalplanung – siehe S. 33 – eingegangen, und es folgen Ergänzungen in Verbindung mit der Laufbahnplanung.

2.1 Coaching

Was unter Coaching zu verstehen ist, kann unterschiedlich gesehen werden. Beim **klassischen Coaching**, das sich in den 1970er-Jahren in den USA entwickelte, hat der Vorgesetzte als Coach die Aufgabe, seine Mitarbeiter als Coachees entwicklungsorientiert zu betreuen. In Deutschland wurde seit Ende der 1980er-Jahre als Coaching zunehmend die **personalentwickelnde Betreuung** von Fach- und Führungkräften durch externe oder interne Berater angesehen.

Grundsätzlich wird das Coaching heute vielfach als ein **Interventionsinstrument** angesehen, das auf individueller Ebene eingesetzt wird, um – im engeren Sinne – Mitarbeiter bei der Übernahme neuer Aufgaben oder Verantwortungen zu unterstützen bzw. dazu – im weiteren Sinne – dient, die beruflichen oder persönlichen Herausforderungen zu bewältigen und die Selbstverwirklichung zu fördern.

Anlässe für Coaching können vielfältiger Art sein. Besonders bedeutsam sind z. B. (*Mentzel, 2008; Nicolai, 2006; Gorges, 2005*):

- Übernahme neuer beruflicher Aufgaben
- neue Werte der Unternehmenskultur
- Einführung neuer Managementkonzepte
- persönliche und sachliche Konflikte
- Beseitigung individueller Defizite
- Lebensanalyse und Lebensgestaltung.

Für den **Erfolg** des Coaching ist es notwendig, dass bestimmte **Grundsätze** bzw. **Regeln** beachtet werden, z. B. klare Ziele, offener Umgang, jederzeitige Ansprechbarkeit, Feedback, Verschwiegenheit, und der Coach bestimmte **Qualifikationen** aufweist, z. B. zweckdienliche führungsbezogene Kenntnisse und Erfahrungen und psychologisch ausgerichtete Fähigkeiten.

Das Coaching kann ein **Einzel-Coaching** sein, das der persönlichkeitsnahen Beratung bzw. Unterstützung dient und die gezielte Auseinandersetzung mit der individuellen Karriereplanung ermöglicht. Ihm steht das **Gruppen-Coaching** gegenüber, das überwiegend in Führungsseminaren von externen Coaches durchgeführt wird und dazu dient, die Selbststeuerung von Gruppen (wieder) herzustellen und zu verbessern.

Zudem kann das Coaching ein **Kurzzeit-Coaching** sein oder ein **Langzeit-Coaching**. Von besonderer Bedeutung ist, ob das Coaching von einem innerbetrieblichen oder außerbetrieblichen Coach erfolgt. Dementsprechend sind zu unterscheiden (*Becker, 2009; Meier, 2005; Rauen, 2005; Schneider, 2004; Thommen, 2006*):

- Das **interne Coaching**, das auf zweifache Weise durchgeführt werden kann. Als **Coaches** kommen in Betracht:

Vorgesetzter	Er wird für seine Mitarbeiter im Sinne des klassischen Coachings tätig und bietet ihnen „Hilfe zur Selbsthilfe“ zur besseren Bewältigung ihrer täglichen Aufgaben, kann aber auch (ggf. lediglich) Aufgaben der Mitarbeiterentwicklung übernehmen. Das Coaching baut auf Vertrauen und partnerschaftlicher Beziehung zwischen dem Vorgesetzten und dem Mitarbeiter. Wichtigste Mittel sind die **Delegation** von Verantwortung und ehrliches **Feedback**. Letztlich stellt das Coaching eine Art kooperativen Führungsstil dar. Der Vorgesetzte nimmt eine auf den jeweiligen Mitarbeiter zugeschnittene Betreuungsfunktion, Beratungsfunktion, Trainingsfunktion und Anleitungsfunktion wahr, die der **Leistungsoptimierung** des Mitarbeiters dient und ihn koordinierter sowie erfolgreicher in seinem Arbeitsfeld agieren lässt. Dabei können neben arbeits- und karrierebezogenen Fragen ggf. auch private und persönliche Belange des Mitarbeiters in das Betreuungskonzept einbezogen werden.

Hauptberuflicher Coach	Er nimmt – vor allem in größeren Unternehmen für Mitarbeiter der unteren und mittleren Ebene – seine Aufgabe besonders in Verbindung mit der Einarbeitung neuer Mitarbeiter oder dem Erwerb fachlicher Qualifikationen durch Mitarbeiter wahr. Gegenüber Vorgesetzten und der Personalabteilung ist er in Bezug auf die Beratungsinhalte zur Verschwiegenheit verpflichtet.

- Das **externe Coaching**, bei dem ein Coach von außerhalb des Unternehmens tätig wird, vor allem bei höher gestellten Fach- und Führungskräften, um berufliche und private Problemstellungen zu behandeln. Dabei wird direkt an der Persönlichkeit des Coachees unter Verwendung psychologischer Methoden gearbeitet.

  Hauptinstrument ist das **Gespräch**, worin Sachfragen, Reaktionen im sozialen Umfeld, das Verhalten, die Gefühle und Einstellungen der Fach- und Führungskraft, Ziele, Strategien, Konflikte und Widerstände besprochen werden. Somit kommt alles zur Sprache, was mit den Aufgaben des Coachee, seiner Person und Performance sowie seinem Selbstbild und Selbstmanagement zusammenhängt.

  Der Coach fungiert hier als **„sozialer Spiegel“**. Dabei stehen die verborgenen Gedanken, die tabuisierten Gefühle, das Erörtern der schwer fassbaren Überlegungen genauso im Mittelpunkt wie das gemeinsame Reflektieren von Handlungsalternativen, das Durchspielen des „schlimmsten Falles“, das Herausarbeiten eines abgewogenen Standpunktes oder das positive Selbstprogrammieren, um auf eine anstehende Bewährungssituation möglichst gut vorbereitet sein.

  Der Ablauf und die Dauer einer Coaching-Beratung erfolgen in Abhängigkeit von der zu Grunde liegenden Situation und von der Person des Coachees. Bei der Gestaltung des Coaching-Prozesses empfiehlt es sich, auf eine **strukturierte Vorgehensweise** zu achten.

2.2 Mentoring

Das Mentoring dient nach überwiegender Auffassung dazu, neu in das Unternehmen eintretende oder mit veränderten Aufgaben bzw. Funktionen ausgestattete Mitarbeiter als **Mentees** über längere Zeit zu beraten und zu fördern. Damit werden erfahrene Führungskräfte – also Vorgesetzte oder Linienmanager – als Mentoren betraut.

Im Unternehmen lässt sich das Mentoring auf allen Ebenen einsetzen. Es ist als (meist) **Einzel-Mentoring** möglich, aber auch als **Gruppen-Mentoring** durchführbar. Darin kann der Mentor verschiedene **Rollen** wahrnehmen, z. B. als Ratgeber, Lehrer, Trainer, Vorbild, Talentförderer, Türöffner, Beschützer, Sponsor, erfolgreicher Führer (*Sattelberger, 1990*).

Das Mentoring ist praxisnah und unterstützt dabei, die Leistungsfähigkeit und Motivation des Mentees zu steigern. Eine **Gefahr** kann darin liegen, dass der Mentor sich als Ersatzvorgesetzter empfindet oder dazu entwickelt, was unbedingt zu vermeiden ist.

Grundsätzlich lassen sich unterscheiden (*Beck/Schwarz, 2004; Becker, 2009; Gmür/Thommen, 2006; Haasen, 2001; Hilb, 2009; Peterke, 2006*):

- **Formelles Mentoring**, bei dem eindeutig festgelegt Richtlinien – z. B. das Ziel, der Inhalt, die Dauer und der systematische Ablauf der Beziehung – festgelegt werden. Dabei gibt es:

Internes Mentoring	Es ist – wie eingangs beschrieben – ein Förderinstrument innerhalb des Unternehmens, wobei **Mentor** und **Mentee** beide im Unternehmen beschäftigt sind, aber im Hinblick auf ihre organisatorische Eingliederung **in keiner direkten Beziehung** zueinanderstehen.
Externes Mentoring	Bei ihm werden Personen aus **verschiedenen Unternehmen** zum Zwecke des Mentoring zusammengeführt, wodurch die einbringbaren Ideen, Informationen und Perspektiven vielfältiger und umfassender sein können. Es findet nur begrenzt Anwendung.

- **Informelles Mentoring**, das durch ein Fehlen formeller Regelungen gekennzeichnet ist. Mentor und Mentee bestimmen situationsbezogen die Dauer, die Intensität und den Inhalt ihrer Beziehung.

Mit dem (internen) Mentoring werden die Mitarbeiter integriert und in ihrer Entwicklung gefördert. So lassen sich auch frühzeitige Kündigungen vermeiden, die innerhalb der ersten zwölf Monate bereits rund 40 % ausmachen, wobei die meisten davon bereits in den ersten Tagen erwogen werden, die neue Mitarbeiter im Unternehmen sind.

2.3 Laufbahnplanung

Die Laufbahnplanung kann **individuell** gestaltet sein, also auf den einzelnen Mitarbeiter bezogen werden, für den sie ganz speziell vorgenommen wird. Sie erfolgt aber auch **standardisiert**, indem typische Entwicklungen von Mitarbeitern bzw. bestimmten Mitarbeitergruppen grundlegende Regelungen erfahren.

Grundlage für die Laufbahnplanung ist die Bedarfssituation des Unternehmens. Sie wird auch als **Aufstiegsplanung, Entwicklungsplanung** und **Karriereplanung** bezeichnet, und sie ist eng mit der **Nachfolgeplanung** verbunden – siehe unten.

Die **individuelle Laufbahnplanung** kann unter zwei Aspekten erfolgen:

- Als **potenzialorientierte Laufbahnplanung**, die vom einzelnen Mitarbeiter ausgeht und ihm die grundsätzliche Abfolge von Stellen zeigt, die er während seiner beruflichen Entwicklung einnehmen kann. Dabei wird von bestimmten **Voraussetzungen** ausgegangen, insbesondere von entsprechend gesammelten Erfahrungen, guten Beurteilungen und der Verfügbarkeit der betreffenden Stellen.

Mit der **potenzialorientierten Laufbahnplanung** ist es möglich, Motivation bei Mitarbeitern auszulösen, aber auch Frustrationen zu bewirken, wenn die berufliche Entwicklung sich nicht wie geplant bzw. zu langsam realisiert. Laufbahnpläne werden häufig in **grafischer Form** ausgearbeitet.

Beispiel

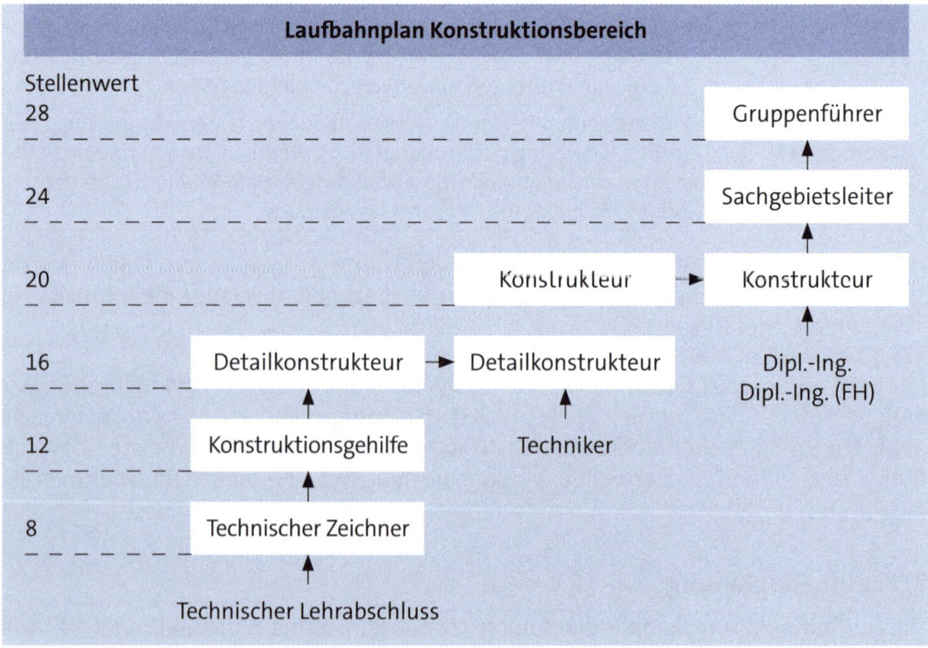

- Als **positionsorientierte Laufbahnplanung**, mit der verhindert werden soll, dass qualifizierte Stellen – z. B. aufgrund langer Beschaffungs- und Einarbeitungszeiten – zeitweilig unbesetzt bleiben. Sie dient als **Nachfolgeplanung** dazu, die künftige Verwendung bzw. den Einsatz des Personals in seiner möglichen Abfolge im Voraus festzulegen.

  Ihr Ergebnis sind **Nachfolgepläne**, die als erweiterte Stellenpläne verstanden werden können, in denen neben den derzeitigen Stelleninhabern auch ihre Vertreter und mögliche Nachfolger festgehalten sind.

Da Führungspositionen nur begrenzt vorhanden sind, entwickelten sich in der Vergangenheit neue Laufbahnstrukturen, die als **Fachlaufbahnen** bezeichnet werden, z. B. als Spezialistenlaufbahnen, Projektlaufbahnen und Gremienlaufbahnen.

3. Organisationsentwicklung

Die Organisationsentwicklung ist ein langfristiger, umfassender Entwicklungs- und Veränderungsprozess von Organisationen und den in ihnen tätigen Menschen, der auf dem Lernen aller Betroffenen durch direkte Einwirkung und praktische Erfahrung beruht. Der **Wandel** kann erfolgen als (*Bea/Göbel, 2010; Vahs, 2015*):

- **ungeplanter Wandel**, der nicht beabsichtigt ist, zufällig erfolgt und über längere Zeit mehr oder weniger unbemerkt bleiben kann
- **geplanter Wandel**, der alle absichtlichen Anstrengungen zur zielgerichteten Organisationsgestaltung umfasst. Seine **Ziele** sind:

Steuerung der Effizienz	Die Effizienz zeigt sich im Grad der wirtschaftlichen Erfüllung der Unternehmensaufgaben. Darauf ausgerichtete **Maßnahmen** können sein: ► ein **evolutionäres Vorgehen**, das kontinuierlich in kleinen bzw. überschaubaren Schritten geschieht ► ein **revolutionäres Vorgehen**, bei dem ein völliges Abwenden von bisherigen Lösungen in kurzer Zeit erfolgt.
Humanisierung der Arbeitswelt	Der Humanisierung der Arbeitswelt dienlich sind alle Maßnahmen, die auf die **Verbesserung** des **Arbeitsinhaltes** und der **Arbeitsbedingungen** für den Menschen ausgerichtet sind.

Ursachen für die Notwendigkeit von Organisationsentwicklungen sind Veränderungen z. B. in Bezug auf:

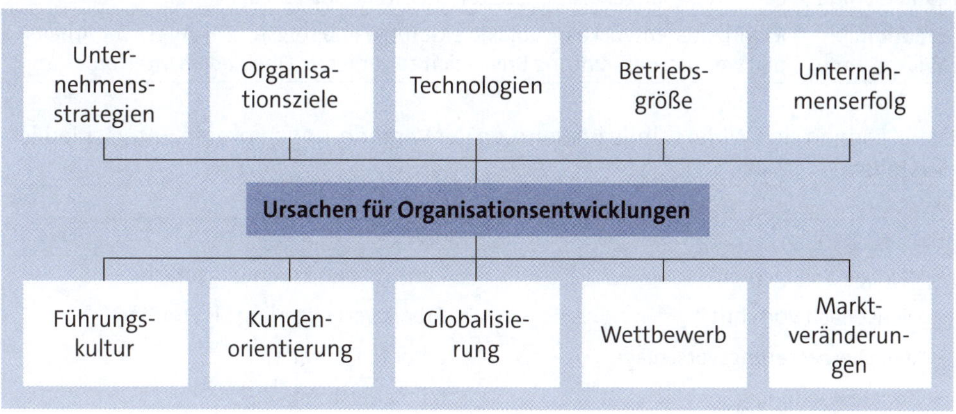

Die **Gestaltung** der Organisationsentwicklung erfolgt vielfach unter Einschaltung von Experten, die z. B. Unternehmensberater, Organisationsberater oder Entwicklungsteams sein können.

Die **Leistungsfähigkeit** der Organisation lässt sich aus personalwirtschaftlicher Sicht steigern, indem die Flexibilität und Innovationsbereitschaft der Mitarbeiter vergrößert und die Lernfähigkeit des Systems gefördert wird. Zur Verbesserung der Arbeitssituation der Mitarbeiter tragen größere Entfaltungs- und Entwicklungsmöglichkeiten,

Handlungs- und Entscheidungsspielräume sowie die Möglichkeit bei, an Beratungs- und Entscheidungsprozessen mitzuwirken.

Ob die Organisationsentwicklung als **Teil der Personalentwicklung** angesehen wird, hängt von der Betrachtungsweise ab:

- Beim **personalorientierten Ansatz** zielen die Veränderungsstrategien vorwiegend auf die Mitarbeiter ab, d. h. er wählt die Beeinflussung der Personen im Unternehmen als ersten Schritt, wobei **gruppendynamische Methoden** eingesetzt werden.
- Der **strukturelle Ansatz** ist dadurch gekennzeichnet, dass die Veränderungsstrategien schwerpunktmäßig auf die Organisation gerichtet sind, d. h. es wird zunächst auf die Organisationsstruktur eingewirkt.

Die Organisationsentwicklung, ihre Vorgehensweisen, Interventionsmöglichkeiten und Konzepte werden ausführlich von *Olfert (2015); Olfert/Pischulti (2017)* dargestellt, worauf zu verweisen ist.

Organisationale Veränderungen werden von Mitarbeitern mitunter nicht begrüßt. Ängste und Befürchtungen äußern sich in rationalen, sozialen und emotionalen Widerständen. Zu nennen sind dabei:

Rationale Widerstände	Mitarbeiter bringen logische Argumente und nachvollziehbare Begründungen vor, z. B. Kurzarbeit und damit verbundene Lohneinbußen.
soziale Widerstände	Mitarbeiter befürchten Einschnitte in ihr soziales Leben durch z. B. weitere Fahrtwege, längere Arbeitszeiten und Trennung von der Familie
Emotionale Widerstände	Mitarbeiter entwickeln subjektive Gefühle und Ängste, z. B. Angst vor Arbeitsplatzverlust, Befürchtung Privilegien zu verlieren, Über- oder Unterforderung

Dabei können sich Widerstände im Rahmen der Veränderungsprozesse unterschiedlich darstellen:

Passiv:	**Aktiv:**
▸ Weniger Engagement	▸ Proteste und Stimmungsmache
▸ Dienst nach Vorschrift	▸ Arbeitsverweigerung bis zum Streik
▸ Keine Verbesserungsvorschläge	▸ erhöhte Fehlzeiten
▸ „Innere Kündigung“	▸ Minderleistung
▸ Steigende Krankheitsrate	▸ Verletzen von Vorschriften

Durch transparente und rechtzeitige Information und Kommunikation kann ein Bewusstsein für die Notwendigkeit der Veränderung geschaffen und Widerstände reduziert werden. Betroffene zu Beteiligten zu machen und den Prozess im Gegenstromverfahren zu planen sowie regelmäßiges Feedback der Beteiligten einzuholen, kann den Prozess unterstützen.

Aufgabe 44 > Seite 277

G. Personalfreistellung

Die Personalfreistellung umfasst alle Maßnahmen, mit denen eine personelle Überdeckung in quantitativer, qualitativer, örtlicher und zeitlicher Hinsicht abgebaut wird. Dafür kann es verschiedene Gründe geben.

In der Mehrzahl der Fälle hat die Personalfreistellung **unternehmensbezogene Gründe**, z. B. gesunkene Absatzzahlen, Rationalisierungsmaßnahmen, Standortverlegungen. Es kann aber auch sein, dass die Personalfreistellung aus **Gründen** erfolgt, die in der **Person des Arbeitnehmers** liegen, z. B. mangelhafte Leistungen, Arbeitsverweigerung, Störung des Betriebsfriedens.

Im Rahmen der Personalfreistellung sollen behandelt werden:

Personalfreistellung	Interne Personalfreistellung
	Externe Personalfreistellung
	Abwicklung

1. Interne Personalfreistellung

Bei der internen Personalfreistellung wird ein **Personalabbau** im Unternehmen **vermieden**, indem bestehende Arbeitsverhältnisse kapazitiv an den geringeren Leistungsbedarf angepasst werden. Bevor der Arbeitgeber einen Abbau des Personals vornimmt, muss er alle für die Vertragsparteien zumutbaren und rechtlich zulässigen Möglichkeiten ausschöpfen, die Entlassungen vermeiden.

Der internen Personalfreistellung ist eine ganze Reihe von **Maßnahmen** dienlich, auf die je nach betrieblicher Situation zurückgegriffen werden kann. Zu ihnen lassen sich zählen – siehe ausführlich *Olfert (2016):*

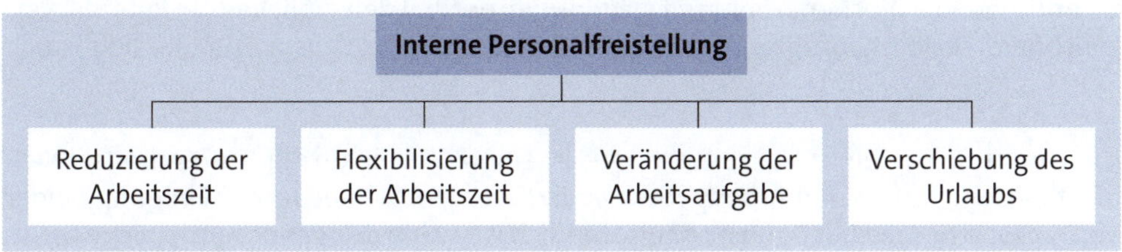

Zwar keine Maßnahme der internen Personalfreistellung, aber die Vermeidung, eine externe Personalfreistellung vornehmen zu müssen, ist die **Einstellungsbeschränkung** oder der **Einstellungsstopp**, bei dem durch Fluktuation frei werdende Stellen nur begrenzt bzw. überhaupt nicht wieder besetzt werden.

1.1 Reduzierung der Arbeitszeit

Die Reduzierung der von einzelnen Mitarbeitern oder Mitarbeitergruppen geleisteten Arbeitszeit kann den verminderten Leistungsbedarf auffangen. **Möglichkeiten** sind:

- **Abbau von Mehrarbeit**
- **Teilzeitarbeit**
- **Kurzarbeit.**

1.1.1 Abbau von Mehrarbeit

Bei der Mehrarbeit übersteigt tatsächliche Arbeitszeit von Arbeitnehmern die arbeits- oder tarifvertraglich geschuldete Arbeitszeit. Sie kann durch **Überstunden** bzw. **zusätzliche Sonn- und Feiertagsarbeit** bewirkt werden – siehe S. 131 ff.

Der Abbau von Mehrarbeit ermöglicht es, einen Personalüberhang relativ kurzfristig zu verringern. Er ist nicht nur ein **quantitatives Problem**, sondern muss auch **qualitativ** gesehen werden. Wenn z. B. weniger Arbeit auf eine bestehende Zahl von Arbeitnehmern verteilt werden soll, müssen all diese Arbeitnehmer in der Lage sein, die Aufgaben auch qualitativ zu bewältigen. In der Praxis kann dies Schwierigkeiten bereiten.

Der Betriebsrat hat zwar bei der Festlegung der Arbeitszeiten gemäß § 87 Abs. 1 Nr. 2 BetrVG ein **Mitbestimmungsrecht**. Es kommt bei der Rückführung der Mehrarbeit auf die betriebsübliche Arbeitszeit aber nicht zur Anwendung. Insofern ist der Abbau von Überstunden arbeitsrechtlich relativ problemlos.

1.1.2 Einführung von Teilzeitarbeit

Die interne Personalfreisetzung ist möglich, indem Vollzeitstellen in Teilzeitstellen umgewandelt werden. Ein **Teilzeitarbeitsverhältnis** liegt vor, wenn die vom Arbeitnehmer zu erbringende Wochenarbeitszeit gegenüber der betriebsüblichen Arbeitszeit vergleichbarer vollbeschäftigter Arbeitnehmer verkürzt ist (§ 2 Abs. 1 TzBfG) – siehe auch S. 127 f.

Die Umwandlung eines Vollzeitvertrages in einen Teilzeitvertrag kann grundsätzlich nicht einseitig durch den Arbeitgeber bewirkt werden. Sie bedarf der **Einigung** beider Vertragspartner, die nur dann nicht erforderlich ist, wenn dringende betriebliche Gründe vorliegen und keine weniger belastende Änderung möglich ist. Kommt eine erforderliche Einigung nicht zu Stande, ist die Umwandlung nur durch eine **Änderungskündigung** möglich.

Andererseits hat der Arbeitnehmer, dessen Arbeitsvertrag länger als sechs Monate bestanden hat, einen **Anspruch auf Teilzeitarbeit**. Der Arbeitgeber muss der Verringerung der Arbeitszeit zustimmen, soweit betriebliche Gründe nicht entgegenstehen (§ 8 Abs. 1 und 4 TzBfG). Der Betriebsrat verfügt bei der Ausgestaltung der Teilarbeitszeit über ein **Mitbestimmungsrecht**.

Eine Sonderform ist die Altersteilzeit, die ab einem Lebensalter von 55 Jahren möglich ist. Rechtsgrundlage stellt das Altersteilzeitgesetz (AltTZG) dar sowie Tarifverträge und Betriebsvereinbarungen. Bei der Altersteilzeit wird die wöchentliche Arbeitszeit um 50 % reduziert und durch diverse Modelle umgesetzt:

- Das Gleichverteilungsmodell, hier wird die Arbeitszeit über den gesamten Zeitraum der Altersteilzeit gleichmäßig um 50 % reduziert (in Form von halben Tagen oder reduzierten Arbeitstagen pro Woche).
- Das Blockmodell, hier wird die Arbeitszeit in zwei Perioden unterteilt. In der ersten Periode arbeitet der Arbeitnehmer voll, in der zweiten Periode wird er bei Weiterzahlung des Entgeltes freigestellt.
- Individuelle Regelungen, mit stufenweiser Reduzierung der Arbeitszeit sind ebenfalls möglich.

Auch hier ist darauf hinzuweisen, dass die Reduzierung der Arbeitszeit als **quantitative** Maßnahme ggf. **qualitative Probleme** aufwirft, beispielsweise durch Wissensabfluss und mangelnder Nachbesetzung.

1.1.3 Kurzarbeit

Kurzarbeit ist die vorübergehende Herabsetzung der betriebsüblichen regelmäßigen Arbeitszeit für das gesamte Unternehmen bzw. einzelne Abteilungen mit der Folge von Entgeltminderungen. Das Arbeitsverhältnis wird durch sie nicht beendet, sondern es werden lediglich die **Arbeits- und Entgeltzahlungspflichten** im gleichen Verhältnis suspendiert.

Die Kurzarbeit lässt sich unterschiedlich praktizieren, z. B. kann das **Kurzarbeitsvolumen** gleichmäßig oder ungleichmäßig auf alle Wochentage verteilt werden. Sie bedarf einer besonderen **Rechtsgrundlage**, z. B. eines Tarifvertrages oder einer Betriebsvereinbarung. Schließlich kann sie nur mit **Zustimmung** des **Betriebsrates** eingeführt werden (§ 87 BetrVG).

Mitarbeitern von Unternehmen mit regelmäßiger Arbeitszeit zahlt die Bundesagentur für Arbeit aus Mitteln der Arbeitslosenversicherung für bis zu sechs Monate ein **Kurzarbeitergeld**, wenn ein vorübergehender Ausfall der Arbeit gegeben und zu erwarten ist, dass den Arbeitnehmern dadurch die Arbeitsplätze erhalten bleiben.

Seit 12/2006 gibt es auch die **Saison-Kurzarbeit** in der „Schlechtwetterzeit", die erfahrungsgemäß von Dezember bis März reicht. Deshalb wird es ausschließlich in diesem Zeitrahmen gewährt.

1.2 Flexibilisierung der Arbeitszeit

Auch die Flexibilisierung der Arbeitszeit kann dazu dienen, einem verminderten Leistungsbedarf personell gerecht zu werden. Sie ist sowohl für Vollzeitbeschäftigte als auch für Teilzeitbeschäftigte möglich. **Keine Bedeutung** hat die Flexibilisierung in Form der gleitenden Arbeitszeit, da sie nur mitarbeiterorientiert ist und nicht kapazitätsorientiert, wie z. B. bei der:

- **flexiblen Jahresarbeitszeit**
- **kapazitätsorientierten variablen Arbeitszeit.**

1.2.1 Flexible Jahresarbeitszeit

Bei der flexiblen Jahresarbeitszeit wird das **Arbeitszeitvolumen** festgelegt, das im Verlaufe **eines Jahres** zu erbringen ist. Die Verteilung der Arbeitszeiten auf die einzelnen Zeitabschnitte des Jahres, z. B. Wochen oder Monate, kann unterschiedlich sein. Somit wird in Zeiten eines geringeren Leistungsbedarfes weniger gearbeitet, bei höherem Leistungsbedarf entsprechend mehr – siehe S. 136 f.

Die Rahmenbedingungen sind vielfach in Tarifverträgen geregelt. Es ist auch möglich, **Jahresarbeitszeitverträge** abzuschließen, wobei die Vorschriften der Tarifverträge zu beachten sind, sofern Tarifbindung besteht. Der Betriebsrat hat **Mitbestimmungsrechte** gemäß § 87 Abs. 1 Nr. 2 und 3 BetrVG.

1.2.2 Kapazitätsorientierte variable Arbeitszeit

Beim Konzept der kapazitätsorientierten variablen Arbeitszeit (KAPOVAZ) kann die Lage und Dauer der Arbeitszeit vom Arbeitgeber an den Arbeitsanfall angepasst werden. Der Arbeitnehmer ist zur Arbeitsleistung aber nur verpflichtet, wenn der Arbeitgeber ihm die Lage seiner Arbeitszeit rechtzeitig angekündigt hat. Für eine tägliche bzw. wöchentliche Mindestdauer der Arbeitszeit gibt es gesetzliche Regelungen – siehe ausführlicher S. 136 f.

1.3 Veränderung der Arbeitsaufgabe

Eine interne Personalfreistellung lässt sich bewirken, indem der Arbeitnehmer anstelle der von ihm ausgeübten, nicht auslastenden Arbeitsaufgabe bzw. Stelle eine **neue Arbeitsaufgabe bzw. Stelle** erhält, die seiner quantitativen und qualitativen Kapazität entspricht.

Dabei handelt es sich um eine **Versetzung**, wenn die Zuweisung eines anderen Arbeitsbereiches erfolgt, die voraussichtlich die Dauer von einem Monat überschreitet *oder* mit einer erheblichen Änderung der Umstände verbunden ist, unter denen die Arbeit zu leisten ist – siehe S. 80.

Die Versetzung kann durch eine **Weisung** des Arbeitgebers bewirkt werden, wenn diese innerhalb der im Arbeitsvertrag getroffenen Vereinbarungen liegt, oder durch eine

Änderungskündigung oder eine **Änderungsvereinbarung**, wenn die zu leistende Arbeit inhaltlich oder bezüglich des Leistungsortes nicht den Vereinbarungen im Arbeitsvertrag entspricht bzw. geringer entlohnt wird.

Der **Betriebsrat** muss bei einer Versetzung angehört werden. Er kann sowohl einer Weisung als auch einer Änderungskündigung aus bestimmten Gründen widersprechen (§ 99 Abs. 2, 102 Abs. 3 BetrVG).

1.4 Verschiebung des Urlaubs

Eine weitere Maßnahme zur internen Personalfreistellung ist die Verschiebung des Urlaubs, um einem vermindertem Leistungsbedarf gerecht zu werden. Der Urlaub kann in auslastungsarme Zeiträume gelegt werden.

Bei der **Terminierung des Urlaubs** ist zu beachten, dass die Urlaubsfestlegung zwar durch den Arbeitgeber erfolgt, er aber die Wünsche des Arbeitnehmers zu berücksichtigen hat (§ 7 Abs. 1 BUrlG), soweit dringende betriebliche Erfordernisse dies zulassen oder andere Arbeitnehmer wegen ihrer sozialen Situation nicht Vorrang beanspruchen können.

Auch ist möglich, dass der Arbeitgeber der gesamten Belegschaft einheitlich Urlaub gewährt, also **Betriebsferien** einführt bzw. bereits übliche Betriebsferien verlegt oder ausdehnt.

Aufgabe 45 > Seite 277

2. Externe Personalfreistellung

Bei der externen Personalfreistellung kommt es zu einem **Personalabbau** im Unternehmen, d. h. Mitarbeiter scheiden aus dem Unternehmen aus. Sie kann erfolgen als – siehe ausführlich *Olfert (2012)*:

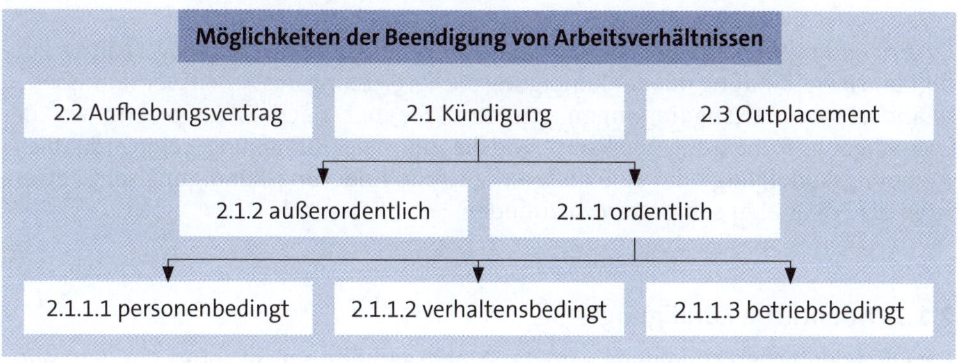

2.1 Kündigung

Die Kündigung stellt eine **einseitige empfangsbedürftige Willenserklärung** dar. Dabei bedeutet:

- **Einseitig**, dass jeder der beiden Vertragspartner die Willenserklärung unabhängig vom anderen Vertragspartner abgeben kann. Dementsprechend gibt es:

Arbeitnehmer-kündigung	Hier gibt der Arbeitnehmer die Willenserklärung dem Arbeitgeber gegenüber ab.
Arbeitgeber-kündigung	Bei der Kündigung durch den Arbeitgeber wird auch von **Entlassung** gesprochen. Sie muss durch den Arbeitgeber persönlich oder einem von ihm bevollmächtigten Vertreter erfolgen.

- **Empfangsbedürftig** heißt, dass die Willenserklärung dem anderen Vertragspartner zugegangen sein muss, wobei der **Zugang** sein kann:

Zugang unter Anwesenden	Die Kündigungserklärung geht in dem **Moment** zu, in dem der Anwesende sie hört oder ihm das Kündigungsschreiben ausgehändigt wird.
Zugang unter Abwesenden	Der Zugang kann auf verschiedenen Wegen erfolgen. **Möglichkeiten** sind die persönliche Übergabe, die Zustellung mittels Boten, der Einwurf in Briefkasten, die Zustellung durch Einschreiben und die Zustellung durch einen Gerichtsvollzieher.

Die Kündigung bedarf seit 2000 der **Schriftform** (§ 623 BGB), die elektronische Form ist ausgeschlossen. Sie muss den Kündigungswillen klar und eindeutig zum Ausdruck bringen, wenngleich das Wort „Kündigung" nicht zwingend zu verwenden ist. Als **Arten** der Kündigung können unterschieden werden:

- **ordentliche Kündigung**
- **außerordentliche Kündigung.**

Eine weitere Art ist die **Änderungskündigung**. Sie dient aber nicht zum Zwecke, Personal abzubauen, sondern Arbeitsbedingungen zu verändern, sofern sie nicht durch eine Weisung, einvernehmlich als Änderungsvereinbarung oder aufgrund eines im Arbeitsvertrag vorbehaltenen Widerrufsrechtes veränderbar sind.

Eine Änderungskündigung liegt vor, wenn der Arbeitgeber das Arbeitsverhältnis kündigt und in Verbindung mit der Kündigung die Fortsetzung des Arbeitsverhältnisses zu geänderten Arbeitsbedingungen anbietet. Sie hat nach *BAG* Vorrang vor der „Beendigungs"kündigung und kann – wie die „normale" Kündigung – eine **ordentliche Änderungskündigung** oder eine **außerordentliche Änderungskündigung** sein. Letzere ist in der Praxis aber sehr selten vorzufinden.

2.1.1 Ordentliche Kündigung

Bei der ordentlichen Kündigung wird das **Arbeitsverhältnis nicht sofort** mit dem Wirksamwerden der Kündigung **aufgelöst**, sondern erst nach Ablauf einer Kündigungsfrist und oft zu bestimmten Zeitpunkten.

Die **Grundkündigungsfrist** beträgt nach § 622 BGB, sowohl für den Arbeitgeber als auch den Arbeitnehmer vier Wochen zum 15. oder zum Ende eines Kalendermonats. Für den Arbeitgeber verlängert sich die Kündigungsfrist mit zunehmender Dauer des Arbeitsverhältnisses, der Arbeitnehmer braucht – auch bei längerer Beschäftigungsdauer – lediglich die Grundkündigungsfrist einzuhalten:

<table>
<tr><th>Dauer des Arbeitsverhältnisses</th><th>Kündigungsfrist für Arbeitgeber</th><th>Kündigungsfrist für Arbeitnehmer</th></tr>
<tr><td>bis zu 2 Jahren</td><td>4 Wochen zum 15. oder zum Ende eines Kalendermonats</td><td rowspan="8">4 Wochen zum 15. oder zum Ende eines Kalendermonats</td></tr>
<tr><td>ab 2 Jahre</td><td>1 Monat zum Ende eines Kalendermonats</td></tr>
<tr><td>ab 5 Jahre</td><td>2 Monate zum Ende eines Kalendermonats</td></tr>
<tr><td>ab 8 Jahre</td><td>3 Monate zum Ende eines Kalendermonats</td></tr>
<tr><td>ab 10 Jahre</td><td>4 Monate zum Ende eines Kalendermonats</td></tr>
<tr><td>ab 12 Jahre</td><td>5 Monate zum Ende eines Kalendermonats</td></tr>
<tr><td>ab 15 Jahre</td><td>6 Monate zum Ende eines Kalendermonats</td></tr>
<tr><td>ab 20 Jahre</td><td>7 Monate zum Ende eines Kalendermonats</td></tr>
</table>

Abweichend von den obigen die Kündigungsfristen betreffenden Ausführungen gilt:

- Während einer maximal sechsmonatigen **Probezeit** darf die Kündigungsfrist zum Zwecke der Erprobung lediglich bis zu zwei Wochen betragen.
- Bei **Aushilfsarbeitsverhältnissen** bis maximal drei Monate ist eine gesetzliche Kündigungsfrist nicht zu beachten, d. h. sie kann geringer oder nicht vorhanden sein.
- Für **Auszubildende**, die ihre Berufsausbildung aufgeben, beträgt die Kündigungsfrist nach der Probezeit vier Wochen (§ 15 Abs. 2 BBiG). Innerhalb der Probezeit gibt es keine Kündigungsfrist.

Die gesetzlichen Kündigungsfristen können tarifvertraglich verlängert, in Ausnahmefällen auch verkürzt werden. In Arbeitsverträgen sind sie ebenfalls verlängerbar, wobei jedoch die Kündigungsfristen für den Arbeitnehmer nicht länger sein dürfen als für den Arbeitgeber (§ 622 Abs. 6 BGB).

Arbeitnehmer sollen in bestimmten Fällen vor einer Kündigung durch den Arbeitgeber geschützt werden. Zu diesem Zweck gibt es:

- Den **allgemeinen Kündigungsschutz**, der im Kündigungsschutzgesetz (KSchG) geregelt ist. Er gilt, wenn:
  - Das **Arbeitsverhältnis** zwischen dem Arbeitgeber und dem Arbeitnehmer **länger als sechs Monate** bestanden hat (§ 1 Abs. 1 KSchG).
  - Der kündigende Arbeitgeber regelmäßig **mehr als zehn vollzeitig Beschäftigte** hat.

    Teilzeitbeschäftigte mit einer regelmäßigen wöchentlichen Arbeitszeit von nicht mehr als 20 Stunden werden nach § 23 Abs. 1 KSchG mit 0,5 berücksichtigt, Arbeitnehmer mit nicht mehr als 30 Stunden mit 0,75.

Eine **Kündigung ist sozial ungerechtfertigt**, wenn sie nicht durch bestimmte Gründe gerechtfertigt ist. Das Kündigungsschutzgesetz nennt positive und negative Gründe:

Positive Gründe	Positive Gründe können in der Person des Arbeitnehmers, dem Verhalten des Arbeitnehmers sowie in betriebsbezogenen Gegebenheiten liegen. Sie werden nachstehend näher behandelt – siehe S. 237 ff.
Negative Gründe	Sie führen dazu, dass eine Arbeitgeberkündigung trotz eines (personen-, verhaltens-, betriebsbedingt) sachlich gerechtfertigten Grundes dennoch **sozial ungerechtfertigt** sein kann wegen: ► **Unsozialer Auswahl** bei betriebsbedingter Kündigung, wenn die Dauer der Betriebszugehörigkeit, das Lebensalter, die Unterhaltspflichten, die Schwerbehinderung nicht oder nicht ausreichend bei der Auswahl der Arbeitnehmer berücksichtigt wurden. Seit 2004 sind diese Kriterien im § 1 Abs. 3 KSchG festgeschrieben. Arbeitnehmer, deren Weiterbeschäftigung im berechtigten **betrieblichen Interesse** liegt, insbesondere wegen ihrer Kenntnisse, Fähigkeiten und Leistungen oder zur Sicherung einer ausgewogenen Personalstruktur des Betriebes, sind nicht in die Sozialauswahl einzubeziehen (§ 1 Abs. 3 KSchG). ► **Verstoß gegen Auswahlrichtlinien** nach § 95 BetrVG, die bei größeren Unternehmen vielfach in Betriebsvereinbarungen festgelegt sind. ► **Weiterbeschäftigungsmöglichkeit** an freiem Arbeitsplatz, ggf. nach zumutbarer Umschulung oder Fortbildung bzw. zu geänderten Arbeitsbedingungen.

► Neben dem allgemeinen Kündigungsschutz gibt es einen **besonderen Kündigungsschutz**, der die Arbeitgeberkündigung auf unterschiedliche Weise **für besonders schutzwürdige Arbeitnehmergruppen** erschwert:

- Mitglieder von Betriebsverfassungsorganen
- Vertrauensleute der Schwerbehinderten
- Schwerbehinderte und Gleichgestellte
- Wehr- und Zivildienstleistende
- Auszubildende
- Personen im Mutterschutz
- Personen im Erziehungsurlaub.

Bei einer ordentlichen Kündigung hat der Betriebsrat gemäß § 102 BetrVG ein **Anhörungsrecht** und **Widerspruchsrecht**. Dabei handelt es sich jedoch nicht um ein Mitbestimmungsrecht, denn der Arbeitgeber kann nach § 102 Abs. 4 BetrVG trotz des Widerspruches des Betriebsrates rechtswirksam kündigen.

Dem Betriebsrat ist es möglich, gemäß § 102 Abs. 2 Satz 1 BetrVG gegen die beabsichtigte Arbeitgeber seitige Kündigung innerhalb von einer Woche schriftlich **Bedenken** zu erheben, um den Arbeitgeber zu überzeugen, die Kündigung nicht vorzunehmen.

Legt er **Widerspruch** ein, muss er der Kündigung unter Angabe eines der in § 102 Abs. 3 Nr. 1 - 5 BetrVG genannten Gründe ebenfalls innerhalb einer Woche schriftlich widersprechen. Dieser Widerspruch ist dem Arbeitnehmer mit dem Kündigungsschreiben zuzustellen.

Aufgabe 46 > Seite 277

Die ordentliche Kündigung kann erfolgen als:

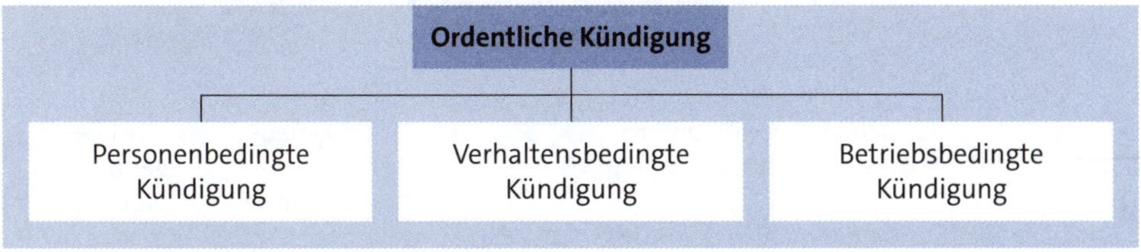

2.1.1.1 Personenbedingte Kündigung

Bei der personenbedingten Kündigung geht es um das **Fehlen** bzw. den **Verlust von Fähigkeiten zur Erbringung der Arbeitsleistung**. Der in der Praxis am häufigsten vorzufindende Fall ist die Kündigung wegen Krankheit, bei der die Rechtsprechung unterscheidet:

- Kündigung wegen häufiger Kurzerkrankungen
- Kündigung wegen langanhaltender Krankheit
- Kündigung wegen krankheitsbedingter dauernder Unmöglichkeit der Leistungserbringung.

Zur **sozialen Rechtfertigung** einer Kündigung sind erforderlich:

- Das Vorliegen einer **negativen Gesundheitsprognose**, durch welche die Besorgnis weiterer Erkrankungen gerechtfertigt wird.
- Die **entstandenen** und **prognostizierten Fehlzeiten** müssen die betrieblichen Interessen erheblich beeinträchtigen, z. B. durch Störungen im Arbeitsablauf oder notwendig werdende Überstunden anderer Arbeitnehmer.
- Die einzelfallbezogene Interessenabwägung muss ergeben, dass die **erhebliche Beeinträchtigung** dem Arbeitgeber nicht zumutbar ist.

Wichtig ist, dass jeder **Einzelfall** sorgfältig geprüft und rechtlich abgewogen wird.

2.1.1.2 Verhaltensbedingte Kündigung

Eine verhaltensbedingte Kündigung bietet sich an, wenn ein Arbeitnehmer sich vertragswidrig verhält, d. h. seine **arbeitsvertraglichen Pflichten verletzt**. Gründe können z. B. sein:

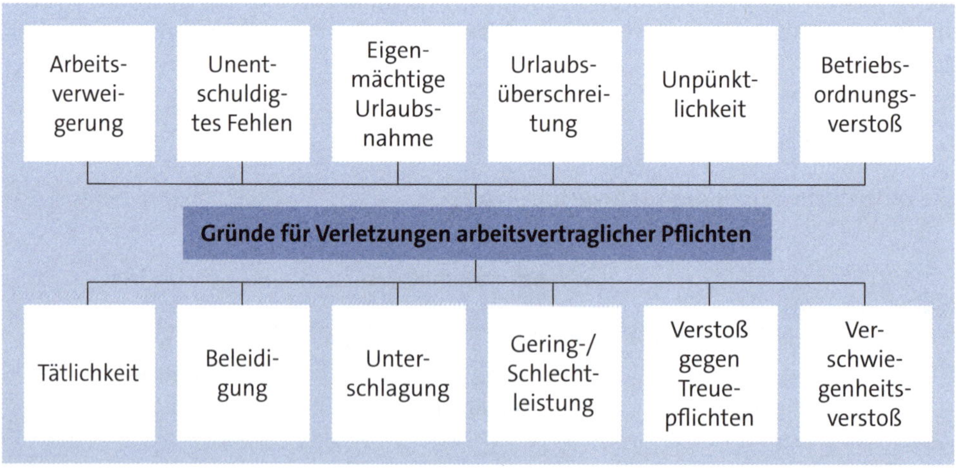

Bei einer Pflichtverletzung, die den **Leistungsbereich** betrifft, ist der Arbeitnehmer in der Regel vor dem Ausspruch einer verhaltensbedingten Kündigung abzumahnen. Im **Vertrauensbereich** wird eine vorherige Abmahnung im Regelfall nicht als erforderlich angesehen.

Die **Abmahnung** dient der Rüge, Warnung, Ankündigung und Dokumentation. Sie sollte schriftlich erfolgen und folgenden **Anforderungen** genügen:

- Das pflichtwidrige Verhalten ist unter der Angabe des Datums und der Aufzeichnung entsprechender Beweismittel festzustellen, z. B. mit Urkunden oder Zeugen.
- Der Arbeitnehmer ist aufzufordern, sich in Zukunft vertragsgemäß zu verhalten.
- Dem Arbeitnehmer sind Sanktionen für den Fall erneuter, gleichartiger Pflichtverletzungen anzudrohen, z. B. Versetzung oder Kündigung.
- Die Abmahnung hat zeitnah zu erfolgen, d. h. sie sollte nicht später als etwa 14 Tage nach dem Vorfall geschehen.

Die Abmahnung ist – wie auch ein möglicher schriftlicher Widerspruch gegen die Abmahnung durch den Arbeitnehmer – in die **Personalakte** aufzunehmen, ebenso als Beweismittel etwaige Stellungnahmen von Vorgesetzten und Arbeitskollegen. Für eine rechtswirksame verhaltensbedingte Kündigung verlangen die **Arbeitsgerichte** vielfach mindestens zwei bis drei Abmahnungen im Hinblick auf gleichartige Pflichtverletzungen. Der Arbeitnehmer kann die Entfernung der Abmahnung nach Zeitablauf fordern.

2.1.1.3 Betriebsbedingte Kündigung

Betriebsbedingt ist eine Kündigung, wenn **dringende betriebliche Erfordernisse** einer **Weiterbeschäftigung** des Arbeitnehmers **entgegenstehen**. Sie können beruhen auf:

- **innerbetrieblichen Ursachen**, z. B. Rationalisierungsmaßnahmen, Umstellung oder Einschränkung der Produktion
- **außerbetrieblichen Ursachen**, z. B. Umsatzrückgang, Rohstoffmangel, Absatzschwierigkeiten.

Während innerbetriebliche Ursachen als Folge unternehmerischer Entscheidungen – ggf. auch Fehlentscheidungen – keiner arbeitsgerichtlichen Kontrolle unterliegen, gilt dies für außerbetriebliche Ursachen nicht. Wichtig ist, dass der Fortfall von Arbeitsplätzen aus **dringenden Erfordernissen** notwendig wird.

Die **Auswahl** eines betriebsbedingt zu kündigenden Arbeitnehmers muss sozial gerechtfertigt sein. Betriebliche Gründe können dazu führen, dass nicht nur einzelne Arbeitnehmer von einer Kündigung betroffen sind, sondern **mehrere** oder **viele Arbeitnehmer**. Dabei können unterschieden werden:

- Die **Massenentlassung**, die vorliegt, wenn folgende Bedingungen gegeben sind (§ 17 Abs. 1 KSchG) – siehe ausführlich *Olfert (2015)*:

Anzahl der Arbeitnehmer im Betrieb	Entlassungen von Arbeitnehmern innerhalb von 30 Kalendertagen
21 - 59	mehr als 5
60 - 499	mindestens 10 % oder mehr als 25
500 und mehr	mindestens 30

Bei Massenentlassungen besteht ein **besonderer Kündigungsschutz**. Sie erfordern die Einhaltung einer bestimmten Abfolgen von **Schritten**:

Dem Betriebsrat sind rechtzeitig zweckdienliche Informationen zu geben.
↓
Stellungnahme des Betriebsrates zu den geplanten Entlassungen
↓
Anzeige der Entlassungen an den Präsidenten der Regionaldirektion
↓
Information der Regionaldirektion an die örtliche Agentur für Arbeit
↓
Die Anzeige löst eine Sperrfrist von 30 Kalendertagen aus.
↓
Entlassung innerhalb der Sperrfrist nur mit Zustimmung der Regionaldirektion
↓
Entlassung grundsätzlich nach Ablauf der Sperrfrist

- Die betriebsbedingte Kündigung wird aufgrund einer **Betriebsänderung** ausgesprochen, die häufig Massenentlassungen zur Folge hat. Als Betriebsänderung gelten (§ 111 Satz 3 BetrVG):
  - **Einschränkung** und **Stilllegung** des ganzen Betriebes oder von wesentlichen Betriebsteilen
  - **Verlegung** des ganzen Betriebes oder von wesentlichen Betriebsteilen
  - **Zusammenschluss** mit anderen Betrieben oder die Spaltung von Betrieben
  - **Grundlegende Änderungen** der Betriebsorganisation, des Betriebszwecks oder der Betriebsanlagen
  - **Einführung** grundlegend neuer Arbeitsmethoden und Fertigungsverfahren.

  Zum **Ausgleich** und der **Milderung der Nachteile**, die den Arbeitnehmern durch die Betriebsänderung entstehen, sind abzuschließen:

Interessenausgleich	Sein **Ziel** ist es, die konträren Interessen von Arbeitgeber und Betriebsrat in Übereinstimmung zu bringen. Im Interessenausgleich werden festgelegt: ► betriebliche Maßnahmen ► Kreis der betroffenen Arbeitnehmer ► Anzahl der betroffenen Arbeitnehmer. Kommt keine **Einigung** zu Stande, wird vielfach die **Einigungsstelle** angerufen.
Sozialplan	Er soll die **wirtschaftlichen Nachteile**, die Arbeitnehmern durch die Betriebsänderung entstehen, **ausgleichen** bzw. **mildern**. Bei seiner Aufstellung müssen die sozialen Interessen der Arbeitnehmer und die wirtschaftlichen Belange des Arbeitgebers berücksichtigt werden. Meist werden **Regelungen über materielle Leistungen** im Sozialplan getroffen, insbesondere bezüglich Abfindungen, Ausgleichszahlungen, Überbrückungsgelder. Bei **fehlender Einigung** wird die **Einigungsstelle** angerufen.

Seit 2004 ist ein **Rechtsanspruch auf Abfindung** bei betriebsbedingten Kündigungen festgeschrieben worden. Der Arbeitgeber muss in der Kündigungserklärung darauf hinweisen, dass der Arbeitnehmer bei Verstreichenlassen der Klagefrist die Abfindung beanspruchen kann (§ 1a KSchG). Erhebt dieser daraufhin keine Klage gegen die Kündigung, stehen ihm zum Ablauf der Kündigungsfrist **0,5 Monatsverdienste** für jedes Jahr des Bestehens des Arbeitsverhältnisses zu.

2.1.2 Außerordentliche Kündigung

Durch die außerordentliche Kündigung wird das Arbeitsverhältnisin der Regel mit **sofortiger Wirkung** zum Zeitpunkt des Zuganges der Willenserklärung beendet. Sie ist nur bei **Vorliegen ganz besonderer Umstände** zulässig, wie z. B.:

- Straftaten gegen den Arbeitgeber
- schwerwiegende rechtswidrige und schuldhafte Leistungsverstöße
- schwere Störung des Betriebsfriedens
- schwere Wettbewerbsverstöße.

Sie muss **innerhalb von zwei Wochen** nach Bekanntwerden der maßgeblichen Tatsachen erfolgen, ansonsten ist sie rechtsunwirksam. Der Arbeitgeber hat den **Betriebsrat,** nach § 102 BetrVG, von der geplanten außerordentlichen Kündigung schriftlich zu unterrichten, der innerhalb von drei Tagen unter Angabe der Gründe schriftlich Stellung nehmen kann. Im Gegensatz zur ordentlichen Kündigung hat der Betriebsrat kein Widerspruchsrecht, d. h. der Arbeitgeber kann gegen dessen Bedenken handeln.

2.2 Aufhebungsvertrag

Bei einem Aufhebungsvertrag einigen sich Arbeitgeber und Arbeitnehmer, das bestehende Arbeitsverhältnis zu einem bestimmten in der Zukunft liegenden Zeitpunkt zu beenden. Er bedarf seit 2000 der **Schriftform** (§ 623 BGB).

Der Arbeitgeber sollte mit dem Angebot eines Aufhebungsvertrages keinen Druck auf den Arbeitnehmer ausüben, ggf. kann dieser ansonsten wegen **widerrechtlicher Drohung** klagen. Insbesondere ist zu empfehlen, dass der Arbeitnehmer eine Bedenkzeit eingeräumt bekommt, in der er den Vertragstext prüfen kann. Dies sollte auch geschehen, wenn er diese nicht fordert, wozu er berechtigt ist.

Wenn der Aufhebungsvertrag auf Veranlassung des Arbeitgebers geschlossen wird, hat er eine **Auskunftspflicht**, z. B. über mögliche Folgen beim Anspruch auf das Arbeitslosengeld (Sperrfrist). Liegt die Initiative beim Arbeitnehmer, besteht diese Auskunftspflicht grundsätzlich nicht. Kommt der Arbeitgeber seiner Auskunftspflicht nicht nach, kann der Aufhebungsvertrag wegen **arglistiger Täuschung** angefochten werden.

Bei der Vereinbarung einer **Abfindung** in Verbindung mit dem Aufhebungsvertrag bestehen für den Arbeitgeber und Arbeitnehmer keine Einschränkungen. In der Praxis wird die Abfindung oft nach der Formel von einem halben bis einem Monatsgehalt pro Beschäftigungsjahr berechnet. Häufig wird auch der Höchstbetrag bei einer gerichtlichen Auflösung des Arbeitsverhältnisses gemäß § 10 KSchG zu Grunde gelegt.

Für das **Unternehmen** bietet der Auflösungsvertrag mehrere **Vorteile:**

- Ein wichtiger Grund muss für den Vertragsabschluss nicht vorliegen.
- Vorschriften des Kündigungsschutzes kommen nicht zur Anwendung.
- Mitbestimmungsrechte des Betriebsrates bleiben unberücksichtigt.
- Lange arbeitsrechtliche Auseinandersetzungen werden vermieden oder begrenzt.

Für den **Arbeitnehmer** ist es **vorteilhaft**, dass er ggf. eine neue Stelle vor Ablauf der Kündigungsfrist antreten kann oder Gründe für eine in Aussicht stehende personen- oder verhaltensbedingte Kündigung nicht öffentlich bekannt werden.

2.3 Outplacement

Das Outplacement erfolgt für Mitarbeiter, die ihren Arbeitsplatz im Unternehmen verlieren. Vorwiegend **Führungskräfte** werden darin unterstützt, ihren Arbeitsplatzverlust psychisch zu verarbeiten, berufliche Ziele zu formulieren und ihre Bewerbungen bestmöglich vorzunehmen.

Für das Unternehmen stehen **soziale Motive** im Vordergrund, indem den Betroffenen bei der Verarbeitung der Trennung auf psycho-emotionaler Ebene unter Einbeziehung ihres sozialen Umfeldes und bei der erfolgreichen Neupositionierung im Arbeitsmarkt geholfen wird. Aber auch **wirtschaftliche Motive** können bedeutsam sein, z. B.:

- Vermeidung von Rechtsstreitigkeiten
- Kosteneinsparung durch verkürzte Restlaufzeiten von Arbeitsverträgen
- Einsparung nicht mehr benötigter Führungspositionen
- Korrektur fehlbesetzter Positionen.

Das Unternehmen nutzt die Dienste von **Outplacement-Beratern**. Es gibt:

- **Interne Berater**, die der Personalabteilung angehören. Die Mehrzahl der Unternehmen sieht ihren Einsatz nicht als vorteilhaft an.
- **Externe Berater**, denen in den meisten Fällen der Vorzug gegeben wird. Sie sollten über mehrere Eigenschaften verfügen:

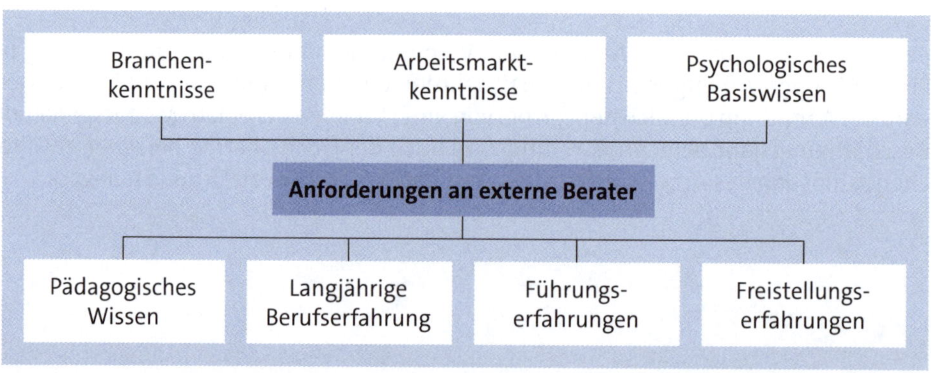

Der Outplacement-Berater übernimmt **keine Arbeitsvermittlung**, er leistet „Hilfe zur Selbsthilfe". Sein **Leistungsangebot** kann umfassen:

- organisatorische Vorbereitung von Freistellungen
- Beratung bei Aufhebungsverträgen
- Beratung bei Sozialplänen
- Schulung von Vorgesetzten zur Führung von Trennungsgesprächen
- Beratung und Betreuung des ausscheidenden Mitarbeiters
- Wiedereinführung des Mitarbeiters in den Arbeitsmarkt.

Das Outplacement wird in den meisten Fällen für einzelne Mitarbeiter individuell als **Einzel-Outplacement** durchgeführt. Dies wird auch als **Individual-Outplacement** bezeichnet und ist die klassische Art bzw. Form des Outplacement. Es gibt aber auch das **Gruppen-Outplacement**, das für mehrere Mitarbeiter gleichzeitig erfolgt, vor allem für tarifliche Mitarbeiter, z. B. bei der Veränderung oder Auflösung größerer Organisationsleistungen.

2.4 Abschließende Maßnahmen

Mit der externen Personalfreistellung scheidet der Arbeitnehmer aus dem Unternehmen aus. In vielen Fällen wird er eine neue Tätigkeit in einem anderen Unternehmen aufnehmen. Sie kann mit diesem Unternehmen bereits vereinbart sein. Es ist aber auch möglich, dass noch kein neuer Arbeitsplatz zur Verfügung steht, z. B. weil der Arbeitgeber gekündigt hat und die Stellensuche noch andauert.

Abschließende Maßnahmen des Arbeitgebers können bzw. müssen sein:

- Die **Beurlaubung** des Arbeitnehmers, dem **zum Zwecke der Bewerbung** „angemessene" Freizeit zu gewähren ist. Dabei sind zu unterscheiden:

Unbefristetes Arbeitsverhältnis	Der Anspruch entsteht, wenn das Ende des Arbeitsverhältnisses absehbar ist, z. B. eine Kündigung bereits erfolgt ist oder ein Aufhebungsvertrag geschlossen wurde.
Befristetes Arbeitsverhältnis	Der Arbeitnehmer ist zu beurlauben, wenn der vorgesehene Beendigungszeitpunkt so nah ist, dass der übliche Kündigungstermin bereits verstrichen wäre.

- Wenn die Personalfreistellung durch den Mitarbeiter initiiert wurde, empfiehlt es sich, ein **Abgangsinterview** zu führen, das dazu dient:
  - die tatsächlichen Kündigungsgründe festzustellen
  - betriebliche Schwachstellen aufzudecken
  - Aversionen gegenüber dem Unternehmen abzubauen
  - Dank und Verabschiedung vorzubereiten.

- Geht die Initiative zur Personalfreistellung vom Unternehmen aus, sollte ein **Entlassungsgespräch** erfolgen, das vom Vorgesetzten oder der Personalabteilung zu führen wäre. Es dient der Aufarbeitung der eingetretenen Situation und der Hilfestellung im Hinblick auf die künftige berufliche Perspektive sowie dem Austausch, wie das Arbeitsverhältnis abschließend abgewickelt wird.
- Für den Arbeitnehmer ist ein **Arbeitszeugnis** zu erstellen, worauf er Anspruch hat. Das Arbeitszeugnis kann sein – siehe S. 101 f.:

Einfaches Arbeitszeugnis	Es enthält – wie dargestellt – Angaben zur Person des Arbeitnehmers, die Beschreibung der ausgeführten Tätigkeit(en), Beginn/Beendigung des Arbeitsverhältnisses und ggf. eine Schlussfloskel.
Qualifiziertes Arbeitszeugnis	Es ist das **üblicherweise** erstellte Zeugnis und muss auf Verlangen des Arbeitnehmers ausgestellt werden. Außer den Informationen des einfachen Zeugnisses enthält es die Beurteilung der Arbeitsleistung und die Beurteilung des Sozialverhaltens.

- Die **Arbeitspapiere** werden dem Arbeitnehmer ausgehändigt. Dies geschieht in der Regel, nachdem mithilfe eines Laufzettels festgestellt wurde, dass im Unternehmen keine Forderungen mehr an ihn bestehen, insbesondere mögliches Firmeneigentum zurückzugeben ist. Seine Rückgabe sowie die Übergabe der Arbeitspapiere werden häufig in einer **Ausgleichsquittung** festgehalten.

Aufgabe 47 > Seite 278

H. Personalverwaltung

Die Personalverwaltung stellt die **Gesamtheit aller administrativen, routinemäßigen Tätigkeiten** im Bereich der Personalwirtschaft dar. Sie wird von der Personalabteilung wahrgenommen, der Gestaltungsaufgaben zukommen. Es sollen unterschieden werden:

Personalverwaltung	Aufgaben
	Instrumente
	Personalinformationssysteme

Die Personalverwaltung durch die Personalabteilung ist aus **internen Gründen**, z. B. zur Unterstützung der Personalleitung wie auch der Führungskräfte – allein oder gemeinsam mit ihnen – notwendig, z. B. auch durch die rationelle/standardisierte Abwicklung von Massenvorgängen. Sie wird aber auch aus **externen Gründen** tätig, z. B. aufgrund gesetzlicher und behördlicher Veranlassungen, die Meldepflichten bewirken.

Im Rahmen der Personalverwaltung wird mit **personenbezogenen Daten** umgegangen. Um zu verhindern, dass diese Daten missbräuchlich genutzt werden, gibt es das **Bundesdatenschutzgesetz** (BDSG) und die Datenschutzgrundverordnung (DSGVO), das die EDV-bezogene Datenverarbeitung betrifft.

Hierbei wird zwischen Datensicherheit und Datenschutz unterschieden.

Schutz personenbezogener Daten

Datensicherheit	**Datenschutz**
Schutz der Daten vor: ► Verlust ► Verfälschung ► Unberechtigter Verarbeitung oder Weitergabe ► Zerstörung	Schutz der Daten vor: ► Unberechtigter Kenntnisnahme ► Verarbeitung oder ► Verbreitung Rechtsgrundlage: Bundesdatenschutzgesetz (BDSG) und Datenschutzgrundverordnung (DSGVO)

Als **Datenschutz** werden die Maßnahmen zum Schutz vor dem Missbrauch personenbezogener Daten verstanden. Seine Ziele sind:

- die Sicherung der Privatsphäre der Mitarbeiter
- die Bewahrung der Vertraulichkeit der Mitarbeiterdaten
- das Verhüten des Missbrauches der Mitarbeiterdaten.

Dem Mitarbeiter wird dadurch ein gewisser Intimbereich gesichert. Des Weiteren erhält er das Recht, in alle über ihn gespeicherten Daten Einsicht zu nehmen. Des weiteren erhält er das Recht:

- auf Löschung (Art. 17 DSGVO)
- Rechenschaftspflicht, der Datenschutz muss nachgewiesen werden (§ 5 Abs. 2 DSGVO)
- Widerruf – der Betroffene kann Einwilligung zum Datenschutz jederzeit widerrufen
- Mindestalter für die Abgabe einer Datenschutzerklärung: 16 Jahre.

Die Kontrolle der Einhaltung der Schutzvorschriften obliegt dem Datenschutzbeauftragten (§ 37 ff DSGVO).

1. Aufgaben

Die Aufgaben der Personalverwaltung sind vielfältiger Art. Dabei ist es möglich, dass die Personalabteilung die Aufgaben selbst durchführt oder bestimmte Aufgaben im Rahmen von **Outsourcing** spezialisierten Unternehmen überträgt. Zu unterscheiden sind:

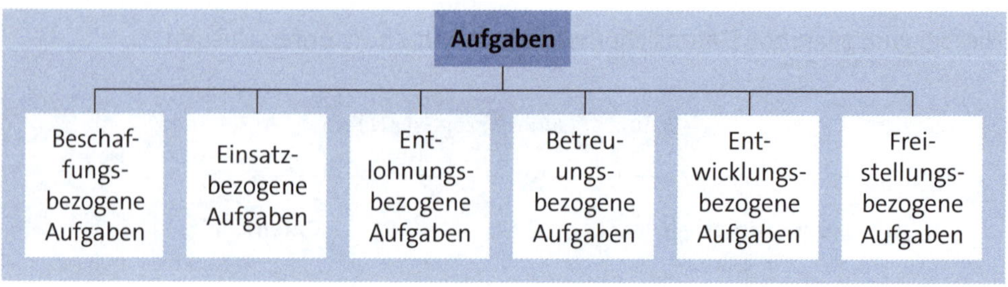

1.1 Beschaffungsbezogene Aufgaben

Der Personalbeschaffung müssen **planerische Maßnahmen** vorausgehen. Aufgabe der Personalverwaltung ist es, die notwendigen Daten bereitzustellen, z. B. als:

- Daten für die **Personalbestandsplanung**
- Daten für die **Personalbedarfsplanung**
- Daten für die **Personalbeschaffungsplanung**.

Weitere beschaffungsbezogene Aufgaben der Personalverwaltung sind z. B.:

- Schreiben/Aushang innerbetrieblicher Stellenausschreibungen
- abwickelnde Tätigkeiten für Stellenanzeigen
- Entgegennahme der Bewerbungsunterlagen
- Weiterleitung der Bewerbungsunterlagen an die Fachabteilung

- Korrespondenz mit Bewerbern
- Korrespondenz mit Betriebsrat (z. B. für Zustimmung)
- Ausfertigung des Arbeitsvertrages
- Ausfertigung einer Änderungsvereinbarung bzw. -kündigung
- Abrechnung der Vorstellungskosten
- Anlage von Stammdaten eines neuen Mitarbeiters
- Meldung des neuen Mitarbeiters bei Sozialversicherungsträgern.

1.2 Einsatzbezogene Aufgaben

Grundlage des Personaleinsatzes ist die **Personaleinsatzplanung**, für welche die Personalverwaltung die erforderlichen Daten verfügbar machen muss. Einsatzbezogene Aufgaben können im Übrigen sein:

- Abwicklung des Eintritts neuer Mitarbeiter
- Terminierung der Einarbeitung
- Abwicklung von Mehrarbeit/Kurzarbeit/Schichtarbeit
- Abwicklung von Teilzeitarbeit/gleitender Arbeit
- Erfassung/Kontrolle der entgeltbezogenen Daten
- Abwicklung von Versetzungen/Beförderungen
- Abwicklung von Maßnahmen der Arbeitsplatzgestaltung
- Abwicklung des Auslandseinsatzes.

1.3 Entlohnungsbezogene Aufgaben

Der Personalentlohnung liegt die **Personalkostenplanung** zu Grunde. Die für sie erforderlichen Daten sind von der Personalverwaltung vorzuhalten. Außerdem obliegen ihr als Aufgaben z. B.:

- Die **Ermittlung der Bruttoentgelte** der Arbeitnehmer für eine Abrechnungsperiode, die in der Lohn- und Gehaltsbuchhaltung – im Wesentlichen mithilfe der EDV – erfolgt. Sie können sein:

Bruttolöhne	Sie werden für **Arbeiter** auf der Grundlage der **Lohnscheine** ermittelt, die alle für die Feststellung und Zuordnung notwendigen Daten enthalten, z. B.: ► Bezeichnung der Lohnart ► Art der Tätigkeit ► Name des Arbeiters ► Personalnummer ► Lohngruppe ► Lohn pro Stunde oder Einheit ► Zahl der geleisteten Stunden oder Einheiten.
Bruttogehälter	Ihre Festlegung erfolgt für **Angestellte** auf der Grundlage der **Personalstammsätze**.

- Die **Ermittlung der Nettoentgelte** der Arbeitnehmer, die sich ergeben, indem die gesetzlichen Abzüge vom Bruttoentgelt abgesetzt werden:

	Bruttoentgelt
-	Lohnsteuer
-	(ggf. Solidaritätszuschlag)
-	Kirchensteuer
-	Rentenversicherungsbeitrag
-	Krankenversicherungsbeitrag
-	Pflegeversicherungsbeitrag
-	Arbeitslosenversicherungsbeitrag
=	**Nettoentgelt**

Die für die Berechnung der Abzüge erforderlichen Daten sind bei EDV-mäßiger Abrechnung in der **Personalstammdatei** gespeichert, wie etwa Steuerklasse, Familienstand, Steuerfreibetrag, Konfession, Versicherungsnummer, Krankenkasse, Rentenversicherung.

- Die ermittelten Entgelte, Steuern und Abgaben werden den Berechtigten gegenüber **abgerechnet** und **ausgezahlt**:

Mitarbeiter	Die Mitarbeiter erhalten ihre **Lohn- bzw. Gehaltsabrechnungen**, aus denen sie alle Abrechnungsdaten ersehen können. Das Nettoentgelt wird ausgezahlt, sofern keine persönlichen Erstattungen bzw. Zuwendungen oder persönliche Abzüge zu berücksichtigen sind: Nettoentgelt + Persönliche Erstattungen/Zuwendungen - Persönliche Abzüge = **Auszahlungsbetrag**
Finanzamt	Beim Finanzamt erfolgt die **Lohnsteueranmeldung**, in der sowohl die Lohnsteuer als auch der Solidaritätszuschlag und die Kirchensteuer auszuweisen ist, die abgeführt werden. Monatlich sind entsprechende **Zahlungsbelege**, jährlich **Lohnsteuerbescheinigungen** für jeden Arbeitnehmer zu erstellen.
Sozialversicherungen	Die Sozialversicherungen erhalten nicht nur die den Arbeitnehmern **einbehaltenen Beträge**, sondern auch die **Arbeitgeberanteile**, die jeweils hälftig in gleicher Höhe wie für den Arbeitnehmer anfallen. Die Unfallversicherung hat der Arbeitgeber allein zu entrichten. Für die Sozialversicherungen sind **Beitragsnachweise** für jede Krankenkasse, **Zahlungsbelege** zur Abführung der Beiträge und **Entgeltnachweise** für jeden Arbeitnehmer zum Jahresende zu erstellen.

1.4 Betreuungsbezogene Aufgaben

Die Personalbetreuung bedarf einer Vielzahl von Tätigkeiten der Personalverwaltung. Betreuungsbezogene Aufgaben sind z. B.:

- Abwicklung der Informationen (Aushänge, Rundschreiben u. Ä.)
- Abwicklung der Kommunikation (Einladungen, Terminierungen u. Ä.)
- Abwicklung von Arbeitsschutz/Unfallverhütung
- Abwicklung des Werksarzteinsatzes
- Abwicklung der Altersversorgung
- Abwicklung der Betriebskrankenkasse
- Abwicklung von Freizeit-/Kultur-/Betriebsveranstaltungen
- Erstellen von Dokumenten/Bescheinigungen
- Entgegennahme von Anregungen/Beschwerden
- Abwicklung der Personalbeurteilung.

1.5 Entwicklungsbezogene Aufgaben

Die **Personalentwicklungsplanung** ist Ausgangspunkt der Personalentwicklung. Hierfür sind von der Personalverwaltung die erforderlichen Daten bereitzuhalten. **Weitere** entwicklungsbezogene Aufgaben sind z. B.:

- Führung einer Personalentwicklungskartei/-datei
- Sammlung von Fortbildungsangeboten
- Versorgung der Führungskräfte/Mitarbeiter mit Fortbildungsangeboten
- Anmeldung zu Fortbildungsveranstaltungen
- Abrechnung von Fortbildungsaktivitäten
- Abwicklung der Umschulung
- Abwicklung von Personalförderungsmaßnahmen.

1.6 Freistellungsbezogene Aufgaben

Im Rahmen der freistellungsbezogenen Aufgaben sind von der Personalverwaltung die für die **Personalfreistellungsplanung** erforderlichen Daten bereitzustellen sowie z. B.:

- Abwicklung der Kurzarbeit
- Abwicklung von Versetzungen
- Abwicklung von Arbeitszeitverminderungen
- Ausfertigung von Abmahnungen
- Ausfertigung von Kündigungsschreiben
- Bestätigung von Arbeitnehmerkündigungen

- Korrespondenz mit dem Betriebsrat
- Ausfertigung von Aufhebungsverträgen
- Ausfertigung von Arbeitszeugnissen
- Bearbeitung/Bereitstellung der Arbeitspapiere.

Aufgabe 48 > Seite 278

2. Instrumente

Um die Aufgaben der Personalverwaltung bewältigen zu können, bedarf es einer Vielzahl von Instrumenten bzw. **Hilfsmitteln**, welche deren Abwicklung vereinfachen. Zu ihnen zählen:

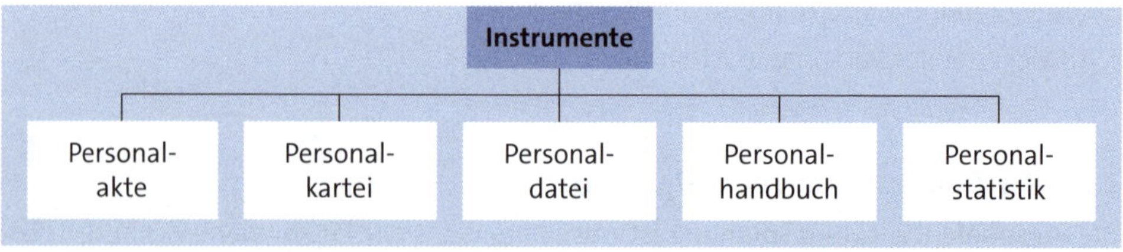

Weiterhin ist das **Personalrechnungswesen** bedeutsam, mit dessen Hilfe es möglich ist, als Aufgaben durchzuführen:

- Lohn- und Gehaltsabrechnung
- Personalkostenrechnung
- Personalkostenbudgetierung
- Personalvermögensrechnung
- gesellschaftsbezogene Unternehmensrechnung (Sozialbilanz).

Die Personalverwaltung bedient sich sowohl aus Gründen der Wirtschaftlichkeit als auch der Rechtssicherheit häufig **standardisierter Formulare, Vordrucke** und **Musterbriefe**.

2.1 Personalakte

Die Personalakte ist das **zentrale Hilfsmittel** der Personalverwaltung. Zu ihrer Führung ist das Unternehmen zwar nicht verpflichtet, die Ordnungsmäßigkeit der Personalarbeit erfordert ihre Einrichtung jedoch. Läge ein solch umfassendes Informationsinstrument über die Mitarbeiter nicht vor, könnte die Personalverwaltung weder externen Anforderungen hinreichend gerecht werden noch das Personal unternehmensintern in geeigneter Weise verwalten. Mittlerweile gehen viele Unternehmen zur digitalen Personalakte über. Inhaltlich unterscheidet sich die digitale Form kaum von der Personalakte in Papierform. Sie wird lediglich, im Rahmen des digitalen Dokumentenmanagementsystems, elektronisch angelegt, geführt und erlaubt damit einen zentralen Zugriff. Vorteile sind hier vor allem:

- Entlastung der Personalabteilung durch automatisierte Prozesse
- Transparenz und zeit- und ortsunabhängiger Zugriff
- Wegfall von Archivflächen
- bessere Einhaltung des Datenschutzes und der Datensicherheit.

Zum **Inhalt** der für jeden einzelnen Arbeitnehmer geführten Personalakte zählen alle Unterlagen, die mit dem Arbeitsverhältnis in einem sachlichen Zusammenhang stehen. Bei der Frage, welche Unterlagen in die Personalakte aufgenommen werden dürfen, müssen die berechtigten **Interessen** von Arbeitgeber und Arbeitnehmer abgewogen werden.

Aus Gründen der Übersichtlichkeit und wirtschaftlichen Verwertbarkeit empfiehlt es sich, die Personalakte in verschiedene Sachgebiete aufzuteilen. **Gliederung** und **Inhalt** der Personalakte haben in der Praxis vielfach folgendes Aussehen (*Jung, 2008*):

<table>
<tr><td>Persönliche Unterlagen</td><td colspan="2">► Personalfragebogen (evtl. mit Lichtbild)
► Bewerbungsschreiben
► Zeugnisse über den Bildungs- und beruflichen Werdegang
► Polizeiliches Führungszeugnis
► ärztliches Zeugnis
► Anzeige(n) über persönliche Veränderungen, z. B. Heirat, Wohnungswechsel</td></tr>
<tr><td>Vertragliche Vereinbarungen</td><td colspan="2">► Einstellungsschreiben mit vereinbartem Lohn/Gehalt
► Original des Anstellungsvertrages (Arbeitsvertrag)
► zusätzliche Vereinbarungen, z. B. über Zusatzleistungen (Deputate, Dividende)
► Gewährung statusabhängiger Leistungen (Einrichtung des Arbeitszimmers)
► Benutzung bestimmter betrieblicher Einrichtungen
► Änderung der Bezüge oder der Tätigkeit
► zusätzliche Vereinbarungen zum Arbeitsvertrag, z. B. Konkurrenzklausel</td></tr>
<tr><td>Unterlagen zur Tätigkeit</td><td>► Versetzungen
► Abordnungen
► Beförderungen
► Disziplinarmaßnahmen</td><td>► Tätigkeitsbereiche
► Beurteilungen
► Fortbildungsmaßnahmen
► Personalförderungsmaßnahmen</td></tr>
</table>

Unterlagen zu Bezügen	► Grundentgelt ► Prämien/Zulagen ► Vorschüsse ► Darlehen und Beihilfen	► Lohnsteuer ► Sozialversicherung ► Krankenversicherung ► sonstige Versicherungen
Unterlagen zu Abwesenheiten	► Krankheitstage ► Urlaubstage	
Allgemeiner Schriftverkehr	Das ist jeder Schriftverkehr, soweit er nicht zu den obigen Ordnungsmerkmalen im direkten oder indirekten Zusammenhang steht, z. B. mit dem Arbeitsamt, Sozialversicherungsträgern.	

Die Personalakte muss nicht als **eine** Akte geführt werden, sie darf auch Nebenakten umfassen, sofern in der Hauptakte deren Führung dokumentiert ist. Es ist nicht zulässig, Geheimakten zu führen, deren Existenz dem Arbeitnehmer nicht bekannt ist. Der **Arbeitnehmer** hat folgende **Rechte**:

- in die Personalakte einzusehen (§ 83 Abs. 1 BetrVG)
- Erklärungen zum Inhalt der Personalakte zu erhalten (§ 83 Abs. 2 BetrVG)
- die Entfernung bzw. Herausgabe unrichtiger Angaben zu fordern (*BAG*).

Der Arbeitnehmer darf nach § 83 Abs. 1 Satz 2 BetrVG bei der Einsicht in die Personalakte ein Mitglied des **Betriebsrates** hinzuziehen. Ebenso ist es ihm gestattet, Abschriften anzufordern bzw. Kopien anfertigen zu lassen. Ferner kann er fordern, dass beruflich bedeutsame Unterlagen in die Personalakte aufgenommen werden.

Die Personalakte kann ausnahmsweise auch **Unterlagen** enthalten, die **nicht einsehbar** sind, z. B. in denen Informationen über andere Mitarbeiter enthalten sind oder Unterlagen, die der Vorbereitung einer Beurteilung oder Entscheidung dienen.

2.2 Personalkartei

Die Personalakte umfasst viele Unterlagen und Informationen. Dieser Vorzug macht sie andererseits aber für die tägliche Arbeit unhandlich. Es empfiehlt sich, wichtige Daten konzentriert in eine Personalkartei aufzunehmen, z. B.:

- persönliche Daten des Mitarbeiters
- Informationen über seine Ausbildung
- Informationen über seine Tätigkeit
- Informationen über seine Fähigkeiten
- Informationen über seine Entwicklung im Unternehmen
- Informationen über seine Fortbildung
- Informationen über Fehlzeiten.

Die Personalkartei steht dem zuständigen Personalsachbearbeiter als **Karteikarte** für jeden einzelnen Mitarbeiter unmittelbar zur Verfügung. Da der Umfang relevanter Daten nicht gering ist, kann es sich anbieten, die **Personalkartei** zu **unterteilen**, d. h. jeweils Karteikarten zu führen als:

- **Personalstammkartei** mit den grundlegenden Daten aus der Personalakte des Mitarbeiters sowie Informationen über sein Arbeitsgebiet, seine Bildung und berufliche Entwicklung
- **Spezialkarteien**, die ergänzende personenbezogene Daten enthalten und z. B. sein können:

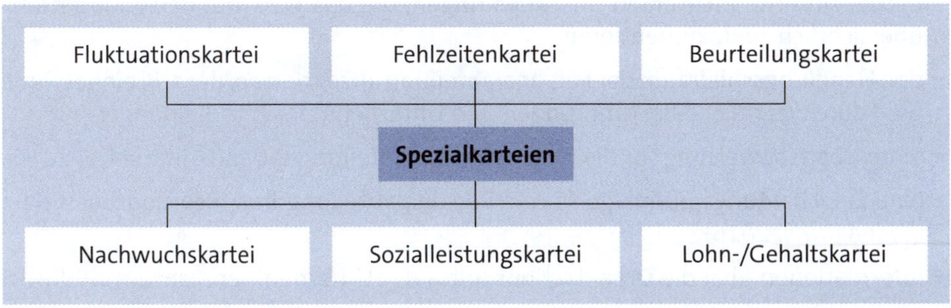

Wichtig ist bei der Personalkartei wie auch bei der Personalakte, dass eine fortlaufende **Aktualisierung** erfolgt.

2.3 Personaldatei

Die Personalkartei ist vielfach inzwischen von der Personaldatei abgelöst worden, bei welcher die Daten der Mitarbeiter nicht auf Karteikarten erfasst, sondern **EDV-mäßig** gespeichert werden. Wie bei der Personalkartei lassen sich mehrere Arten von Personaldateien unterscheiden. Von besonderer **Bedeutung** sind:

- die **Personalstammdatei**, die alle grundlegenden Daten der Mitarbeiter aus ihrer Personalakte sowie Informationen über ihre Bildung und berufliche Entwicklung umfasst
- die **Arbeitsplatzstammdatei**, in der alle wichtigen Daten über die einzelnen Arbeitsplätze enthalten sind. Sie dient vorrangig der Personalplanung, Personalbeschaffung und Personalbeurteilung.

Weiterhin kann es eine **Führungskartei** geben. Alle Dateien sind wesentlicher Bestandteil von **Personalinformationssystemen**, die noch näher beschrieben werden – siehe S. 257 ff.

2.4 Personalhandbuch

Die Personalarbeit ist ein komplexer Aufgabenbereich, der insbesondere dann umso schwerer überschaubar ist, je größer die Unternehmen sind und je mehr dezentralisierte Bereiche sie umfassen. Es ist nicht nur aus Gründen der Mitarbeitermotivation, sondern auch aus rechtlichen Erwägungen erforderlich, ein einheitlich **geschlossenes Personalkonzept** im Unternehmen verfügbar zu haben.

Das Personalhandbuch dient der **Dokumentation** des Personalkonzeptes. Seine **Aufgaben** sind vor allem:

- betriebsinterne **Richtlinien** und **Regelungen**, die das gesamte Personal betreffen, übersichtlich zu dokumentieren
- den **Handlungsspielraum** der Personalabteilung abzugrenzen, der z. B. eingeschränkt wird durch rechtliche Bestimmungen und Unternehmensentscheidungen
- eine **Arbeitsanweisung** für die in der Personalabteilung tätigen Mitarbeiter zu sein
- eine **Entscheidungsgrundlage** für die Personalabteilung bzw. Revisionsbasis darzustellen (*Jung, 2016*)
- Informationen über die **Organisationskultur** des Unternehmens zu vermitteln.

Das Personalhandbuch sollte **benutzerfreundlich** aufgebaut und gestaltet sein, d. h. es empfiehlt sich eine überschaubare, systematische Gliederung sowie eine knappe, klare Gestaltung des Textes. Sein Umfang sollte begrenzt sein.

2.5 Personalstatistik

Die Personalstatistik ist ein wichtiges Instrument, das der Personalarbeit wie auch allgemein der Unternehmensführung dient. Insbesondere im Rahmen des **Personalcontrollings** können die durch die Personalstatistik ermittelten Kennzahlen zur Information, Steuerung und Kontrolle dienen. Die Daten, die der Personalstatistik zu Grunde liegen, können gewonnen werden aus:

- **unternehmensinternen Quellen**, z. B. Personalakten, Personalkarteien, Personaldateien, Lohn- und Gehaltsabrechnungen, Buchhaltungsunterlagen
- **unternehmensexternen Quellen**, z. B. Veröffentlichung von Forschungsinstituten, Verbänden, Statistischen Ämtern, der Bundesagentur für Arbeit.

Die Personalstatistik bezieht sich häufig vor allem auf:

- Die **Personalstruktur**, welche die Zusammensetzung des Personals beschreibt. Sie kann nach Arbeitern, Angestellten oder sonstigen Beschäftigungsgruppen gegliedert sein und ergibt sich wie folgt:

$$\text{Personalstruktur (\%)} = \frac{\text{Arbeiter bzw. Angestellte bzw. sonstige Mitarbeiter}}{\text{Gesamte Belegschaft}} \cdot 100$$

- Die **Personalbewegungen**, die sich auf den Eintritt und den Austritt von Mitarbeitern sowie innerbetriebliche Veränderungen beziehen und sein können:

Unternehmens-externe Bewegungen	Hier erfolgt insbesondere der **Zugang** von Mitarbeitern vom oder der Abgang von Mitarbeitern an den **externen Arbeitsmarkt**. Die Mitarbeiter können bereits bei anderen Unternehmen beschäftigt gewesen sein oder erstmals eine Beschäftigung aufnehmen bzw. in anderen Unternehmen eine neue Tätigkeit oder keine weitere Beschäftigung mehr aufnehmen, z. B. bei Pensionierung oder Erkrankung. Als **Kennzahlen** für den Wechsel in andere Unternehmen kommen in Betracht: - ***BDA*-Formel** $\text{Fluktuationsquote (\%)} = \frac{\text{Personalabgänge}}{\text{Ø Personalbestand}} \cdot 100$ - ***Schlüter*-Formel** $\text{Fluktuationsquote (\%)} = \frac{\text{Personalabgänge}}{\text{(Personalbestand zu Beginn + Zugänge)}} \cdot 100$
Unternehmens-interne Bewegungen	Dabei werden Personalbewegungen innerhalb des Unternehmens durchgeführt, z. B. als Versetzungen, Beförderungen. Als **Kennzahl** dient u. a.: $\text{Versetzungsrate (\%)} = \frac{\text{Zahl der Abgänge}}{\text{(Ø Personalbestand zu Beginn + Zugänge)}} \cdot 100$

- Die **Personalkosten**, die inzwischen vielfach der größte Kostenblock in den Unternehmen darstellen, weshalb ihnen besondere Beachtung geschenkt werden sollte, z. B. als:

Globale Strukturzahlen	$\frac{\text{Personalkosten}}{\text{Gesamtleistung laut Gewinn- und Verlustrechnung}}$ $\frac{\text{Entgelt (Löhne und Gehälter)}}{\text{Gesamte Personalkosten}}$ $\frac{\text{Personalzusatzkosten}}{\text{Gesamte Personalkosten}}$ $\frac{\text{Personalzusatzkosten aufgrund freiwilliger Leistungen}}{\text{Gesamte Personalkosten}}$

Differenzierte Strukturzahlen	$\frac{\text{Personalkosten Arbeiter}}{\text{Gesamte Personalkosten}}$ $\frac{\text{Entgelt Arbeiter}}{\text{Gesamtes Entgel}}$ $\frac{\text{Personalzusatzkosten Arbeiter}}{\text{Gesamte Personalzusatzkosten}}$ $\frac{\text{Personalkosten Angestellte}}{\text{Personalkosten Arbeiter}}$ $\frac{\text{Personalzusatzkosten Angestellte}}{\text{Personalzusatzkosten Arbeiter}}$
Leistungs-kennzahlen	$\frac{\text{Personalkosten}}{\text{Umsatz}}$ $\frac{\text{Personalkosten}}{\text{Produktion}}$ $\frac{\text{Personalkosten}}{\text{Gesamtleistung laut Gewinn- und Verlustrechnung}}$

► Die **Arbeitszeiten**, die zwar tarif- bzw. arbeitsvertraglich vereinbart sind und damit bekannt sein könnten. Tatsächlich unterscheiden sich die vertraglich geregelten und die tatsächlich effektiv geleisteten Arbeitszeiten aber oftmals, da:

- **bezahlte oder unbezahlte Ausfallzeiten auftreten, z. B. als:**

  Urlaub/Sonderurlaub

  Krankheit/Kur

  Feiertag

  verspäteter Arbeitsantritt

  Streik/Aussperrung

  Abteilungs-/Betriebsversammlung.

Die **Kennzahl** für Fehlzeiten (in Tagen oder Stunden) kann ermittelt werden:

$$\text{Fehlzeitenquote (\%)} = \frac{\text{Fehlzeiten}}{\text{Soll-Arbeitszeit}} \cdot 100$$

Nach der gleichen Formel lässt sich auch die **Krankheitsausfallquote** ermitteln, indem anstelle der Fehlzeiten der Krankheitsausfall (ebenfalls in Tagen oder Stunden) zu Grunde gelegt wird.

$$\text{Krankheitsausfallquote} = \frac{\text{Krankheitsausfall}}{\text{Soll-Arbeitszeit}} \cdot 100$$

Überstunden geleistet werden. Als Kennzahl wird praktisch vielfach die Überstundenquote genutzt:

$$\text{Überstundenquote (\%)} = \frac{\text{Zahl der Überstunden}}{\text{Soll-Arbeitsstunden}} \cdot 100$$

Mithilfe der Personalstatistik werden nicht nur **Kennzahlen** der Vergangenheit ermittelt und häufig auch Entwicklungen **grafisch dargestellt** – siehe ausführlich *Jansen (2008); Ziegenbein (2012)*. Die Personalstatistik dient auch dazu, **Prognosen** erstellen zu können und künftige **Planungen** zu fundieren.

Aufgabe 49 > Seite 278

3. Personalinformationssysteme

Personalinformationssysteme (PIS) bieten (nach Bundle/Ernst) softwareseitige Unterstützung zur Erfassung, Verarbeitung und Verwaltung mitarbeiterbezogener Daten in folgenden Bereichen:

- Bewerbermanagement
- Personalplanung (Stellenpläne, Anforderungsprofile)
- Personaleinsatz (Urlaubspläne, Arbeitszeitkonten)
- Lohn- und Gehaltsabrechnung
- Digitale Personalakte.

Domsch versteht als Personal- (und) (Arbeitsplatz-)Informationssystem:

- Ein System der geordneten Erfassung, Speicherung, Transformation und Ausgabe von für die Personalarbeit bedeutsamen Informationen über das Personal und die Tätigkeitsbereiche bzw. die Arbeitsplätze mithilfe organisatorischer und methodischer Mittel einschließlich der EDV
- unter Berücksichtigung des BDSG, des BetrVG und anderer zutreffender Gesetze, Verordnungen, Tarifverträge sowie Betriebsvereinbarungen
- zur Versorgung der betrieblichen und überbetrieblichen Nutzer des Systems mit denjenigen Informationen, die sie zur Wahrnehmung ihrer Planungs-, Entscheidungs-, Durchführungs- und Kontrollaufgaben unter Berücksichtigung sozialer und wirtschaftlicher Ziele benötigen.

Im Folgenden sollen erläutert werden:

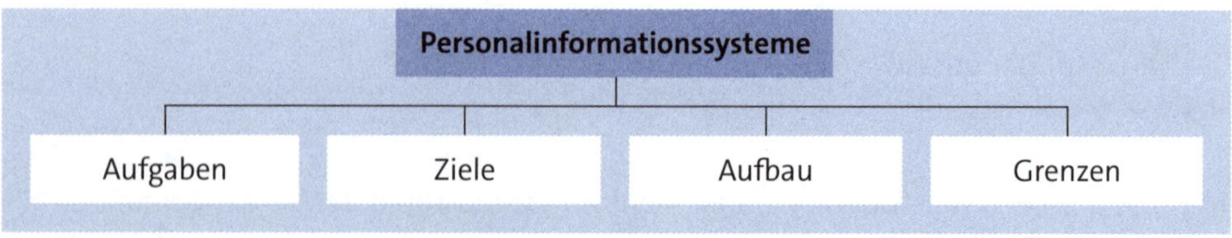

3.1 Aufgaben

Die Aufgaben der Personalinformationssysteme lassen sich unterteilen in:

- **Administrative Aufgaben**, die durch die Massenverarbeitung von Daten, hohe Formalisierbarkeit und periodisches Wiederkehren von Routinedurchläufen gekennzeichnet sind. Als charakteristische **Tätigkeiten** lassen sich diesbezüglich die Personalstammdatenverwaltung, Lohn- und Gehaltsabrechnung und das personalbezogene Melde- und Berichtswesen nennen.
- **Dispositive Aufgaben**, die insbesondere im Rahmen der Personalplanung anfallen, hier insbesondere bei der Personalbedarfsplanung und Personalkostenplanung. Weiter sind das Personalcontrolling und die Personalbetreuung zu nennen. Im Bereich der dispositiven Aufgaben werden in der Zukunft weitere erhebliche Anforderungen an Personalinformationssysteme gestellt.

3.2 Ziele

Die grundlegenden Ziele, die mit der Nutzung von Personalinformationssystemen verfolgt werden, sind die **Rationalisierung** der Tätigkeiten in der Personalwirtschaft und die **Verbesserung** der Verarbeitungsqualitäten der Informationen trotz zunehmender Datenmengen.

Der Personalverantwortliche wird in der Zukunft immer mehr zu einem Experten für Arbeitsorganisation und Arbeitsverrichtung, wozu er das Optimierungspotenzial eines effizienten Personalinformationssystems benötigt. **Personalinformationen** müssen schneller, aussagefähiger und flexibler für die Steuerung und Kontrolle zur Verfügung stehen.

Auch muss eine **Datenbasis** für Vergleiche innerhalb und außerhalb des Unternehmens geschaffen werden, um möglichst objektive Informationen für Diskussionen wirtschaftlicher und sozialer Auswirkungen von Personalmaßnahmen verfügbar zu haben. Die Vergleichbarkeit der Daten ist vor allem auch in Verbindung mit der Internationalisierung der Märkte von herausragender Bedeutung.

Schließlich ist es mithilfe von Personalinformationssystemen besser möglich, **mitarbeiterfreundliche Entscheidungen** zu treffen, z. B. durch Optimierung ihres Einsatzes.

3.3 Aufbau

Personalinformationssysteme bestehen aus vier **Datenbanken**, die miteinander verknüpft sind, wie die folgende Abbildung zeigt:

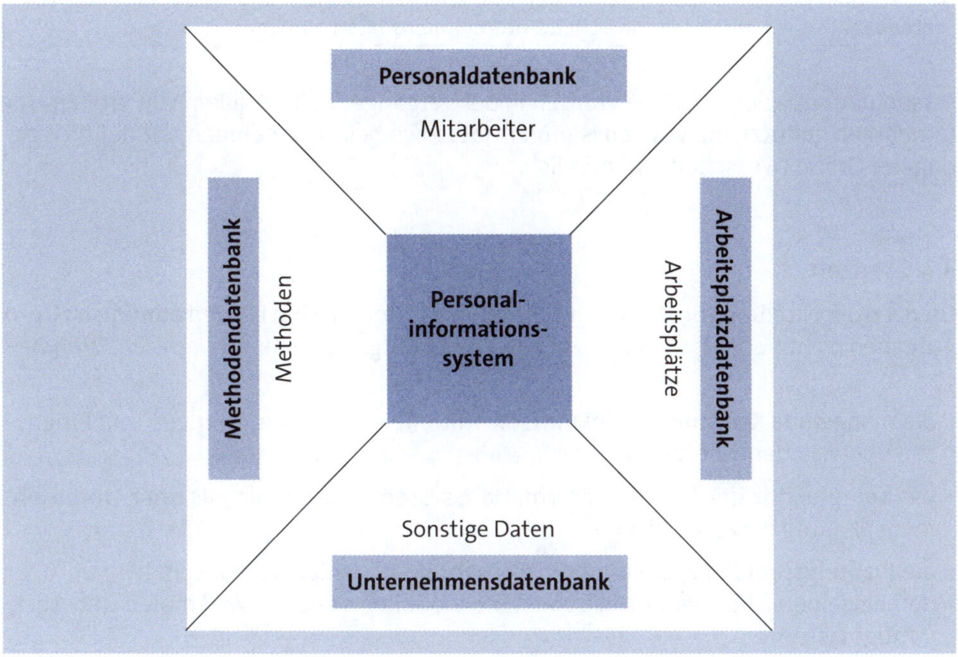

Die einzelnen Datenbanken enthalten als Daten:

Personal-datenbank	In ihr werden alle Informationen über die **Mitarbeiter** abgelegt, z. B.: ► Qualifikation ► Fähigkeiten ► Fertigkeiten ► spezifische Abrechnungsdaten ► persönliche Verwaltungsdaten.
Arbeitsplatz-datenbank	Sie dient der Speicherung aller Informationen über die **Arbeitsplätze bzw. Stellen**, z. B.: ► Arbeitsplatz-/stellenbezogene Daten ► Arbeitsplatz-/stellenrelevante Daten ► Merkmale des Arbeitsplatzes/der Stelle ► Daten über geplante Arbeitsplätze/Stellen.
Methodenbank	Sie hat die Aufgabe, alle notwendigen Informationen möglichst aussagekräftig bereitzustellen über **Methoden** in Form von: ► Programmen ► Verarbeitungsmethoden ► Auswertungsmethoden.
Unternehmens-datenbank	Sie kann die genannten Datenbanken ergänzen und alle für die Personalarbeit erforderlichen **Unternehmensdaten** aufnehmen.

Personalinformationssysteme wurden in der Vergangenheit vor allem von großen Unternehmen genutzt. Inzwischen ist ihr Einsatz auch bei Unternehmen mit deutlich geringerer Größe (wirtschaftlich) möglich.

3.4 Grenzen

Grenzen der Nutzung von Personalinformationssystemen sind bei den **administrativen Aufgaben** nicht bedeutsam. Für die **dispositiven Aufgaben** nennen *Oechsler/Strohmeier*:

- die mangelnde **Kenntnis** der Zukunft, die mithilfe von Hochrechnungen und Prognosen überwunden werden soll
- die **Komplexität** der Personalinformationssysteme, die in die gesamte Unternehmensplanung eingebettet sind
- die **Planungsprobleme**, die quantitativ mehr oder weniger lösbar sein können, aber den einzelnen Mitarbeiter mit seinen individuellen sozialen Merkmalen unberücksichtigt lassen
- die **Akzeptanzgrenzen**, die sich aus der Anonymisierung der Planung und der Angst vor dem „gläsernen Mitarbeiter“ ergeben
- die Verweigerung der **Entscheidungsunterstützung** bei konträrer Meinung von Personalverantwortlichen zu Ergebnissen des Personalinformationssystems.

Grenzen der Nutzung von Personalinformationssystemen können sich auch aus **rechtlichen Gründen** ergeben:

- Die DSGVO und das BDSG verlangen vom Unternehmen, die **Datensicherung** mittelbar und unmittelbar auf die Interessen der Betroffenen auszudehnen. Damit sollen Mitarbeiter vor dem Missbrauch gespeicherter Daten geschützt werden. Ein in Unternehmen üblicher **Maßnahmenkatalog** zum Zwecke des Schutzes bzw. der Kontrolle personenbezogener Daten bezieht sich auf:
  - **Zugang** (Kein Zugang zu EDV-Anlagen mit personenbezogenen Daten)
  - **Datenträger** (Verhinderung unbefugter Entfernung von Datenträgern)
  - **Speicher** (Vereitelung unbefugter Eingabe, Veränderung, Löschung)
  - **Benutzer** (Verhinderung der EDV-Systembenutzung durch Unbefugte)
  - **Zugriff** (Zugriff auf Daten nur durch Berechtigte)
  - **Übermittlung** (Sicherstellung des Kreises berechtigter Datenempfänger)
  - **Eingabe** (Nachträgliche Feststellbarkeit der Dateneingabe)
  - **Auftrag** (Datenverarbeitung nur auf berechtigte Weisung)
  - **Transport** (Sicherstellung des unveränderten/geschützten Datentransports)
  - **Organisation** (Datenschutzgerechte Organisation).
- Die personenbezogene Datenverarbeitung unterliegt der **Mitwirkung** bzw. **Mitbestimmung** durch den Betriebsrat, auch die Einführung eines Personalinformationssystems. Mit der Beteiligung des Betriebsrates soll sichergestellt werden, dass keine unzulässige technische Überwachung der Mitarbeiter in Form von Leistungs- und Verhaltenskontrollen erfolgt.

Aufgabe 50 > Seite 279

Aufgabe 1:

1. Eines der wirtschaftlichen Ziele eines Unternehmens ist die Senkung der anfallenden Personalkosten. Geben Sie Beispiele dafür, welche Möglichkeiten ein Unternehmen hat, zu einer Senkung der im Unternehmen anfallenden Personalkosten zu gelangen!
2. Wirtschaftliche und soziale Ziele stehen häufig in Konkurrenz zueinander. Was heißt das?

Lösung s. Seite 281

Aufgabe 2:

Ein Unternehmen beschäftigt derzeit 20 Dreher, 15 Fräser und 10 Werkzeugmacher. Wegen Veränderungen im Leistungsprogramm werden im kommenden Jahr 23 Dreher, 17 Fräser und 7 Werkzeugmacher benötigt. Altersbedingt scheiden nächstes Jahr ein Werkzeugmacher und ein Dreher aus. Ein Werkzeugmacher hat bereits zum 31.01. kommenden Jahres gekündigt. Letzte Woche wurde mit einem Bewerber ein Arbeitsvertrag geschlossen, sodass er zum 01.01. nächsten Jahres seine Tätigkeit als Dreher aufnimmt. Erstellen Sie einen Personalveränderungsplan!

Lösung s. Seite 281

Aufgabe 3:

Welchen funktionalen Bereich der Personalwirtschaft betreffen folgende Aufgaben:

1. Lohn- und Gehaltsabrechnung
2. Erstellung eines betrieblichen Ausbildungsplanes
3. Gestaltung des Arbeitsplatzes
4. Formulierung einer Stellenanzeige
5. Eingruppierung eines Mitarbeiters
6. Erstellung eines Aufhebungsvertrages

Lösung s. Seite 281

Aufgabe 4:

Die Personalabteilung ist heute meist aufgabenbezogen (funktional) oder nach dem Referentenkonzept organisiert. Zeigen Sie, inwieweit diese Ansätze unter folgenden Gesichtspunkten geeignet bzw. ungeeignet sind:

1. Koordination der Personalabteilung
2. Vereinheitlichung der Personalpolitik
3. Mitarbeiternahe Personalarbeit
4. Spezialisierung in der Personalabteilung

5. Zusammenarbeit in der Personalabteilung
6. Kenntnis der Arbeitssituation der Mitarbeiter

Lösung s. Seite 282

Aufgabe 5:

Peter Schmidt ist Abteilungsleiter bei der Anlagenbau GmbH. Seine Mitarbeiter führt er vorrangig unter Einsatz seiner Legitimations-, Belohnungs- und Bestrafungsmacht, d. h. er stellt seine hierarchische Stellung und die daraus erwachsenden Rechte im Umgang mit seinen Mitarbeitern in den Vordergrund. Bei guten Leistungen neigt er vielfach dazu, Belohnungen in Aussicht zu stellen. Auf schlechte Leistungen reagiert er häufig mit der Androhung von negativen Konsequenzen. Wie schätzen Sie dieses Verhalten ein?

Lösung s. Seite 282

Aufgabe 6:

Die Maslowsche Bedürfnispyramide umfasst fünf Bedürfnisgruppen. Geben Sie für jede dieser Bedürfnisgruppen geeignete Beispiele im Hinblick auf:

- Die der Bedürfnisklasse zu Grunde liegenden Motive
- Die Möglichkeiten ihrer Bedürfnisbefriedigung!

Lösung s. Seite 282

Aufgabe 7:

1. In einem Arbeitsvertrag wird ein Urlaubsanspruch des Arbeitnehmers von 32 Tagen pro Jahr vereinbart, wohingegen er nach dem Tarifvertrag nur 30 Tage beträgt. Ist diese vom Tarifvertrag abweichende Regelung zulässig?
2. In einem Tarifvertrag wird festgelegt, dass das Urlaubsgeld für Gewerkschaftsmitglieder 190 € über dem Urlaubsgeld nicht gewerkschaftlich organisierter Arbeitnehmer liegen muss. Halten Sie diese Vereinbarung für zulässig?

Lösung s. Seite 283

Aufgabe 8:

Der Wirtschaftsausschuss hat ein Informationsrecht, das sich auf wirtschaftliche Angelegenheiten des Unternehmens bezieht.

1. Was sind die wirtschaftlichen Angelegenheiten, über die nach § 106 Abs. 3 BetrVG zu informieren ist?
2. Aus wie vielen Mitgliedern besteht der Wirtschaftsausschuss und in welchen Zeitabständen finden seine Sitzungen statt?

Lösung s. Seite 283

Aufgabe 9:

Erläutern Sie, was unter folgenden Begriffen zu verstehen ist:

- Produktionsfaktoren
- Personalwirtschaft
- Personal
- personalwirtschaftliche Ziele
- Personal-Portfolio
- Personalplanung
- Personalbestandsplanung
- Personalbedarfsplanung
- Personalbedarfsermittlung
- Personaleinsatzplanung
- Personalveränderungsplanung
- Personalentwicklungsplanung
- Stellenbeschreibung
- Personalkostenplanung
- Personalkontrolle
- Personalführung
- Personalbeschaffung
- Personaleinsatz
- Personalentlohnung
- Personalentwicklung
- Personalfreistellung
- Personalverwaltung
- Personalabteilung
- kundenorientierte Organisationskonzepte
- Customer Relationship Management
- Outsourcing
- Personalpolitik
- Unternehmensphilosophie
- Corporate Identity
- Unternehmenskultur
- Unternehmensethik
- Personalcontrolling
- Effektivitäts-Controlling
- Effizienz-Controlling
- Kosten-Controlling
- Geschäftsprozesse
- Arbeitsdirektor
- Weisung
- Macht
- Gruppe
- Teamarbeit
- Motiv(ation)
- XY-Theorie
- Bedürfnispyramide
- Zwei-Faktoren-Theorie
- Arbeitsrecht
- Arbeitgeber
- Arbeitnehmer
- Arbeitsrecht
- Tarifvertrag
- Streik
- Betriebsrat
- Mitwirkung
- Mitbestimmung
- Betriebsvereinbarung
- Einigungsstelle

Lösung s. MiniLex Seite 299 ff.

Aufgabe 10:

Die interne Personalbeschaffung über innerbetriebliche Stellenausschreibungen und Versetzungen bringt den Arbeitnehmern des betreffenden Unternehmens sowie dem Unternehmen selbst Vor- und Nachteile. Diskutieren Sie die Vorteile und Nachteile, die sich bei der internen Personalbeschaffung ergeben können!

Lösung s. Seite 284

Aufgabe 11:

1. Chiffreanzeigen sollten möglichst vermieden werden, um dem Interessenten für eine Stelle die Möglichkeit zu geben, das inserierende Unternehmen erkennen und sich auf seine Besonderheiten einstellen zu können. Dennoch mag es berechtigte Gründe dafür geben, dass ein Unternehmen ausnahmsweise eine Chiffreanzeige veröffentlicht.

   Welche Gründe würden Sie als stichhaltig ansehen?
2. Stellen Sie die Vorteile und Nachteile der Print-Stellenanzeigen einerseits und der Inserate auf der Homepage mitarbeitersuchender Unternehmen gegenüber!

Lösung s. Seite 284

Aufgabe 12:

Die Maschinenbau GmbH erhält einen Großauftrag, der für 15 Monate eine um zehn Arbeitnehmer erhöhte personelle Kapazität erfordert. Mithilfe welcher Maßnahmen lässt sich dieser personelle Engpass überbrücken? Diskutieren Sie die grundsätzlich denkbaren Möglichkeiten!

Lösung s. Seite 285

Aufgabe 13:

Was halten Sie von den Formulierungen, die sich in folgendem Bewerbungsschreiben finden lassen:

1. ... Weil ich Ihre Anzeige im Mannheimer Morgen gelesen haben, bewerbe ich mich ...
2. ... Ich kann jederzeit sofort bei Ihnen eintreten ...
3. ... Den von Ihnen gestellten Anforderungen werde ich bei Weitem gerecht ...
4. ... Als Gehalt erwarte ich mindestens 3.000 € pro Monat ...

Lösung s. Seite 286

Aufgabe 14:

Die Metall GmbH hat die Stelle eines Gruppenleiters im Einkauf ausgeschrieben. Eine der Bewerbungen enthält folgenden Lebenslauf:

30.04.1980	Geburt in Heidelberg
01.04.1986 - 31.03.1990	Volksschule
01.04.1990 - 31.03.1996	Realschule
15.04.1996 - 31.03.1999	Lehre als Industriekaufmann bei der Firma Werkzeugbau GmbH, Heidelberg
01.04.1999 - 31.03.2008	Sachbearbeiter bei der Firma Werkzeugbau GmbH, Heidelberg
01.04.2008 - 30.06.2009	Gruppenleiter bei der Firma Industriebedarf GmbH, Mannheim
01.07.2009 - 30.06.2010	Gruppenleiter bei der Firma Erwin Müller OHG, Heidelberg
01.04.2012 - 30.09.2013	Außendienstmitarbeiter der Lebensfroh Versicherungsgesellschaft, Mannheim
01.10.2016 - 30.11.2017	Außendienstmitarbeiter der Immobilien-GmbH, Heidelberg

Heidelberg, den 01.02.2018 Unterschrift

1. Analysieren Sie den Lebenslauf!
2. Scheint der Bewerber für die Tätigkeit eines Gruppenleiters im Einkauf geeignet?

Lösung s. Seite 286

Aufgabe 15:

Wie ist das folgende Arbeitszeugnis zu beurteilen?

Zeugnis

Herr Peter Müller, geb. am 12.07.1971, war bei uns seit 01.04.2017 als Kassierer beschäftigt. Gerne bestätigen wir, dass er sich stets bemühte, den von uns gestellten Forderungen gerecht zu werden. Herr Müller schied am 10.06.2018 auf eigenen Wunsch aus. Wir wünschen Herrn Müller alles Gute für seinen weiteren Lebensweg.

Heidelberg, den 14.06.2018 *Peters*
Dr. Peters

Lösung s. Seite 287

Aufgabe 16:

Vorstellungsgespräche beinhalten viele Fragen, die auf die Person des Bewerbers gerichtet sind, z. B. nach seinen beruflichen Zielen und seiner Motivation, seiner Freizeitgestaltung sowie seiner persönlichen und familiären Situation.

Ein besonders wichtiger Block sind Fragen zur Persönlichkeit und Selbsteinschätzung des Bewerbers. Erstellen Sie eine Checkliste, welche die Fragen enthält, die Sie ihm diesbezüglich stellen würden!

Lösung s. Seite 287

Aufgabe 17:

Der Betriebsrat hat ein Mitbestimmungsrecht bei personellen Einzelmaßnahmen. Er kann somit seine Zustimmung zu einer geplanten Einstellung verweigern. Dies ist aber nur möglich, wenn Gründe vorliegen, die in § 99 Abs. 2 BetrVG genannt sind. Stellen Sie fest, welche Gründe dies sind!

Lösung s. Seite 288

Aufgabe 18:

1. Wie viele Tage beträgt der Urlaub nach dem Bundesurlaubsgesetz jährlich mindestens?
2. Zu welchem Zeitpunkt wird der volle Urlaubsanspruch nach dem Bundesurlaubsgesetz erstmalig erworben?
3. In welcher Höhe (vom Arbeitsentgelt) erfolgt die Entgeltfortzahlung bei Krankheit, Unfall und Berufskrankheit nach dem Entgeltfortzahlungsgesetz?

Lösung s. Seite 288

Aufgabe 19:

Erläutern Sie, was unter folgenden Begriffen zu verstehen ist:

- Personalbeschaffung
- Arbeitnehmer
- Beschaffungspotenzial
- interne Beschaffungswege
- interne Stellenausschreibung
- Versetzung
- Personalentwicklung
- Mehrarbeit
- externe Beschaffungswege
- Arbeitsvermittlung
- Stellenanzeige
- Internet-Stellenanzeige
- Personalberater
- Arbeitnehmerüberlassung
- Abwerbung
- Bewerbung
- Bewerbungsschreiben
- Lebenslauf
- Personal(frage-)bogen
- Arbeitszeugnis
- Vorstellungsgespräch
- Arten des Vorstellungsgespräches
- Eignungstest
- Assessment-Center
- Arbeitsvertrag
- Inhalt des Arbeitsvertrages
- Mängel des Arbeitsvertrages

Lösung s. MiniLex Seite 299 ff.

Aufgabe 20:

Erstellen Sie grafisch ein Anforderungsprofil und ein Fähigkeitsprofil aus folgenden Informationen, wobei 0 = sehr gering, 10 = sehr hoch zu bewerten ist:

	Anforderungen	Fähigkeiten
Berufserfahrung	5	3
Teamfähigkeit	10	5
Belastbarkeit	8	10
Innovationsfähigkeit	10	8
Englischkenntnisse	7	10

Lösung s. Seite 289

Aufgabe 21:

Die Artteilung ist in den vergangenen Jahrzehnten immer stärker professionalisiert worden, z. B. weil dadurch Maschinen bestmöglich ausgenutzt, Leistungsmengen gesteigert, die Geschicklichkeit erhöht werden konnte.

Sie weist aber auch eine Reihe von Nachteilen bzw. Problemen auf. Stellen Sie zusammen, welche Nachteile bzw. Probleme sich aus der Artteilung ergeben können!

Lösung s. Seite 289

Aufgabe 22:

Inwieweit können die folgenden Ziele mithilfe von Job Rotation, Job Enlargement, Job Enrichment und teilautonomen Arbeitsgruppen realisiert werden:

1. Verbesserung der Produktqualität
2. Verringerung der Abwesenheitsrate
3. Verringerung der physischen Belastung
4. Vermeidung von Unterforderung
5. Förderung sozialer Kontakte
6. Erhöhung der Verantwortung

Lösung s. Seite 290

Aufgabe 23:

Mithilfe welcher Maßnahmen der Arbeitsplatzgestaltung werden gestaltet:

1. Farben
2. Schwingungen
3. Lufttemperatur
4. Stuhlhöhe
5. Muskeleinsatz
6. Gesichtsfeld

Lösung s. Seite 290

Aufgabe 24:

Deutsche Unternehmen verfügen über mehr als 25.000 Tochter- und Beteiligungsgesellschaften im Ausland, die mehr als 2,5 Mio. Mitarbeiter beschäftigen und mehr als 500 Mrd. € an Umsatz erzielen. Vielfach werden deutsche Führungs- und Nachwuchskräfte ins Ausland entsandt, um dort für ihre heimischen Unternehmen tätig zu werden. Welche Ziele verfolgen die entsendenden Unternehmen nach Ihrer Auffassung damit?

Lösung s. Seite 290

Aufgabe 25:

Wann muss bei der kapazitätsorientierten variablen Arbeitszeit – ohne Berücksichtigung von Feiertagen – die Ankündigung der angeforderten Arbeitsleistung spätestens erfolgen?

Geplanter Arbeitstag	MO	DI	MI	DO	FR	SA	SO
Spätester Ankündigungstag							

Lösung s. Seite 290

Aufgabe 26:

Erläutern Sie, was unter folgenden Begriffen zu verstehen ist:

- Personaleinsatz
- Arbeit
- Leistung
- Arbeitsaufnahme
- Arbeitsteilung
- Aufgabenerweiterung
- Job Enlargement
- Aufgabenbereicherung
- Job Rotation
- Job Enrichment
- teilautonome Arbeitsgruppe
- Arbeitsplatz
- anthropometrische Arbeitsplatzgestaltung
- physiologische Arbeitsplatzgestaltung
- psychologische Arbeitsplatzgestaltung
- sicherheitstechnische Arbeitsplatzgestaltung
- Heimarbeitsplatz
- Telearbeitsplatz
- Auslandseinsatz
- Mehrarbeit
- Schichtarbeit
- Kurzarbeit
- Teilzeitarbeit
- gleitende Arbeitszeit
- Jahresarbeitszeit
- variable kapazitätsorientierte Arbeitszeit
- Vertrauensarbeitszeit
- Arbeitszeit(recht)

Lösung s. MiniLex Seite 299 ff.

Aufgabe 27:

1. Der Vorgesetzte gibt die Parole aus: „Im kommenden Jahr muss unser Umsatz drastisch gesteigert werden." Was halten Sie von dieser Zielformulierung?
2. Zeichnen Sie in die Abbildung, wie sich komplementäre, konkurrierende und indifferente Ziele zueinander verhalten.

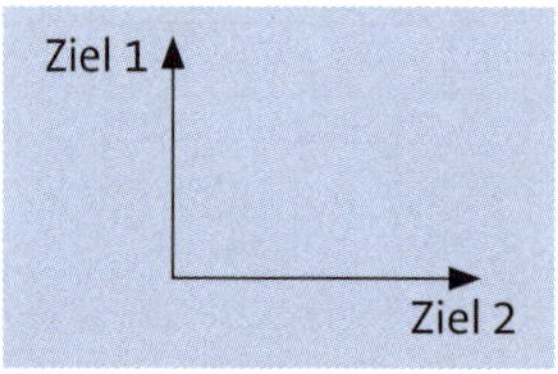

3. Warum sollten die Mitarbeiter an der Zielbildung beteiligt werden?

Lösung s. Seite 291

Aufgabe 28:

Um die Mitarbeiter zu motivieren, sollen Pläne eindeutig, klar, anschaulich, übersichtlich, einleuchtend, erreichbar und kontrollierbar sein. Erläutern Sie, warum gerade die

1. Erreichbarkeit
2. Kontrollierbarkeit

von Plänen eine besondere Bedeutung für die Personalführung haben.

Lösung s. Seite 291

Aufgabe 29:

Die Kontrolle sollte Mitarbeiter motivieren, d. h. sie zu Leistungen anreizen. In der Praxis kann immer wieder festgestellt werden, dass Frustration und Demotivation die Folgen der Kontrolle sind, die dazu führen, dass die Mitarbeiter Bedenken oder gar Ablehnung gegen die Kontrolle entwickeln.

Welche Gründe kann es nach Ihrer Meinung hierfür geben?

Lösung s. Seite 291

Aufgabe 30:

Das Gespräch mit Mitarbeitern kann in direktem Zusammenhang mit der Erledigung der Arbeitsaufgabe stehen, z. B. als kurze Information über die Arbeit. Es kann aber auch über die routinemäßige Alltagskommunikation hinausgehen und als institutionalisiertes Gespräch über besondere Themen und Gegebenheiten – vielfach regelmäßig – erfolgen. Der Erfolg eines solchen Gespräches ist wesentlich von seiner inhaltlichen Vorbereitung abhängig, was häufig unterschätzt wird.

Erstellen Sie eine Checkliste für die inhaltliche Vorbereitung von institutionalisierten Gesprächen mit Mitarbeitern!

Lösung s. Seite 292

Aufgabe 31:

1. Welche Wirkung hat die Übertragung von Verantwortung beim Mitarbeiter?
2. Die Elemente der Delegation sind Aufgaben, Kompetenz und Verantwortung. In welchen Umfängen sollten sie einem Mitarbeiter aus Sicht der Personalführung zweckmäßigerweise übertragen werden?

Lösung s. Seite 292

Aufgabe 32:

1. Der Personalbeurteilung obliegen verschiedene Funktionen. Stellen Sie dar, welches die personalpolitischen sowie die führungspolitischen Funktionen der Personalbeurteilung sind!
2. Erstellen Sie konkrete Regeln bzw. Grundsätze, die für die Gesprächsführung bei einem Beurteilungsgespräch gelten sollten!

Lösung s. Seite 292

Aufgabe 33:

Welche Merkmale weisen der autoritäre, kooperative, patriarchalische und bürokratische Führungsstil im Hinblick auf folgende Kriterien auf:

1. Behandlung der Mitarbeiter als ...
2. Schwerpunkt der Motivation ist ...
3. Macht/Autorität des Vorgesetzten beruhen auf ...
4. Aufsicht/Kontrolle erfolgen als ...

Lösung s. Seite 293

Aufgabe 34:

Welche Führungsstile (1.9, 9.9, 1.1, 9.1) werden anhand der nachfolgend genannten Merkmale beschrieben?

1. Vorgesetzter/Mitarbeiter haben gleiches Fachwissen; Entscheidungen mit hohem Risiko; Identifikation/Engagement der Mitarbeiter; unstrukturierte komplexe Probleme.
2. Routine; Einhaltung von Verfahren/Abläufen/Vorschriften/Richtlinien; einfache Aufgaben.

Lösung s. Seite 294

Aufgabe 35:

Erläutern Sie, was unter folgenden Begriffen zu verstehen ist:

- Personalführung
- Führungstechniken
- Führungsgrundsätze
- Führungsmittel
- Ziel
- Management by Objectives
- Plan
- Kontrolle
- Information
- Informationstechniken
- Kommunikation
- Kooperation
- Delegation
- Management by Exception
- Management by Delegation
- Partizipation
- betriebliches Vorschlagswesen
- Qualitätszirkel
- Personalbeurteilung
- Arten der Personalbeurteilung
- Kritik
- Status
- Führungsstil
- aufgabenorientierter Führungsstil
- personenorientierter Führungsstil
- autoritärer Führungsstil
- kooperativer Führungsstil
- Verhaltensgitter
- Führungsmodell
- Führungserfolg
- Disposition/Kondition
- Autorität
- führungsbezogene Erfolgskriterien
- Arbeitszufriedenheit
- Betriebsklima
- Konflikt
- Mobbing
- Fehlzeiten
- innere Kündigung
- Fluktuation

Lösung s. MiniLex Seite 299 ff.

Aufgabe 36:

1. Mitunter werden folgende Begriffe verwendet, wenn von Personalkosten gesprochen wird:
   - Direktvergütung
   - Leistungsentgelt
   - Soziallohn
   - erster Lohn
   - Lohnnebenkosten
   - Zusatzleistungen.

   Inwieweit handelt es sich dabei um Personalbasiskosten bzw. Personalzusatzkosten?
2. Stellen Sie einen Katalog von unternehmensinternen bzw. unternehmenexternen Einflussfaktoren zusammen, die auf die Personalkosten wirken!

Lösung s. Seite 294

Aufgabe 37:

Stellen Sie Merkmale der summarischen und analytischen Methoden der Arbeitsbewertung im Hinblick auf folgende Kriterien zusammen:

1. Erstellungsaufwand
2. Expertenwissen
3. Tätigkeitsbeschreibung
4. zu bewertende Tätigkeiten
5. Bewertungsergebnisse
6. Aktualisierungserfordernis

Lösung s. Seite 294

Aufgabe 38:

- Welche Vorteile und Nachteile würden Sie dem Zeitlohn zuschreiben?
- Ein Arbeiter verdient 13 €/Stunde. Seine Normalleistung liegt bei 8 Stück/Stunde. Wie hoch ist sein Lohn, wenn er im Rahmen einer 38-Stunden-Woche 280 Stück bzw. 304 Stück oder 340 Stück fertigt?

Lösung s. Seite 295

Aufgabe 39:

Die Bearbeitung eines Werkstückes erfordert 20 Minuten, der tarifliche Grundlohn wird mit 13,20 € angesetzt und ein Akkordzuschlag von 20 % gewährt. Ermitteln Sie:

1. Grundlohn
2. Minutenfaktor
3. Stundenlohn bei 4 in einer Stunde bearbeiteten Werkstücken!

Lösung s. Seite 295

Aufgabe 40:

1. Welche Ziele verfolgen nach Ihrer Meinung die Unternehmen vielfach mit der Einführung von Cafeteria-Systemen?
2. Warum werden Cafeteria-Systeme in Deutschland fast ausschließlich für Fach- und Führungskräfte der mittleren und oberen Hierarchieebene angeboten?

Lösung s. Seite 295

Aufgabe 41:

Erläutern Sie, was unter folgenden Begriffen zu verstehen ist:

- Personalentlohnung
- Personalkosten
- Entgelt
- Lohnhöhe
- Lohngerechtigkeit
- summarische Arbeitsbewertung
- analytische Arbeitsbewertung
- Leistung ohne Lohn
- Grundlohn
- Zeitlohn
- Akkordlohn
- Geldakkord
- Zeitakkord
- Vorgabezeit
- Prämienlohn
- ergänzender Lohn
- Prämie
- Zuschlag
- Gratifikation
- Cafeteria-System
- Erfindervergütung
- Verbesserungsvorschlag
- erfolgsabhängige Vergütung
- soziale Abgaben
- Personalbetreuung

Lösung s. MiniLex Seite 299 ff.

Aufgabe 42:

Das Duale System umfasst als Ausbildungsorte das Unternehmen und die Berufsschule. Obgleich es weltweit positiv eingeschätzt wird, weist es dennoch nicht nur Vorteile auf. Stellen Sie die Vorteile und Nachteile des Dualen Systems aus Ihrer Sicht zusammen!

Lösung s. Seite 296

Aufgabe 43:

Stellen Sie Vorteile zusammen, die für folgende Fortbildungsmaßnahmen bzw. Fortbildungskonzepte sprechen:

1. interne/externe Fortbildung
2. aktive/passive Fortbildung
3. Fortbildung am/außerhalb des Arbeitsplatzes

Lösung s. Seite 296

Aufgabe 44:

Erläutern Sie, was unter folgenden Begriffen zu verstehen ist:

- Personalentwicklung
- Personalbildung
- Ausbildung
- duales System
- Ausbildungsordnung
- Fortbildung
- Fortbildungsbedarf
- interne Fortbildung
- externe Fortbildung
- Umschulung
- Bildung am Arbeitsplatz
- Traineeprogramm
- Bildung außerhalb des Arbeitsplatzes
- Bildungskontrolle
- Personalförderung
- Coaching
- Mentoring
- Job Enlargement
- Job Enrichment
- Laufbahnplanung
- Organisationsentwicklung

Lösung s. MiniLex Seite 297 ff.

Aufgabe 45:

1. Die Versetzung ist die Zuweisung eines anderen Arbeitsbereiches. Was unter dem anderen Arbeitsbereich zu verstehen ist, geht aus § 95 Abs. 3 BetrVG, der die Versetzung definiert, nicht hervor. Welche Umstände könnten dafür sprechen?
2. Obgleich einem Arbeitnehmer ein anderer Arbeitsplatz zugewiesen wird, kann es sich in bestimmten Fällen dennoch nicht um eine Versetzung handeln. Für welche Fälle kann dies gelten?

Lösung s. Seite 297

Aufgabe 46:

Bei zunehmender Dauer des Arbeitsverhältnisses verlängert sich die Kündigungsfrist für den Arbeitgeber. Wie alt muss der Arbeitnehmer sein, um in den Genuss der verlängerten Kündigungsfristen zu kommen, wenn er im Unternehmen beschäftigt ist:

1. ab 2 Jahre
2. ab 5 Jahre
3. ab 8 Jahre
4. ab 10 Jahre

Lösung s. Seite 297

Aufgabe 47:

Erläutern Sie, was unter folgenden Begriffen zu verstehen ist:

- Personalfreistellung
- Mehrarbeit
- Teilzeitarbeit
- Kurzarbeit
- flexible Jahresarbeitszeit
- kapazitätsorientierte variable Arbeitszeit
- Versetzung
- Kündigung
- Änderungskündigung
- ordentliche Kündigung
- allgemeiner Kündigungsschutz
- besonderer Kündigungsschutz
- personenbedingte Kündigung
- verhaltensbedingte Kündigung
- betriebsbedingte Kündigung
- Interessenausgleich
- Sozialplan
- außerordentliche Kündigung
- Aufhebungsvertrag
- Outplacement
- Arbeitszeugnis

Lösung s. MiniLex Seite 299 ff.

Aufgabe 48:

Um welche funktionsbezogenen Aufgaben der Personalverwaltung handelt es sich bei folgenden Tätigkeiten:

1. Entgegennahme der Bewerbungsunterlagen
2. Abwicklung der Kantine
3. Ermittlung des Bruttoentgeltes
4. Korrespondenz mit dem Betriebsrat
5. Anmeldung zu Fortbildungsveranstaltungen
6. Ausfertigung von Arbeitszeugnissen

Lösung s. Seite 298

Aufgabe 49:

Das Personalhandbuch ermöglicht es, ein einheitlich geschlossenes Personalkonzept im Unternehmen zu präsentieren.

1. In welcher Form sollte es gestaltet werden?
2. Was können nach Ihrer Auffassung die Inhalte des Personalhandbuches sein?

Lösung s. Seite 298

Aufgabe 50:

Erläutern Sie, was unter folgenden Begriffen zu verstehen ist:

- Personalverwaltung
- Personalrechnungswesen
- Personalakte
- Personalkartei
- Personaldatei
- Personalhandbuch
- Personalstatistik
- Personalinformationssystem
- Datenbank

Lösung s. MiniLex Seite 299 ff.

Lösung zu 1:

1. Personalkosten können reduziert werden, indem die **Arbeitsproduktivität** gesteigert wird. Dies ist möglich, wenn die Arbeitsleistung der Mitarbeiter erhöht wird, z. B. durch Motivationsmaßnahmen, oder die Arbeitsorganisation verbessert wird, z. B. durch Rationalisierungsmaßnahmen.

   Bei gleichbleibender Mitarbeiterzahl vermindern sich in diesen Fällen die Personalkosten pro Leistungseinheit, die Gesamtpersonalkosten hingegen bleiben gleich. Führen die Maßnahmen dazu, dass Mitarbeiter freigesetzt werden können, ist eine Verminderung der Gesamtpersonalkosten möglich.

   Im Übrigen können die Personalkosten abgesenkt werden, indem der **Lohnsatz** in €/Std. oder €/Stück herabgesetzt wird oder die **Personalzusatzkosten**, die z. B. durch Fahrtkostenzuschüsse, Gratifikationen, freiwillig gewährtes Urlaubsgeld, Stellung von Berufskleidung, betriebliche Sporteinrichtungen, Personalbetreuung verursacht werden. In der Praxis erweist sich dies jedoch als schwierig umsetzbar.

2. Bei konkurrierenden Zielen bewirkt die Erreichung eines Zieles die Abnahme des **Zielerreichungsgrades** bei einem anderen Ziel. Wenn z. B. eine Lohnerhöhung angestrebt wird, kann das Ziel nicht erreicht werden, die Personalkosten zu senken.

Lösung zu 2:

	Dreher	Fräser	Werkzeugmacher
Bedarf im kommenden Jahr	23	17	7
Jetziger Bestand (-)	20	15	10
Zugänge (+)	1		
Abgänge (-)	1		2
Personalveränderungsplan			
Personalbeschaffungsplan	3	2	
Personalfreistellungsplan			1

Lösung zu 3:

Die Aufgaben betreffen als funktionale Bereiche:

1. Personalverwaltung
2. Personalentwicklung
3. Personaleinsatz
4. Personalbeschaffung
5. Personalentlohnung
6. Personalfreistellung.

Neben den genannten funktionalen Bereichen kann immer auch die **Personalverwaltung** davon betroffen sein, wenn es um administrative, routinemäßige Aufgabenstellungen geht.

Lösung zu 4:

	Aufgabenbezogene Organisation	Referenten-konzept
1. Koordination der Personalabteilung	+	neutral
2. Vereinheitlichung der Personalpolitik	+	neutral
3. Mitarbeiternahe Personalarbeit	–	+
4. Spezialisierung in der Personalabteilung	+	neutral
5. Zusammenarbeit in der Personalabteilung	neutral	+
6. Kenntnis der Arbeitssituation des Mitarbeiters	–	+

Lösung zu 5:

Der vorrangige Einsatz der **Legitimationsmacht** ist nicht positiv zu bewerten. Empfehlenswert wäre, sich stattdessen primär der **Referenzmacht** und **Expertenmacht** zu bedienen und die Mitarbeiter dadurch persönlich und fachlich zu überzeugen. Die hierarchischen bzw. formalen Aspekte sollen so gering wie möglich ausgeschöpft werden.

Sich der **Belohnungs**- und **Bestrafungsmacht** zu bedienen, ist grundsätzlich nicht negativ zu sehen. Im Umgang mit den Machtgrundlagen muss aber darauf geachtet werden, dass Belohnungen nicht nur (immer wieder) in Aussicht gestellt, sondern bei Berechtigung tatsächlich auch gewährt werden. Ebenso sind wiederholte Androhungen von Bestrafungen nicht wirkungsvoll, wenn ihnen nicht konkret auch (z. B. im Wiederholungsfalle) entsprechende Maßnahmen folgen.

Der Abteilungsleiter wird an seinen Handlungen gemessen, nicht an seinen Ankündigungen, die schnell wirkungslos werden.

Lösung zu 6:

	Motive	Bedürfnisbefriedigung
Selbstverwirklichungs-bedürfnisse	▸ Persönlichkeitsentfaltung ▸ Kreativität ▸ Entwicklung	▸ Einfluss ▸ Macht ▸ Realisierung eigener Pläne
Wertschätzungs-bedürfnisse	▸ Anerkennung ▸ Prestige ▸ Status ▸ Respekt	▸ Lob ▸ Statussymbole ▸ Angemessener Lohn ▸ Kompetenzübertragung

	Motive	Bedürfnisbefriedigung
Soziale Bedürfnisse	► Akzeptanz durch Gruppe ► Anerkennung durch Gruppe ► Kontakt ► Freundschaft	► Kommunikation mit Kollegen ► Teamarbeit ► Information ► Austausch/Spaß mit Freunden
Sicherheitsbedürfnisse	► Sicherheit vor Krankheiten ► Schutz des Lebens ► Schutz vor Gefahren ► Schutz vor Arbeitsplatzverbot	► Arbeitsplatzsicherheit ► Kündigungsschutz ► Betriebliche Altersversorgung ► Einkommenssicherung
Physiologische Grundbedürfniss	► Hunger ► Durst ► Schlaf ► Ruhe	► ausreichende Entlohnung ► Arbeitsplatz ohne Gesundheitsgefahren ► existenzielle Versorgung

Lösung zu 7:

1. Die arbeitsvertragliche Regelung ist **zulässig**, da sie zu Gunsten des Arbeitnehmers wirkt (Günstigkeitsprinzip gemäß § 4 Abs. 3 TVG).
2. Die Festlegung ist nach Auffassung des Bundesarbeitsgerichtes **unzulässig**, weil das „Grundrecht der negativen Koalitionsfreiheit“ verletzt wird, indem somit ein Druck auf die Arbeitnehmer ausgeübt wird.

Lösung zu 8:

1. Zu den **wirtschaftlichen Angelegenheiten** gehören gemäß § 106 Abs. 3 BetrVG insbesondere:
   - die wirtschaftliche und finanzielle Lage des Unternehmens
   - die Produktions- und Absatzlage
   - das Produktions- und Investitionsprogramm
   - Rationalisierungsvorhaben
   - Fabrikations- und Arbeitsmethoden, insbesondere Einführung neuer Arbeitsmethoden
   - Fragen des betrieblichen Umweltschutzes
   - die Einschränkung, Stilllegung oder Verlegung von Betrieben und von Betriebsteilen
   - der Zusammenschluss oder die Spaltung von Unternehmen oder Betrieben
   - die Änderung der Betriebsorganisation oder des Betriebszwecks
   - sonstige Vorgänge und Vorhaben, welche die Interessen der Arbeitnehmer des Unternehmens wesentlich berühren können.

2. Der **Wirtschaftsausschuss** besteht aus mindestens drei und höchstens sieben Mitgliedern, die dem Unternehmen angehören müssen, darunter mindestens einem Betriebsratsmitglied (§ 107 Abs. 1 BetrVG).

   Sitzungen des Wirtschaftsausschusses sollen monatlich einmal stattfinden (§ 108 Abs. 1 BetrVG).

Lösung zu 9:

Siehe MiniLex (Seite 299 ff.)

Lösung zu 10:

Vorteile interner Personalbeschaffung	Nachteile interner Personalbeschaffung
► Der Arbeitnehmer hat Entwicklungs- und Aufstiegschancen. ► Die Motivation des Arbeitnehmers wird positiv beeinflusst. ► Die Bindung des Arbeitnehmers an das Unternehmen wird verstärkt. ► Das Betriebsklima wird verbessert. ► Die Mobilität des Arbeitnehmers wird erhöht. ► Die Beschaffung des Arbeitnehmers ist rasch möglich. ► Die Beschaffung des Arbeitnehmers ist kostengünstig. ► Der Arbeitnehmer kennt das Unternehmen und umgekehrt. ► Die Einarbeitung des Arbeitnehmers wird erleichtert.	► Begrenzte Auswahlmöglichkeiten. ► Betriebsblindheit und Hemmung fortschrittlicher Entwicklungen möglich. ► Lediglich eine Verlagerung des quantitativen Personalbedarfes. ► Enttäuschung bei Kollegen/Mitbewerbern. ► Spannungen/Rivalitäten zwischen potenziellen Bewerbern. ► Befürchtung des Arbeitnehmers abgelehnt zu werden. ► Ablehnung wird als Misserfolg empfunden. ► Angst des Arbeitnehmers vor negativen Reaktionen des Vorgesetzten. ► Vorgesetzte loben weniger geeignete Mitarbeiter weg.

Lösung zu 11:

1. Die **Stelle** ist noch **besetzt** und die Erwägungen für eine Neubesetzung sollen im Unternehmen bzw. beim jetzigen Stelleninhaber noch nicht bekannt werden. Außerdem soll die **Konkurrenz** aus Wettbewerbsgründen nichts von Schaffung oder Neubesetzung dieser Stelle erfahren. Schließlich soll die ausgeschriebene Stelle **unerwünschten Interessenten** somit auch nicht bekannt werden.

2.

Stellenanzeigen	Inserate auf der Unternehmens-Homepage
Vorteile: + traditioneller Weg der Personalbeschaffung + höhere Rücklaufquoten + paralleler Einsatz zum Internet sinnvoll, um verschiedene Ansprachemöglichkeiten zu nutzen	**Vorteile:** + jederzeit verfügbar + Internationalität + direkte Kontaktaufnahme über Online-Tools möglich + lange Schaltungsdauer + viele Gestaltungsmöglichkeiten + Änderungen schnell und leicht möglich + Erreichen von Zielgruppen mit guten PC-/Internetkenntnissen + unbegrenztes Platzangebot + größere Informationsmengen möglich + bessere Selbstselektion aufgrund umfangreicher Unternehmensporträts
Nachteile: - hohe Kosten - begrenzte Schaltungsdauer - keine Änderungen möglich - begrenzte Gestaltungsmöglichkeiten - weniger Informationen aufgrund Platzmangels möglich	**Nachteile:** - ständige Aktualisierung und Pflege notwendig - Sicherstellen der Technik (z. B. muss problemloses Laden von Bildern gewährleistet sein) - geringere Rücklaufquoten

Lösung zu 12:

Die **unbefristete Einstellung** von zehn neuen Mitarbeitern bietet sich nicht an, da diese nach Beendigung des Großauftrages wieder freigestellt werden müssten, was aus arbeitsrechtlichen Gründen nicht unproblematisch ist.

Eine **befristete Einstellung** kann in Betracht kommen, zumal das Gesetz über Teilzeitarbeit und befristete Arbeitsverträge und zur Änderung und Aufhebung arbeitsrechtlicher Bestimmungen (§ 14 Abs. 2 TzBfG) eine Befristung bis zur Dauer von zwei Jahren zulässt.

Eine **Arbeitnehmerüberlassung** auf die Dauer von 15 Monaten kann erwogen werden, weil eine Befristung der Arbeitnehmerüberlassung nach AÜG bis zu 18 Monaten zulässig ist. Zu **beachten** ist dabei, dass dem Leiharbeitnehmer spätestens nach neun Monaten die Arbeitsbedingungen, die für die Stammbeschäftigten des Entleihers gelten, zu gewähren sind, insbesondere auch der Lohn.

Die gesamte zusätzliche Kapazität über den genannten Zeitraum allein durch **Mehrarbeit** (Überstunden, Sonderschichten) zu beschaffen, erscheint nicht sinnvoll und vertretbar.

Lösung zu 13:

1. Eine Bewerbung sollte nicht deshalb erfolgen, weil man eine Stellenanzeige gelesen hat, sondern weil die ausgeschriebene Stelle Interesse geweckt hat (Warum? Begründung!).
2. Die jederzeitige Eintrittsmöglichkeit ist meistens kein Werbeargument, da der Bewerber ohne Arbeit zu sein bzw. von seiner jetzigen Firma „über Nacht" freigestellt zu werden scheint, was nicht auf eine Zufriedenheit des Arbeitgebers hindeuten könnte.
3. Sie sollen den Anforderungen gerecht bzw. „in vollem Umfang" gerecht werden können und das auch sachlich unterlegen bzw. begründen. „Bei Weitem" ist dümmlich und großspurig.
4. Ob die Gehaltshöhe als solche gerechtfertigt ist, kann hier nicht beurteilt werden. Festgestellt werden kann lediglich, dass der Bewerber sich aufgrund seiner Äußerung von „mindestens" einen Verhandlungsspielraum nach unten ohne Gesichtsverlust verbaut hat.

Lösung zu 14:

1. Der vorliegende Lebenslauf lässt folgende **Feststellungen** zu:
   - Bis zum 31.03.2008 ist er problemlos. Er zeigt einen „normalen" Verlauf.
   - Die beiden Tätigkeiten als Gruppenleiter (01.04.2008 - 30.06.2009 und 01.07.2009-30.06.2010) sind relativ kurz, was auf eine negative Entwicklung hindeuten könnte, aber nicht muss.
   - Vom 01.07.2010 - 31.03.2012 ist keine Tätigkeit nachgewiesen. Das könnte die zuvor angestellte Überlegung bestärken.
   - Aufnahme einer branchenfremden Tätigkeit, die auch nur relativ kurze Zeit (01.04.2012 - 30.09.2013) ausgeübt wird. Es wäre festzustellen, weshalb der Branchenwechsel erfolgte und nur 18 Monate gearbeitet wurde.
   - Vom 01.10.2013 - 30.09.2016 wird keine Tätigkeit nachgewiesen.
   - Erneuter Branchenwechsel und eine recht kurze Ausübung der Tätigkeit (01.10.2016 - 30.11.2017) sind festzustellen.
   - Zwischen der zuletzt nachgewiesenen Tätigkeit (30.11.2017) und dem Zeitpunkt der Bewerbung (01.02.2018) ist keine Tätigkeit angegeben.

   Der Lebenslauf lässt vermuten, dass der Bewerber als **Sachbearbeiter erfolgreich** gewesen sein könnte, was aus dem Arbeitszeugnis ggf. zu entnehmen wäre. Als **Gruppenleiter** hatte er offentlichtlich **geringeren Erfolg**. Schließlich wechselte er innerhalb relativ kurzer Zeit und hatte nach der zweiten Tätigkeit keine sich anschließende Arbeit. Auch hier wären die Arbeitszeugnisse zurate zu ziehen.

Der Bewerber versuchte dann **branchenfremd** sein Glück, was offensichtlich auch nicht mit Erfolg beschieden war und in **Arbeitslosigkeit** endete.

2. Der Einsatz als Gruppenleiter im Einkauf der Metall GmbH erscheint **nicht zweckmäßig**, wenn die zuvor genannten Vermutungen durch die übrigen Bewerbungsunterlagen im Wesentlichen bestätigt werden.

Lösung zu 15:

Das Arbeitszeugnis deutet auf **schwache Leistungen** hin:

- Herr Müller war nur rund 13 Monate als Kassierer beschäftigt und verlässt das Unternehmen zu einem absolut atypischen Termin, dem *10.06.2018*. Die relativ kurze Zeit der Tätigkeit kann – muss aber nicht unbedingt – auf Probleme hindeuten. Der Termin des Ausscheidens lässt hingegen mit hoher Wahrscheinlichkeit vermuten, dass Probleme auftraten.
- Daran ändert auch das Ausscheiden „auf eigenen Wunsch“ nichts. Es ist anzunehmen, dass das Unternehmen ihm **Gelegenheit** gab, selbst **zu kündigen**.
- Die Bestätigung, Herr Müller habe sich bemüht, den gestellten Forderungen gerecht zu werden, deutet ebenfalls auf **schlechte Leistungen** hin. Daran ändert sich auch nichts dadurch, dass dies „gerne“ bestätigt wird.

Lösung zu 16:

- *Wie würden Sie sich charakterisieren?*
- *Wie werden Sie von Freunden oder Bekannten eingeschätzt?*
- *Was sind Ihre besonderen Stärken?*
- *Was ist Ihre größte Schwäche?*
- *Wie wirken Kritik und Anerkennung auf Sie?*
- *Nennen Sie Ihre größten Erfolge!*
- *Was hat Sie bisher am stärksten frustriert?*
- *Was ist wichtig für Ihre berufliche Zufriedenheit?*
- *Welche Eigenschaft an anderen Menschen stört Sie am meisten?*
- *Hören Sie lieber zu oder reden Sie lieber selbst?*
- *Wie würden Sie Ihren letzten Chef charakterisieren?*
- *Welche Eigenschaften eines Vorgesetzten würden Ihnen die meisten Schwierigkeiten bereiten?*

Lösung zu 17:

Der **Betriebsrat** kann die **Zustimmung verweigern**, wenn (§ 99 Abs. 2 BetrVG):

- die personelle Maßnahme gegen ein Gesetz, eine Verordnung, eine Unfallverhütungsvorschrift oder gegen eine Bestimmung in einem Tarifvertrag oder in einer Betriebsvereinbarung oder gegen eine gerichtliche Entscheidung oder eine behördliche Anordnung verstoßen würde
- die personelle Maßnahme gegen eine Auswahlrichtlinie nach § 95 BetrVG verstoßen würde
- die durch Tatsachen begründete Besorgnis besteht, dass infolge der personellen Maßnahme im Betrieb beschäftigte Arbeitnehmer gekündigt werden oder sonstige Nachteile erleiden, ohne dass dies aus betrieblichen oder persönlichen Gründen gerechtfertigt ist
- der betroffene Arbeitnehmer durch die personelle Maßnahme benachteiligt wird, ohne dass dies aus betrieblichen oder in der Person des Arbeitnehmers liegenden Gründen gerechtfertigt ist
- eine nach § 93 BetrVG erforderliche Ausschreibung im Betrieb unterblieben ist
- die durch Tatsachen begründete Besorgnis besteht, dass der für die personelle Maßnahme in Aussicht genommene Bewerber oder Arbeitnehmer den Betriebsfrieden durch gesetzwidriges Verhalten oder durch grobe Verletzung der in § 75 Abs. 1 BetrVG enthaltenen Grundsätze stören werde.

Lösung zu 18:

1. Der Urlaub beträgt jährlich mindestens 24 Werktage (§ 3 Abs. 1 BUrlG).
2. Der volle Urlaubsanspruch wird erstmalig nach sechsmonatigem Bestehen des Arbeitsverhältnisses erworben (§ 4 BUrlG).
3. Die Höhe der Entgeltfortzahlung im Krankheitsfall beträgt seit 1999 (wieder) 100 % des für die regelmäßige Arbeitszeit zustehenden Arbeitsentgeltes.

Lösung zu 19:

Siehe MiniLex (Seite 299 ff.)

Lösung zu 20:

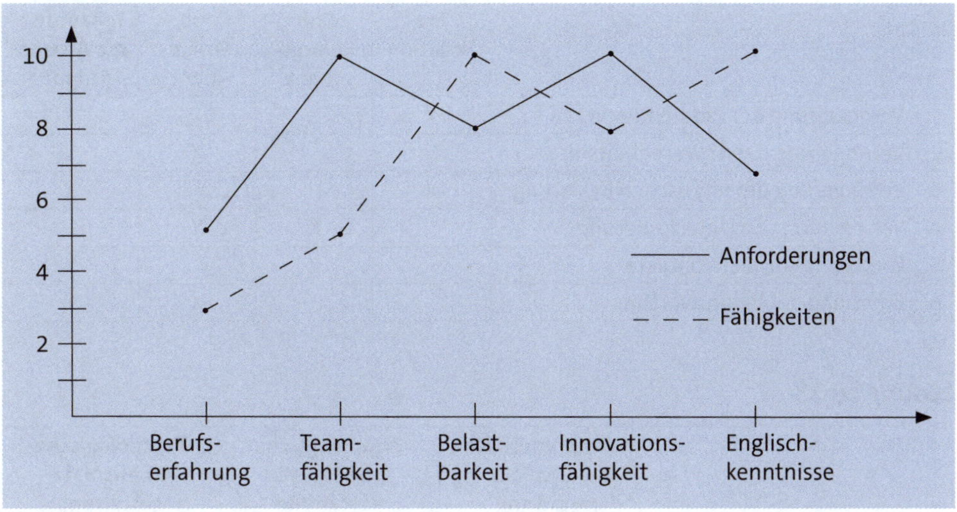

Lösung zu 21:

Als **Nachteile** bzw. **Probleme**, die sich aus der Artteilung ergeben können, sind zu nennen:

- eintönige Tätigkeit bei gleichartigen Handgriffen
- Entfremdung durch Stumpfsinn bei monotoner Arbeit
- einseitige Belastung
- mangelnde Flexibilität durch Spezialisierung
- kein innerer Bezug des Arbeitenden zur Gesamtleistung
- starke Ermüdung
- hoher Erholungsbedarf
- Gefahr gesundheitlicher Schäden
- Verkümmerung geistiger Fähigkeiten.

Lösung zu 22:

	Job Rotation	Job Enlarge-ment	Job Enrich-ment	Teilautono-me Arbeits-gruppen
1. Verbesserung der Produktqualität	X	X	X	X
2. Verringerung der Abwesenheitsrate			X	X
3. Verringerung der physischen Belastung	X			X
4. Vermeidung von Unterforderung		X	X	
5. Förderung sozialer Kontakte				X
6. Erhöhung der Verantwortung			X	X

Lösung zu 23:

	Anthropometrische Arbeitsplatz-gestaltung	Physiologische Arbeitsplatz-gestaltung	Psychologische Arbeitsplatz-gestaltung
1. Farben			X
2. Schwingungen		X	
3. Lufttemperatur		X	
4. Stuhlhöhe	X		
5. Muskeleinsatz		X	
6. Gesichtsfeld	X		

Lösung zu 24:

Ziele ins Ausland entsendender Unternehmen:

- Sicherung der Unternehmensinteressen vor Ort
- Transfer von Fachwissen und Führungswissen
- Koordination der Unternehmenseinheiten
- Kontrolle der Unternehmenseinheiten
- Entwicklung der Führungs- und Nachwuchskräfte.

Lösung zu 25:

Geplanter Arbeitstag	Montag	Dienstag	Mittwoch	Donnerstag	Freitag	Samstag	Sonntag
Spätester Ankündi-gungstag	Mittwoch	Donnerstag	Freitag	Freitag	Freitag	Montag	Dienstag

Lösung zu 26:

Siehe MiniLex (Seite 299 ff.)

Lösung zu 27:

1. Das Ziel ist **nicht operational** formuliert, d. h. nicht messbar. Der Vorgesetzte wie auch jeder Mitarbeiter kann etwas anderes unter der „drastischen Steigerung" verstehen. Eine Zielerfüllung kann nicht objektiv festgestellt werden.
2. **Komplementäre Ziele** | **Konkurrierende Ziele** | **Indifferente Ziele**

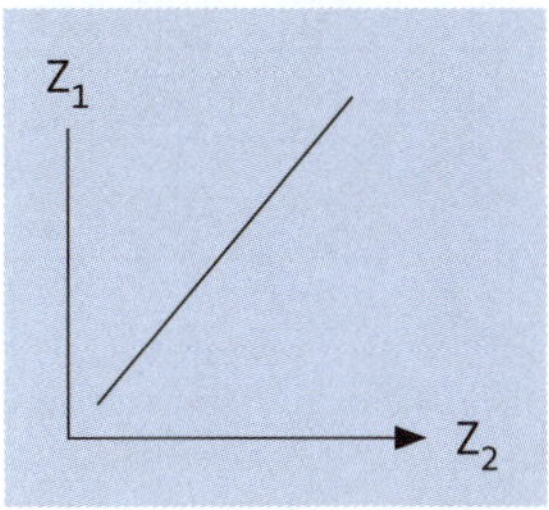

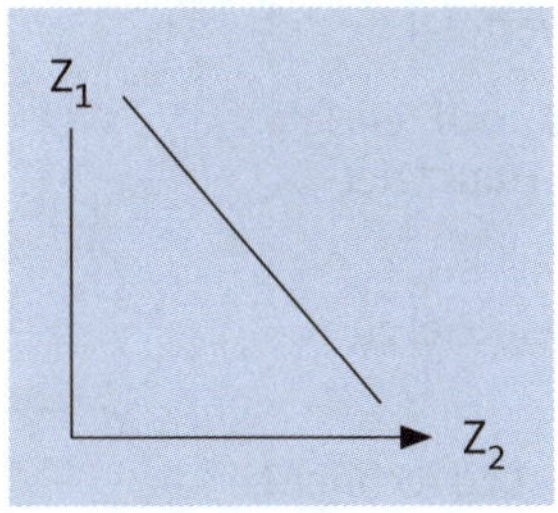

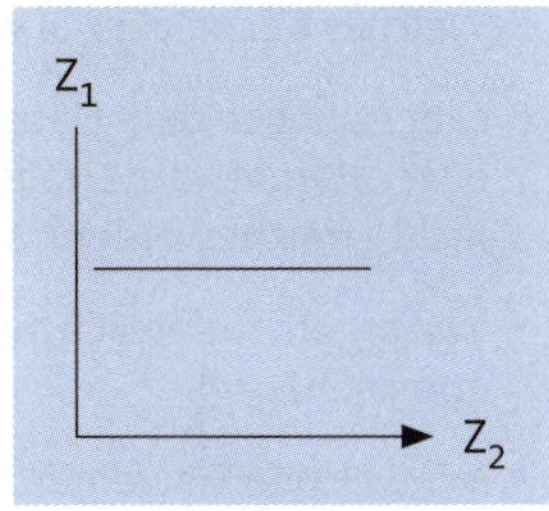

3. Die Beteiligung der Mitarbeiter an der Zielbildung führt zu einer besseren Identifikation mit den Zielen, da sie ihre eigenen Vorstellungen einbringen können, und dient damit der Motivation.

Lösung zu 28:

1. Die **Erreichbarkeit** der Plandaten ist wichtig, weil Mitarbeiter nur dann höchstmögliche Anstrengungen unternehmen, wenn sie gegeben ist. Können Mitarbeiter von vornherein oder im Verlaufe ihrer Aufgabenerfüllung feststellen, dass die Plandaten trotz größter Anstrengungen (ggf. sogar bei Weitem) nicht erreicht werden können, sind Frustration und Demotivation die Folge. Es ist möglich, dass daraus resultierend nicht einmal die an sich durchaus erreichbaren Daten realisiert werden.
2. Die **Kontrollierbarkeit** der Planerfüllung hat in der Regel motivierenden Charakter, weil die Mitarbeiter zeitnah selbst feststellen können, „wo sie stehen". Sie haben die Möglichkeit, zu erkennen, inwieweit sie noch Anstrengungen unternehmen müssen, um die Arbeitsaufgabe anforderungsgerecht zu erledigen.

Lösung zu 29:

Als Gründe können in Betracht kommen:

- unvernünftige Zielsetzung
- fehlendes Vertrauen in die Objektivität
- Furcht vor unerwünschten Konsequenzen
- Ablehnung der Kontrollpersonen
- Suche nach Fehlern, nicht nach positiven Leistungen.

Lösung zu 30:

Checkliste: Inhaltliche Vorbereitung von Mitarbeitergesprächen	
► Um was geht es (Gesprächsthema, Gesprächsanlass)?	....
► Verfüge ich über ausreichend Informationen zum Gesprächsgegenstand?	....
► *Notieren Sie sich alle Themen, die Sie im Gespräch ansprechen wollen!*	....
► Welches Gesprächsziel wird verfolgt?	....
► Gibt es neben dem Hauptziel noch Teilziele oder Alternativziele, falls das Hauptziel nicht erreicht werden kann?	....
► Wie argumentiere ich, um mein Ziel zu erreichen?	....
► Mit welchen Einwendungen ist zu rechnen?	....
► Wie gliedere ich das Gespräch?	....
► *Machen Sie sich vor dem Gespräch nochmals mit den für den Gesprächsanlass relevanten Fakten vertraut!*	....

Quelle: *Mentzel/Grotzfeld/Haub*

Lösung zu 31:

1. Die Übertragung von **Verantwortung** führt beim Mitarbeiter zur Reduktion von Unsicherheit, weil der Vorgesetzte ihm mit dieser Maßnahme Vertrauen entgegenbringt.
2. **Aufgabe**, **Kompetenz** und **Verantwortung** müssen stets gleich dimensioniert sein. Eine Übertragung einer Aufgabe ohne die entsprechende Übertragung von Kompetenzen und Verantwortung ist aus Sicht der Personalführung nicht zu befürworten.

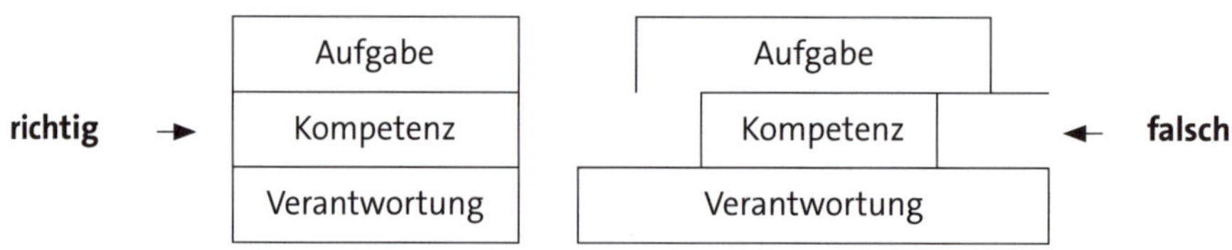

Lösung zu 32:

1. **Personalpolitische Funktionen** der Personalbeurteilung:
   - ► Instrument laufender Leistungsinventur
   - ► Fundierung personalwirtschaftlicher Entscheidungen

- Begründung von Status und Kompetenzen
- Erkennen notwendiger personalwirtschaftlicher Maßnahmen
- Entscheidungsgrundlage für Entgeltdifferenzierung
- Einstieg in leistungsgerechtes Entgelt

Führungspolitische Funktionen der Personalbeurteilung

- Leistungsstimulation/Befriedigung durch Anerkennung/Bestätigung vom Chef
- individuelle Orientierung der Mitarbeiter durch Beratung
- Förderung der Mitarbeiter
- Feedback für beide Seiten (Vorgesetzter/Mitarbeiter)
- Kontrolle der gestellten Aufgaben

2. **Regeln** bzw. **Grundsätze** für die Gesprächsführung können sein:
   - Gespräch unter vier Augen
   - Gespräch nicht auf Statussymbolen und Amtsautorität aufbauen
   - Gespräch der Persönlichkeitsstruktur des Beurteilten anpassen
   - positiven Kontakt aufnehmen
   - Merkmale der Leistung, nicht der Person besprechen
   - keine übertriebene und keine schematische Kritik
   - Stellungnahme des Beurteilten erfragen
   - konkrete Hinweise zur Verbesserung von Fehlern geben
   - Vertrauen bekunden
   - gemeinsam nach Möglichkeiten zur Förderung des Mitarbeiters suchen
   - neue Arbeitsziele festlegen.

Lösung zu 33:

Führungsstil	autoritär	kooperativ	patriarchalisch	bürokratisch
1. Behandlung der Mitarbeiter als ...	Maschinen	Menschen	Untergebene	Anonyme Faktoren
2. Schwerpunkt der Motivation ist ...	Angst/Zwang	Bedürfnis-befriedigung	Abhängigkeit	Anweisungen/ Vorschriften
3. Macht/Autorität beruhen auf ...	Hierarchie	Können/ Akzeptanz	Patriarch	Apparat
4. Aufsicht/Kontrolle erfolgen als/nach ...	völlige Fremd-kontrolle	geringe bzw. Selbstkontrolle	Gefühl	Berichte/ Überprüfungen

Lösung zu 34:

Als Führungsstile werden beschrieben:

1. 9.9-Führungsstil
2. 1.1-Führungsstil.

Lösung zu 35:

Siehe MiniLex (Seite 299 ff.)

Lösung zu 36:

1.

Personalbasiskosten	Personalzusatzkosten
▸ Direktvergütung ▸ Leistungsentgelt ▸ erster Lohn	▸ Soziallohn ▸ Lohnnebenkosten ▸ Zusatzleistungen

2.

Unternehmensinterne Einflussfaktoren	Unternehmensexterne Einflussfaktoren
▸ personalpolitische Grundsätze ▸ Organisation des Unternehmens ▸ Größe des Unternehmens ▸ Betriebsstruktur ▸ Standort und Wirtschaftszweig ▸ unternehmenspolitische Zielsetzungen/ Unternehmensleitbild ▸ soziales Engagement ▸ Mitbestimmung des Betriebsrates ▸ Belastung der Arbeitskräfte ▸ Unfallgefahr ▸ Betriebs- und Arbeitszeit ▸ Finanz- und Ertragslage	▸ gesetzliche Regelungen ▸ Betriebsverfassungsrecht/Arbeitsgesetze ▸ Tarifpolitik und Verhalten der Tarifparteien ▸ regionale Wirtschafts- und Arbeitsmarktstrukturen ▸ allgemeine und branchenspezifische Konjunkturlage ▸ Situation auf dem Arbeitsmarkt ▸ Erwartungen und Einflüsse der Öffentlichkeit ▸ ständiger technologischer Wandel ▸ Inflation

Lösung zu 37:

Kriterien	Summarische Methoden	Analytische Methoden
1. Erstellungsaufwand	gering	hoch
2. Expertenwissen	nicht notwendig	erforderlich
3. Tätigkeitsbeschreibung	grob, pauschal	detailliert
4. Zu bewertende Tätigkeiten	sollten ähnlich sein, d. h. in ihren Anforderungen vergleichbar	können von den Anforderungen her voneinander abweichen

Kriterien	Summarische Methoden	Analytische Methoden
5. „Bewertungsergebnisse	grob differenzierend, schwerer begründbar, subjektiv	fein differenzierend, leichter begründbar
6. Aktualisierungserfordernis	niedrig, da Auswirkungen nur bei größeren Änderungen	hoch, da Auswirkungen auch bei kleinen Änderungen

Lösung zu 38:

1. **Vorteile** des Zeitlohns
   - Schonung der Menschen/Betriebsmittel
   - Sicherung bzw. Erhöhung der Qualität
   - Verminderte Stückkosten bei Mehrleistung
   - Verringerung der Unfallgefahr
   - Vereinfachung der Abrechnung.

   Nachteile des Zeitlohns
   - Risiko einer Minderleistung
   - Erhöhte Stückkosten bei Minderleistung
   - Kein Anreiz zur Mehrleistung
   - Unzufriedenheit leistungsstarker Mitarbeiter.
2. Der Lohn für die 38-Stunden-Woche beträgt 38 • 13 € = **494 €**, gleichgültig wie viele Stück er gefertigt hat.

Lösung zu 39:

1.	Grundlohn	= 13,20 + (0,20 • 13,20)	**= 15,84 €**
2.	Minutenfaktor	= 15,84 : 60	**= 0,264 €/Min**
3.	Stundenlohn	= (15,84 : 3) • 4	**= 21,12 €/Std.**
		oder	
		4 • 20 • 0,264	**= 21,12 €/Std.**

Lösung zu 40:

1. **Ziele** von Cafeteria-Systemen sind vor allem:

- Motivation der Mitarbeiter
- Bindung der Mitarbeiter an das Unternehmen
- Erhöhung der Attraktivität des Unternehmens am Arbeitsmarkt.

2. Mitarbeiter der unteren hierarchischen Ebene sind als Tarifarbeitnehmer in den meisten Leistungen durch **Tarifverträge** festgelegt. Im Übrigen ist ihr Anteil gewinn- oder leistungsabhängig zu vergebender Entgeltbestandteile relativ gering.

Lösung zu 41:

Siehe MiniLex (Seite 299 ff.)

Lösung zu 42:

Duales System	
Vorteile	Nachteile
▸ großes Angebot an Ausbildungsplätzen ▸ praktische Ausbildung ▸ Ausbilder mit fachlicher Breite ▸ rasche Anpassung an Veränderungen ▸ Bildung der Persönlichkeit ▸ Selbstständigkeit des Handelns	▸ begrenzte Systematik der Ausbildung ▸ Leistungsprozessabhängiges Lernen ▸ unzureichende Abstimmung der Träger ▸ ausbildungsfremde Arbeiten ▸ Qualifikation der Ausbilder ▸ Rückständigkeit der Berufsschule

Lösung zu 43:

1.

Interne/externe Fortbildung	
Vorteile interner Fortbildung	**Vorteile** externer Fortbildung
▸ betriebliche Ausrichtung möglich ▸ Lerninhalte bestimmbar ▸ Lernmethoden bestimmbar ▸ Ort/Termin bestimmbar ▸ Kostenvorteile möglich ▸ Transferorientierung möglich	▸ erfahrene Trainer möglich ▸ professionelle Gestaltung ▸ keine Betriebsblindheit ▸ Teilnehmer weniger gehemmt ▸ Erfahrungsaustausch möglich ▸ wenig eigene Organisationserfordernisse

2.

Aktive/passive Fortbildung	
Vorteile aktiver Fortbildung	**Vorteile** passiver Fortbildung
▸ Entfaltung der Teilnehmer ▸ Förderung der Kooperation ▸ Überwindung von Hemmungen ▸ Eingehen auf Teilnehmer ▸ schnelle Lernkontrolle	▸ viel Informationsvermittlung ▸ hohe Teilnehmerzahl möglich ▸ klare Inhaltsplanung möglich ▸ genaue Zeitplanung möglich ▸ für Lerninhalte geeignet

3.

Fortbildung am/außerhalb des Arbeitsplatzes	
Vorteile der Fortbildung am Arbeitsplatz	**Vorteile** der Fortbildung außerhalb des Arbeitsplatzes
► Praxis als Umfeld ► wenige Organisationserfordernisse ► individuelle Lerngeschwindigkeit ► Tendenz zu Kostenneutralität ► einfache Erfolgsmessung	► Konzentration auf Lernsituation ► keine Umfeldstörungen ► Anwendung pädagogischer Konzepte ► Verfügbarkeit geeigneter Hilfsmittel ► Vermittlung eher theoretischer Inhalte

Lösung zu 44:

Siehe MiniLex (Seite 299 ff.)

Lösung zu 45:

1. Was unter einem **anderen Arbeitsbereich** zu verstehen ist, lässt sich indirekt über § 21 Abs. 2 aus § 81 Abs. 1 BetrVG ableiten. Danach umfasst er:
   - eine andere Aufgabe
   - eine andere Verantwortung
   - eine andere Art der Tätigkeit
   - eine andere Einordnung in den betrieblichen Ablauf, insbesondere Zuordnung zu einer anderen Arbeitsgruppe bzw. einem anderen Vorgesetzten.
2. Werden Arbeitnehmer nach der Art ihres Arbeitsverhältnisses üblicherweise nicht ständig an einem bestimmten Arbeitsplatz beschäftigt, z. B. Springer, Außendienstmonteure, Bauarbeiter, gilt die Bestimmung des jeweiligen (veränderten)Arbeitsplatzes nicht als Versetzung.

Lösung zu 46:

Der Arbeitnehmer muss folgendes Alter aufweisen:

1. ab 2 Jahren: 27 Jahre
2. ab 5 Jahren: 30 Jahre
3. ab 8 Jahren: 33 Jahre
4. ab 10 Jahren: 35 Jahre

Lösung zu 47:

Siehe MiniLex (Seite 299 ff.)

Lösung zu 48:

Es handelt sich um folgende funktionsbezogene Aufgaben:

1. Entgegennahme der Bewerbungsunterlagen: **Beschaffungsbezogene Aufgabe**
2. Abwicklung der Kantine: **Betreuungsbezogene Aufgabe**
3. Ermittlung des Bruttoentgeltes: **Entlohnungsbezogene Aufgabe**
4. Korrespondenz mit Betriebsrat: **alle Aufgabengruppen möglich**
5. Anmeldung zu Fortbildungsveranstaltungen: **Entwicklungsbezogene Aufgabe**
6. Ausfertigung von Arbeitszeugnissen: **Freistellungsbezogene Aufgabe**.

Lösung zu 49:

1. Das Personalhandbuch sollte als **Ringbuch** in DIN A4 gestaltet werden. Eine feste Bindung, als Broschüre oder Buch, bietet sich nicht an, da immer wieder Aktualisierungen erforderlich werden, die mit einer Loseblattsammlung problemlos berücksichtigt werden können.
2. Im Personalhandbuch können inhaltlich zu finden sein:
   - allgemeine Personalrichtlinien
   - Pläne für die Personalorganisation
   - Arbeitsplatzbeschreibungen
   - Stellenbeschreibungen
   - Stellenpläne/Stellenbesetzungspläne
   - Arbeitsordnungen
   - Betriebsvereinbarungen
   - Lohn-/Gehaltsregelungen
   - allgemeine/besondere Führungsanweisungen
   - Beurteilungsgrundsätze
   - Richtlinien für das Sozialwesen
   - Berichts-/Informationswesen.

Lösung zu 50:

Siehe MiniLex (Seite 299 ff.)

Das MiniLex enthält die wichtigsten Begriffe, ***die in diesem Buch behandelt werden. Weitere Begriffe finden sich in: Olfert/Rahn/Zschenderlein, Lexikon der Betriebswirtschaftslehre, Kiehl***

Abgaben, ***soziale***
Sie fallen für die Sozialversicherung an (Prozent für 2012):

- **Krankenversicherung** (Arbeitgeber/Arbeitnehmer grundsätzlich hälftig; jedoch zusätzlich 0,9 % alleiniger Arbeitnehmeranteil)
- **Pflegeversicherung** (Arbeitgeber/Arbeitnehmer hälftig; jedoch zusätzlich 0,25 % für Kinderlose)
- **Rentenversicherung** (Arbeitgeber/Arbeitnehmer hälftig)
- **Arbeitslosenversicherung** (Arbeitgeber/Arbeitnehmer hälftig)
- **Unfallversicherung** (zahlt nur Arbeitgeber).

Abwerbung
Dabei bewegt ein Arbeitgeber einen anderweitig beschäftigten Arbeitnehmer, bei ihm zu arbeiten. Die Abwerbung kann sein:

- **zulässig**, wenn dem Arbeitnehmer lediglich andere (bessere) Bedingungen angeboten werden
- **unzulässig**, wenn dies sittenwidrig erfolgt oder unlautere Mittel eingesetzt werden.

Akkordlohn
Bei ihm wird die Arbeitskraft nach der von ihr erbrachten Leistungsmenge entlohnt. Er besteht als Akkordrichtsatz aus **zwei Teilen**:

- **Mindestlohn** (entspricht Zeitlohn bei Normalleistung)
- **Akkordzuschlag** (15 % - 25 % des Mindestlohnes).

Änderungskündigung
Sie liegt dann vor, wenn der Arbeitgeber das Arbeitsverhältnis kündigt und in Verbindung mit der Kündigung die Fortsetzung des Arbeitsverhältnisses zu geänderten Bedingungen anbietet. Grundsätzlich ist sie möglich als:

- **ordentliche** Änderungskündigung
- **außerordentliche** Änderungskündigung (selten).

Arbeit
Sie ist die Tätigkeit eines Menschen, die der Erfüllung einer Aufgabe dient. Im ergonomischen Sinne ist sie die Summe von Energie und Informationen, die bei der Erfüllung von Arbeitsaufgaben durch den Menschen umgesetzt bzw. verarbeitet wird. Zu unterscheiden sind:

- **geistige Arbeit** (selbstständiges geistiges Erfassen/Durchdringen/Beurteilen)
- **muskelmäßige Arbeit** (statisch/dynamisch).

Arbeitgeber
Er kann eine natürliche oder juristische Person sein bzw. ein nicht rechtsfähiger Personenverband, der mindestens einen Arbeitnehmer beschäftigt. Ihm obliegen:

- **Rechte** (Organisation des Arbeitsablaufes, Direktionsrecht)
- **Pflichten** (Lohnzahlung, Fürsorge, Beschäftigung, Gleichbehandlung, Urlaubsgewährung, Zeugnis).

Arbeitnehmer
Er erbringt als Arbeiter, Angestellter oder leitender Angestellter fremdbestimmte

Arbeitsleistungen aufgrund eines Arbeitsvertrages und hat daraus:

- **Rechte** (Lohnzahlung, Fürsorge, Beschäftigung, Gleichbehandlung, Urlaubsgewährung, Zeugniserteilung)
- **Pflichten** (Arbeitsleistung, Treue, Haftung).

Freie Mitarbeiter, Selbstständige, Beamte, Auszubildende, Praktikanten, Wehrpflichtige sind **keine Arbeitnehmer**.

Arbeitnehmerüberlassung
Dabei überlässt ein Unternehmen als Verleiher einen Arbeitnehmer, mit dem es einen Arbeitsvertrag geschlossen hat, vorübergehend einem Dritten als Entleiher, der ihm dafür eine Gebühr entrichtet. Die Arbeitnehmerüberlassung wurde 2017 zum Teil neu geregelt.

Die Arbeitnehmerüberlassung im Rahmen wirtschaftlicher Tätigkeit bedarf der Erlaubnis, Überlassungsverträge sind schriftlich abzuschließen. Die Höchstdauer der Arbeitnehmerüberlassung beträgt 18 Monate.

Der Leiharbeitnehmer ist den Stammbeschäftigten des Entleihers spätestens nach neun Monaten hinsichtlich der Arbeitsbedingungen gleichzustellen.

Arbeitsaufnahme
Mit ihr beginnt der Personaleinsatz. Sie ist mit fachlichen, rechtlichen und sozialen Problemstellungen verbunden. Die Arbeitsaufnahme umfasst:

- **Einführung des neuen Mitarbeiters** (Checkliste, ggf. Welcome Package, Informationen)
- **Einarbeitung des neuen Mitarbeiters** (Einarbeitungsplan, Durchführung, Feedback, ggf. Mentor/Pate, keine Negativstrategien).

Arbeitsbewertung, *analytische*
Bei ihr wird die Höhe der Beanspruchung für jede einzelne Anforderungsart einzeln ermittelt. **Verfahren** sind:

- das **Rangreihenverfahren**, bei dem eine Einordnung von einfacher bis schwierigster Verrichtung vorgenommen wird
- das **Stufenwertzahl-Verfahren**, bei dem für jede Anforderungsart eine Punktwert-Reihe erstellt wird.

Arbeitsbewertung, *summarische*
Mit ihrer Hilfe erfolgt eine Gesamteinschätzung der Arbeitsaufgabe, ohne einzelne Anforderungsarten zu analysieren. Es gibt:

- das **Rangfolgeverfahren**, bei dem alle Arbeiten aufgelistet und in eine Rangfolge gebracht werden
- das **Lohngruppenverfahren**, bei dem mehrere Lohngruppen gebildet und die Arbeiten diesen zugeordnet werden.

Arbeitsdirektor
Er ist ein für das Personal- und Sozialwesen zuständiges, gegenüber anderen Geschäftsleitern eines Unternehmens gleichberechtigtes Vorstandsmitglied in mitbestimmten Unternehmen. Seine **Tätigkeitsgebiete** liegen in:

- Personal- und Sozialwesen
- Arbeitssicherheit, Arbeitsgestaltung
- Ausbildung und Fortbildung
- betriebsärztlicher Dienst.

Arbeitsgruppe, *teilautonome*
Sie ist dadurch gekennzeichnet, dass mehrere Mitarbeiter in einer Kleingruppe abgeschlossene (komplexe) Aufgaben selbstständig erfüllen und dabei Entscheidungen in unterschiedlichem Umfang unter eigener Verantwortung treffen können.

Arbeitsplatz
Das ist der Ort, an dem der Arbeitnehmer vertragsgemäß seine Arbeitsleistung erbringt. Er kann sein:

- Einzel-/Gruppenarbeitsplatz
- stationärer/wechselnder Arbeitsplatz
- Arbeitsplatz in Werkstatt-/Fließ-/Gruppenfertigung.

Arbeitsplatzgestaltung, *anthropometrische*
Sie bezieht sich auf die durchschnittlichen Körpermaße und Bewegungsbereiche. **Maßnahmen** sind:

- Anpassung des **Arbeitsplatzes** an den Menschen (Arbeitshöhe, Griffbereich, Gesichtsfeld)
- Anpassung der **Arbeitsmittel** (z. B. Handgriffe, Knöpfe, Schalter).

Arbeitsplatzgestaltung, *physiologische*
Sie dient dazu, die Arbeitsmethoden und Arbeitsbedingungen dem menschlichen Körper anzupassen. Damit sollen:

- der **Wirkungsgrad** menschlicher Arbeit verbessert werden
- günstige **Umgebungseinflüsse** geschaffen werden (Klima, Lärm, Beleuchtung, Lüftung, Staub, Schwingungen).

Arbeitsplatzgestaltung, *psychologische*
Mit ihrer Hilfe soll dem arbeitenden Menschen eine angenehme Umwelt geschaffen werden. Dazu können dienen:

- **Farbgestaltung** des Arbeitsplatzes (warme/kalte Farben)
- **Musik** am Arbeitsplatz
- **Pflanzen** am Arbeitsplatz.

Arbeitsplatzgestaltung, *sicherheitstechnische*
Durch sie sollen Unfälle verhindert werden. Hilfreich sind z. B.:

- Betriebsmittelschutz
- Verwendung von Schutzkleidung
- Brandschutz
- Schutzausrüstung.

Arbeitsrecht
Dabei handelt es sich um das fü die Personalwirtschaft zuständige Recht. Es betrifft Arbeitgeber und Arbeitnehmer und stellt die Gesamtheit der **Normen** dar, welche die Beziehungen der an einem Arbeitsverhältnis beteiligten Personen regelt als:

- **individuelles Arbeitsrecht** (Arbeitgeber/Arbeitnehmer) als Arbeitsvertragsrecht, Arbeitsschutzrecht
- **kollektives Arbeitsrecht** (Sozialpartner/Betriebsrat) als Tarifvertrags-, Mitbestimmungs-, Arbeitskampfrecht.

Arbeitsteilung
Sie ist die Zerlegung einer Gesamtaufgabe in Teilaufgaben als:

- **Mengenteilung** (horizontale Teilung), bei der die gesamte Arbeitsmenge so aufgeteilt wird, dass alle Personen alle Teilleistungen erbringen
- **Artteilung** (vertikale Teilung; Spezialisierung), bei der jeder Mitarbeiter immer denselben Arbeitsgang an der Gesamtmenge ausführt.

Arbeitsvermittlung
Sie kann auf zwei **Wegen** erfolgen. Das sind:

- die **Bundesagentur für Arbeit**, die über 174 Agenturen für Arbeit und seit 2007 die Zentrale Auslands- und Fachvermittlung (ZAV) verfügt

- **private Arbeitsvermittler**, die seit 03/ 2002 keine Erlaubnis mehr benötigen und von Arbeitgebern eine Vergütung verlangen können.

Arbeitsvertrag
Er ist die rechtliche Grundlage für die Beziehung von Arbeitgeber und Arbeitnehmer. Mit ihm wird ein **Arbeitsverhältnis** gegründet. Er kann geschlossen werden:

- **formlos** oder **schriftlich**
- **unbefristet** als Dauerarbeitsvertrag
- **befristet** bei Vorliegen eines **sachlichen Grundes**
- **befristet ohne sachlichen Grund** bis maximal 24 Monate bzw. in den ersten vier Jahren nach Gründung eines Unternehmens maximal vier Jahre nach TzBfG (Schriftform zwingend).

Arbeitsvertrag, *Inhalt*

- Vertragsparteien
- Arbeitszeit
- Vertragsbeginn
- Urlaub
- Tätigkeitsbezeichnung
- Arbeitsverhinderung
- Tätigkeitsbeschreibung
- Wettbewerbsverbot
- Vergütung
- Probezeit
- Sozialleistungen
- Kündigungsfrist

Arbeitsvertrag, *Mängel*
Mängel, die dem Arbeitsvertrag innewohnen können, sind:

- **Mängel bei Vertragsabschluss** (gesetzliches Verbot, Willensmangel, Verstoß gegen gute Sitten)
- **Mängel im Inhalt** (z. B. Entlohnung unter Tarif).

Arbeitszeit, *gleitende*
Die gleitende Arbeitszeit kann sein:

- **Gleitzeit ohne Zeitausgleich**, bei welcher der tägliche Zeitrahmen vom Arbeitgeber festgelegt ist
- **Gleitzeit mit Zeitausgleich**, bei welcher der Arbeitnehmer den Beginn und das Ende täglich selbst bestimmen kann und lediglich während einer Kernzeit anwesend sein muss.

Arbeitszeit, *variable kapazitätsorientierte*
Als **Arbeit auf Abruf** können Lage und Dauer der Arbeitszeit vom Arbeitgeber an den Arbeitsanfall angepasst werden (§ 12 TzBfG). Dabei gilt:

- Der Arbeitgeber muss dem Arbeitnehmer die Lage seiner Arbeitszeit vier volle Tage im Voraus bekannt geben.
- Er muss den Arbeitnehmer mindestens drei aufeinander folgende Stunden/Tag bzw. zehn Stunden/Woche beschäftigen, wenn keine Dauer der Arbeitszeit vereinbart ist.

Arbeitszeit(recht)
Die Arbeitszeit ist die Zeit vom Beginn bis zum Ende der Arbeit ohne die Ruhepausen. Sie ist im ArbZG geregelt (§ 3 ArbZG). Weitere **Vorschriften** beziehen sich z. B. auf:

- Ruhepausen (§ 4 ArbZG)
- Nacht- und Schichtarbeit (§ 6 ArbZG)
- Ruhezeit (§ 5 ArbZG)
- Nachtarbeitnehmer (§ 6 ArbZG)
- Sonn-/Feiertagsarbeit (§ 9 ArbZG).

Arbeitszeugnis
Es soll über die Beschäftigung des Bewerbers in anderen Unternehmen informieren. **Arten** sind:

- **Zwischenzeugnis** (zu bestimmten Anlässen)
- **vorläufiges Zeugnis** (vor Beendigung des Arbeitsverhältnisses)
- **einfaches Zeugnis** (ohne Leistungs- und Führungsbeurteilung)
- **qualifiziertes Zeugnis** (mit Leistungs- und Führungsbeurteilung).

Arbeitszufriedenheit
Das ist der positive Eindruck, den der **einzelne Mitarbeiter** aus der **subjektiven Bewertung** der eigenen Arbeit und der unmittelbar auf ihn wirkenden Arbeitsbedingungen gewinnt. Sie wird auch als **Arbeitsklima** bezeichnet.

Assessment-Center
Es ist ein systematisches Verfahren zur qualifizierten Feststellung von Verhaltensleistungen und Verhaltensdefiziten. In einem vorgegebenen Ablauf werden verschiedene **Übungen** mit oftmals acht bis zwölf Teilnehmern absolviert, z. B.:

- Postkorb
- Präsentation
- Gruppendiskussion
- Interview
- Rollenspiel
- Gruppenarbeit.

Aufgabenbereicherung
Sie stellt die **qualitative Vergrößerung des Arbeitsfeldes** dar. Als vertikale Ausweitung lassen sich unterscheiden:

- **Job Enrichment**, bei dem neue qualitativ höherwertige Aufgaben bestehenden Aufgaben hinzugefügt werden
- **teilautonome Arbeitsgruppen** als Kleingruppen, die eine weitgehend in sich abgeschlossene Arbeitsaufgabe selbstständig erfüllen.

Aufgabenerweiterung
Dabei geht es um die **quantitative Vergrößerung des Arbeitsfeldes**. Als horizontale Erweiterung können unterschieden werden:

- **Job Enlargement**, bei dem neue qualitativ gleich-/ähnlichwertige Aufgaben bestehenden Aufgaben hinzugefügt werden
- **Job Rotation** als Arbeitsplatzwechsel, d. h. der Mitarbeiter nimmt – vielfach planmäßig – erweiterte Aufgaben (meist) gleich-/ähnlichwertiger Art an einem anderen Arbeitsplatz wahr.

Aufhebungsvertrag
Bei ihm einigen sich Arbeitgeber und Arbeitnehmer, das bestehende Arbeitsverhältnis zu einem bestimmten in der Zukunft liegenden Zeitpunkt zu beenden. Der Arbeitgeber darf keinen Druck auf den Arbeitnehmer ausüben, er kann eine Auskunftspflicht haben. Der Vertrag bedarf der **Schriftform** (§ 623 BGB).

Ausbildung
Sie ist im engeren Sinne eine **berufliche Erstausbildung**, die in einem anerkannten Ausbildungsberuf erfolgt. Ihre **Merkmale** sind:

- duales System
- Ausbildungsordnung.

Mitunter werden auch Anlernausbildung, Praktikum, Volontariat und Traineeprogramm als Ausbildung im weiteren Sinne bezeichnet.

Ausbildungsordnung
Sie ist die **rechtliche Grundlage** für die Ausbildung und umfasst:

- Bezeichnung des Ausbildungsberufes
- Ausbildungsberufsbild
- Ausbildungsrahmenplan
- Ausbildungsdauer
- Prüfungsanforderungen.

Auslandseinsatz
Er erfolgt in mehreren **Phasen**:

- **Auswahlphase** (Suche geeigneter Kandidaten)
- **Vorbereitungsphase** (Vorbereitung, insbesondere auch interkulturell)
- **Einsatzphase** (Begleitung durch Paten, Kulturschock)
- **Wiedereingliederungsphase** (ggf. zweiter Kulturschock).

Autorität
Sie ist durch Macht oder Können erworbenes Ansehen einer Führungskraft. Autorität kann auch eine soziale Einflussbeziehung beschreiben. **Formen** der Autorität sind:

- Die **formale Autorität**, die vorwiegend aus der Unternehmensverfassung und der Formalstruktur der Organisation abgeleitet wird. Sie erwächst kraft Amtes und stellt damit eine **positionale Autorität** dar.
- Die **personale Autorität**, die in den persönlichen Eigenschaften der Führungskraft begründet ist, z. B. in Ausstrahlungskraft, Reife, Wertschöpfungsverhalten, persönlicher Integrität, Erfahrung, Charisma, Zugänglichkeit.
- Die **funktionale Autorität** resultiert direkt aus der fachlichen Qualifikation der Führungskraft, d. h. sie betrifft das Wissen und Können einer Person auf einem bestimmten Gebiet. Sie wird deshalb auch als **Fachautorität, Expertenautorität** oder **Sachautorität** bezeichnet.
- Eine Sonderform der funktionalen Autorität ist die **koordinative Autorität**, die sich in der Eignung der Führungskraft zeigt, sachliche und soziale Prozesse zu lenken und zu koordinieren.

Im Hinblick auf die **Effizienz der Führung** von Mitarbeitern sind vor allem die personale und funktionale Autorität bedeutsam.

Bedürfnispyramide
Sie stellt eine hierarchische Ordnung menschlicher Bedürfnisse dar als:

- **Defizitbedürfnisse**, deren Nichterfüllung körperliche bzw. seelische Krankheiten hervorrufen
- **Wachstumsbedürfnisse**, die latent vorhanden sind, aber erst nach weitgehender Befriedigung der Defizitbedürfnisse aktiviert werden.

Beschaffungspotenzial
Es umfasst die Personen, die für eine Personalbeschaffung in Betracht kommen und kann sein:

- **offenes Beschaffungspotenzial** als arbeitssuchende Arbeitslose und Beschäftigte sowie erstmals in das Arbeitsleben eintretende Personen
- **latentes Beschaffungspotenzial** als Personen, die aktiv vom Unternehmen zu gewinnen sind, z. B. durch Angebote oder Abwerbung.

Beschaffungswege, *interne*
Sie beziehen sich auf den Teil des Arbeitsmarktes, der **innerhalb** des Unternehmens liegt und können sein:

- innerbetriebliche Stellenbeschreibung
- Personalentwicklung

- Mehrarbeit
- Versetzung
- Urlaubsverschiebung.

Beschaffungswege, *externe*
Sie beziehen sich auf den Teil des Arbeitsmarktes, der außerhalb des Unternehmens liegt. Zu ihnen zählen:

- Arbeitsvermittlung
- Arbeitnehmerüberlassung
- Stellenanzeige
- Abwerbung
- Personalberater.

Betriebsklima
Dabei handelt es sich um einen Zustand der Unzufriedenheit oder Zufriedenheit bei der **Mehrheit der Mitarbeiter,** der in feststellbaren Merkmalen der betrieblichen Situation seine Ursache hat, wobei der Qualität der zwischenmenschlichen **Beziehungen** und der **Zusammenarbeit** dabei besondere Bedeutung zukommt.

Betriebsrat
Er ist in Unternehmen ab 20 Arbeitnehmern das zuständige **Vertretungsorgan der Arbeitnehmer**, die ihn auf vier Jahre wählen. Es gibt auch:

- **Gesamtbetriebsrat** (Betriebsrat mehrerer Betriebe eines Unternehmens)
- **Konzernbetriebsrat** (Betriebsrat in einem Konzern).

Bei 5 - 19 Arbeitnehmern kann ein **Betriebsobmann** gewählt werden. **Leitende Angestellte** werden nicht durch den Betriebsrat vertreten, sondern – bei mehr als zehn leitenden Angestellten – durch einen **Sprecherausschuss**.

Betriebsvereinbarung
Sie ist ein privatrechtlicher **Vertrag** zwischen dem **Betriebsrat** und dem **Unternehmen**, in dem alle Fragen regelbar sind, die im Zuständigkeitsbereich des Betriebsrates liegen, z. B. hinsichtlich:

- Verhütung von Unfällen und Gesundheitsschädigungen
- Errichtung von Sozialeinrichtungen
- Förderung der Vermögensbildung
- Datenschutz/Urlaubspläne/Altersversorgung/Alkoholverbot.

Bewerbung
Sie kann einem Unternehmen unaufgefordert oder aufgefordert (Stellenanzeige o. Ä.) zugehen und umfasst z. B. als **Bewerbungsunterlagen**:

- Bewerbungsschreiben
- Bewerberfoto Lebenslauf
- Schul-/Arbeitszeugnisse.

Außerdem können **Referenzen** und **Arbeitsproben** sowie, wenn verfügbar, ein Personal(frage)bogen beigefügt sein. Bei derzeit diskutierten **anonymen Bewerbungen** grenzen sich diese Unterlagen allerdings beträchtlich ein.

Bewerbungsschreiben
Es soll das Interesse an der zu besetzenden Stelle darlegen und ein Bild über den Bewerber geben. Seine Analyse erfolgt nach:

- **Aussehen** (klar gegliedert, ordentlich gestaltet)
- **Inhalt** (stellenspezifisch, Informationserwartungen entsprechend)
- **Stil** (steif, flüssig, aktiv, passiv, einfach, kompliziert).

Bildung, *am Arbeitsplatz*
Sie wird auch als **Training-on-the-Job** bezeichnet. Der Mitarbeiter lernt die prak-

lischen Bedingungen „vor Ort" können, z. B. durch:

- planmäßige Unterweisung
- Übertragung von Sonderaufgaben
- Leittextmethode
- geplanten Arbeitsplatzwechsel
- Übertragung begrenzter Verantwortung.

Bildung, *außerhalb des Arbeitsplatzes*
Sie wird auch **Training-off-the-Job** genannt und ist nicht den Zwängen des Arbeitsplatzes unterworfen. Maßnahmen sind z. B.:

- Vorlesungsmethode
- Fallstudie
- Lehrgespräch
- Rollenspiel
- programmierte Unterweisung
- Planspiel.

Bildungskontrolle
Sie kann sein:

- **ökonomische Kontrolle** als quantitative Kontrolle (Kostenkontrolle, Rentabilitätskontrolle)
- **Erfolgskontrolle** als qualitative Kontrolle (Lernerfolgskontrolle, Anwendungserfolgskontrolle).

Cafeteria-System
Es befasst sich mit **Vergütungsregelungen**, bei denen es den Mitarbeitern überlassen ist, unter der Prämisse der Kostenneutralität zwischen inhaltlich und zeitlich verschiedenen Entgeltbestandteilen innerhalb eines bestimmten Budgets auszuwählen – wie bei der Menü-Auswahl in einer Cafeteria. Seine **Merkmale** sind das verfügbare Wahlangebot, das festgelegte Wahlbudget und die periodische Wahlmöglichkeit.

Coaching
Es dient der Betreuung der Fach- und Führungskräfte des Unternehmens, die z. B. bei der Übernahme neuer Aufgaben oder Verantwortungen unterstützt bzw. – im weiteren Sinne – auch in die Lage versetzt werden können, ihren beruflichen oder persönlichen Herausforderungen gerecht zu werden.

Das Coaching ist als **Einzel-Coaching** oder **Gruppen-Coaching** sowie **Kurzzeit-Coaching** oder **Langzeit-Coaching** möglich.

Internes Coaching wird von Vorgesetzten oder hauptberuflichen Coaches durchgeführt, **externes Coaching** mithilfe außerbetrieblicher Berater.

Corporate Identity
Sie repräsentiert die **Unternehmensidentität,** indem sie das Selbstverständnis eines Unternehmens darstellt. Ziel ist die Schaffung einer unverwechselbaren Corporate Identity, damit das Unternehmen von Mitarbeitern und Öffentlichkeit als Persönlichkeit wahrgenommen wird. Sie ist damit:

- ein **Kommunikationskonzept**, das auf das Unternehmen selbst, d. h. auf seine Mitarbeiter ausgerichtet ist
- ein **Konzept der strategischen Unternehmensführung** und damit maßgeblicher Bestandteil des Führungsprozesses.

Customer Relationship Management
Das ist ein Managementansatz, der eine umfassende Ausrichtung der Personalabteilung auf vorhandene und potenzielle Kundenbeziehungen vorsieht, wie etwa die anschließende Funktionsorientierung zu Gunsten einer Prozessorientierung aufzugeben.

Datenbank
Sie umfasst eine in der Regel große Anzahl von Daten, die in Dateien aufbewahrt und von einem Datenbankverwaltungssystem gemeinsam verwaltet werden. Das **Personalinformationssystem** verfügt über:

- Personaldatenbank
- Methodendatenbank
- Arbeitsplatzdatenbank
- Unternehmensdatenbank.

Delegation
Sie ist die Übertragung von klar umrissenen **Aufgaben**, zugehörigen **Kompetenzen** und der damit verbundenen **Verantwortung** auf hierarchisch nachgeordnete Organisationseinheiten, d. h. im Rahmen der Personalführung von Vorgesetzten auf Mitarbeiter.

Disposition/Kondition
Die **geistige und seelische Verfassung** des Vorgesetzten oder Mitarbeiters ist die Disposition, seine Kondition stellt die **körperliche Verfassung** dar.

Duales System
Es besteht aus zwei **Lernorten**:

- dem **Unternehmen**, das als Ausbildungsstätte generell geeignet sein muss
- der **Berufsschule**, die theoretische Ausbildungsinhalte zu vermitteln hat.

In Ergänzung zu bzw. als Ersatz von Unternehmen gibt es auch **überbetriebliche Ausbildungsstätten und Ausbildungsverbunde**.

Effektivitätscontrolling
Mit seiner Hilfe wird die Zweckmäßigkeit personalwirtschaftlicher Aktivitäten hinterfragt und somit ein Erfolgsbeitrag der Personalarbeit zum Unternehmenserfolg aufgezeigt. Sein **Ziel** ist darin zu sehen, die Personalfunktionen zur langfristigen Sicherung des Humanpotenzials bedarfsgerecht zu gestalten.

Effizienzcontrolling
Es bezieht sich auf die personalwirtschaftlichen Prozesse, die auf ihre Produktivität hin untersucht werden, was durch einen Vergleich von tatsächlichem und geplantem Ressourceneinsatz erfolgt. Seine **Durchführung** wird dadurch erschwert, dass die Prozesse vielfach schwer eindeutig abgrenzbar sind.

Eignungstest
Er ist ein insbesondere in der Psychologie eingesetztes Verfahren, mit dem das Bild über den Bewerber vervollständigt werden kann als:

- **Persönlichkeitstest** (z. B. über Interessen, Neigungen, Einstellungen)
- **Fähigkeitstest** (z. B. Leistungstest, Intelligenztest, Begabungstest)
- **Assessment-Center**.

Einigungsstelle
Sie kann bei Meinungsverschiedenheiten zwischen dem Betriebsrat und dem Arbeitgeber gebildet werden, ist in einigen Fällen aber auch gesetzlich vorgeschrieben. Betriebsrat und Arbeitgeber bestellen eine gleiche Anzahl von Beisitzern und einigen sich auf die Person eines unparteiischen Vorsitzenden. Erfolgt keine Einigung, bestellt das Arbeitsgericht den Vorsitzenden.

Entgelt
Es ist der Sammelbegriff für die dem einzelnen Arbeitnehmer erbrachten finanziellen Leistungen und entspricht der **Vergütung**. Zu unterscheiden sind:

- **Nettoentgelt** (Lohn abzüglich Lohnsteuer und Arbeitnehmeranteile)

- **Bruttoentgelt** (Lohn wird insgesamt ausgezahlt).

Außerdem gibt es **Einzelentgelt** und **Gruppenentgelt**.

Erfindervergütung
Sie bezieht sich auf eine Erfindung, die sein kann:

- eine **Diensterfindung** als während der Dauer des Arbeitsverhältnisses gemachte Erfindung, die aus der Tätigkeit des Arbeitnehmers oder auf den Erfahrungen bzw. Arbeiten des Unternehmens beruhen
- eine **freie Erfindung**, die diese Merkmale nicht aufweist.

Erfolgskriterien, *führungsbezogene*
Als Erfolgskriterien der Führung lassen sich unterscheiden:

- Die **Effektivität der Führung** als Wirksamkeit der quantitativ und qualitativ erbrachten Leistung. Ihre **Maßstäbe** sind z. B. der Gewinn oder Umsatz.
- Die **Effizienz der Führung,** die sich auf die soziale Wirksamkeit des Führungsverhaltens bezieht, d. h. die Frage beantwortet, inwieweit die individuellen **Ziele der Mitarbeiter** erfüllt werden.

Fehlzeiten
Als **arbeitnehmerbezogene Ereignisse** können sie auf Krankheit, Kur und Unfall beruhen. In Bezug auf Erkrankungen gibt es **„echte“** und motivationsbedingt **„vorgeschobene“** Krankheiten.

Fluktuation
Darunter werden Personalabgänge verstanden, die auf autonomen Entscheidungen von Mitarbeitern beruhen, um in einem anderen Unternehmen tätig zu werden.

Fortbildung
Sie baut auf der Ausbildung auf, um dort erworbene Kenntnisse und Fertigkeiten zu erhalten, zu erweitern und anzupassen. **Arten** der Fortbildung sind dementsprechend:

- Erhaltungsfortbildung
- Anpassungsfortbildung
- Erweiterungsfortbildung
- Aufstiegsfortbildung.

Fortbildung, *externe*
Sie wird durch **eigenständige Bildungsträger** oder **Trainer** geplant, entwickelt und durchgeführt und kann innerhalb oder außerhalb des Unternehmens erfolgen. Für die Auswahl dieser Bildungsträger oder Trainer empfiehlt sich eine sorgfältige Vorgehensweise anhand eines **Fragenkataloges** bzw. einer **Checkliste**.

Fortbildung, *interne*
Bei ihr wird die jeweilige Maßnahme durch das **Unternehmen selbst** geplant, entwickelt und durchgeführt, unabhängig davon, ob sie innerhalb oder außerhalb des Unternehmens bzw. mit unternehmenseigenen oder unternehmensfremden Trainern erfolgt.

Fortbildungsbedarf
Er ist genau zu ermitteln, was in vier **Schritten** geschieht:

- Ermittlung der Anforderungen
- Ermittlung der Mitarbeiterqualifikation
- Ermittlung der Mitarbeiterinteressen
- Feststellung des Fortbildungsbedarfes.

Führungserfolg
Der Führungserfolg ist das Ergebnis, das die Führungskraft in Erfüllung ihrer Führungsaufgabe erzielt. Er kann **positiv** oder **negativ** sein und ist gekennzeichnet durch:

- **Einflussfaktoren** (Eigenschaften der Vorgesetzten/Mitarbeiter, Führungssituation)
- **Erfolgskriterien** (z. B. Arbeitszufriedenheit, Betriebsklima, Konflikte, Mobbing, Fehlzeiten, Fluktuation, innere Kündigung).

Führungsgrundsätze
Dabei handelt es sich um den Führungstechniken zuzurechnende Zusammenfassungen von **Normen** sowie Rechte und Pflichten regelnde **Verhaltensrichtlinien** für Vorgesetzte und Mitarbeiter. Sie dienen als Orientierungshilfen bzw. als Handlungsrahmen mit Verpflichtungscharakter.

Führungsmittel
Dabei handelt es sich um **Führungsinstrumente**, die von einer Führungskraft unmittelbar eingesetzt werden können, um den gewünschten Führungserfolg zu bewirken. Zu unterscheiden sind:

- **prozessbezogene Führungsmittel** (Ziele, Pläne, Kontrolle)
- **informationsbezogene Führungsmittel** (Informationen, Kommunikation)
- **aufgabenbezogene Führungsmittel** (Kooperation, Delegation, Partizipation)
- **personenbezogene Führungsmittel** (Personalbeurteilung, Kritik, Status u. a.).

Führungsmodell
Es ist ein System aufeinander abgestimmter Führungsinstrumenten, d. h. von

- Führungsmitteln
- Führungstechniken und
- Führungsstilen.

Führungsstil
Damit wird die **Art und Weise** beschrieben, wie ein Vorgesetzter die ihm unterstellten Mitarbeiter führt. Er basiert dabei auf:

- **Führungsmitteln,** mit deren Hilfe er führt
- **Führungstechniken,** die das Führungssystem eines Unternehmens beschreiben und vielfach verbindlich sind.

Führungsstil, *aufgabenorientierter*
Bei ihm steht für den Vorgesetzten ausschließlich die vom Mitarbeiter zu bewältigende Aufgabe im Mittelpunkt. Der **Mitarbeiter** zählt nicht als Mensch, sondern lediglich als **Aufgabenträger**, der seine Arbeitskraft voll einzusetzen und möglichst viel zu leisten hat.

Führungsstil, *autoritärer*
Bei ihm führt der Vorgesetzte kraft seiner **Legitimationsmacht**. Er sieht die Mitarbeiter als Untergebene, beteiligt sie nicht am Führungsprozess und erwartet Gehorsam. Seine Entscheidungen sind **Anordnungen**. Er hat ein distanziertes Verhältnis zu den Untergebenen, informiert sie nur aufgabenbezogen und kontrolliert die Durchführung seiner Anordnungen.

Führungsstil, *kooperativer*
Hier wird der Führungsprozess im Zusammenwirken des Vorgesetzten und der Mitarbeiter gestaltet. Der Vorgesetzte informiert umfassend und delegiert entsprechend der Fähigkeiten seiner Mitarbeiter so viel wie möglich. Die unvermeidliche Kontrolle nimmt er als **Ergebniskontrolle** vor, nicht als Verfahrenskontrolle.

Führungsstil, *personenorientierter*
Er zeichnet sich dadurch aus, dass dem Vorgesetzten die Mitarbeiter mit ihren Bedürfnissen und Erwartungen vorrangig

sind. Der Vorgesetzte bemüht sich um seine Mitarbeiter, unterstützt sie und setzt sich für seine Mitarbeiter ein.

Führungstechniken
Sie stellen **Führungsinstrumente** dar, die Aufschluss darüber geben, *wie* im Unternehmen geführt wird. Es wird auch von Führungs- oder Managementprinzipien, Führungs- oder Managementkonzepten oder Managementtechniken gesprochen.

Zu unterscheiden sind:

- **Führungsgrundsätze** (Normen/Verhaltensrichtlinien)
- **Management-by-Techniken** (Management by Exception/Delegation/Objectives/Systems).

Geldakkord
Bei ihm wird der Arbeitskraft ein Geldbetrag als **Akkordsatz** vorgegeben bzw. gutgeschrieben:

$$\text{Akkordsatz} = \frac{\text{Akkordrichtsatz}}{\text{Leistungseinheiten bei Normalzeit}}$$

Der Akkordlohn ergibt sich:

$$\text{Akkordlohn} = \text{Leistungsmenge} \cdot \text{Akkordsatz}$$

Geschäftsprozess
Er stellt die zusammenhängende, abgeschlossene Folge von Tätigkeiten zur Erfüllung personalwirtschaftlicher Aufgaben dar und ist – als **Unterstützungsprozess** – geeignet, die mit der Leistungserstellung und Leistungsverwertung unmittelbar verbundenen Prozesse, die **Kernprozesse** sind, zu flankieren.

Gratifikation
Sie ist eine Vergütung, die aus bestimmten **Anlässen** gewährt wird als:

- **Belohnung** für in der Vergangenheit erbrachte Dienste
- **Ansporn** für künftig zu leistende Dienste.

Beispiele sind die Weihnachtsgratifikation und Jubiläumsgratifikation.

Grundlohn
Er kann in verschiedenen Formen vergütet werden, die als **Lohnformen** bezeichnet werden, insbesondere als:

- Zeitlohn/Akkordlohn/Prämienlohn.

Die Lohnformen können auch bereits Elemente ergänzender Löhne aufweisen.

Gruppe
Sie ist eine Reihe von Personen, die in einer bestimmten Zeitspanne häufig miteinander umgeht. Ihre Mitgliederzahl ist so gering, dass jede Person mit einer anderen Person in Verbindung treten kann. Es gibt:

- **formelle** Gruppen (betrieblich geplant/dokumentiert)
- **informelle** Gruppen (durch persönliche Interessen/Sympathien).

Merkmale von Gruppen sind:

- Gruppendenken
- Gruppenmitglieder
- Gruppenzusammenhalt
- Gruppenleistung
- Gruppennormen
- Gruppenarbeit (bzw. Teamarbeit)
- Gruppenstatus.

Heimarbeitsplatz
Das ist der Arbeitsplatz von Heimarbeitern, die als arbeitnehmerähnliche Personen ihre Arbeitsaufgaben in der eigenen Wohnung erledigen. Für sie gibt es gesetzliche Mindestregelungen nach dem HAG.

Information
Sie hat als **Führungsmittel** große Bedeutung und kann in der Personalführung verstanden werden als:

- zweckorientiertes Wissen, das sich auf Personen/Arbeitsplätze bezieht
- Weitergabe von Wissen im Sinne des Informierens.

Informationen können auf vielen Wegen fließen.

Informationstechniken
Sie dienen dazu, Informationen wirkungsvoll an die Adressaten zu bringen und können sein:

- **Visualisierung** (bildhafte Darstellung von Informationen)
- **Präsentation** (Vorstellung vorbereiteter Inhalte)
- **Moderation** (Anregung zu Ideen).

Interessenausgleich
Sein Ziel ist es, die bei einer **Betriebsänderung** konträren Interessen von Arbeitgeber und Betriebsrat in Übereinstimmung zu bringen. Im Interessenausgleich werden festgelegt:

- betriebliche Maßnahmen
- Kreis der betroffenen Mitarbeiter
- Anzahl der betroffenen Mitarbeiter.

Internet-Stellenanzeige
Sie gewinnt gegenüber der Print-Stellenanzeige immer größere Bedeutung. Dazu gibt es:

- firmeneigene Homepages
- kommerzielle Jobbörsen
- nicht kommerzielle Jobbörsen
- Newsgroups.

Jahresarbeitszeit
Bei ihr wird die Arbeitszeit festgelegt, die ein Mitarbeiter im Verlaufe eines Jahres zu leisten hat. Dementsprechend kann die über das Jahr hinweg erbrachte Arbeitszeit schwanken. Damit können saisonale Schwankungen aufgefangen sowie Freizeitwünsche der Mitarbeiter berücksichtigt werden.

Job Enlargement
Bei ihm werden neue qualitativ gleich- oder ähnlichwertige Aufgaben den bisher vom Mitarbeiter ausgeführten Aufgaben hinzugefügt. Es ist eine quantitative **Aufgabenerweiterung**, die hilfreich sein kann, den Mitarbeiter in seiner Entwicklung zu fördern.

Job Enrichment
Es stellt eine **Aufgabenbereicherung** dar, bei der neue qualitativ höherwertige Aufgaben den bestehenden Aufgaben hinzugefügt werden. die Aufgaben werden somit qualitativ erweitert. Dadurch erfolgt eine strukturelle Änderung der Arbeitssituation, die sich für den Mitarbeiter durch die Ausdehnung seines Dispositionsspielraumes verbessert.

Job Rotation
Dabei erfolgt ein (meist) planmäßiger Arbeitsplatzwechsel, wobei die Arbeitsaufgaben (überwiegend) gleich- oder ähnlichwertig sind. Eine besondere Form kann das **Springer-Prinzip** sein.

Kommunikation
Sie ist der wechselseitige Austausch von Informationen zwischen Menschen und/oder Maschinen. Es gibt:

- **technische** Kommunikation (z. B. Internet, Telex, Telefax)
- **soziale** Kommunikation
  - **verbal** (Gespräch, Besprechung, Konferenz)
  - **nonverbal** (Gesten, Mienen, Schweigen, Kleidung).

Konflikt
Er entsteht, wenn **nicht vereinbarte Bedürfnisse, Interessen und Werte** von Menschen widersprüchlich auftreten, ohne dass dies gewollt ist *(Rischer)*. Konflikte sind im Unternehmen **nur begrenzt vermeidbar**, sollten aber nicht zu häufig auftreten bzw. zu heftig sein oder ausufern.

Kontrolle
Sie umfasst die Gewinnung, Verarbeitung und Verwertung von Informationen, die sich auf die Einhaltung vorgegebener Daten im Rahmen der Realisierung der Arbeitsaufgabe beziehen. Die Kontrolle besteht aus zwei **Teilen**:

- der **Überwachung** als Erfassung und dem Vergleich der Soll- und Ist-Werte
- der **Untersuchung**, mit der Soll-Ist-Abweichungen analysiert werden.

Kooperation
Mit ihr wird in der Personalführung das **Zusammenwirken** von zwei oder mehr Personen bezeichnet, die gemeinschaftlich eine Aufgabe erfüllen. Sie dient der möglichst störungsfreien Zusammenarbeit von Vorgesetzten und Mitarbeitern sowie zwischen Mitarbeitern. Im Vordergrund steht das wechselseitige Helfen und Unterstützen.

Kostencontrolling
Bei ihm handelt es sich um die periodische Planung und Kontrolle der Personalkosten und der Kosten der Personalabteilung. Mit ihm wird das **Ziel** verfolgt, die Einhaltung von Budgetvorgaben zu überprüfen.

Kritik
Sie ist die sachbezogene Auseinandersetzung des Vorgesetzten mit den Leistungen seiner Mitarbeiter. Kritik kann sein:

- **positive Kritik** für gute Leistungen als Anerkennung (leistungs- und personenbezogen) und Lob (leistungsbezogen)
- **negative Kritik** bei mangelhaften Leistungen als Kritik i. e. S. (leistungsbezogen) und Tadel (personenbezogen).

Kündigung
Sie ist eine **einseitige empfangsbedürftige Willenserklärung**, die der Schriftform bedarf. **Arten** der Kündigung sind:

- ordentliche Kündigung
- außerordentliche Kündigung
- Änderungskündigung.

Kündigung, *außerordentliche*
Durch sie wird das Arbeitsverhältnis i. d. R. mit sofortiger Wirkung zum Zeitpunkt des Zuganges der Willenserklärung beendet. Sie ist nur bei **Vorliegen** ganz **besonderer Umstände** zulässig, z. B. Straftaten gegen den Arbeitgeber, schwere Störung des Betriebsfriedens.

Kündigung, *betriebsbedingte*
Betriebsbedingt ist eine Kündigung, wenn dringende **betriebliche Erfordernisse** einer Weiterbeschäftigung des Arbeitnehmers entgegenstehen. Ihr können zu Grunde liegen:

- **innerbetriebliche Ursachen**, z. B. Rationalisierung
- **außerbetriebliche Ursachen**, z. B. Umsatzrückgang.

Grund kann auch eine **Betriebsänderung** sein, die häufig Massenentlassungen zur Folge hat.

Kündigung, *innere*
Sie stellt ein **zeitlich relativ stabiles Verhaltensmuster** dar, das durch eine ablehnende bis hin zu einer depressiv resignativen Grundhaltung der Arbeitssituation gegenüber gekennzeichnet ist.

Kündigung, *ordentliche*
Bei ihr wird das Arbeitsverhältnis nicht sofort mit Wirksamwerden der Kündigung aufgelöst, sondern erst nach Ablauf einer Kündigungsfrist und zu bestimmten Zeitpunkten. Die **Grundkündigungsfrist** beträgt sowohl für Arbeitgeber als auch Arbeitnehmer vier Wochen zum 15. oder zum Ende des Kalendermonats. Für den Arbeitgeber verlängert sich die Kündigungsfrist mit zunehmender Dauer des Arbeitsverhältnisses.

Kündigung, *personenbedingte*
Bei ihr geht es um das **Fehlen** bzw. den **Verlust von Fähigkeiten** zur Erbringung der Arbeitsleistung. Der in der Praxis am häufigsten vorzufindende Fall ist die Kündigung wegen Krankheit. Die Kündigung muss sozial gerechtfertigt sein, der Einzelfall sorgfältig geprüft und rechtlich abgewogen werden.

Kündigung, *verhaltensbedingte*
Sie bietet sich an, wenn ein Arbeitnehmer sich **vertragswidrig** verhält, d. h. seine arbeitsvertraglichen Pflichten verletzt, z. B. wegen:

- Arbeitsverweigerung
- Unterschlagung
- Unpünktlichkeit
- Tätlichkeiten.

Eine **Abmahnung** ist Voraussetzung für die Kündigung.

Kündigungsschutz, *allgemeiner*
Er gilt, wenn das Arbeitsverhältnis länger als sechs Monate bestanden hat und der Arbeitgeber regelmäßig mehr als fünf Beschäftigte hat. Ab 2004 ist diese Grenze auf zehn Beschäftigte angehoben worden, wobei die „Alt-Mitarbeiter" einen Bestandsschutz haben. Eine **Kündigung** ist **sozial ungerechtfertigt**, wenn sie nicht durch bestimmte **Gründe** gerechtfertigt ist. Das Kündigungsschutzgesetz nennt dabei positive und negative Gründe.

Kündigungsschutz, *besonderer*
Es gibt einen Kündigungsschutz für besonders **schutzwürdige Arbeitnehmergruppen**, der die Arbeitgeberkündigung erschwert:

- Mitglieder von Betriebsverfassungsorganen
- Wehr-/Zivildienstleistende
- Auszubildende
- Schwerbehindertenvertrauensleute
- Personen in Mutterschutz
- Schwerbehinderte/Gleichgestellte
- Personen im Erziehungsurlaub.

Kurzarbeit
Darunter wird die vorübergehende Herabsetzung der betriebsüblichen regelmäßigen Arbeitszeit mit der Folge von Entgeltminderungen verstanden. Die Bundesagentur für Arbeit zahlte in der Vergangenheit für Mitarbeiter mit regelmäßiger Arbeitszeit maximal sechs Monate ein **Kurzarbeitergeld**, das 60 % oder 67 % des Nettoarbeitsentgeltes beträgt.

Laufbahnplanung
Sie kann als potenzialorientierte Laufbahnplanung **individuell** gestaltet sein, d. h.

speziell auf den einzelnen Mitarbeiter bezogen werden, oder als positionsorientierte und somit nachfolgebezogene Laufbahnplanung **standardisiert**, indem typische Entwicklungen von Mitarbeitern bzw. bestimmten Mitarbeitergruppen grundlegende Regelungen erfahren.

In den vergangenen Jahren waren besonders auch **Fachlaufbahnen** – z. B. als Spezialisten-, Projekt-, Gremienlaufbahnen – Gegenstand der Laufbahnplanung.

Lebenslauf
Er soll Aufschluss über die persönliche und berufliche **Entwicklung des Bewerbers** geben, heute meist in tabellarischer Form. Im Unternehmen wird er analysiert bezüglich:

- Lücken, Arbeitsplatzwechsel (**Zeitfolgenanalyse**)
- beruflichen Auf-/Abstieg, Berufs-/Arbeitsgebietswechsel (**Positionsanalyse**)
- bisherige Branche(n), Firmen (**Branchen-/Firmenanalyse**).

Leistung
Sie ist das bewertete Ergebnis, das aus menschlicher Arbeit resultiert und umfasst Quantität, Qualität, benötigte Zeit. Ihre **Bestimmungsfaktoren** sind:

- **innere Leistungsfaktoren** (Leistungsfähigkeit, Leistungsbereitschaft)
- **äußere Leistungsfaktoren** (Situation der Arbeit, der Arbeitsgruppe, des Unternehmens, des Unternehmensumfeldes).

Lohn, *ergänzender*
Das ist der über den Grundlohn hinausgehende Lohn, der typischerweise gewährt wird in Form von:

- Prämien
- Zuschlägen
- Gratifikationen.

Lohn, *ohne Leistung*
Dazu zählt der Lohn, der zu leisten ist in Verbindung mit:

- Arbeitsunfähigkeit
- persönlicher Verhinderung
- Kuren/Heilverfahren
- Annahmeverzug des Arbeitgebers
- Erholungsurlaub
- Unmöglichkeit der Leistung
- gesetzlichen Feiertagen.

Lohngerechtigkeit
Sie gibt es absolut nicht, sondern kann nur **relativ angestrebt** werden, indem berücksichtigt werden:

- **Anforderungen** (Schwierigkeitsgrad der Arbeitsaufgaben)
- **Qualifikationen** (insbesondere auch Vielseitigkeit der Arbeitnehmer)
- **Leistungen** (qualitative/quantitative Leistungen der Arbeitnehmer)
- **Markt** (Gegebenheiten am Arbeitsmarkt)
- **Soziales** (z. B. Lebensalter, Familienstand, Kinderzahl).

Lohnhöhe
Sie ist der Betrag, der den Arbeitnehmern für ihre Arbeitsleistungen entgolten wird. Zu unterscheiden sind:

- **absolute** Lohnhöhe (im Vergleich zu anderen Unternehmen)
- **relative** Lohnhöhe (durch Differenzierung der Löhne innerhalb des Unternehmens).

Macht
Die Macht von Vorgesetzten kann auf verschiedenen **Grundlagen** beruhen:

- **Legitimationsmacht** (aufgrund hierarchischer Ordnung)

- **Referenzmacht** (Identifikation/Wertschätzung durch Mitarbeiter)
- **Expertenmacht** (aufgrund Fachqualifikation/Informationsvorsprüngen)
- **Belohnungsmacht** (Vorgesetzter kann Belohnung geben/versagen)
- **Bestrafungsmacht** (Vorgesetzter kann Sanktionen verhängen).

Management by Delegation
Es ist eine **Führungstechnik**, bei der Kompetenz und Handlungsverantwortung soweit wie möglich auf die Mitarbeiter übertragen werden. Die Führungsverantwortung bleibt beim Vorgesetzten. Damit werden schnelle und sachgerechte Entscheidungen möglich.

Management by Exception
Es ist eine **Führungstechnik**, bei der die Mitarbeiter innerhalb eines vorgegebenen Rahmens selbstständig entscheiden dürfen. Der **Rahmen** kann sich beziehen auf:

- die Wichtigkeit eines Vorganges
- die Unvorhersehbarkeit eines Vorganges
- eine bestimmte Norm.

Management by Objectives
Es stellt eine **Führungstechnik** dar, die sich der Ziele als Führungsmittel bedient. Nach überwiegender Auffassung sollen die Ziele vereinbart, nicht vorgegeben werden. **Elemente** des Management by Objectives sind:

- das **Zielsystem** (Ober- und Unterziele)
- die **Organisation** (klar fixierte Verantwortungsbereiche)
- das **Kontrollsystem** (Ermittlung/Analyse von Soll-Ist-Abweichungen).

Mehrarbeit
Sie kann als **Verlängerung der Arbeitszeit** verstanden und bewirkt werden durch:

- **Überstunden**, die vorliegen, wenn die tatsächliche Arbeitszeit die arbeits- oder tarifvertragliche Arbeitszeit übersteigt
- **Änderungen** der betriebsüblichen Arbeitszeit, z. B. von täglich 7 auf täglich 8 Stunden.

Mentoring
Seine Aufgabe ist überwiegend, neu in das Unternehmen eintretende oder mit veränderten Aufgaben bzw. Funktionen ausgestattete Mitarbeiter über längere Zeit zu beraten und zu fördern. Dies geschieht durch erfahrene Vorgesetzte oder Linienmanager als **Mentoren**, die jedoch in keiner unmittelbaren hierarchischen Beziehung zum Mentee stehen.

Mitbestimmung
Sie ist die **institutionelle Teilhabe** des Betriebsrates an Willens- und Entscheidungsprozessen. Der Betriebsrat kann Maßnahmen **widersprechen** oder sie **verhindern** in:

- sozialen Angelegenheiten
- personellen Angelegenheiten
- arbeitsplatzbezogenen Angelegenheiten
- wirtschaftlichen Angelegenheiten.

Mitwirkung
Die Mitwirkung des Betriebsrates umfasst verschiedene Arten rechtlich abgesicherter Einflussnahme der Arbeitnehmer. Sie bedeutet **Beratung** und **Mitsprache**, nicht jedoch (Mit-)Entscheidung, als:

- Informationsrecht
- Beratungsrecht
- Vorschlagsrecht
- Anhörungsrecht
- Antragsrecht.

Mobbing
Es ist eine **konfliktbelastete Kommunikation** am Arbeitsplatz unter Kollegen oder zwischen Vorgesetzten und Untergebenen, bei der die angegriffene Person unterlegen ist und von einer oder einigen Personen systematisch, oft und während längerer Zeit mit dem **Ziel** und/oder dem **Effekt des Ausstoßes** aus dem Arbeitsverhältnis angegriffen wird und dies als **Diskriminierung** empfindet (*Leymann, 2006*).

Motiv(ation)
Es ist ein **innerer Beweggrund** für ein bestimmtes Verhalten und kann in der Person liegen (innere Motivation) oder durch Anreize hervorgerufen werden (äußere Motivation) in Form von:

- **extrinsischen Motiven** (mit keinem unmittelbaren Bezug auf die Aufgabe)
- **intrinsischen Motiven** (sie beziehen sich auf die Arbeit selbst).

Ergibt sich bei der Person ein Zustand des Motiviertseins, wird von **Motivation** gesprochen. Sie kann durch Anreize bewirkt (äußere Motivation) worden sein oder in der Person selbst liegen (innere Motivation).

Organisationsentwicklung
Sie ist ein langfristiger, umfassender **Entwicklungs- und Veränderungsprozess** von Organisationen und den in ihnen tätigen Menschen, der auf dem Lernen aller Betroffenen durch direkte Einwirkung und praktische Erfahrung beruht. Damit sollen die Organisation leistungsfähiger gemacht und die Arbeitssituation der Mitarbeiter verbessert werden.

Organisationskonzepte, *kundenorientierte*
Kundenorientierung ist Kennzeichen einer modern ausgerichteten Personalabteilung. Ihr dienen verschiedene Organisationskonzepte, z. B.:

- Cost-Center
- Profit-Center
- Service-Center
- Wertschöpfungs-Center.

Outplacement
Es erfolgt für Mitarbeiter, die ihren Arbeitsplatz im Unternehmen verlieren. Vorwiegend Führungskräfte werden durch Outplacement-Berater unterstützt, die **„Hilfe zur Selbsthilfe"** bieten, jedoch keine Arbeitsvermittlung. Sie können aus dem Unternehmen kommen oder – was besser ist – externe Berater sein.

Outsourcing
Es stellt die Ausgliederung von personalwirtschaftlichen Aufgaben(komplexen) – insbesondere administrativer Art – an spezialorientierte und wirtschaftlich betrachtet vielfach kostengünstigere Firmen dar.

Partizipation
Sie ist die **Teilhabe der Mitarbeiter** an Entscheidungen des Vorgesetzten. **Arten** der Partizipation können sein:

- „alltägliche" Partizipation
- Mitbestimmung und Mitwirkung nach Betriebsverfassungsgesetz
- betriebliches Vorschlagswesen
- Qualitätszirkel.

Personal
Dabei handelt es sich um die Gesamtheit aller Arbeitnehmer eines Unternehmens. Es ist z. B. Arbeitsträger, Kostenverursacher, Koalitionspartner und motiviertes Individuum.

Personalabteilung
Sie stellt die **Organisationseinheit** dar, die sich im Unternehmen mit der Gesamtheit der mitarbeiterbezogenen Gestaltungs-

und Verwaltungsaufgaben befasst. Die Personalabteilung wird auch genannt:

- Personalwesen
- Personalstelle (bei kleineren Unternehmen).

Personalakte
Sie ist zentrales **Hilfsmittel der Personalverwaltung** und enthält alle Unterlagen, die mit dem Arbeitsverhältnis in sachlichem Zusammenhang stehen. Ihre Ergänzung um **Nebenakten** ist möglich. Der Arbeitnehmer hat das Recht, in die Personalakte einzusehen, Erklärungen dazu zu verlangen, schriftliche Erklärungen dazu abzugeben und die Entfernung unrichtiger Angaben zu fordern.

Personalbedarfsermittlung
Sie kann **qualitativ** ausgerichtet sein, also unter Zugrundelegung von Anforderungen, oder **quantitativ**, d. h. zahlenmäßig, wofür es verschiedene Verfahren der Ermittlung gibt, z. B.:

- **Schätzungen** (von Experten/verantwortlichen Führungskräften)
- **Stellenmethode** (Stellenplan/Stellenbesetzungsplan)
- **Kapazitätsrechnung** (= Personalbemessungsgrundlage)
- **Kennzahlenmethode** (z. B. Pro-Kopf-Umsatz).

Personalbedarfsplanung
Der Personalbedarf liefert Zahlen über die Anzahl und Qualifikation vom Unternehmen künftig benötigter Mitarbeiter. Sie ist eine:

- **qualitative Planung** auf der Grundlage von Anforderungsprofilen
- **quantitative Planung**, die sich auf die erforderliche Gesamtstellenzahl (brutto) oder die Stellenzahl nach Abzug des voraussichtlich vorhandenen Personalbestandes (netto) beziehen kann.

Verfahren zur Ermittlung des quantitativen Personalbedarfs sind (s. o.):

- Schätzungen
- Personalbemessungsmethode
- Stellenmethode
- Kennzahlenmethode.

Personalberater
Sie stellen einen **externen Beschaffungsweg**, insbesondere für Arbeitskräfte der höheren/hohen Hierarchie-Ebene, dar, insbesondere um Vorarbeiten der Personalbeschaffung, Maßnahmen i. V. m. der Personalbeschaffung und abschließende Tätigkeiten zur Personalbeschaffung zu bewirken. Vielfach sind sie auch **private Arbeitsvermittler**.

Personalbeschaffung
Sie befasst sich mit der Bereitstellung der für das Unternehmen erforderlichen Arbeitskräfte in qualitativer, quantitativer, zeitlicher und örtlicher Hinsicht. Dabei geht es um:

- Beschaffungswege
- Bewerberauswahl
- Bewerbung
- Arbeitsvertrag.

Personalbestandsplanung
Der Personalbestand liefert Daten über das im Planungszeitpunkt vorhandene Personal. Seine Planung ist die Vorwegnahme des voraussichtlich verfügbaren Mitarbeiterpotenzials. Sie ist eine:

- **qualitative Planung** auf der Grundlage von Fähigkeitsprofilen
- **quantitative Planung**, die „nach Köpfen" erfolgt.

Personalbetreuung
Sie umfasst alle **Maßnahmen**, die das Unternehmen seinen Mitarbeitern über das vereinbarte **Entgelt hinaus** gewährt als:

- **Sozialmaßnahmen** (direkte Sozialleistungen)
- **Sozialeinrichtungen** (indirekte Sozialleistungen)
- **Information, Beratung, Unterstützung** der Mitarbeiter.

Personalbeurteilung
Sie umfasst alle **Maßnahmen zur systematischen Einschätzung** der im Unternehmen tätigen Personen, die regelmäßig oder anlassbedingt erfolgen und auf die Leistungen oder das Potenzial der Beurteilten gerichtet sein können.

Die Personalbeurteilung ist ein **Führungsmittel**, das insbesondere dem Personaleinsatz, der Personalentlohnung und der Personalentwicklung dient. Sie ist in zahlreichen Arten möglich.

Personalbeurteilung, *Arten*
Die Arten der Personalbeurteilung lassen sich nach verschiedenen Kriterien systematisieren. Das sind:

- **Beurteiler/Beurteilte** (Mitarbeiter-, Kollegen-, Vorgesetzten-, Selbstbeurteilung)
- **Gegenstand der Beurteilung** (Leistungsbeurteilung, Potenzialbeurteilung)
- **Systematik der Beurteilung** (systematische, systemlose Beurteilung)
- **Regelmäßigkeit der Beurteilung** (regelmäßige, anlassbedingte Beurteilung).

Personalbildung
Sie stellt die Basisaufgabe der Personalentwicklung dar und wird auch als **Berufsbildung** bzw. **berufliche Bildung** bezeichnet. Die Personalbildung ist im Berufsbildungsgesetz geregelt und umfasst:

- Ausbildung
- Fortbildung
- Umschulung.

Personalcontrolling
Es verbindet den Prozess der Planung, Kontrolle und Steuerung mit der Informationsversorgung. Grundlage für die **Steuerung** sind demnach:

- **Personalplanung**, der die Ziele der Personalwirtschaft zu Grunde liegen
- **Personalkontrolle**, die aus Überwachung und Untersuchung besteht
- **Informationsversorgung** als Weitergabe bzw. Mitteilung von Daten, die zweckmäßigerweise in einem Berichtssystem erfolgt.

Personaldatei
Sie ist eine EDV-mäßig geführte Personalkartei und wesentlicher Bestandteil von Personalinformationssystemen. Von besonderer Bedeutung sind:

- **Personalstammdatei** (alle grundlegenden Daten)
- **Arbeitsplatzstammdatei** (alle Arbeitsplatzdaten).

Personaleinsatz
Dabei geht es um die **Zuordnung** der Mitarbeiter zu den verfügbaren Stellen oder Arbeitsplätzen. Dies kann geschehen:

- **zeitpunktbezogen** im Sinne der qualitativen, quantitativen und zeitlichen Zuordnung
- **zeitraumbezogen** mit dem Personalzugang (während der Probezeit) beginnend, der Personalleistung (nach der Probezeit) und mit Personalabgang endend.

Personaleinsatzplanung
Sie ist die Vorwegnahme des Personalgeschehens im Hinblick auf die **Zuordnung der Mitarbeiter** auf Stellen bzw. Arbeitsplätze und umfasst:

- **qualitative Planung** (Vergleich von Anforderungs-/Fähigkeitsprofilen)
- **quantitative Planung** (Vergleich von Personalbestand/Personalbedarf)
- **zeitliche Planung** (Anfangs-, Zwischen-, Endtermine des Einsatzes).

Personalentlohnung
Sie umfasst alle Maßnahmen, die mit der **Bereitstellung finanzieller Leistungen** eines Unternehmens an bzw. für seine Arbeitnehmer als Gegenleistung für die von ihnen erbrachten Arbeitsleistungen zusammenhängen. Dabei geht es um:

- Lohnfindung
- Personalkosten
- Löhne
- Personalbetreuung.

Personalentwicklung
Sie umfasst alle Maßnahmen zur **Erhaltung** und **Verbesserung der Qualifikation** von Mitarbeitern. Ihr können zugerechnet werden:

- **Personalbildung** (Ausbildung, Fortbildung, Umschulung)
- **Personalförderung** (Coaching, Mentoring, Job Enlargement/Enrichment, Traineeprogramm, Laufbahn-/Nachfolgeplanung)
- **Organisationsentwicklung** als langfristiger Veränderungsprozess.

Personalentwicklungsplanung
Sie stellt die Vorwegnahme der zukünftigen Gestaltung der Erhaltung und Verbesserung der Qualifikation von Mitarbeitern dar und umfasst:

- **Bildungsplanung** als Ausbildungs-, Fortbildungs-, Umschulungsplanung
- **Förderungsplanung** als Einarbeitungs-, Laufbahn-, Besetzungsplanung.

Personalförderung
Sie dient dazu, die Mitarbeiter in ihrer **persönlichen Entwicklung** zu fördern und bezieht sich insbesondere auf Veränderungen bei den Arbeitsplätzen bzw. Positionen und in den Arbeitsinhalten. **Maßnahmen** sind:

- Coaching
- Job Enrichment
- Mentoring
- Traineeprogramm
- Job Enlargement
- Laufbahn-/Nachfolgeplanung.

Personal(frage)bogen
Er stellt alle wichtigen persönlichen und beruflichen Daten des Bewerbers systematisch formularmäßig dar. Das Unternehmen darf darin jedoch nicht alle interessierenden Fragen stellen. Es gibt:

- arbeitsrechtlich **zulässige Fragen**, die wahr und vollständig zu beantworten sind
- arbeitsrechtlich **unzulässige Fragen**, die nicht bzw. nicht wahr beantwortet werden müssen.

Personalfreistellung
Sie umfasst alle Maßnahmen, mit denen eine **personelle Überdeckung** in qualitativer, quantitativer, örtlicher und zeitlicher Hinsicht abgebaut wird. Sie kann sein:

- interne Personalfreistellung
- externe Personalfreistellung.

Personalführung
Sie dient dazu, die Unternehmensziele und grundlegenden Strategien bzw. Entscheidungen in den einzelnen hierarchischen

Ebenen durch **Vorgesetzte** umzusetzen. Dabei nutzt sie:

- Führungstechniken
- Führungsmittel
- Führungsstile.

Personalhandbuch
Mit seiner Hilfe lässt sich ein einheitlich geschlossenes **Personalkonzept** des Unternehmens vermitteln. Es soll den dazu notwendigen Informationsstand bei Vorgesetzten und Mitarbeitern sicherstellen. Dazu ist hilfreich, wenn es benutzerfreundlich aufgebaut und gestaltet ist sowie der Umfang nicht ausufert.

Personalinformationssystem
Es ist ein System der Erfassung, Speicherung, Transformation und Ausgabe von personalbezogenen Daten unter Berücksichtigung der Datenschutzregelungen. Seine **Aufgaben** sind:

- administrative Aufgaben
- dispositive Aufgaben.

Das Personalinformationssystem besteht aus **vier Datenbanken**.

Personalkartei
Sie ist die dem Personalreferenten unmittelbar verfügbare **Karteikarte** mit wichtigen Daten des Mitarbeiters. Da Daten in der Regel umfangreich sind, kann sie geteilt werden in:

- **Personalstammkartei** (alle grundlegenden Daten)
- **Spezialkarteien** (z. B. Fehlzeitenkartei, Beurteilungskartei).

Personalkontrolle
Sie schließt sich der Planung und der darauf folgenden Durchführung bzw. Gestaltung personalwirtschaftlicher Maßnahmen an. Ihr sind zuzurechnen:

- **Überwachung** (Ermittlung der Ist-Werte und Differenzen)
- **Untersuchung** (Analyse der Soll-Ist-Abweichungen).

Die Personalkontrolle kann auf verschiedenen **Ebenen** erfolgen, d. h. unternehmens-, bereichs-, gruppen- und individualorientiert.

Personalkosten
Das sind alle Leistungen des Unternehmens, die den Arbeitnehmern direkt oder indirekt, geldlich oder geldwert gewährt werden. Sie werden auch als **Arbeitskosten** bezeichnet und umfassen:

- **Personal*basis*kosten**, die in unmittelbarem Zusammenhang mit der Leistungserstellung stehen
- **Personal*zusatz*kosten** ohne diesen unmittelbaren Zusammenhang.

Personalkostenplanung
Sie ist die Vorwegnahme der zukünftigen Entwicklung der Personalkosten auf der Grundlage

- des zukünftigen Personalbestandes
- der erwarteten Lohnentwicklung.

Das Ergebnis der Personalkostenplanung ist häufig die Festlegung eines **Personalkostenbudgets**.

Personalplanung
Sie stellt die planvolle gedankliche Vorwegnahme des zukünftigen Personalgeschehens dar und umfasst:

- Personalbestandsplanung
- Personalveränderungsplanung
- Personalbedarfsplanung
- Personalentwicklungsplanung
- Personaleinsatzplanung
- Personalkostenplanung.

Personalpolitik
Sie umfasst alle Grundsätze und Entscheidungen, die sich auf die wechselseitigen **Beziehungen** zwischen

- Vorgesetzten und Mitarbeitern
- Mitarbeitern untereinander
- Mitarbeitern und ihrer Arbeit

beziehen und dient dazu, die **Leistungsfähigkeit, Leistungsbereitschaft** und **Leistungsmöglichkeit** der Mitarbeiter zu steigern.

Personal-Portfolio
Es wird im Rahmen des Personalcontrolling eingesetzt und zeigt das personelle **Leistungspotenzial** eines Unternehmens. Mit seiner Hilfe können die Human-Resources in die Strategieentwicklung integriert werden.

Personalrechnungswesen
Es ist die Gesamtheit der Einrichtungen und Verrichtungen, die bezwecken, alle personalwirtschaftlichen Gegebenheiten und Vorgänge zahlenmäßig zu erfassen. Seine **Aufgaben** sind:

- Lohn-/Gehaltsabrechnung
- Personalkostenrechnung
- Personalkostenbudgetierung
- Personalstatistik
- Personalvermögensrechnung
- Gesellschaftsbezogene Unternehmensrechnung
- Sozialbilanz.

Personalstatistik
Sie beobachtet, beschreibt und analysiert den Zustand und die Entwicklung der Personalwirtschaft. Dabei unterstützt sie die Arbeit des Personalcontrolling. Die Personalstatistik ermittelt häufig **Kennzahlen** z. B. zu:

- Personalstruktur
- Personalkosten
- Personalbewegungen
- Arbeits-/Abwesenheitszeiten.

Personalveränderungsplanung
Sie ist Ausdruck des qualitativen und quantitativen Wandels personalwirtschaftlicher Gegebenheiten und umfasst:

- **Personalbeschaffungsplanung**, wenn der künftige Personalbedarf höher ist als der Personalbestand
- **Personalfreistellungsplanung**, wenn der künftige Personalbestand den Personalbedarf übersteigt.

Personalverwaltung
Sie stellt die Gesamtheit aller administrativen, routinemäßigen Tätigkeiten im Bereich der Personalwirtschaft dar und dient dazu, die Arbeit der Führungskräfte zu unterstützen. Ihre **Instrumente** sind insbesondere:

- Personalakte/-kartei/-datei/-handbuch/ -statistik
- Personalinformationssystem.

Personalwirtschaft
Sie ist die Gesamtheit der mitarbeiterbezogenen Gestaltungs- und Verwaltungsaufgaben im Unternehmen. Ihre **Träger** sind:

- die **Führungskräfte** bzw. **Vorgesetzten**
- die **Personalabteilung** bzw. das **Personalwesen**.

Auch die **Unternehmensleitung** kann als Träger angesehen werden. **Kein Träger** der Personalwirtschaft ist der Betriebsrat.

Plan
Er ist das Ergebnis der gegenwärtigen gedanklichen Vorwegnahme zukünftigen wirtschaftlichen Handelns und **basiert** auf:

- Zielen des Unternehmens
- Informationen der Vergangenheit und Gegenwart
- Prognosen als zukunftsorientierte Aussagen.

Der Plan dient meist als **Vorgabe**.

Prämie
Sie stellt eine **besondere Vergütung** dar, die neben dem Grundlohn gezahlt wird, um zu honorieren:

- längere Zugehörigkeit im Unternehmen
- persönliche Leistungen/Arbeitserfolge.

Prämienlohn
Er wird genutzt, wenn das Arbeitsergebnis vom Arbeitnehmer beeinflussbar ist, die Ermittlung genauer Vorgaben aber unwirtschaftlich oder unmöglich ist. Der Prämienlohn besteht aus zwei **Teilen**:

- **Grundlohn** (meist als Zeitlohn)
- **Prämie** (wird zusätzlich leistungsbezogen gewährt).

Produktionsfaktoren
Sie dienen der Leistungserstellung und Leistungsverwertung durch die Unternehmen. Zu unterscheiden sind:

- **elementare Produktionsformen**, die als ausführende menschliche Arbeit, Betriebsmittel und Werkstoffe kombiniert werden
- **dispositive Produktionsfaktoren**, welche die zielgerichtete Kombination der elementaren Produktionsfaktoren bewirken als Planung, Leitung und Organisation.

Qualitätszirkel
Er besteht aus einer kleinen **Gruppe** von Mitarbeitern, meist 5 - 15 Personen. Die Gruppe trifft sich regelmäßig und versucht, in ihrem Arbeitsbereich auftretende Probleme kreativ zu lösen. Sie ist weitgehend nicht hierarchiegebunden.

Schichtarbeit
Sie wird auch **Wechselschichtarbeit** genannt und kann erfolgen:

- **vollkontinuierlich** (an jedem Tag rund um die Uhr)
- **teilkontinuierlich** (z. B. Montag bis Freitag)
- **zweischichtig** (z. B. als Früh- und Spätschicht)
- **dreischichtig** (über 24 Stunden pro Tag hinweg).

Sozialplan
Er soll die wirtschaftlichen Nachteile, die Arbeitnehmern durch eine **Betriebsänderung** entstehen, ausgleichen bzw. mildern. Bei seiner Aufstellung müssen die sozialen Interessen der Arbeitnehmer und die wirtschaftlichen Belange des Arbeitgebers berücksichtigt werden. Meist werden Abfindungen, Ausgleichszahlungen und Überbrückungsgelder vereinbart.

Status
Er ergibt sich für einen Mitarbeiter aus der hierarchischen Positionierung. **Statussymbole** sollen ihn deutlich machen, z. B.:

- Firmentitel
- Benutzungsrechte
- Büro/Büroausstattung
- Mitarbeiterausstattung.

Stellenanzeige
Die Stellenanzeige kann sein:

- **Stellengesuch** (Anzeige eines Bewerbers)
- **Stellenangebot** (Anzeige eines Unternehmens)
- **offene Stellenanzeige** (Name des Unternehmens ersichtlich)

- **Chiffreanzeige** (Name des Unternehmens unbekannt).

Sie wird traditionell in Printmedien als Wortanzeige (Fließsatz) oder gesetzte Anzeige, zunehmend inzwischen auch im **Internet**, veröffentlicht.

Stellenausschreibung, *innerbetriebliche*
Sie ist die innerbetriebliche Veröffentlichung einer zu besetzenden Stelle, z. B. am „Schwarzen Brett" oder im Intranet. Der Betriebsrat kann sie für alle zu besetzenden Stellen oder nur für bestimmte Tätigkeiten fordern. Geschieht dies, muss der Arbeitgeber innerbetrieblich ausschreiben, andernfalls kann der Betriebsrat die Zustimmung zu einer Einstellung bzw. Versetzung verweigern.

Stellenbeschreibung
Sie stellt den formalisierten Ausweis aller wesentlichen **Merkmale von Stellen** dar, insbesondere:

- Stellenbezeichnung
- Stelleneinordnung
- Stellenaufgaben
- Stellenziele
- Stellenbefugnisse
- Stellenverantwortung
- Stellenvertretung
- Stellenanforderungen.

Streik
Er ist die **planmäßige Arbeitsniederlegung** einer größeren Zahl von Arbeitnehmern zur Durchsetzung tarifvertraglich regelbarer Forderungen. Als Streiks sind zu nennen:

- **Warnstreik** (kurzfristig i. V. m. Tarifverhandlungen)
- **wilder Streik** (nicht gewerkschaftlich gebilligt und damit verboten)
- **politischer Streik** (verboten).

Der Arbeitgeber kann einem Streik eine **Abwehraussperrung** entgegensetzen.

Tarifvertrag
Er ist ein schriftlicher Vertrag zwischen **Koalitionen** der Arbeitgeber und Arbeitnehmer zur Regelung der Bedingungen von Arbeitsverhältnissen für einen bestimmten Zeitraum. Er kann sein:

- **Lohn- und Gehaltstarifvertrag** (regelt Vergütung)
- **Manteltarifvertrag** (regelt allgemeine Bedingungen)
- **Verbandstarifvertrag** (Arbeitgeberverband/Gewerkschaft)
- **Firmen-/Haus-/Werkstarifvertrag** (ein Arbeitgeber/Gewerkschaft).

Teamarbeit
Bei ihr arbeiten mehrere Gruppen- bzw. Teammitglieder gemeinschaftlich zusammen. Mit ihr soll ein höheres Arbeitsniveau bzw. eine höhere Arbeitsproduktivität bewirkt werden. Ihre Eignung wird unterschiedlich eingeschätzt.

Teilzeitarbeit
Bei ihr ist die vom Arbeitnehmer zu erbringende Wochenarbeitszeit gegenüber der betriebsüblichen Arbeitszeit vergleichbarer vollbeschäftigter Arbeitnehmer verkürzt. Sie kann erfolgen:

- mit **starren** Arbeitszeiten, z. B. 5 Tage à 4 Stunden
- mit **flexiblen** Arbeitszeiten.

Telearbeitsplatz
Er ist vom Arbeitgeber räumlich getrennt. Zu unterscheiden sind:

- **Teleheimarbeit** in der Wohnung des Mitarbeiters

- **Telecenter** als ausgelagerte kollektive Telearbeitsbüros, die **Satellitenbüros** (von einem Unternehmen) oder **Nachbarschaftsbüros** (von mehreren Unternehmen) sein können
- **mobile Telearbeit** (Notebook, Laptop).

Traineeprogramm
Es stellt ein berufs- und unternehmensspezifisches **Startprogramm** vorwiegend für **Hochschulabsolventen** dar, das zeitlich begrenzt ist und meist in verschiedenen betrieblichen Ausbildungsstationen durchgeführt wird. Bildungsmaßnahmen außerhalb des Arbeitsplatzes ergänzen das Traineeprogramm.

Umschulung
Sie umfasst alle Maßnahmen zur Verbesserung der Qualifikation von Beschäftigten und Nichtbeschäftigten. Mit ihr soll der Übergang in einen anderen Beruf ermöglicht bzw. die berufliche Beweglichkeit verbessert werden. Sie kann **betriebliche** oder **überbetriebliche Umschulung** sein.

Unternehmensethik
Sie stellt die **Lehre von** denjenigen **idealen Werten** dar, die in der Marktwirtschaft zu einem Frieden stiftenden Gebrauch der unternehmerischen Handlungsfreiheit anleiten sollen. Unternehmensethisch sind bestimmte Ziele bzw. Handlungsweisen anzustreben und andere auszuschließen.

Unternehmenskultur
Sie ist ein **unternehmensbezogenes Wertsystem** von Vorstellungen, Orientierungsmustern, Denk- und Handlungsweisen. Durch die Unternehmenskultur wird das **Verhalten** aller Mitarbeiter eines Unternehmens entscheidend geprägt. Sie kann auch dazu beitragen, dass sich ein Unternehmen deutlich von den Wettbewerbern abhebt.

Unternehmensphilosophie
Dabei handelt es sich um die **„Weltanschauung"** des Unternehmens, das mit ihr ganzheitlich betrachtet wird. Sie dient der Positionierung in seinem wirtschaftlichen und gesellschaftlichen Umfeld sowie der Offenlegung seiner Zwecke, Werte bzw. Normen, Ziele und Potenziale. Primär **wirkt** sich die Unternehmensphilosophie aus **auf**:

- die **Unternehmensvision** als ein mehr oder weniger konkretes Zukunftsbild eines Unternehmens
- das **Unternehmensleitbild**, das dazu dient, die Werte und Normvorstellungen des Top Management in Form von **Unternehmensgrundsätzen** festzuschreiben.

Verbesserungsvorschlag
Dabei handelt es sich um eine **besondere Mitarbeiterleistung**, die zur Weiterentwicklung eines im Unternehmen bestehenden Zustandes führt. Er hat innerbetriebliche Bedeutung und wird bei Eignung in vielen Unternehmen mit einer **Verbesserungsvorschlagsprämie** honoriert.

Vorgabezeit
Sie ist eine **Soll-Zeit**, die **für** von Menschen bzw. Betriebsmitteln ausgeführte **Arbeitsabläufe** angesetzt wird als:

- **Auftragszeit** (menschenbezogene Vorgabezeit)
- **Belegungszeit** (betriebsmittelbezogene Vorgabezeit).

Vergütung, *erfolgsabhängige*
Bei ihr geht es um die Beteiligung der Mitarbeiter am Erfolg, den das Unternehmen als Gesamtheit erwirtschaftet hat. **Beteiligungsformen** sind:

- Leistungsbeteiligung
- Ertragsbeteiligung
- Gewinnbeteiligung.

Verhaltensgitter
Als **zweidimensionaler Führungsstil** zeigt das Verhaltensgitter:

- in der Vertikalen das **personenorientierte Führungsverhalten**
- in der Horizontalen das **aufgabenorientierte Führungsverhalten**.

Das Verhaltensgitter hat 81 Felder, von denen eines der Beschreibung des Führungsstiles entspricht.

Versetzung
Sie stellt i. S. d. Arbeitsvertrages gemäß § 95 Abs. 3 BetrVG die **Zuweisung eines anderen Arbeitsbereiches** dar, die

- voraussichtlich die Dauer von einem Monat überschreitet

oder

- mit einer erheblichen Änderung der Umstände verbunden ist, unter denen Arbeit zu leisten ist.

Die Versetzung kann durch eine **Weisung, Änderungskündigung** oder **Änderungsvereinbarung** bewirkt werden.

Vertrauensarbeitszeit
Sie besteht aus zwei **Komponenten**:

- dem **Verzicht** auf (elektronische) Zeiterfassung und deren Auswertung
- einem **Arbeitszeitsystem**, das den Mitarbeitern bei der Erbringung ihrer vertraglich vereinbarten Arbeitszeit soweit wie möglich **Gestaltungsfreiheit** einräumt.

Vorschlagswesen, *betriebliches*
Es befasst sich mit der Bewertung und Belohnung von Verbesserungsvorschlägen der Mitarbeiter und verfolgt als **Ziele**:

- ständige Verbesserung der Leistungen des Unternehmens
- Förderung von Mitdenken und verantwortlichem Handeln bei den Mitarbeitern.

Vorstellungsgespräch
Damit sollen ein persönlicher Eindruck über den Bewerber gewonnen sowie sein Eignungspotenzial, seine Interessen und Wünsche festgestellt werden. Es dient auch dazu, den Bewerber über das Unternehmen zu informieren und das Unternehmen positiv darzustellen. Das Vorstellungsgespräch verläuft typischerweise in **mehreren Phasen**.

Vorstellungsgespräch, *Arten*
Nach der **Zahl der teilnehmenden Personen** gibt es:

- **Einzel-Vorstellungsgespräch** (ein Unternehmens-Mitarbeiter)
- **Zweier-Vorstellungsgespräch** (zwei Unternehmens-Mitarbeiter)
- **Gruppen-Vorstellungsgespräch** (mehrere Unternehmens-Mitarbeiter).

Dem **Aufbau und Ablauf** entsprechend kann das Vorstellungsgespräch sein:

- **unstrukturiertes Vorstellungsgespräch** (Inhalt/Abfolge frei)
- **strukturiertes Vorstellungsgespräch** (Inhalt/Abfolge zum Teil frei)
- **standardisiertes Vorstellungsgespräch** (Inhalt/Abfolge starr).

Weisung
Sie muss innerhalb der arbeitsvertraglichen Regelungen liegen und billigem Ermessen entsprechen. **Formen** sind:

- **Befehl** (unpersönlich, ohne Namensnennung/Begründung)
- **Auftrag** (persönlich, höflich, ruhig, sachlich; „was?“, „wann?“, „warum?“)
- **Anweisung** (wie Auftrag, aber auch noch „wie?“).

XY-Theorie
Sie basiert auf unterschiedlichen Menschenbildern:

- **X** sieht den Menschen **negativ**, z. B. träge, arbeitsscheu, verantwortungsscheu, nicht ehrgeizig, sicherheitsorientiert.
- **Y** hat ein **positives** Menschenbild, z. B. arbeitsbereit, selbstdiszipliniert, selbstkontrollierend, verantwortungsbereit.

Zeitakkord
Der Arbeitskraft wird eine bestimmte Zeit pro Stück vorgegeben bzw. gutgeschrieben, die der Vorgabezeit entspricht.

$$\text{Akkordlohn} = \text{Leistungsmenge} \cdot \text{Vorgabezeit} \cdot \text{Minutenfaktor}$$

wobei

$$\text{Minutenfaktor} = \frac{\text{Akkordrichtsatz}}{60}$$

Zeitlohn
Bei ihm wird nach der Dauer der geleisteten Arbeitszeit entlohnt. Arbeiter erhalten vielfach einen **Stundenlohn**, Angestellte einen **Monatslohn** als Gehalt. Es gibt:

- **reinen Zeitlohn** (Lohnsatz • Zeiteinheiten)
- **Zeitlohn mit Leistungszulage** (vielfach als Prämie).

Ziel
Es ist ein **angestrebter Zustand**, der vorgegeben oder vereinbart wird nach:

- **Inhalt** (Worauf bezieht sich das Ziel?)
- **Ausmaß** (In welchem Umfang soll das Ziel erreicht werden?)
- **Zeit** (Auf welchen Zeitpunkt/Zeitraum bezieht sich das Ziel?).

Das Ziel soll zur Leistung motivieren.

Ziele, *personalwirtschaftliche*
Sie sind an den Zielen des Unternehmens auszurichten als:

- **wirtschaftliche Ziele**, die auf ein möglichst günstiges Verhältnis zwischen Personalaufwand bzw. Personalkosten und Personalertrag bzw. Personalleistungen gerichtet sind
- **soziale Ziele**, die humanitäre Ziele des Menschen im Mittelpunkt sehen. Sie beziehen sich auf die Umstände, unter denen Arbeit zu leisten ist.

Weitere Ziele können rechtlicher, organisatorischer, ökologischer und volkswirtschaftlicher Art sein.

Zuschlag
Er kann aufgrund gesetzlicher, tarifvertraglicher, arbeitsvertraglicher Regelung oder von Betriebsvereinbarung gewährt werden. Zu unterscheiden sind:

- Zuschläge für **besondere Leistungen**
- Zuschläge für **ungünstige Arbeitsumstände**
- Zuschläge aus **sozialen Gründen**.

Zwei-Faktoren-Theorie
Ihr liegt die Pittsburgh-Studie zu Grunde, aufgrund welcher zwei Faktoren unterschieden werden:

- **Motivatoren**, die in direktem Zusammenhang mit der Arbeitsaufgabe stehen und Zufriedenheitsfaktoren darstellen
- **Hygienefaktoren**, die als Unzufriedenheitsfaktoren keinen direkten Zusammenhang zur Arbeitsaufgabe aufweisen.

A. Grundlagen

Ackermann, K. F., Auf der Suche nach kundenorientierten Organisationsformen des Personalmanagements, in: Kienbaum, J. (Hrsg.), Visionäres Personalmanagement, 3. Auflage, Stuttgart 2001

Albert, G., Betriebliche Personalwirtschaft, 14. Auflage, Ludwigshafen 2017

Armutat, S., Organisation des Personalmanagement, Bielefeld 2007

Bartscher, T., Praktische Personalwirtschaft: Eine praxisorientierte Einführung, 2. Auflage, Wiesbaden 2007

Berthel/Becker, Personal-Management: Grundzüge für Konzeptionen betrieblicher Personalarbeit, 11. Auflage, Stuttgart 2017

Besgen, N., Handbuch Betriebsverfassungsrecht, 2. Auflage, Stuttgart 2010

Bisani, F., Personalwesen und Personalführung, 5. Auflage, Wiesbaden 2003

Bröckermann, R., Personalwirtschaft: Lehr- und Übungsbuch für Human Resource Management, 7. Auflage, Stuttgart 2016

Bühner, R., Personalmanagement, 3. Auflage, München/Wien 2004

Carl/Kiesel, Unternehmensführung. Methoden, Instrumente, Management-Konzepte, 2. Auflage, Landsberg/Lech 2000

Carl/Kiesel, Unternehmensführung. Methoden, Instrumente, Management-Konzepte, 2. Auflage, Landsberg/Lech 2002

Däubler, W., Arbeitsrecht, 8. Auflage, Frankfurt/Main 2010

DGFP, Personalcontrolling in der Praxis, Stuttgart 2001

DGFP (Hrsg.), Personalcoaching in der Praxis, Stuttgart 2001

Drumm, H. J., Personalwirtschaft, 6. Auflage, Berlin/Heidelberg 2008

Eichhorn/Hickler, Handbuch Betriebsvereinbarung, 4. Auflage, Frankfurt/Main 2006

Fitting u. a., Betriebsverfassungsgesetz, 25. Auflage, München 2010

Havranek/Freudhofmeier, Die optimierte Personalabteilung: Wege zur Effizienzsteigerung von Human Resources, Wien 2010

Hentze/Graf, Personalwirtschaftslehre 2, 7. Auflage, Bern/Stuttgart 2005

Hilb, M., Integriertes Personal-Management: Ziele – Strategien – Instrumente, 19. Auflage, Neuwied 2009

Jung, H., Personalwirtschaft, 10. Auflage, München/Wien 2016

Käppel/Wolf, AGG – das neue Gleichbehandlungsgesetz, Regensburg 2007

Knorr, E. M., Professionelles Personalcontrolling in der Personalbeschaffung: Grundlagen – Instrumente – Ziele, Düsseldorf 2004

Kolb/Burkart/Zundel, Personalmanagement: Grundlagen – Konzepte – Praxis, 2. Auflage, Wiesbaden 2010

Küttner, W. (Hrsg.), Personalbuch 2010: Arbeitsrecht, Lohnsteuerrecht, Sozialversicherungsrecht. Rechtsstand: 1. Januar 2010, 17. Auflage, München 2010

Lisges/Schübbe, Personalcontrolling: Personalbedarf planen, Fehlzeiten reduzieren, Kosten steuern, 3. Auflage, Freiburg/Br. 2009

Mayer, W., Arbeitsrecht für die Praxis, 10. Auflage, Bad Wörishofen 2009

Nicolai, C., Personalmanagement, Stuttgart 2006

Nolte, K., Personalwirtschaft: Übungsfälle für Rechtsfachwirte, Heidelberg 2008

Oechsler, W. A., Personal und Arbeit: Grundlagen des Human Resource Management und der Arbeitgeber-Arbeitnehmer-Beziehungen, 11. Auflage, München 2018

Olfert, K., Lexikon Personalwirtschaft, 4. Auflage, Herne 2012

Olfert, K., Organisation, 17. Auflage, Herne 2015

Olfert, K., Personalwirtschaft, 16. Auflage, Herne 2015

Olfert/Pischulti, Kompakt-Training Unternehmensführung, 7. Auflage, Herne 2017

Olfert/Rahn, Kompakt-Training Organisation, 7. Auflage, Herne 2015

Olfert/Rahn/Zschenderlein, Lexikon der Betriebswirtschaftslehre, 8. Auflage, Herne 2013

Ordiorne, G. S., Strategic Manangement of Human Resources, San Francisco

Pirntke, G., Das neue Gleichbehandlungsgesetz ein Unternehmensrisiko?, Renningen 2007

Rahn, H.-J., Führung von Gruppen: Gruppenführung mit System, 5. Auflage, Frankfurt 2006

Rahn, H.-J., Unternehmensführung, 9. Auflage, Herne 2015

Ridder, H.-G., Personalwirtschaftslehre, 3. Auflage, Stuttgart 2009

RKW, Handbuch Personalplanung, 2. Auflage, Neuwied/Frankfurt 1996

RKW (Hrsg.), RKW-Handbuch Personalplanung, 3. Auflage, Neuwied/Darmstadt 1996

Schanz, G., Personalwirtschaftslehre, 3. Auflage, München 2015

Schaub, G., Arbeitsrechts-Handbuch, 16. Auflage, München 2015

Scholz, C., Personalmanagement, 6. Auflage, München 2013

Stopp, U., Betriebliche Personalwirtschaft, 28. Auflage, Renningen 2011

Straub, D. (Hrsg.), Jahres-Handbuch Personal 2006, München 2006

Ulrich/Fluri, Management, Bern/Stuttgart 2001

Wickel-Kirsch/Janusch/Knorr, Personalwirtschaft: Grundlagen der Personalarbeit in Unternehmen, Wiesbaden 2008

Wunderer/Dick, Personalmanagement – Quo vadis?: Analysen und Prognosen zu Entwicklungstrends, 5. Auflage, Neuwied/Kriftel 2007

Wunderer/Jaritz, Unternehmerisches Personalcontrolling: Evaluation der Wertschöpfung für das Personalmanagement, 4. Auflage, München 2007

B. Personalbeschaffung

Albers/Meier, Mitarbeiter richtig auswählen, Regensburg/Düsseldorf 1999

Backer, A., Arbeitszeugnisse: Entschlüsseln und mitgestalten, 5. Auflage, Freiburg i. Br. 2008

Berthel/Becker, Personal-Management: Grundzüge für Konzeptionen betrieblicher Personalarbeit, 11. Auflage, Stuttgart 2017

Bisani, F., Personalwesen und Personalführung, 6. Auflage, Wiesbaden 2001

Bröckermann, R., Personalwirtschaft: Lehr- und Übungsbuch für Human Resource Management, 7. Auflage, Stuttgart 2016

Coelius, C., Bewerbungsbrief und Lebenslauf: Erfolgreiche Beispiele, Formulierungen und Tipps, Hamburg 2006

Frey/Wörl, Arbeitszeugnisse: „Vollstens zufrieden?" – Was Sie wissen müssen und verstehen sollten, München 2008

Hagmann/Hagmann, Assessment Center, 3. Auflage, Freibung/Br. 2009

Hesse/Schrader, Das erfolgreiche Vorstellungsgespräch: Wie Sie beeindrucken, überzeugen, gewinnen, Frankfurt/Main 2008

Hesse/Schrader, Das große Hesse-Schrader-Bewerbungshandbuch: Alles, was Sie für ein erfolgreiches Berufsleben wissen müssen, 5. Auflage, Frankfurt/Main 2007

Hesse/Schrader, Assessment Center, 4. Auflage, Frankfurt/Main 2005

Hofert, S., Praxismappe für die perfekte Internet-Bewerbung: E-Mail-Bewerbung, Online-Formulare, Online-Assessment, Online-Bewerbung auf Englisch, Frankfurt/Main 2009

Hofert, S., Stellensuche und Bewerbung im Internet, 6. Auflage, Frankfurt/Main 2010

Jantzen, J., Onlinebewerbung: So machen Sie das Beste aus Onlinebewerbungstools, Saarbrücken 2008

Jung, H., Personalwirtschaft, 10. Auflage, München/Wien 2016

Käppel/Wolf, AGG – das neue Gleichbehandlungsgesetz, Regensburg 2007

Kaufmann, S., Der Arbeitsvertrag: Verhandeln, prüfen, nachbessern, München 2008

Knabenreich, H., Kandidatensuche im Netz: Online-Recruiting bei Deutschlands größten Arbeitgebern, Saarbrücken 2006

Kompa, A., Assessment Center: Bestandsaufnahme und Kritik, 7. Auflage, München 2004

Krzywinska, E., E-Recruiting: Vom Online-Fragebogen zum mehrstufigen Auswahlprozess per Internet, Saarbrücken 2006

Leciejewski, K., Assessment Center, 5. Auflage, Planegg/München 2007

Lohberg, S., Online-Recruiting: Externe Personalgewinnung über das Internet, Saarbrücken 2006

Obermann, C., Assessment Center: Entwicklung, Durchfürung, Trends, 4. Auflage, Wiesbaden 2009

Olfert, K., Lexikon Personalwirtschaft, 4. Auflage, Herne 2012

Olfert, K., Personalwirtschaft, 16. Auflage, Herne 2015

Olfert/Rahn/Zschenderlein, Lexikon der Betriebswirtschaftslehre, 8. Auflage, Herne 2013

Püttjer, C., Assessment-Center, 2. Auflage, Frankfurt/Main 2008

Rauchfleisch, Testpsychologie, 5. Auflage, Göttingen 2008

Sarges, W. (Hrsg.), Management-Diagnostik, 3. Auflage, Göttingen 2000

Schaub, G., Arbeitsrechts-Handbuch, 16. Auflage, München 2015

Schwantes, K., Das professionelle 1 x 1: Zeitarbeit, 2. Auflage, Berlin 2000

Skibba, K., Personalauswahl gemäß DIN 33430: Nutzenpotenziale für Unternehmen, Saarbrücken 2006

Spona, H., Online bewerben, 2. Auflage, Osnabrück 2007

Stopp, U., Betriebliche Personalwirtschaft, 28. Auflage, Renningen 2011

Weber, S., Das professionelle 1 x 1: Den besten Mitarbeiter finden – Bewerberflut zielsicher bewältigen, Berlin 2007

Weuster, A., Personalauswahl: Anforderungsprofil, Bewerbersuche, Vorauswahl und Vorstellungsgespräch, 2. Auflage, Wiesbaden 2008

Winter, J. P., Personalrecruiting, Freiburg/Br. 2002

Wisskirchen, G., Arbeitsverträge rechtssicher gestalten, Frechen 2007

C. Personaleinsatz

Berthel/Becker, Personal-Management: Grundzüge für Konzeptionen betrieblicher Personalarbeit, 11. Auflage, Stuttgart 2017

Bisani, F., Personalwesen und Personalführung, 5. Auflage, Wiesbaden 2003

Breghard, J., Überstunden- und Überzeitarbeit, Bern 2006

Bühner, P., Personalmanagement, 3. Auflage, München/Wien 2004

Burghaus, A., Auslandseinsatz von Mitarbeitern: Maßnahmen zur erfolgreichen Reintegration von Expatriates, Saarbrücken 2006

Buschmann/Ulber, Arbeitszeitgesetz: Basis-Kommentar, 6. Auflage, Frankfurt/Main 2008

Drees, B. J., Die Einarbeitung in die Praxis als Schlüsselelement eines Bildungssystems der Zukunft: Ein Konzept für die Weiterentwicklung von Traineeausbildung in innovativen Unternehmen, Mering 2009

Drumm, H., Personalwirtschaft, 6. Auflage, Berlin/Heidelberg 2008

Dukaric, S., Flexible Arbeitszeitmodelle, Saarbrücken 2007

Egermann, I., Flexible Arbeitszeitmodelle: Möglichkeiten und Grenzen für die Vereinbarkeit von Familie und Beruf, Saarbrücken 2008

Fank/Scherf (Hrsg.), Handbuch Personaleinsatzplanung, Frechen 2005

Felser/Roos, Rechte des Betriebsrats und ihre Durchsetzung, Frankfurt/Main 2004

Hopfenbeck, W., Allgemeine Betriebswirtschafts- und Managementlehre, 14. Auflage, Landsberg/Lech 2002

Jung, H., Personalwirtschaft, 10. Auflage, München/Wien 2016

Kieser, A., Einarbeitung neuer Mitarbeiter, in: Domsch/Regnet/von Rosenstiel (Hrsg.), Führung von Mitarbeitern: Handbuch für erfolgreiches Personalmanagement, 6. Auflage, Stuttgart 2009

Lammeyer, T., Telearbeit, Saarbrücken 2007

Landau, K. (Hrsg.), Lexikon Arbeitsgestaltung, Wiesbaden 2007

Lindecke, C., Flexible Arbeitszeiten im Betrieb, Frankfurt/Main 2007

Linnenkohl, u. a., Arbeitszeitflexibilisierung, 4. Auflage, Heidelberg 2001

Linnenkohl/Rauschenberg, Arbeitszeitgesetz, 2. Auflage, Baden-Baden 2004

Mauer, R., Personaleinsatz im Ausland, München 2003

Olfert, K., Lexikon Personalwirtschaft, 4. Auflage, Herne 2012

Olfert, K., Personalwirtschaft, 16. Auflage, Herne 2015

Olfert/Rahn/Zschenderlein, Lexikon der Betriebswirtschaftslehre, 8. Auflage, Herne 2013

Oppolzer, A., Gesundheitsmanagement im Betrieb: Integration und Koordination menschengerechter Gestaltung der Arbeit, Hamburg 2006

Rohde, S., Flexible Arbeitszeitmodelle: Was Sie als Betriebsrat darüber wissen müssen, Kissing 2008

Scholz, C., Personalmanagement, 6. Auflage, München 2013

Ströker, D., Einarbeitung neuer Mitarbeiter: Integration in der betrieblichen Praxis, Saarbrücken 2007

Wagner, S., Flexible Arbeitszeitmodelle, Hamburg 2006

Zwanziger/Winkelmann, Teilzeitarbeit: Ein Leitfaden für die Praxis, Berlin 2007

D. Personalführung

Adrian/Albert/Riedel, Die Mitarbeiterbeurteilung: Hinweise und Hilfen für Beurteiler, 7. Auflage, Stuttgart/München 2002

Becker, F. G., Grundlagen betrieblicher Leistungsbeurteilungen, 5. Auflage, Stuttgart 2009

Berkel/Herzog/Schmid, Die Mitarbeiterbeurteilung als Führungsinstrument, 4. Auflage, Wiesbaden 2002

Berthel/Becker, Personal-Management: Grundzüge für Konzeptionen betrieblicher Personalarbeit, 11. Auflage, Stuttgart 2017

Bisani, F., Personalwesen und Personalführung, 5. Auflage, Wiesbaden 2003

Böhme, K., Mobbing am Arbeitsplatz: Aspekte zu Ursachen und Prävention von Mobbing bei Berufseinsteigern, Saarbrücken 2008

Bröckermann, R., Personalwirtschaft: Lehr- und Übungsbuch für Human Resource Management, 7. Auflage, Stuttgart 2016

Bühner, R., Personalmanagement, 3. Auflage, München/Wien 2004

Daigeler/Hölzl/Raslaw, Führungstechniken, Freiburg i. Br. 2009

Edmüller/Jiranek, Konfliktmanagement, 3. Auflage, Freiburg i. Br. 2010

Falk, R., Soft Skills: Führungsfähigkeiten in Nonprofit-Organisationen entwickeln, Frankfurt/Main 2007

Franken, S., Verhaltensorientierte Führung: Handeln, Lernen und Diversity in Unternehmen, 3. Auflage, Wiesbaden 2010

Hentze/Graf, Personalwirtschaftslehre 2, 7. Auflage, Bern/Stuttgart 2005

Jung, H., Personalwirtschaft, 10. Auflage, München/Wien 2016

Kiefer/Knebel, Taschenbuch Personalbeurteilung: Feedback in Organisationen, 11. Auflage, Heidelberg 2004

Knebel/Schneider, Führungsgrundsätze, 2. Auflage, Heidelberg 1994

Kratz, H.-J., Chef-Checkliste Mitarbeiterführung: Die 100 wichtigsten Regeln, 6. Auflage, Regensburg 2007

Leymann, H., Mobbing, 13. Auflage, Reinbeck 2006

Lieber, B., Personalführung, 2. Auflage, Stuttgart 2007

Martus, R., Führungsleitsätze entwickeln, einführen und umsetzen, Landsberg/Lech 1993

Matje, A., Unternehmensleitbilder als Führungsinstrument: Komponenten einer erfolgreichen Unternehmensidentität, Wiesbaden 1996

Mentzel/Grotzfeld/Haub, Mitarbeitergespräche, 5. Auflage, Planegg 2004

Mentzel, W., Mitarbeitergespräche, 7. Auflage, Freiburg/Br. 2008

Neuberger, O., Führen und führen lassen, 6. Auflage, Stuttgart 2002

Niermeyer, R., Motivation: Instrumente zur Führung und Verführung, 2. Auflage, Freiburg/Br. 2007

Oechsler, W. A., Personal und Arbeit: Grundlagen des Human Resource Management und der Arbeitgeber-Arbeitnehmer-Beziehungen, 10. Auflage, München 2015

Olfert, K., Lexikon Personalwirtschaft, 4. Auflage, Herne 2012

Olfert, K., Personalwirtschaft, 16. Auflage, Herne 2015

Olfert/Rahn/Zschenderlein, Lexikon der Betriebswirtschaftslehre, 8. Auflage, Herne 2013

Patzke, R., Führungskraft als Beruf, 2. Auflage, Stuttgart 2007

Rahn, H.-J., Führung von Gruppen: Gruppenführung mit System, 5. Auflage, Frankfurt 2006

Rahn, H.-J., Unternehmensführung, 9. Auflage, Herne 2015

Regnet, E., Konflikt und Kooperation, Göttingen 2007

Scholz, C., Personalmanagement, 6. Auflage, München 2013

Seifert, J. W., Visualisieren, Präsentieren, Moderieren, 26. Auflage, Offenbach 2009

Simon, W., Führung und Zusammenarbeit, Offenbach, 2005

Staehle, W. H., Management, 8. Auflage, München 1999

Stöwe/Weidemann, Mitarbeiterbeurteilung und Zielvereinbarung, 2. Auflage, Freiburg 2007

Stopp, U., Betriebliche Personalwirtschaft, 27. Auflage, Renningen 2006

Stroebe, R. W., Führungsstile, Management by Objectives, 8. Auflage, Frankfurt/Main 2010

von Rosenstiel, L., Motivation im Betrieb, 11. Auflage, München 2009

Wunderer, R., Führung und Zusammenarbeit: Eine unternehmerische Führungslehre, 9. Auflage, Stuttgart 2011

E. Personalentlohnung

Becker, M., Personalentwicklung: Bildung, Förderung und Organisationsentwicklung in Theorie und Praxis, 5. Auflage, Stuttgart 2009

Berthel/Becker, Personal-Management: Grundzüge für Konzeptionen betrieblicher Personalarbeit, 11. Auflage, Stuttgart 2017

Brandt, O., Das betriebliche Vorschlagswesen: Grenzen und Gestaltungspotenzial, Mehring 2007

Bröckermann, R., Personalwirtschaft: Lehr- und Übungsbuch für Human Resource Management, 7. Auflage, Stuttgart 2016

Bühner, R., Personalmanagement, 3. Auflage, München 2004

Deutsch/Oecking/Rhiel/Reichenbach/Rath, Betriebliche Altersversorgung, 2. Auflage, Freiburg i. Br. 2009

DGFP, Personalzusatzaufwand, Freiburg 1988

Drumm, H. J., Personalwirtschaft, 6. Auflage, Berlin/Heidelberg 2008

Ebel, B., Produktionswirtschaft, 2. Auflage, Ludwigshafen/Rhein 2008

Eyer/Andresen (Hrsg.), Praxishandbuch Entgeltsysteme für produzierende Unternehmen, Düsseldorf 2004

Gutmann/Kollig, Personalkosten: Wie Sie die Ausgaben in den Griff bekommen, Planegg 2005

Held, S., Entgeltformen: Auswirkungen in einkommensteuer- und sozialversicherungsrechtlicher Hinsicht, München 2005

Hentze/Graf, Personalwirtschaftslehre 2, 7. Auflage, Bern/Stuttgart 2005

Jung, H., Personalwirtschaft, 10. Auflage, München/Wien 2016

Olfert, K., Kompakt-Training Kostenrechnung, 8. Auflage, Herne 2016

Olfert, K., Kostenrechnung, 17. Auflage, Herne 2013

Olfert, K., Lexikon Personalwirtschaft, 4. Auflage, Herne 2012

Olfert, K., Personalwirtschaft, 16. Auflage, Herne 2015

REFA, Methodenlehre des Arbeitsstudiums, Teil 2, 6. Auflage, München 1988

Rohde, S., Arbeitsentgelt, Kissing 2007

Schanz, G., Personalwirtschaftslehre, 3. Auflage, München 2015

Schaub, G., Arbeitsrechts-Handbuch, 16. Auflage, München 2015

Schönfeld, W., Lexikon für das Lohnbüro, 52. Auflage, Heidelberg 2010

Thüsing/Mengel, Flexibilisierung von Arbeitsbedingungen und Entgelt: Möglichkeiten zur Anpassung von Arbeitsbedingungen, München 2005

von Rosenstiel, L., Motivation im Betrieb, 11. Auflage, München 2009

Zander/Wagner (Hrsg.), Handbuch des Vergütungsmanagements, München 2005

F. Personalentwicklung

Angermeyer, H. C., Coaching, in: ZFO 02/1997

Backhaus, J., Personalwesen und Berufsbildung, 10. Auflage, Stuttgart 2007

Bea/Göbel, Organisation, 4. Auflage, Stuttgart 2010

Becker, M., Lexikon der Personalentwicklung, Stuttgart 2007

Becker, M., Personalentwicklung: Bildung, Förderung und Organisationsentwicklung in Theorie und Praxis, 5. Auflage, Stuttgart 2009

Beck/Schwarz, Personalentwicklung, 2. Auflage, Augsburg 2004

Bendel/Hauske, E-Learning: Das Wörterbuch, Berlin 2004

Berthel/Becker, Personal-Management: Grundzüge für Konzeptionen betrieblicher Personalarbeit, 11. Auflage, Stuttgart 2017

Böning/Fritschle, Coaching fürs Business, Bonn 2005

Bröckermann/Müller-Vorbrüggen, Handbuch Personalentwicklung: Die Praxis der Personalbildung, Personalförderung und Arbeitsstrukturierung, 2. Auflage, Stuttgart 2008

Bröckermann, R., Personalwirtschaft: Lehr- und Übungsbuch für Human Resource Management, 7. Auflage, Stuttgart 2016

Domsch/Regnet/von Rosenstiel (Hrsg.), Führung von Mitarbeitern, 6. Auflage, Stuttgart 2009

Flato/Rheinbold-Scheible, Personalentwicklung, Landsberg/Lech 2006

Gmür/Thommen, Human Resource Management, Zürich 2006

Gorges, H., Fünf Spielregeln für den Coachingeinsatz, in: PersonalMagazin 01/2005

Haasen, N., Mentoring, München 2001

Häfele/Häfele, 101 e-Le@rning Seminarmethoden: Methoden und Strategien für die Online- und Blended Learning Seminarpraxis, 3. Auflage, Bonn 2008

Hauser, E., Coaching, in: Feix, W. E. (Hrsg.), Personal 2000, Frankfurt/Main/Wiesbaden 1991

Hentze/Graf, Personalwirtschaftslehre 2, 7. Auflage, Bern/Stuttgart 2005

Hilb, M., Management by Mentoring, Neuwied/Kriftel/Berlin 1997

Hilb, M., Mentoring, in: Gangler/Oechsler, Weber (Hrsg.), HWP, 3. Auflage, Stuttgart 2004

Jung, H., Personalwirtschaft, 10. Auflage, München/Wien 2016

Klimecki/Gmür, Personalmanagement, 3. Auflage, Stuttgart 2001

Leßmann, M., Personalentwicklung als Unternehmensstrategie: Voraussetzungen, Methoden, Chancen, Saarbrücken 2007

Meier, H., Handwörterbuch der Aus- und Weiterbildung, Neuwied/Kriftel/Berlin 1995

Meier, R., Praxis Bildungscontrolling: Was Sie wirklich tun können, um Ihre Aus- und Weiterbildung qualitätsbewusst zu steuern, Offenbach/Main 2008

Meier, R., Praxis Weiterbildung: Personalentwicklung, Bedarfsanalyse, Seminarplanung, Seminarbetreuung, Transfersicherung, Qualitätssicherung, Bildungsmarketing, Bildungscontrolling, Offenbach/Main 2004

Mentzel, W., Personalentwicklung, 4. Auflage, München 2012

Merk/Feuchthofen/Jagenlauf/Kaiser, Weiterbildungsmanagement: Bildung erfolgreich und innovativ managen, 3. Auflage, Augsburg 2005

Mudra, B., Personalentwicklung: Integrative Gestaltung betrieblicher Lern- und Veränderungsprozesse, München 2004

Nicolai, C., Personalmanagement, Stuttgart 2006

Olfert, K., Lexikon Personalwirtschaft, 4. Auflage, Herne 2012

Olfert, K., Organisation, 17. Auflage, Herne 2015

Olfert, K., Personalwirtschaft, 16. Auflage, Herne 2015

Olfert/Pischulti, Kompakt-Training Unternehmensführung, 7. Auflage, Herne 2017

Peterke, J., Handbuch Personalentwicklung, Berlin 2006

Pietschmann/Leufen, Coaching in deutschen Unternehmen, in: Personal 10/2003

Rauen, C. (Hrsg.), Handbuch Coaching, 3. Auflage, Göttingen/Bern/Wien u. a. 2005

REFA, Methodenlehre des Arbeitsstudiums, 6. Auflage, München 1988

Riekhof, H.-C., Strategien der Personalentwicklung, 6. Auflage, Wiesbaden 2006

Rückle, H., Coaching, Düsseldorf/Wien/New York/Moskau 2000

Sattelberger, T., Coaching, in: Personalführer 06/1990

Sattelberger, T. (Hrsg.), Die lernende Organisation, 3. Auflage, Wiesbaden 1995

Schiersmann, C., Berufliche Weiterbildung, Wiesbaden 2007

Schneider, U., Coaching, in: Gangler/Oechsler/Weber (Hrsg.), HWP, 3. Auflage, Stuttgart 2004

Schreyögg, A., Coaching: Eine Einführung für Praxis und Ausbildung, 6. Auflage, Frankfurt/New York 2003

Sonntag/Stegmeier, Verhaltensorientierte Verfahren der Personalentwicklung, in: Schuler, H. (Hrsg.), Lehrbuch der Personalpsychologie, 2. Auflage, Göttingen/Bern/Wien u. a. 2006

Staehle, W. H., Management, 8. Auflage, München 1999

Stelzer-Rothe/Hohmeister, Personalwirtschaft, Stuttgart/Berlin/Köln 2001

Stutzke, J., Ausbildung im Betrieb von A-Z, Regensburg 2008

Thommen, J.-P., Coaching als Instrument der Personalentwicklung, in: Thom/Zangg (Hrsg.), Moderne Personalentwicklung, Wiesbaden 2006

Vahs, D., Organisation, 8. Auflage, Stuttgart 2015

Witt-Bartsch/Becker, Coaching im Unternehmen, Freiburg/Br. 2010

Wunderer/Jaritz, Unternehmerisches Personalcontrolling: Evaluation der Wertschöpfung für das Personalmanagement, 4. Auflage, München 2007

G. Personalfreistellung

Ascheid/Preis/Schmidt, Kündigungsrecht, 3. Auflage, München 2007

Bauer u. a., Arbeitsrechtliche Aufhebungsverträge, 8. Auflage, München 2007

Beckerle, K., Die Abmahnung, 10. Auflage, Freiburg i. Br. 2008

Berkowsky, W., Die betriebsbedingte Kündigung, 6. Auflage, München 2008

Berkowsky, W., Die personen- und verhaltensbedingte Kündigung, 4. Auflage, München 2004

Berkowsky, W., Änderungskündigung, in: Richardi/Wißmann/Wlotzke/Oetker (Hrsg.), Münchener Handbuch Arbeitsrecht, 2 Bände, 3. Auflage, München 2009

Besgen, N., Schwerbehindertenrecht: Arbeitsrechtliche Besonderheiten, Berlin 2009

Dietz, K., Arbeitszeugnisse ausstellen und beurteilen, 11. Auflage, Planegg 1999

Dopperphul, I., Personalfreisetzung, Saarbrücken 2008

Falk/Müller/Rahmstorf, Die Kündigung – Rechtssicher vorbereiten und umsetzen, 2. Auflage, Freiburg/Br. 2007

Hanau, P., Abmahnung und Kündigung, 3. Auflage, München 2007

Hjort, J. P., Aufhebungsvertrag und Abfindung, 4. Auflage, Frankfurt/Main 2010

Notter/Obenaus/Ruf, Ihre Rechte als Arbeitnehmer, München 2002

Olfert, K., Lexikon Personalwirtschaft, 4. Auflage, Herne 2012

Olfert, K., Personalwirtschaft, 16. Auflage, Herne 2015

Olfert/Rahn/Zschenderlein, Lexikon der Betriebswirtschaftslehre, 8. Auflage, Herne 2013

Pulte, P., Kündigung von Arbeitsverhältnissen, 12. Auflage, Frankfurt/Main 2009

Schaub, G., Arbeitsrechts-Handbuch, 16. Auflage, München 2015

Schaub/Kreft, Der Betriebsrat: Wahlen, Organisation, Rechte, Pflichten, 8. Auflage, München 2006

Stahlhacke/Preis/Vossen, Kündigung und Kündigungsschutzrecht im Arbeitsverhältnis, 10. Auflage, München 2010

Stopp, U., Betriebliche Personalwirtschaft, 27. Auflage, Renningen 2006

Wandersleben, N., Outplacement-Beratung: Anforderungen, Vorteile, Grenzen, Düsseldorf 2004

H. Personalverwaltung

Bartosch, D., Digitale Personalakte: Recht – Organisation – Technik, 2. Auflage, Frechen 2010

Bergmeier/Hoppe, Personalinformationssysteme, Frankfurt/Main 2006

Berthel/Becker, Personal-Management: Grundzüge für Konzeptionen betrieblicher Personalarbeit, 11. Auflage, Stuttgart 2017

Bröckermann, R., Personalwirtschaft: Lehr- und Übungsbuch für Human Resource Management, 7. Auflage, Stuttgart 2016

Bundle/Ernst., Die Prüfung der Betriebswirte, 2. Auflage, Herne 2023

Domsch, M., Systemgestützte Personalarbeit, Wiesbaden 1980

Enderes, A., Das Einmaleins der Entgeltabrechnung 2011, 7. Auflage, Frechen 2010

Friedl, S., Das operative Personalhandbuch, Weltenberg 2004

Goebel, M., Personalverwaltung, Wiesbaden 1996

Havranek/Freudhofmeier/Schmidt (Hrsg.), Die optimierte Personalabteilung: Wege zur Effizienzsteigerung von Human Resources, Wien 2010

Hentze/Kammel, Personalcontrolling, Bern/Stuttgart/Wien 1993

Jung, H., Personalwirtschaft, 10. Auflage, München/Wien 2016

Kammerer, K., Personalakte und Abmahnung, 3. Auflage, Heidelberg 2001

Kos, R., Die elektronische Personalakte: Aufbau und Einführung, Saarbrücken 2007

Mergelsberg, A., Lohn- und Gehaltsabrechnung, Berlin 2010

Messi, N., Personalarbeit im Unternehmen, Zürich 2006

Oechsler/Strohmeier, Grundlagen der Personalplanung, in: Mülder/Seibt (Hrsg.), Methoden- und computergestützte Personalplanung, 2. Auflage, Köln 1994

Olfert, K., Lexikon Personalwirtschaft, 4. Auflage, Herne 2012

Olfert, K., Personalwirtschaft, 16. Auflage, Herne 2015

Pulte, P., Aufbewahrungsnormen und -fristen im Personalbereich, 7. Auflage, Frechen 2007

Tschumi/Brenner, Die 200 besten Checklisten zur Personalarbeit, Landsberg/Lech 2006

Ziegenbein, K., Controlling, 10. Auflage, Herne 2012

B

C

D

E

F

K

L

M

N

O

P

Q

R

S

T

U

V